フォトクロミズムの新展開と光メカニカル機能材料
New Frontiers in Photochromism and Photomechanical Materials
《普及版／Popular Edition》

監修 入江正浩，関 隆広

シーエムシー出版

巻 頭 言

　本書は，わが国の「フォトクロミズム研究」の現状を紹介したものである。

　「フォトクロミズム」とは，光の作用により単一の化学種が，分子量を変えることなく色の異なる2つの異性体（A，B）を可逆的に生成する現象を言う。異性体Aに特定の波長の光を照射すると，結合様式あるいは電子状態に変化が生じ，分子構造の異なる異性体Bに変換し，その結果，紫外・可視吸収スペクトルが変化し，色が変わる。光生成した異性体Bは，別の波長の光の照射により，あるいは自然に熱的に元の分子構造をもつ異性体Aにもどり，色も元にもどる。フォトクロミズムは，その色変化が顕著なためもっぱら色の変化に注目が集まるが，その本質は分子が異なった物性をもつ他の分子へと光可逆的に変化することにある。

　フォトクロミズム研究の歴史は古く，19世紀半ばにすでに学術報告がなされている。これまで数多くのフォトクロミック分子が報告されてきているが，代表的なフォトクロミック分子の中に日本の研究者により発明された化合物が3つもある。それらは，ヘキサアリールビスイミダゾール，スピロオキサジン，それとジアリールエテンである。フォトクミズム研究は，21世紀に入ってから活発化し，特に日本の貢献は大きい。2005年に発表された文部科学省科学技術政策研究所の「科学技術の中長期発展に係わる俯瞰的予備調査・急速に発展しつつある研究領域調査 — 論文データベース分析から見る研究領域の動向 — 」報告によると，「有機フォトクロミズム材料およびその光応答機能利用」は，急速に発展しつつある「化学」の研究領域の14の内の一つに選ばれ，なおかつ，科学全体679研究領域分野の中で，日本の研究者の貢献の大きい領域の第3位に挙げられている。日本の貢献が42%にも達しており，化学研究領域では，第2位の「高効率炭素 — 炭素結合形成を機軸とする有機合成」（これは，2010年の鈴木先生，根岸先生のノーベル賞対象の研究領域）の16%を大きく引き離している。

　2007年から2010年までの4年間，特定領域研究「フォトクロミズムの攻究とメカニカル機能の創出」が40名余りの研究者を擁してすすめられた。この特定領域研究により，わが国の研究水準はさらなる発展を遂げることができた。その研究成果の多くが本書に収められている。これらの成果をもとに，次の飛躍を期待したい。

　2011年11月

入江正浩

普及版の刊行にあたって

　本書は2011年に『フォトクロミズムの新展開と光メカニカル機能材料』として刊行されました。普及版の刊行にあたり，内容は当時のままであり加筆・訂正などの手は加えておりませんので，ご了承ください。

2018年7月

シーエムシー出版　編集部

執筆者一覧 （執筆順）

入 江 正 浩　立教大学　理学部　化学科　特任教授

石 橋 千 英　愛媛大学　大学院理工学研究科　物質生命工学専攻　応用化学コース
　　　　　　　助教

宮 坂 　 博　大阪大学　大学院基礎工学研究科　物質創成専攻　教授

辻 岡 　 強　大阪教育大学　教育学部　教養学科　教授

内 田 欣 吾　龍谷大学　理工学部　物質化学科　教授

川 邊 晶 文　大阪府立大学　大学院工学研究科

水 野 一 彦　大阪府立大学　大学院工学研究科　教授

池 田 　 浩　大阪府立大学　大学院工学研究科　教授

小 池 隆 司　東京工業大学　資源化学研究所　助教

穐 田 宗 隆　東京工業大学　資源化学研究所　教授

高 見 静 香　新居浜工業高等専門学校　環境材料工学科　准教授

谷 　 敬 太　大阪教育大学　教育学部　教養学科　教授

久保埜 公 二　大阪教育大学　教育学部　教養学科　准教授

谷 藤 尚 貴　米子工業高等専門学校　物質工学科　准教授

中 村 振一郎　㈱理化学研究所　中村特別研究室　特別招聘研究員

横 島 　 智　㈱理化学研究所　中村特別研究室

横 山 　 泰　横浜国立大学　大学院工学研究院　機能の創生部門　教授

東 口 顕 士　京都大学　大学院工学研究科　合成・生物化学専攻　助教

松 田 建 児　京都大学　大学院工学研究科　合成・生物化学専攻　教授

滝 澤 　 努　筑波大学　大学院数理物質科学研究科

中 里 　 聡　筑波大学　大学院数理物質科学研究科

新 井 達 郎　筑波大学　大学院数理物質科学研究科　教授

阿 部 二 朗　青山学院大学　理工学部　化学・生命科学科　教授

網 本 貴 一　広島大学　大学院教育学研究科　准教授

加 藤 昌 子　北海道大学　大学院理学研究院　化学部門　教授

木 村 恵 一　和歌山大学　システム工学部　教授

中 原 佳 夫　和歌山大学　システム工学部　助教

小久保 　 尚　横浜国立大学　大学院工学研究院　特別研究教員

上 木 岳 士　横浜国立大学　大学院工学研究院　博士研究員

渡 邉 正 義　横浜国立大学　大学院工学研究院　教授

石 塚 智 也　筑波大学　大学院数理物質科学研究科　化学専攻　助教

小 島 隆 彦　筑波大学　大学院数理物質科学研究科　化学専攻　教授

廣 戸 　 聡　名古屋大学　大学院工学研究科　化学生物工学専攻　助教

忍久保　　　洋	名古屋大学　大学院工学研究科　化学生物工学専攻　教授	
竹　下　道　範	佐賀大学　工学系研究科　准教授	
田　中　耕　一	関西大学　化学生命工学部　教授	
中　井　英　隆	九州大学　大学院工学研究院　准教授	
磯　辺　　　清	九州大学　大学院工学研究院　学術研究員	
中　嶋　琢　也	奈良先端科学技術大学院大学　物質創成科学研究科　准教授	
河　合　　　壯	奈良先端科学技術大学院大学　物質創成科学研究科　教授	
松　下　信　之	立教大学　理学部　化学科　教授	
守　山　雅　也	大分大学　工学部　応用化学科　准教授	
関　　　隆　広	名古屋大学　大学院工学研究科　物質制御工学専攻　教授	
永　野　修　作	名古屋大学　名古屋大学ベンチャービジネスラボラトリー　准教授； 科学技術振興機構さきがけ　研究員	
間　宮　純　一	東京工業大学　資源化学研究所　助教	
宍　戸　　　厚	東京工業大学　資源化学研究所　准教授	
池　田　富　樹	中央大学　研究開発機構　教授	
吉　田　　　亮	東京大学　大学院工学系研究科　准教授	
玉　置　信　之	北海道大学　電子科学研究所　スマート分子研究分野　教授	
石　飛　秀　和	大阪大学　大学院生命機能研究科　生体ダイナミクス講座　助教	
須　田　理　行	㈱理化学研究所　加藤分子物性研究室　基礎科学特別研究員	
栄　長　泰　明	慶應義塾大学　理工学部　化学科　教授	
近　藤　瑞　穂	兵庫県立大学　助教	
川　月　喜　弘	兵庫県立大学　教授	
深　江　亮　平	兵庫県立大学　教授	
菊　地　あづさ	横浜国立大学　大学院工学研究院　助教	
桑　原　　　穣	熊本大学　大学院自然科学研究科　助教	
栗　原　清　二	熊本大学　大学院自然科学研究科　教授	
小　島　秀　子	愛媛大学　大学院理工学研究科　教授	
嶋　田　哲　也	首都大学東京　大学院都市環境科学研究科　分子応用化学域　助教	
関　根　あき子	東京工業大学　大学院理工学研究科　物質科学専攻　助教	
中　田　一　弥	㈶神奈川科学技術アカデミー　重点研究室　光触媒グループ　常勤研 究員	
中　野　英　之	室蘭工業大学　大学院工学研究科　くらし環境系領域　教授	
藤　本　和　久	九州産業大学　工学部　物質生命化学科　准教授	
井　上　将　彦	富山大学　大学院医学薬学研究部（薬学）　教授	

執筆者の所属表記は，2011年当時のものを使用しております。

目　　次

第1章　ジアリールエテンの極限機能

1　ジアリールエテン単結晶のフォトメカ
　　ニカル機能……………………**入江正浩** … 1
　1.1　はじめに …………………………… 1
　1.2　高分子のフォトメカニカル機能 …… 1
　1.3　光に応答して形を変える分子結晶 … 2
2　超高速時間分解計測によるフォトクロ
　　ミック反応ダイナミクスとメカニズム
　　の解明…………**石橋千英, 宮坂　博** … 8
　2.1　はじめに …………………………… 8
　2.2　ジアリールエテン誘導体のフォト
　　　　クロミック反応ダイナミクス ……… 8
　2.3　フェムト秒レーザー分光によるヘ
　　　　キサアリールビスイミダゾール系
　　　　の結合開裂過程の測定 ………… 12
　2.4　非線形フォトクロミック反応 …… 15
　2.5　今後の展開 ……………………… 18
3　フォトクロミック薄膜表面における金
　　属蒸着選択性…………………**辻岡　強** … 22
　3.1　はじめに ………………………… 22
　3.2　ジアリールエテン膜表面での金属
　　　　蒸着選択性とその応用 …………… 22
　3.3　おわりに ………………………… 30
4　光により誘起される表面形状変化とバ
　　イオミメティック超撥水性表面
　　………………………………**内田欣吾** … 31
　4.1　はじめに ………………………… 31
　4.2　おわりに ………………………… 37
5　テトラチエニルエテン誘導体のフォト
　　およびエレクトロクロミック特性
　　……**川邊晶文, 水野一彦, 池田　浩** … 38

　5.1　はじめに ………………………… 38
　5.2　テトラチエニルエテン類のフォト
　　　　およびエレクトロクロミック特性
　　　　― 新たな二元応答型分子の構築を
　　　　目指して ― …………………… 39
　5.3　おわりに ………………………… 45
6　フォトクロミックオルガノメタリック
　　ス……………**小池隆司, 穐田宗隆** … 47
　6.1　はじめに ………………………… 47
　6.2　光スイッチング機能を有する有機
　　　　金属分子ワイヤー ……………… 47
　6.3　デュアルクロミック金属錯体：
　　　　フォトクロミズムとエレクトロク
　　　　ロミズム ………………………… 50
　6.4　まとめと今後の展望 ……………… 53
7　黄色に光発色するフォトクロミック分
　　子の開発………………………**高見静香** … 55
　7.1　はじめに ………………………… 55
　7.2　黄色に光発色するフォトクロミッ
　　　　ク色素 …………………………… 55
　7.3　光安定性 ………………………… 56
　7.4　1-アリール-2-ビニルシクロペンテ
　　　　ン誘導体 ………………………… 57
　7.5　おわりに ………………………… 60
8　キャリア移動部位を有するジアリール
　　エテン誘導体のフォトクロミズムとそ
　　の電気的特性
　　… **谷　敬太, 久保埜公二, 辻岡　強** … 61
9　ジアリールエテンの反応点炭素の混成
　　軌道変化を用いた機能性分子開発

······················ 谷藤尚貴 … 68
9.1 はじめに ·························· 68
9.2 研究の背景 ···················· 68
9.3 反応点炭素を用いたパイ共役系の
光スイッチングと物性変化 ········ 69
9.4 おわりに ······················ 78
10 計算科学によるジアリールエテンの解

析············中村振一郎, 横島 智… 79
10.1 はじめに······················ 79
10.2 計算科学の貢献とは何か ········ 79
10.3 ジアリールエテン量子収率, 逆さ
チオフェンの場合···················· 80
10.4 ニトロニルニトロキシドが結合し
たジアリールエテン··············· 82

第2章　新規・高性能フォトクロミック系

1 6π系電子環状反応に基づくフォトクロ
ミズムの高性能化············ 横山 泰 … 87
1.1 はじめに ························ 87
1.2 6π系電子環状反応の立体選択性向
上 ······························ 88
1.3 分子内水素結合による配座の制御
と大きな光環化量子収率の達成 … 92
1.4 おわりに ························ 94
2 ジアリールエテンと金属ナノ粒子によ
る光分子エレクトロニクス材料
·············· 東口顕士, 松田建児 … 96
2.1 分子エレクトロニクスとフォトク
ロミズム ························ 96
2.2 金属ナノ粒子 ···················· 96
2.3 金属ナノ粒子上における光反応 … 97
2.4 ジアリールエテン ― 金ナノ粒子
ネットワークのコンダクタンスの
光スイッチング ················ 98
2.5 酸化によるジアリールエテン ― 金
ナノ粒子のコンダクタンススイッ
チング ·························· 100
2.6 おわりに ························ 100
3 巨大構造変化を伴うフォトクロミック
系の創出
······ 滝澤 努, 中里 聡, 新井達郎 … 102

3.1 はじめに ························ 102
3.2 巨大構造変化の光化学 ············ 102
3.3 おわりに ························ 110
4 架橋型イミダゾール二量体の高速フォ
トクロミズム················· 阿部二朗 … 113
4.1 はじめに ························ 113
4.2 [2.2]パラシクロファン架橋型イミ
ダゾール二量体 ················ 114
4.3 高機能化に向けた分子設計戦略 … 114
4.4 おわりに ······················ 118
5 励起状態プロトン移動に基づくフォト
クロミック有機結晶········ 網本貴一 … 120
5.1 はじめに ························ 120
5.2 N-サリチリデンアニリン類を用い
たフォトクロミック有機結晶の合
理的構築法 ···················· 120
5.3 N-サリチリデンアニリン類の結晶
フォトクロミズムにおける構造-物
性相関 ·························· 121
5.4 ニトロ基が関与する新規フォトク
ロミック有機結晶 ·············· 125
5.5 おわりに ························ 126
6 配位環境が誘起する新規フォトクロミッ
クシステムの創出········· 加藤昌子 … 128
6.1 はじめに ························ 128

6.2 ジメチルスルホキシド銅(I)複核錯体のフォトクロミック発光 ……… 129

6.3 チオシアナト白金(II)錯体の光と蒸気に制御された結合異性化とクロミック挙動 ……… 132

6.4 おわりに ……… 135

7 フォトクロミック分析化学
　　……… 木村恵一, 中原佳夫 … 136

7.1 はじめに ……… 136

7.2 フォトクロミックカリックスアレーンを用いた金属イオン抽出の光制御 ……… 136

7.3 原子間力顕微鏡によるフォトクロミック高分子の伸縮挙動の観察 … 139

7.4 おわりに ……… 141

8 イオン液体を利用した光誘起型高分子材料の創出と高機能化
　… 小久保　尚, 上木岳士, 渡邉正義 … 143

8.1 イオン液体とイオンゲル ………… 143

8.2 イオン液体中における高分子（ゲル）の相転移現象 ………… 144

8.3 イオン液体を溶媒に用いた刺激応答性高分子の特徴と光応答性高分子への展開 ……… 145

8.4 光応答性イオンゲルの作製と光メカニカル機能の創出 ……… 148

8.5 今後の展望 ……… 149

9 ルテニウム(II)-ポリピリジルアミン錯体の配位構造変化を伴うフォトクロミック挙動……… 石塚智也, 小島隆彦 … 151

9.1 はじめに ……… 151

9.2 ルテニウム-TPA錯体におけるフォトクロミックな構造変化 …… 152

9.3 おわりに ……… 157

10 ジアリールエテンの新規合成法の開発
　　………… 廣戸　聡, 忍久保　洋… 159

10.1 はじめに……… 159

10.2 ジアリールエテン骨格の合成…… 159

10.3 ジアリールエテンへの官能基導入 ……… 164

10.4 おわりに……… 167

11 チオフェノファン-1-エン類のフォトクロミズム………竹下道範… 170

11.1 はじめに……… 170

11.2 チオフェノファン-1-エン類の合成……… 170

11.3 小環状チオフェノファン-1-エン類のフォトクロミズム ……… 171

11.4 中〜大環状チオフェノファン-1-エン類のフォトクロミズム ……… 172

11.5 メタシクロチオフェノファン-1-エン類のフォトクロミズム ……… 173

11.6 チオフェノファン-1-エン類のエナンチオ特異的フォトクロミズム ……… 174

11.7 おわりに……… 175

12 ケト-エノール光異性化に基づく単結晶フォトクロミズム………田中耕一… 177

12.1 はじめに……… 177

12.2 トランス-ビインデニリデンジオン誘導体の結晶相フォトクロミズム……… 177

12.3 1,4-ビスインデニリデンシクロヘキサンの結晶相フォトクロミズム ……… 180

12.4 ラセミおよび光学活性シッフ塩基マクロサイクルの結晶相フォトクロミズム……… 181

13 ロジウムジチオナイト錯体分子の単結晶フォトクロミズム

$$\cdots\cdots\cdots\cdots\text{中井英隆, 磯辺 清}\cdots 185$$

13.1 はじめに $\cdots\cdots\cdots\cdots\cdots\cdots 185$

13.2 ロジウムジチオナイト錯体のフォトクロミズム $\cdots\cdots\cdots\cdots\cdots\cdots 186$

13.3 キラル結晶中でのフォトクロミズム $\cdots\cdots\cdots\cdots\cdots\cdots 186$

13.4 単結晶フォトクロミズムに連動した配位子のダイナミクス $\cdots\cdots 188$

13.5 フォトクロミック反応に誘起される表面ナノ構造変化 $\cdots\cdots\cdots 189$

13.6 光誘起結晶形状変化 $\cdots\cdots\cdots 190$

13.7 おわりに $\cdots\cdots\cdots\cdots\cdots\cdots 191$

14 超分子相互作用に基づく高着色性フォトクロミックターアリーレンの設計

$$\cdots\cdots\cdots\cdots\text{中嶋琢也, 河合 壯}\cdots 193$$

14.1 はじめに $\cdots\cdots\cdots\cdots\cdots\cdots 193$

14.2 フォトクロミックターアリーレン $\cdots\cdots\cdots\cdots\cdots\cdots 193$

14.3 分子内相互作用の制御によるターアリーレンの着色効率の向上 $\cdots\cdots 195$

14.4 分子間相互作用によるターアリーレンの立体配座と着色効率の制御 $\cdots\cdots\cdots\cdots\cdots\cdots 197$

14.5 おわりに $\cdots\cdots\cdots\cdots\cdots\cdots 199$

15 白金錯体単結晶で起こるフォトクロミズム $\cdots\cdots\cdots\text{松下信之}\cdots 201$

15.1 はじめに $\cdots\cdots\cdots\cdots\cdots\cdots 201$

15.2 ビス(2-アミノメチルピリジン)白金錯体結晶のフォトクロミズムの特徴 $\cdots\cdots\cdots\cdots\cdots\cdots 201$

15.3 ビス(2-アミノメチルピリジン)白金錯体結晶の光定常状態下での構造 $\cdots\cdots\cdots\cdots\cdots\cdots 202$

15.4 光誘起吸収帯 $\cdots\cdots\cdots\cdots 202$

15.5 フォトクロミック状態の熱的安定性 $\cdots\cdots\cdots\cdots\cdots\cdots 202$

15.6 対イオン依存性・無水塩 $\cdots 204$

15.7 重水素化の効果 $\cdots\cdots\cdots 206$

15.8 フォトクロミズムの結晶化時 pH 依存性 $\cdots\cdots\cdots\cdots\cdots\cdots 206$

15.9 おわりに $\cdots\cdots\cdots\cdots\cdots\cdots 207$

16 ビス(アリールオキシ)ナフタセンキノンのフォトクロミズムと分子集合材料への展開 $\cdots\cdots\text{守山雅也}\cdots 208$

16.1 はじめに $\cdots\cdots\cdots\cdots\cdots\cdots 208$

16.2 ビス(アリールオキシ)ナフタセンキノンのフォトクロミズム $\cdots\cdots 209$

16.3 コアにナフタセンキノン骨格を有するデンドリマーのフォトクロミズム $\cdots\cdots\cdots\cdots\cdots\cdots 211$

16.4 おわりに $\cdots\cdots\cdots\cdots\cdots\cdots 213$

第3章　光メカニカル機能の創出

1 光メカニカル作用を利用した高分子薄膜の構造制御$\cdots\text{関 隆広, 永野修作}\cdots 215$

1.1 はじめに $\cdots\cdots\cdots\cdots\cdots\cdots 215$

1.2 ミクロ相分離配向の光制御と可逆的な変換 $\cdots\cdots\cdots\cdots\cdots\cdots 215$

1.3 光物質移動 $\cdots\cdots\cdots\cdots\cdots 218$

1.4 (1-シクロヘキシル)フェニルジアゼン液晶 $\cdots\cdots\cdots\cdots\cdots\cdots 220$

1.5 おわりに $\cdots\cdots\cdots\cdots\cdots\cdots 221$

2 架橋フォトクロミック液晶高分子を用いたメカニカル機能の創出

$\cdots\cdots\text{間宮純一, 宍戸 厚, 池田富樹}\cdots 223$

2.1	はじめに ………………… 223	
2.2	光屈伸 …………………… 223	
2.3	回転運動 ………………… 225	
2.4	応力評価 ………………… 226	
2.5	光駆動アクチュエーター … 227	
2.6	おわりに ………………… 229	

3 光メカニカル機能を持つ時空間高分子
　材料の創成……………… 吉田　亮 230

3.1　はじめに …………………… 230

3.2　自励振動ゲルの設計と運動リズム
　　　の制御 …………………… 230

3.3　フォトクロミズムによる自励振動
　　　の時空間制御 ……………… 231

4 アゾベンゼンを用いる分子運動の光可
　逆的制御………………… 玉置信之 … 236

4.1　はじめに …………………… 236

4.2　分子内回転運動の光可逆的制御 … 236

4.3　モータータンパク質キネシンの運
　　　動の光可逆的制御 ………… 245

4.4　おわりに …………………… 248

5 単一集光スポット照射によるアゾ系
　フォトクロミックポリマーの光誘起物
　質移動……………… 石飛秀和 … 249

5.1　はじめに …………………… 249

5.2　放射偏光による E_z 偏光の創成…… 249

5.3　E_z 偏光による光誘起物質移動 …… 251

5.4　おわりに …………………… 256

6 フォトクロミック分子による有機-無機
　界面物性の光制御
　……………… 須田理行, 栄長泰明 … 257

6.1　はじめに …………………… 257

6.2　室温強磁性ナノ粒子の光磁気制御
　　　 …………………………… 257

6.3　光応答性及び垂直磁気異方性を付
　　　与した集積化 ……………… 258

6.4　「界面強磁性」を利用した高効率光
　　　磁気制御 …………………… 260

6.5　超伝導特性の光機能化への展開 … 261

6.6　おわりに …………………… 262

7 光により形態変化するファイバー
　…… 近藤瑞穂, 川月喜弘, 深江亮平 … 264

7.1　はじめに …………………… 264

7.2　光二量化反応による変形 …… 264

7.3　液晶性による応答性の向上 … 267

7.4　今後の展望：ファイバーの加工 … 270

7.5　おわりに …………………… 272

8 ラジカル解離型フォトクロミック分子
　薄膜における光誘起物質移動
　………………………… 菊地あづさ … 274

8.1　はじめに …………………… 274

8.2　ラジカル解離型フォトクロミズム
　　　 …………………………… 274

8.3　光誘起表面レリーフ形成 …… 275

8.4　光誘起物質移動メカニズム … 275

8.5　おわりに …………………… 279

9 液晶／空気界面における光物体輸送・
　運動システムの構築
　………………… 桑原　穣, 栗原清二 … 281

9.1　はじめに …………………… 281

9.2　液晶性分子の協調的分子配向（運
　　　動） ……………………… 281

9.3　コレステリック（キラルネマチッ
　　　ク）液晶の特性制御と微小物体マ
　　　ニピュレーション ………… 283

9.4　アキラルな液晶場を利用した微小
　　　物体の光マニピュレーション … 284

9.5　おわりに …………………… 287

10 結晶のフォトメカニカル機能
　………………………… 小島秀子 … 288

10.1　はじめに………………… 288

10.2 アゾベンゼン結晶のフォトメカニ
カル機能‥‥‥‥‥‥‥‥‥288
10.3 サリチリデンアニリン結晶のフォ
トメカニカル機能‥‥‥‥‥294
10.4 おわりに‥‥‥‥‥‥‥‥‥297

11 光応答性有機分子と無機ナノ層状化合
物の複合化による光メカニカル機能材
料‥‥‥‥‥‥嶋田哲也‥299
11.1 コンセプト‥‥‥‥‥‥‥‥299
11.2 光応答性層状複合体の構成‥‥‥300
11.3 光応答性層状複合体の光応答‥‥301
11.4 光応答のコントロール‥‥‥‥302
11.5 スクロール状複合体の開発‥‥‥303
11.6 スクロール状複合体の光応答‥‥304
11.7 おわりに‥‥‥‥‥‥‥‥‥305

12 2種の光反応基を持つハイブリッド錯
体を利用したフォトクロミック結晶の
物性制御‥‥‥‥‥関根あき子‥306
12.1 はじめに‥‥‥‥‥‥‥‥‥306
12.2 サリチリデンアミノピリジン誘導
体のフォトクロミズムの制御‥‥306
12.3 アゾベンゼン誘導体のフォトクロ
ミズム‥‥‥‥‥‥‥‥‥310
12.4 おわりに‥‥‥‥‥‥‥‥‥312

13 光応答性ファイバーを用いた光―運
動エネルギー変換‥‥‥‥中田一弥‥314
13.1 はじめに‥‥‥‥‥‥‥‥‥314

13.2 光応答性ゲルの研究例‥‥‥‥314
13.3 光応答性ファイバーの研究例‥‥315
13.4 おわりに‥‥‥‥‥‥‥‥‥318

14 アゾベンゼン系分子材料で観測される
光誘起物質移動‥‥‥‥中野英之‥319
14.1 はじめに‥‥‥‥‥‥‥‥‥319
14.2 アゾベンゼン系フォトクロミック
アモルファス分子材料を用いる光
誘起 SRG 形成‥‥‥‥‥319
14.3 アゾベンゼン系分子単結晶を用い
る光誘起 SRG 形成‥‥‥‥322
14.4 アゾベンゼン系フォトクロミック
分子マイクロファイバーの光屈曲
挙動‥‥‥‥‥‥‥‥‥327
14.5 おわりに‥‥‥‥‥‥‥‥‥328

15 フォトクロミックペプチドによる生体
動的機能の光制御
‥‥‥‥‥藤本和久,井上将彦‥330
15.1 はじめに‥‥‥‥‥‥‥‥‥330
15.2 α-ヘリックス構造とその光制御
に向けて‥‥‥‥‥‥‥‥331
15.3 スピロピラン架橋ペプチドにおけ
るα-ヘリックス構造の光制御‥333
15.4 ジアリールエテン架橋ペプチドに
よる生体動的機能の光制御‥‥‥335
15.5 おわりに‥‥‥‥‥‥‥‥‥336

第1章　ジアリールエテンの極限機能

1　ジアリールエテン単結晶のフォトメカニカル機能

入江正浩*

1.1　はじめに

　フォトクロミック分子は，光異性化反応に伴い電子構造とともに，立体構造（幾何構造）を可逆に変える。ここでは，分子の幾何構造の光誘起可逆変化にもとづくメカニカル機能について述べる。これまでに多くの分子機械あるいは分子モーターと称する分子あるいは超分子が合成され，分子レベルにおいてメカニカルな動きをしたと報告されてきている[1]。それらの分子機械は確かに溶液中において機械類似の動きをすることが，NMRなどの手段により確認されているが，そのような分子レベルのメカニカルな動きを，マクロなレベルの動きに繋げることは成功していない。唯一マクロレベルにおいての力を検出しようとした試みは，J. F. Stoddartら[2]によるロタキサンを用いた「Linear Artificial Molecular Muscles」であるが，その変形はAFM光学系でようやく検出できる程度であり，マクロレベルの力の発生とは言いがたい。分子をどのように組織化すれば，分子の動きをマクロレベルの動きに拡大できるかは，いまだ，未解決の課題である。光エネルギーを直接力学エネルギーに変換する試み（フォトメカニカル機能）も同様であり，分子レベルでの光誘起幾何構造変化を直接マクロレベルでの材料の動きに結びつけた真のフォトメカニカル機能はいまだ実現していない。私自身，1970年代後半から，光エネルギーを直接力学エネルギーに変換する材料を開発すると言う目標を掲げて様々な試みを行ってきたが，余りに低い性能しか示さず，この研究目標は一時棚上げにしていた。最近になって，単結晶のフォトクロミック反応研究の過程において，分子結晶が光誘起変形することを見出し[3]，特定領域研究の課題として本格的に研究を再開した。高分子系のフォトメカニカル機能を含めて紹介する。

1.2　高分子のフォトメカニカル機能

　フォトメカニカル機能は，これまで高分子フィルム，高分子ゲルなどで報告されている。スピロピランの光開環／閉環反応やアゾベンゼンのtrans-cis異性化を利用し高分子材料を変形させることをめざした研究が行われている。アゾベンゼンは，trans体からcis体に異性化する際に分子の長さが0.90nmから0.55nmに短くなる。光によって分子の大きさが変わるのだから，マクロの材料も形を変えるのではと考えられた[4]。しかし，それほど簡単なものではない。分子が変形しても大きな自由体積をもつ高分子ではそのひずみは緩和されてしまい，マクロな材料の変形を引き起こすことはできない。見いだされた多くの光誘起変形は，いずれも光加熱効果による

　＊　Masahiro Irie　立教大学　理学部　化学科　特任教授

ものであり，自由体積の大きいアモルファス材料では，分子変形を直接にマクロな材料の変形に繋げることは不可能と考えられる。

光を利用して高分子材料の変形を実現した唯一の例は，フォトクロミック分子であるアゾベンゼンをもつ液晶エラストマーである。2001年にはじめて，この液晶エラストマーが光によりマクロなレベルで可逆的に収縮変形することが報告された[5]。液晶エラストマーは，加熱による秩序−無秩序相転移により収縮することが知られている。配向した液晶相から等方相への相転移により，オーダーパラメーターの変化することが原因である。液晶の相転移温度は，アゾベンゼンがtrans体であるかcis体であるかによって異なる。言い換えると，アゾベンゼンの光異性化により相転移温度を変えることが可能である。もし，cis体のときの相転移温度がtrans体のときよりも低ければ，trans-cis光異性化により，相転移温度付近において秩序−無秩序相転移が光誘起され光変形することになる。液晶エラストマーにおいて見いだされた光変形はこの相転移によるものであり，相転移温度付近においてのみ実現可能なもので，分子の変形が直接液晶エラストマーの変形に寄与した訳ではない。この相転移変形は，幾何構造変化を伴わない光異性化（例えば光電荷分離など）によっても誘起させることは可能である。最近見いだされた高分子ブラシの光変形[6]も，これと同様の機構で説明が可能であり，分子の幾何構造変化が直接にマクロな材料の変形を引き起こしている訳ではない。

1.3 光に応答して形を変える分子結晶

分子の変形を直接マクロな材料の変形に繋げる可能性をもった分子系として，分子結晶がある。分子結晶は，分子が密に組織化された自己集積体である。分子の幾何構造，またその電子構造を反映して，さまざまな形態の分子結晶が得られている。自由体積の大きい高分子材料系と異なり，この密な組織体においては，構成分子の幾何構造がわずかでも変化すれば，分子結晶バルクの形状も変化すると期待される。

以下に，実際に光誘起変形することが見いだされたジアリールエテン結晶とその変形機構を紹介する。

1.3.1 板状結晶の光誘起変形

1,2-bis(2-ethyl-5-phenyl-3-thienyl)perfluorocyclopentene (1) 単結晶では，紫外光照射前の無色正方形の結晶が，紫外光照射により青く着色し，それとともに菱形に変形することを認めた[7]。この青色の菱形結晶は，可視光を照射すると元の無色の正方形結晶にもどった。1,2-bis(5-ethyl-2-phenyl-4-thiazolyl)perfluorocyclopentene (2) 単結晶は，紫外光照射により赤色に着色する。この単結晶も (1) と同様に，紫外光照射により正方形から菱形に変形することが認められた[8,9]。

ジアリールエテン (1) はアリール部位にチオフェン環を，ジアリールエテン (2) はチアゾール環をもち，その電子状態は全く異なることから，光閉環したときの色変化は異なり，前者は青色に後者は赤色に着色した。それにもかかわらず，両者は同様の光誘起変形挙動を示した。両者

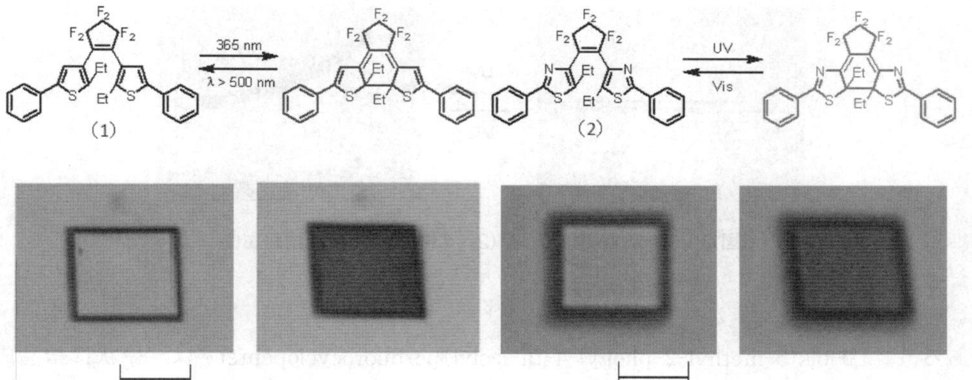

第1章 ジアリールエテンの極限機能

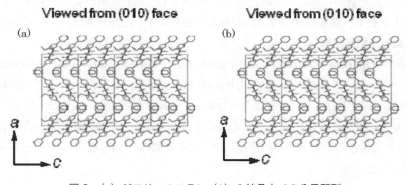

図1

図2 (a) ジアリールエテン (1) の結晶中での分子配列
　　(b) ジアリールエテン (2) の結晶中での分子配列

に共通の光誘起変形の原因を明らかにするために，X線構造回折により両者の結晶構造を解析した。その結果，両者は類似の分子パッキングをしていることが確認された（図2）。この結果は，光誘起変形は，電子状態ではなく分子配列に依存して起きていることを明確に示している。

紫外光照射によりジアリールエテン分子が開環体から閉環体へと異性化反応すると，分子の厚みは薄くなる。図2に示した結晶パッキングでは，c軸に配列した分子がそれぞれ薄くなることになる。反応すれば，分子と分子の間に隙間ができることになる。有機分子は，分子と分子がvan der Waals力により相互作用している。従って，隙間を埋める方向に分子が動き，c軸が収縮することになる。ユニットセルのc軸が収縮することにより，結晶の外形は，正方形から菱形に変形することになる。

微小単結晶では，光が均一に当たり結晶全体が均一に反応し，結晶外形の変形をもたらした。もう少し大きな結晶で不均一に光が当たれば，バイメタルのように，結晶が屈曲することになる

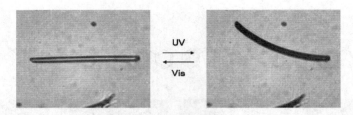

図3 ジアリールエテン（2）の棒状結晶の光誘起屈曲

であろう。1,2-bis(5-methyl-2-phenyl-4-thiazolyl)perfluorocyclopentene は，棒状に結晶成長する。この棒状結晶の光誘起変形を観測した。図3に示すように，この棒状結晶に紫外光を照射すると，照射した方向に向かって結晶は屈曲した。可視光を照射すると，屈曲した結晶は元の直線状にもどった。このような変化は高速（5μ秒以下）で，80回以上繰り返しが可能であった。光照射に伴い，照射側のみ結晶の収縮が起こり，結果として屈曲変形がもたらされたことになる。この屈曲の力は強く，自重の90倍もの金属微粒子を動かすことができた。

1.3.2 混晶の光誘起変形

1-(5-methyl-2-phenyl-4-thiazolyl)-2-(5-methyl-2-p-tolyl-4-thiazolyl)perfluorocyclopentene (3) と 1,2-(5-methyl-2-p-tolyl-4-thiazolyl)perfluorocyclpentene (4) とは，任意の組成からなる混晶を形成する。(3) と (4) とを混合したエタノール溶液で，(4) の組成が20%以下の場合，再結晶により板状結晶が得られるが，(4) の組成が30%を超えると棒状結晶の割合が増える。(3) と (4) とを等モル含むエタノール溶液からは，(3) を63%，(4) を37%含む mm サイズの棒状結晶が得られた。

化学式（1）

この棒状結晶へ紫外光を照射すると，照射方向に屈曲することが認められた。屈曲した棒状結晶は，可視光照射により元のまっすぐな形状に回復した。この屈曲と回復は1000回以上繰り返すことが可能であり，1000回繰り返した後も劣化は認められなかった。屈曲の方向は，UV光の照射方向にのみ依存し，どちらの方向へも屈曲させることが可能であった。また，棒状結晶が長いと結晶状態を維持したまま極端にカールすることも認められた（図4）。

第1章　ジアリールエテンの極限機能

図4　ジアリールテン（3）および（4）の混晶の光誘起変形

UV光による屈曲，可視光による回復は，温度によらず，4.6Kの極低温においても認められた。また，水中においても，空気中と同様の光変形を誘起させることができた。

1.3.3　Cocrystalsの光誘起変形

下記のジアリールエテンとペルフルオロナフタレンとは，長方形板状のcocrystals（5）を形成する。

化学式（2）

この板状結晶に紫外光を照射すると，照射方向から遠ざかる方向に屈曲することが認められた。この変形機構は，次のように考えられる[10]。

図5に示すように，3角形で近似したジアリールエテンは，閉環反応により高さが，0.534nmから0.679nmに伸長する。結晶中において，ジアリールエテン分子は，高さ方向をb軸にそろえて配置している。すなわち，UV光により光閉環反応すると，b軸の方向が伸長することになり，照射方向に対して遠ざかる方向に変形が誘起されたと考えられる。

この板状結晶は，UV光照射により自重の200-600倍の鉄球を持ち上げることが可能であった（図6）。この光発生応力は，〜50MPaにも達し，生体筋肉の100倍以上であることが明らかとなった。分子結晶アクチュエーターは，ピエゾ素子に匹敵する性能を有している。

最近，同様の分子結晶の可逆的な伸縮がアントラセン誘導体結晶[11]，アゾベンゼン結晶[12]などにおいても見出されている。フォトクロミック分子結晶の光変形は普遍性のある現象であり，今後の発展が期待される。

5

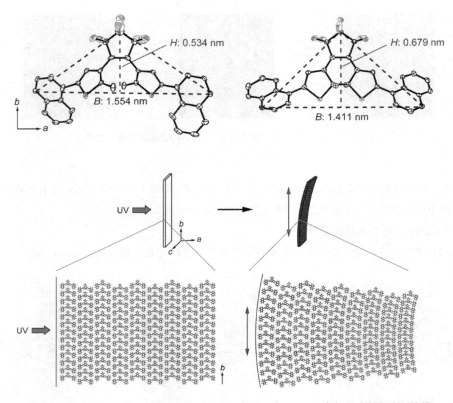

図5 ジアリールエテン—ペルフルオロナフタレン cocrystal（5）の光誘起変形機構

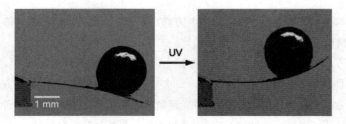

図6 ジアリールエテン—ペルフルオロナフタレン cocrystal（5）による鉄球の持ち上げ

文　　献

1) E. R. Kay, D. A. Leigh, F. Zerbetto, *Ang. Chem. Int. Ed.*, **46**, 72 (2007)
2) Y. Liu *et al.*, *J. Am. Chem. Soc.*, **127**, 9745 (2005)

第1章　ジアリールエテンの極限機能

3) M. Irie, S. Kobatake, M. Horichi, *Science*, **291**, 1769 (2001)

4) E. Merian, *Text. Res. J.*, **36**, 612 (1966)

5) H. Finkelmann, E. Nishikawa, G. G. Pereira, M. Warner, *Phys. Rev. Lett.*, **87**, 015501 (2001)

6) N. Hosono, T. Kajitani *et al.*, *Science*, **330**, 808 (2010)

7) S. Kobatake, S. Takami, H. Muto, T. Ishikawa, M. Irie, *Nature*, **446**, 778 (2007)

8) L. Kuroki, S. Takami, K. Yoza, M. Morimoto, M. Irie, *Photochem. Photobiol. Sci.*, **9**, 221 (2010)

9) M. Irie, *Bull. Chem. Soc. Jpn.*, **81**, 917 (2008)

10) M. Morimoto, M. Irie, *J. Am. Chem. Soc.*, **132**, 14172 (2010)

11) R. O. Al-Kaysi, C. J. Bardeen, *Adv. Mater.*, **19**, 1276 (2007)

12) H. Koshima, N. Ojima, H. Uchimoto, *J. Am. Chem. Soc.*, **131**, 6890 (2009)

2 超高速時間分解計測によるフォトクロミック反応ダイナミクスとメカニズムの解明

石橋千英[*1]，宮坂　博[*2]

2.1　はじめに

　光吸収により生成した電子励起状態分子の反応は，輻射過程や無輻射過程などの種々の過程と競争し，有限の短い励起状態寿命の間に進行する。また，緩和した励起一重項や三重項状態から進行する反応のみならず，余剰振動エネルギーを持つ電子状態，また高位電子励起状態から高速に進行する反応も存在する。したがって，時間分解計測手法を用いて反応過程を直接的に観測し，そのダイナミクスとメカニズムを明らかにすることは，フォトクロミック系のような光機能性を有する分子系の機能発現過程の総合的な解明や，よりすぐれた物質系の合理的設計指針の獲得のために重要な役割を果たす[1]。

　今までに，アゾベンゼン，スピロピラン，スピロオキサジン，ヘキサアリールビスイミダゾール，フルギド，ジアリールエテンなど多くのフォトクロミック分子系が開発されてきた[2~7]。最初の4種の誘導体はUV光照射によって着色体を生成するが，その戻りの反応は熱過程でも進行する。一方，フルギドとジアリールエテン誘導体は，基底状態における両異性間の障壁が熱エネルギーと比べて十分に大きいので，両異性化反応は光照射によってのみ進行するという特徴を持つ。本稿ではこれらの有機フォトクロミック化合物系を中心に，パルスレーザーを用いて明らかになった反応ダイナミクスとメカニズムを紹介するとともに，レーザー照射によって誘起される非線形フォトクロミック過程についても概説する。

2.2　ジアリールエテン誘導体のフォトクロミック反応ダイナミクス

　ジアリールエテン誘導体は，入江らにより最初に開発された分子系であり，両異性体の熱的安定性や繰り返し反応耐久性に優れ，結晶相でも異性化反応が進行する系も多く存在する。これらの多くの特長に基づいた研究が，基礎・応用両面から広く行われている[7~10]。ジアリールエテン誘導体のフォトクロミズムは，図1(a) に示すように光誘起環開閉過程により進行する。一般に閉環体（右側）は，π共役が広がった分子構造を持つので可視部にも吸収帯を有し着色している。一方，開環体（左側）はUV領域にのみ吸収帯を有するものが多い。したがって，UV光照射により閉環反応（開環体→閉環体）を，また可視光照射により開環反応（閉環体→開環体）を選択的に誘起することができる。

2.2.1　フェムト秒・ピコ秒レーザーによる閉環反応過程の直接測定

　図1(a) に示すジアリールエテン誘導体（**BT**）の閉環反応過程に対し，フェムト秒からマイ

＊1　Yukihide Ishibashi　愛媛大学　大学院理工学研究科　物質生命工学専攻　応用化学
　　　　コース　助教

＊2　Hiroshi Miyasaka　大阪大学　大学院基礎工学研究科　物質創成専攻　教授

第1章　ジアリールエテンの極限機能

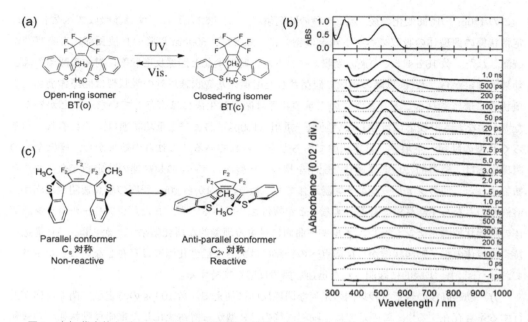

図1　(a) 代表的なジアリールエテン誘導体の構造と反応, (b) BT(o)/n-ヘキサン溶液系の320nmフェムト秒レーザー励起による過渡吸収スペクトルおよびBT(c)の定常状態の吸収スペクトル（最上段のカラム），(c) 基底状態における開環体の二つの構造（Parallel型とAnti-parallel型）

クロ秒までの広範囲の時間領域におけるダイナミクス[11]の測定を行った結果を述べる。図1(b)には，n-ヘキサン溶液中の開環体（BT(o)）を320nmフェムト秒レーザー光により励起し得られた過渡吸収スペクトルを示す。励起後，数ピコ秒の時間領域で520nmに極大を持つブロードな吸収帯が現れる。このスペクトル形状および吸収極大は，定常状態の閉環体（BT(c)）の吸収スペクトル（図1(b) の一番上のカラム）にほぼ一致しており，迅速に閉環反応が進行することがわかる。過渡吸収の時間変化の解析から，閉環体生成の時定数は450fsと求まった。

その後，数10psから数nsの時間領域においても，時定数150psを持つ過渡吸収スペクトルの変化が見られた。この値は，時間分解蛍光測定（時間分解能約20ps）から得られたn-ヘキサン溶液中の開環体（BT(o)）の蛍光衰寿命150psと一致する。上で述べたように，閉環反応の時定数は450fsであり，この蛍光寿命は閉環反応しにくい構造を持つ開環体励起状態に起因すると考えられる。実際に，この励起状態寿命と閉環反応収率に対する溶媒の粘性依存性を検討した結果から，この150psの寿命の励起状態は閉環体生成には寄与していないことが結論されている[11]。NMRの測定等から，ジアリールエテン誘導体の開環体は，大別するとC_{2v}の構造を持つanti-parallel（AP）およびC_sの構造を持つparallel（P）の配座をとることが知られている[7,8]。図1(c) に示すように，AP型のコンフォーマーからの閉環反応は構造的に容易であるが，P型からの反応には大きな構造変化が必要である。これらの結果から，この150psの成分はP型のコンフォーマーの励起状態であると考えられている。

この150psの時間変化の後，数ナノ秒の時間領域でも，図1(b)に示す過渡吸収スペクトルは，定常状態の閉環体の吸収スペクトルとは完全に一致せず，600nm以降の長波長部にも吸収帯が観測された。数10μsまでの過渡吸収スペクトルの時間変化と閉環反応収率に対する酸素の添加効果の測定から，数ns以降の領域で観測された閉環体基底状態以外の吸収帯は開環体励起三重項状態に帰属されること，またこの三重項状態は閉環体生成には寄与していないことがわかった[11]。すなわち，反応に寄与しない励起一重項（150ps）および三重項状態は，それぞれ，おそらくP型の励起一重項，三重項状態であると考えられている。これらの結果から，ほぼ全ての閉環反応は，構造的に反応に適した配座を持つAP型から450fsの超高速の時定数で進行すると結論された。他のジアリールエテン誘導体でも，数ps以内から10ps程度の超高速閉環反応が，溶液系のみならず結晶相でも進行することが報告されている[12〜19]。また，ジアリールエテン誘導体の励起状態のポテンシャルエネルギー曲面に対する理論的な研究結果[20〜23]からは，AP構造を持つ開環体の電子励起状態から反応点への経路には大きな活性化障壁は存在しないことが示されており（図2），実験的に観測された迅速な閉環反応を支持する。

一方，励起直後の数ピコ秒以内の迅速な閉環反応に加えて，数100psの時定数で閉環反応が進行する系も存在する[14]。この系では，励起直後のAP型から構造変化した電荷移動状態への緩和過程と迅速な閉環反応が競争して進行し，更にこの電荷移動状態からの閉環反応が媒体粘性に依存して進行するため，数100ps程度のゆっくりとした閉環反応の経路が存在すると考えられている[11,14]。また他分子とジアリールエテン誘導体を化学結合で連結した系では，連結された他分子からの三重項エネルギー移動を介してジアリールエテン誘導体の閉環反応が進行することが報告されている[24,25]。これらの系では，三重項エネルギー移動により，AP型の三重項が生成し閉環反応が進行すると考えられる。すなわち，閉環体生成は主には，AP型の励起直後の超高速過程が主たる経路ではあるが，それ以外の遅い反応経路に対しても，基底状態における配座が重要な役割を果たす。

2.2.2 フェムト秒・ピコ秒レーザーによる閉環反応過程の直接測定

表1には，超高速分光により測定されたジアリールエテン閉環体の励起状態寿命と開環反応収

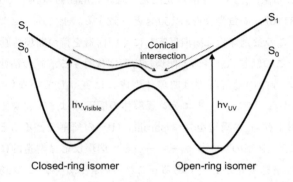

図2 ジアリールエテン誘導体のフォトクロミック反応に対するポテンシャルエネルギー曲線

第1章　ジアリールエテンの極限機能

表1　種々のジアリールエテン誘導体の閉環体励起状態の寿命と開環反応収量

分子構造	励起状態寿命	開環反応収率	溶媒（媒体）	文献
（分子構造図）	0.7ps	10^{-5}	n-hexane	26
（分子構造図）	2.1ps	0.001	dichloromethane	27, 34
（分子構造図）	10ps 15ps 25ps	0.013 $\leqq 0.01$ 0.017	n-hexane PMMA polycrystal	28 29 19, 30
（分子構造図）	13ps	0.04	dichloromethane	21
（分子構造図）	1.3ps	0.077	n-hexane	31
（分子構造図）	8ps	0.077	n-hexane	22
（分子構造図）	25ps	0.35	n-hexane	32, 33

量を示した[19, 21, 22, 26〜34]。励起状態寿命は，概ね数ピコ秒から数10ps程度であり，通常の典型的な有機色素の蛍光寿命（数ns程度）と比較して2から3桁程度短い値である。一方，この寿命の値は反応収率とはあまり相関を示さない。また閉環体励起状態の減衰過程に伴う励起三重項の生成は観測されないので，励起一重項状態の減衰は，主には開環反応と閉環体基底状態への無輻射失活による。一般にジアリールエテン誘導体の開環反応収率は，温度の上昇とともに大きくなることが知られており，図2の左側に示されるように，閉環体の励起平衡状態から反応点に向かう経路の途中に活性化障壁が存在することが理論的な研究からも示されている[20〜23]。特に，結合開裂の生じるC-C結合部位にメトキシ基を有する誘導体では，この活性化障壁が大きくなることが小さな反応収率の主要な原因であると考えられている[20, 35]。さらに，図2に示すような断熱的な励起状態ポテンシャル上で，反応点（円錐交差点；Conical intersection）に向かう経路と競争する迅速な基底状態への失活過程[23]が存在することも，反応収率の温度依存性には重要な因子として作用している。

　このような迅速な環開閉反応は，6π電子系を有するフルギド誘導体でも観測されており[36〜39]，ある程度共通の反応のダイナミクスとメカニズムが存在するものと考えられる。

2.3　フェムト秒レーザー分光によるヘキサアリールビスイミダゾール系の結合開裂過程の測定

　ヘキサアリールビスイミダゾール（HABI）誘導体も，ジアリールエテンと誘導体同様に，日本の研究者が最初に開発したフォトクロミック化合物である[5]。特に最近開発されたラジカル拡散を制御したHABI誘導体は高速光着色・脱色反応を示し，新たなフォトクロミック分子系の応用展開を示す分子系として注目されている[40, 41]。

　図3(a)には，典型的なHABI誘導体の分子構造とその光反応のスキームを示す。HABI誘導体では，C-Nの化学結合が光照射により開裂し同じラジカルが2つ生成する。親分子は，主に紫外部に吸収を持ちほぼ無色であるが，一方，ラジカル種は可視部にも吸収帯を有し呈色する。このラジカル種は，ラジカル反応開始剤としても作用するが，非反応性の環境においては安定に存在し，二分子的再結合過程を経て親分子にもどる。C-N結合の再生成には大きな活性化エントロピーが必要なため，再結合速度定数は通常のラジカル再結合の場合（溶媒中ではほぼ拡散律速速度定数，$10^{10}M^{-1}s^{-1}$程度）と比べて著しく小さく，数分から数時間程度，ラジカルによる呈色を確認することができる。

　図3(b)には，ベンゼン溶液中のHABI誘導体（h1）の400nmフェムト秒レーザー励起による過渡吸収スペクトルを示す[42]。励起後の時間の経過とともに，結合開裂が進行し530nmに極大を持つh2ラジカルの吸収スペクトルが増大する。過渡吸光度の時間変化の解析から，h2ラジカルの生成の時定数は80fsと求められた。この超高速結合解離は，電子励起状態のポテンシャルがほぼ解離型の構造を持つことに起因する。

　HABI誘導体と同様に，テトラフェニルヒドラジンやジフェニルジスルフィド誘導体も，光照射によりホモリテイックな光開裂を起こし，同じラジカルを2つ生成する[43, 44]。これらの系でも，

第1章　ジアリールエテンの極限機能

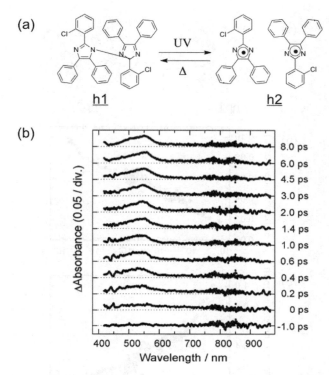

図3　(a) 代表的な HABI 誘導体の構造と反応，(b) h1/ベンゼン溶液系の 400nm フェムト秒レーザー励起による過渡吸収スペクトル

超高速結合解離が進行するが，生成したラジカル対が溶媒ケージの中で，ラジカル対解離とジェミネート（ラジカル対内）再結合が競争して進行するため，数ピコ秒程度の時間内にラジカルが若干減少することが報告されている[44]。一方，この HABI 誘導体ではこのような解離直後の再結合は全く観測されなかった。これは，先に述べたように，ラジカル再結合のための配置に制限が大きいためジェミネート再結合に対しても，その速度定数が小さくなるためと考えられている。実際に，多くの HABI 誘導体のラジカル生成の収率はほぼ 100％であり，解離直後のラジカル対における再結合過程が効果的に進行しないことと符合している。

HABI のアリール基を変化させることにより，親分士やラジカルの吸収波長などを変化させることが期待できる。図4(a) には，2つのピレニル基を誘導した HABI 化合物（hp1）の構造と，その光解離反応のスキームを示す。ピレニル基の導入により，親分士の 350nm から長波長の紫外部の吸収強度が増大するとともに，ラジカルの吸収もより大きな分子吸光係数を示す。この化合物の光照射によるラジカル生成量子収率もほぼ 100％である。

図4(b) には，フェムト秒 400nm レーザー光により測定された hp1 のベンゼン溶液系におけるラジカル生成の時間依存性を示す[45]。この図からも明らかなように，光励起後のラジカルの生成は 100fs から 10ns までの 5 桁程度の広い時間範囲で複雑に進行する。この系では，約 470nm

13

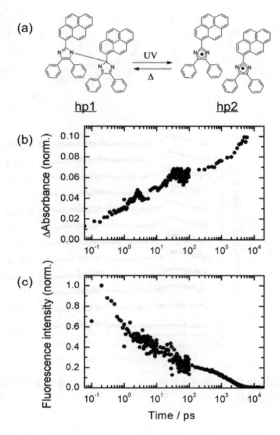

図4 (a) HABI 誘導体 (hp1) の構造と反応, (b) フェムト秒〜ピコ秒のレーザー励起による hp1/ベンゼン溶液における hp2 生成の時間依存性, (c) hp1/ベンゼン溶液における観測波長 480nm の蛍光強度の時間依存性

を極大に持つブロードな形状を持つ弱い蛍光も観測される。図4(c) には，観測波長 480nm の蛍光強度の時間依存性を示した。蛍光挙動も数 100fs から 10ns の時間領域で複雑な時間変化を示し，少なくても3成分指数関数 (0.26ps, 3.3ps, 1.7ns) を用いなければ実験結果は再現しなかった。特に短波長の蛍光の減衰には，数 ps 以内の速い減衰成分が顕著に観測されたが，長波長部ではその寄与は小さくなった。また，最も長い時定数の 1.7ns の減衰には，観測波長依存性は観測されなかった。これらの結果は，励起後の時間の経過とともに蛍光の極大波長は 100fs から 10ps 程度の時間領域で長波長へと変化し，その後，極大波長は一定のまま 1.7ns の時定数で減衰することを示す。この約 470nm を極大に持つブロードな蛍光スペクトルは，hp1 結晶の X 線回折とピレン溶液の蛍光スペクトルとの比較から，2つのピレニル基が face-to-face に近い構造を持つピレンエキシマー（励起状態でのみ存在する二量体）に帰属できることが明らかになっている。すなわち，溶液中で観測された 100fs から 10ps 程度の時間領域で蛍光極大波数が長波長

第1章　ジアリールエテンの極限機能

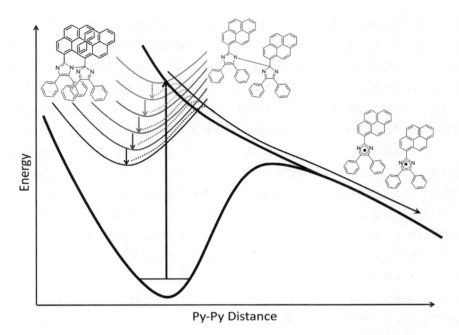

図5　HABI誘導体hp1の反応ダイナミクスに対する模式的なポテンシャルエネルギー曲線

へと変化する過程は，安定なエキシマー構造への変化によるものであり，1.7nsの寿命を持つ蛍光は2つのピレニル基がface-to-faceに近い構造を持つエキシマー的な状態によるものとされている[45]。

　これらのフェムト秒レーザーによる時間分解測定の結果から，hp1の解離反応は図5のように考えられた[45]。すなわち，励起直後の状態から，徐々にピレニル基の相互構造変化により局在的なポテンシャルが安定化し，解離型のポテンシャル曲面への遷移の活性化エネルギーが増大する。この結果，実効的な結合開裂（ラジカル生成）の反応確率は時間の経過とともに小さくなる。これらの結果として，ラジカル生成のダイナミクスは非常に長い時間領域で進行する。しかし，緩和したエキシマー的な状態の1.7nsの寿命は，分子間で形成されるピレンエキシマーの蛍光寿命（約100ns）と比べると非常に短い。したがって，結合開裂量子収率は局在励起状態（フェニル基のエキシマー状態）が解離型ポテンシャルよりも十分に高いと考えられるh1と同様に，ほぼ1に近い値が得られることが説明されている。以上のように，HABI系では，基本的には解離型のポテンシャルを有することが特徴であり，大きなアリール基を導入した場合にはエキシマー生成などを含めた局在励起状態がその結合開裂挙動に影響を与えるものの，大きな反応収率を持つ系が多い。

2.4　非線形フォトクロミック反応

　パルスレーザーを利用することによって，上記のような反応ダイナミクスを詳細に解明するだ

けでなく，通常の光源では誘起することが困難な特異的な光反応を進行させることも可能になる。たとえば，ジアリールエテンやフルギド誘導体の閉環体は，ピコ秒パルスによって逐次二光子吸収を誘起した場合，非常に効率良く開環反応が進行する。これは，図6(a) に示すように，二光子吸収によって生成した高位電子励起状態における開環反応収率が大きいことによる[26, 28, 31, 37, 46]。特に，可視一光子開環反応収率が小さい系では，図6(b) に示すように，二光子吸収を経由した場合の反応増幅率，(実際に反応した分子数)／{(励起体積中に注がれた光子数)×(可視一光子反応収率)}，が，2500倍以上に達するものも見出されている[26]。一方，このような効率の良い開環反応収率は，可視二光子吸収と同程度のエネルギーを持つ紫外光により一光子励起した場合には観測されず，二光子吸収によってのみ遷移可能な電子状態を経た反応であることが示されている[46]。この二光子反応は，光読み出しと光消去可能な光メモリー系の作成などへの応用的観点からも興味深い現象であるが，凝縮系でフォトクロミック分子のような大きな分子系で，多光子過程を利用して数千倍以上もの反応効率の増大が達成された系はほとんど存在せず，基礎的な光化学反応としても興味深い。

　以上のような逐次二光子吸収による反応のスイッチングは，実際に有限の寿命を持つ実在の電子励起状態を経由した逐次二光子吸収によって進行する。そのため励起レーザーの波長は基底状態に共鳴するものを用い，閉環反応（着色過程）のためには紫外部の別の光源を用いる必要がある。一般に，ジアリールエテンやフルギド誘導体の開環体は紫外部のみに吸収を有し，閉環体は可視部と紫外部の双方に吸収をもつ。したがって，三光子吸収によって紫外部の励起が可能な非共鳴な近赤外光を用いれば，二光子吸収は可視部のエネルギーに対応するので，一波長のレーザー光によって着色（閉環反応）と消色（開環反応）を行わせることも期待できる。同時三光子

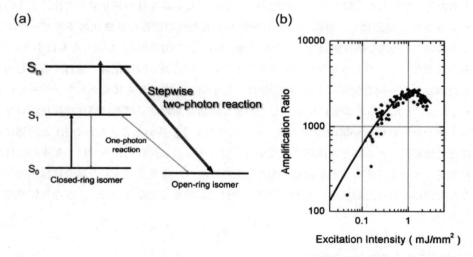

図6 （a）高効率な開環反応を誘起する逐次二光子吸収過程，（b）励起光強度に依存した反応増幅率の推移。反応増幅率は最大で2500倍に達していることを示す

吸収の吸収断面積に対する実測例は少ないが，いくつかの報告[47]からは二光子吸収のものと比べて，10^{-32}–10^{-34}倍程度小さく，一般には効率良く非共鳴同時三光子吸収を誘起することは，比較的高出力の大規模レーザーを用いなければ困難であった[48]。また，高倍率のレンズを用いた場合，フェムト秒レーザーはスペクトル幅が広いためにレンズの分散によりパルス時間幅が広がってしまい，高い尖頭出力を保つことが困難になる。このような困難を克服し，短いパルス幅と高い尖頭出力を得るために，近赤外部に発振波長を持つ自作の Cr:Forsterite レーザー（発振中心波長 1.27μm）を光源とする顕微鏡システムを作成した[49]。近赤外部では屈折率の波長分散が比較的小さいので，高開口数の対物レンズ（NA = 0.95）を用いても顕微鏡下で 35fs 程度のパルス幅を得ることができる。レーザーの出力は≤ nJ/pulse 程度と小さいが，集光しても短いパルス幅を保つことができるので高い尖頭出力を得ることが可能となり，非共鳴同時二光子吸収と三光子吸収過程より，一波長による可逆的反応制御可能であることがわかった[50]（図 7）。

また，パルスレーザーを用いた場合，高光子密度励起によって時間・空間的に多くの励起状態分子が同時に生成することによって，通常は異性化反応が起こらないような固体環境でも，協同的にフォトクロミック反応が進行する場合も見出されている[51,52]。この場合には，一分子レベルの反応には多光子過程は関与していないが，系の応答としてはレーザー強度に対して閾値を有し非線形性を示す。

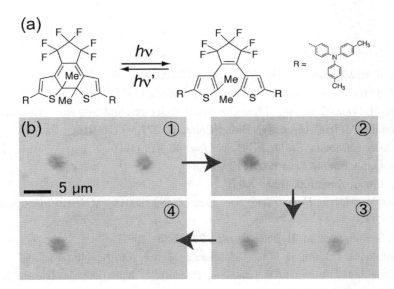

図7 （a）ジアリールエテン薄膜作成に用いた分子構造と反応，（b）顕微鏡下でフェムト秒 Cr:Forsterite レーザー（中心波長 1.28 μm）照射した場合のジアリールエテン誘導体薄膜の透過像
最初に 2 つの部分に 0.7nJ/pulse（100kHz）の出力で試料を 50ms 照射して着色（①）させた後，右側のスポットのみ 48pJ/pulse（100kHz）で 180s 照射して脱色過程（①→②）を誘起。再び 0.7nJ/pulse で着色後（②→③），48pJ/pulse で消色（③→④）。

2.5 今後の展開

　以上に述べたように，超短パルスレーザーによる直接測定によって反応ダイナミクスの詳細な情報を取得することが可能となる。しかし，定常光測定による反応収量やその温度依存性などの基礎的な知見も時間分解測定データの解析のためには重要な役割を果たしており，反応機構の詳細な解明のためにはお互いのデータを相補的に用いて研究を展開することが必要である。

　またパルスレーザー光は単に短時間パルス光源としての利用のみならず，フォトクロミック系に対し，多光子吸収過程や，協同効果などのいくつかの非線形的な応答を誘起することが可能であることを示した。これらの過程は光消去と光読みだし可能なメモリーの実現，マスクレス空間パターン形成，閾値を持つ光応答系の作成など，フォトクロミック分子系の新たな展開を可能とする要素過程と考えられ，さらなる研究の展開を計画している。

謝辞

　ここに示した研究は，入江正浩先生（九大名誉教授，立教大教授），小畠誠也先生（大阪市大教授），横山泰先生（横浜国大教授），内田欣吾先生（龍谷大教授），中村振一郎博士（三菱化学計算化学研究所），阿部二朗先生（青山学院大教授）ら，また私どもの研究室のスタッフ，学生達との共同で行われている。これらの方々に，ここに深く謝意を表する。

文　　　献

1)　N. Tamai, H. Miyasaka, *Chem. Rev.*, **100**, 1875 (2000)

2)　G. H. Brown, "Photochromism", Wiley-Interscience (1971)

3)　H. Dürr, H. Bouas-Laurent, "Photochromism Molecules and Systems", Elsevier (1990)

4)　S. Kobatake, M. Irie, *Annu. Rep. Prog. Chem. C*, **277**, 99 (2003)

5)　T. Hayashi, K. Maeda, *Bull. Chem. Soc. Jpn.*, **43**, 429 (1970)

6)　Y. Yokoyama, *Chem. Rev.*, **100**, 1717 (2000)

7)　M. Irie, *Chem. Rev.*, **100**, 1685 (2000)

8)　S. Kobatake, M. Irie, *Bull. Chem. Soc. Jpn.*, **77**, 195 (2004) ; M. Irie, *Bull. Chem. Soc. Jpn.*, **81**, 917 (2008)

9)　M. Irie, S. Kobatake, M. Horichi, *Science*, **291**, 1769 (2001)

10)　S. Kobatake, S. Takami, H. Mito, T. Ishikawa, M. Irie, *Nature*, **446**, 778 (2007)

11)　Y. Ishibashi, M. Fujiwara, T. Umesato, H. Saito, S. Kobatake, M. Irie, H. Miyasaka, *J. Phys. Chem. C*, **115**, 4265 (2011)

12)　H. Miyasaka, S. Araki, A. Tabata, T. Nobuto, N. Mataga, M. Irie, *Chem. Phys. Lett.*, **230**, 249 (1994) ; H. Miyasaka, T. Nobuto, A. Itaya, N. Tamai, M. Irie, *Chem. Phys. Lett.*, **269**, 281 (1997) ; T. Kaieda, S. Kobatake, H. Miyasaka, M. Murakami, N. Iwai, N. Nagata, A. Itaya, M. Irie, *J. Am. Chem. Soc.*, **124**, 2015 (2002)

第1章　ジアリールエテンの極限機能

13) N. Tamai, T. Saika, T. Shimidzu, M. Irie, *J. Phys. Chem.*, **100**, 4689 (1996)

14) H. Miyasaka, T. Nobuto, M. Murakami, A. Itaya, N. Tamai, M. Irie, *J. Phys. Chem. A*, **106**, 8096 (2002)

15) J. Ern, A. T. Bens, H.-D. Martin, K. Kuldova, H. P. Trommsdorff, C. Kryschi, *J. Phys. Chem. A*, **106**, 1654 (2002)

16) P. R. Hania, R. Telesca, L. N. Lucas, A. Pugzlys, J. van Esch, B. L. Feringa, J. G. Snijders, K. Duppen, *J. Phys. Chem. A*, **106**, 8498 (2002)；P. R. Hania, A. Pugzlys, L. N. Lucas, J. J. D. de Jong, B. L. Feringa, J. H. van Esch, H. T. Jonkman, K. Duppen, *J. Phys. Chem. A*, **109**, 9437 (2005)

17) S. Shim, I. Eom, T. Joo, E. Kim, K. S. Kim, *J. Phys. Chem. A*, **111**, 8910 (2007)

18) C. Elsner, T. Cordes, P. Dietrich, M. Zastrow, T. T. Herzog, K. Rück-Braun, W. Zinth, *J. Phys. Chem. A*, **113**, 1033 (2009)

19) K. Tani, Y. Ishibashi, H. Miyasaka, S. Kobatake, M. Irie, *J. Phys. Chem. C*, **112**, 11150 (2008)

20) D. Guillaumont, K. Kobayashi, K. Kanda, H. Miyasaka, K. Uchida, S. Kobatake, K. Shibata, S. Nakamura, M. Irie, *J. Phys. Chem. A*, **106**, 7222 (2002)；S. Nakamura, T. Kobayashi, A. Takata, K. Uchida, Y. Asano, A. Murakami, A. Goldberg, D. Guillaumont, S. Yokojima, S. Kobatake, M. Irie, *J. Phys. Org. Chem.*, **20**, 821 (2007)

21) J. Ern, A. T. Bens, H.-D. Martin, S. Mukamel, D. Schmid, S. Tretiak, E. Tsiper, C. Kryschi, *Chem. Phys.*, **246**, 115 (1999)

22) J. Ern, A. T. Bens, H.-D. Martin, S. Mukamel, D. Schimid, S. Tretiak, T. Tsiper, C. Kryschi, *J. Phys. Chem. A*, **105**, 1741 (2001)

23) M. Boggio-Pasqua, M. Ravaglia. M. J. Bearpark, M. Gavavelli, M. A. Robb, *J. Phys. Chem. A*, **107**, 11139 (2003)

24) M. T. Indelli, S. Carli, M. Ghirotti, C. Chiorboli, M. Ravaglia, M. Garavelli, F. Scandola, *J. Am. Chem. Soc.*, **130**, 7286 (2008)

25) T. Fukaminato, T. Doi, M. Tanaka, M. Irie, *J. Phys. Chem. C*, **113**, 11623 (2009)

26) Y. Ishibashi, K. Okuno, C. Ota, T. Umesato, T. Katayama, M. Murakami, S. Kobatake, M. Irie, H. Miyasaka, *Photochem. Photobiol. Sci.*, **9**, 172 (2010)

27) J. Ern, A. T. Bens, A. Bock, H.-D. Martin, C. Kryschi, *J. Lumin.*, **76&77**, 90 (1998)

28) H. Miyasaka, M. Murakami, A. Itaya, D. Guillaumont, S. Nakamura, M. Irie, *J. Am. Chem. Soc.*, **123**, 753 (2001)

29) S. Ryo, Y. Ishibashi, M. Murakami, H. Miyasaka, S. Kobatake, M. Irie, *J. Phys. Org. Chem.*, **20**, 953 (2007)

30) Y. Ishibashi, K. Tani, H. Miyasaka, S. Kobatake, M. Irie, *Chem. Phys. Lett.*, **437**, 243 (2007)

31) Y. Ishibashi, M. Mukaida, M. Falkenström, H. Miyasaka, S. Kobatake, M. Irie, *Phys. Chem. Chem. Phys.*, **11**, 2640 (2009)

32) H. Miyasaka, M. Murakami, T. Okada, Y. Nagata, A. Itaya, S. Kobatake, M. Irie, *Chem. Phys. Lett.*, **371**, 40 (2003)

33) S. Shim, T. Joo, S. C. Bae, K. S. Kim, E. Kim, *J. Phys. Chem. A*, **107**, 8106 (2003)

フォトクロミズムの新展開と光メカニカル機能材料

34) K. Kuldová, K. Tsyganenkoa, A. Corvala, H. P. Trommsdorff, A. T. Bensb, C. Kryschi, *Synth. Metal*, **115**, 163（2000）

35) K. Morimitsu, S. Kobatake, S. Nakamura, M. Irie, *Chem. Lett.*, **32**, 858（2003）

36) S. Kurita, A. Kashiwagi, Y. Kurita, H. Miyasaka, N. Mataga, *Chem. Phys. Lett.*, **171**, 553（1990）

37) Y. Ishibashi, M. Murakami, H. Miyasaka, S. Kobatake, M. Irie, Y. Yokoyama, *J. Phys. Chem. C*, **111**, 2730（2007）；Y. Ishibashi, T. Katayama, C. Ota, S. Kobatake, M. Irie, Y. Yokoyama, H. Miyasaka, *New J. Chem.*, **33**, 1409（2009）

38) M. Handschuh, M. Seibold, H. Port, H. C. Wolf, *J. Phys. Chem. A*, **101**, 502（1997）

39) F. O. Koller, W. J. Schreier, T. E. Schrader, A. Sieg, S. Malkmus, C. Schulz, S. Dietrich, K. Ruck-Braun, W. Zinth, M. Braun, *J. Phys. Chem. A*, **110**, 12769（2006）；S. Malkmus, F. O. Koller, B. Heinz, W. J. Schreier, T. E. Schrader, W. Zinth, C. Schulz, S. Dietrich, K. Rück-Braun, M. Braun, *Chem. Phys. Lett.*, **417**, 266（2006）；B. Heinz, S. Malkmus, S. Laimgruber, S. Dietrich, C. Schulz,K. Rück-Braun, M. Braun, W. Zinth, P. Gilch, *J. Am. Chem. Soc.*, **129**, 8577（2007）；T. Cordes, S. Malkmus, J. A. DiGirolamo, W. J. Lees, A. Nenov, R. de Vivie-Riedle, M. Braun, W. Zinth, *J. Phys. Chem. A*, **112**, 13364（2008）

40) K. Fujita, S. Hatano, D. Kato, J. Abe, *Org. Lett.*, **10**, 3105（2008）

41) Y. Kishimoto, J. Abe, *J. Am. Chem. Soc.*, **131**, 4227（2009）

42) Y. Satoh, Y. Ishibashi, S. Ito, Y. Nagasawa, H. Miyasaka, H. Chosrowjan, S. Taniguchi, N. Mataga, D. Kato, A. Kikuchi, J. Abe, *Chem. Phys. Lett.*, **488**, 228（2007）

43) E. Lenderink, K. Duppen, D. A. Wiersma, *Chem. Phys. Lett.*, **194**, 403（1992）；Y. Hirata, M. Ohta, T. Okada, N. Mataga, *J. Phys. Chem.*, **96**, 1517（1992）

44) Y. Hirata, Y. Niga, M. Ohta, M. Takizawa, T. Okada, *Res. Chem. Intermed.*, **21**, 823（1995）；Y. Hirata, Y. Niga, S. I. Makita, T. Okada, *J. Phys. Chem. A*, **101**, 561（1997）；T. Bultmann, N. P. Ernsting, *J. Phys. Chem.*, **100**, 19417（1996）；A. Lochschmidt, N. Eilers-König, N. Heuneking, N. P. Ernsting, *J. Phys. Chem. A*, **103**, 1776（1999）

45) H. Miyasaka, Y. Satoh, Y. Ishibashi, S. Ito, Y. Nagasawa, S. Taniguchi, H. Chosrowjan, N. Mataga, D. Kato, A. Kikuchi, J. Abe, *J. Am. Chem. Soc.*, **131**, 7256（2009）

46) M. Murakami, H. Miyasaka, T. Okada, S. Kobatake, M. Irie, *J. Am. Chem. Soc.*, **126**, 14764（2004）；K. Uchida, A. Takata, S. Ryo, M. Saito, M. Murakami, Y. Ishibashi, H. Miyasaka, M. Irie, *J. Mater. Chem.*, **15**, 2128（2005）

47) J. B. Birks, "Photophysics of Aromatic Molecules", p.80, Wiley-Interscience（1970）

48) T. Yatsuhashi, Y. Nakahagi, H. Okamoto, N. Nakashima, *J. Phys. Chem. A*, **114**, 10475（2010）

49) H. Matsuda, Y. Fujimoto, S. Ito, Y. Nagasawa, H. Miyasaka, T. Asahi, H. Masuhara, *J. Phys. Chem. B*, **110**, 1091（2006）；H. Matsuda, S. Ito, Y. Nagasawa, T. Asahi, H. Masuhara, S. Kobatake, M. Irie, H. Miyasaka, *J. Photochem. Photobio. A*, **183**, 261（2006）

50) K. Mori, Y. Ishibashi, H. Matsuda, S. Ito, Y. Nagasawa, H. Nakagawa, K. Uchida, S. Yokojima, S. Nakamura, M. Irie, H. Miyasaka, *J. Am. Chem. Soc.*, **133**, 2621（2011）

51) M. Suzuki, T. Asahi, H. Masuhara, *Phys. Chem. Chem. Phys.*, **4**, 185（2002）；T. Asahi, M.

第 1 章　ジアリールエテンの極限機能

Suzuki, H. Masuhara, *J. Phys. Chem. A*, **106**, 2335 (2002)；M. Suzuki, T. Asahi, K. Takahashi, H. Masuhara, *Chem. Phys. Lett.*, **368**, 384 (2003)

52)　K. Uchida, S. Yamaguchi, H. Yamada, M. Akazawa, T. Katayama, Y. Ishibashi, H. Miyasaka, *Chem. Com.*, 4420 (2009)

3 フォトクロミック薄膜表面における金属蒸着選択性

辻岡 強*

3.1 はじめに

金属薄膜を形成する方法として真空蒸着は広く一般的に用いられる方法である。室温で蒸気圧が極めて低く固体状態の金属が、真空中で加熱されて蒸発し、その蒸気原子が基板に到達して急冷され薄膜が形成されるというのが、従来の一般的な概念である。フォトクロミック薄膜の表面に対しても、真空蒸着を用いた金属蒸着は幅広く行われてきた。しかしながら、最近この金属蒸着特性がフォトクロミック膜の光異性化状態に応じて顕著に変化する現象（金属蒸着選択性）が見つかった。

3.2 ジアリールエテン膜表面での金属蒸着選択性とその応用

図1は金属蒸着選択性を示すジアリールエテン分子のフォトクロミック反応と、金属 Mg に対する蒸着選択性を示す図である。ジアリールエテンのアモルファス膜に対して、フォトマスクを用いて一部を"Photochromism"という文字の形で青色着色パターンを形成し、金属 Mg をマスクレス蒸着すると、無色状態表面には Mg が堆積しないが、UV 照射によって得られた青色着色状態表面には Mg が堆積する。この新しい機能は、光異性化反応に伴ってアモルファス膜のガラス転移点（T_g）が大きく変化することと関連している[1]。Mg が堆積しない消色状態では T_g が

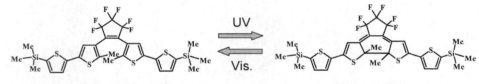

消色状態（開環状態）　　　　　　　　着色状態（閉環状態）

スキーム1

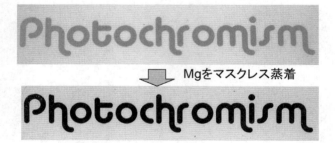

図1　金属蒸着選択性を示すジアリールエテン分子の光異性化反応と Mg 蒸着選択性

---

* Tsuyoshi Tsujioka　大阪教育大学　教育学部　教養学科　教授

第1章 ジアリールエテンの極限機能

低く室温付近にあり，Mgが堆積する着色状態は90～100℃前後の高いT_g状態にある。T_gはバルクの物性値であり，Mgの堆積性に影響するのは表面物性ではあるが，様々なT_gを有する他のジアリールエテンや他の有機膜を用いたMg蒸着の基板温度依存性により，T_gとMg堆積性の強い相関が確認されている。即ち，Mg蒸気原子の非堆積現象は，低T_g状態による表面有機分子の活発な分子運動の影響を受けて，真空蒸着で一旦表面に到達したMg原子が表面を拡散運動した後に再離脱することが原因である。したがって蒸着選択性を発現するには，大きなT_g変化と，一方の状態が室温付近以下のT_gを有する材料であればよく，他の材料系においても発現は可能である[2]。

真空中で加熱されて蒸発しジアリールエテン表面に到達したMg蒸気原子は，表面が消色状態であればいったん付着し拡散運動した後に離脱する。しかし蒸着速度を上げていくと，消色状態であるにもかかわらずMg膜が形成されるようになる。これをより詳しく調べるため，ジアリールエテンの異性化比率，及びMg蒸着速度に対するMg堆積性の関係が調べられた[3]。図2に示すように，Mg蒸着速度が1 nm/sec前後では，着色状態にはMg膜が形成され，消色状態表面にはまったく形成されない。そして着色状態への異性化比率が60～70％付近にMgが薄くなる「Mg蒸着しきい値」が存在する。Mg蒸着速度をあげていくとこの「Mg蒸着しきい値」は消色状態側にシフトし，10nm/sec以上の蒸着速度では完全消色状態表面にもMg膜が形成される。

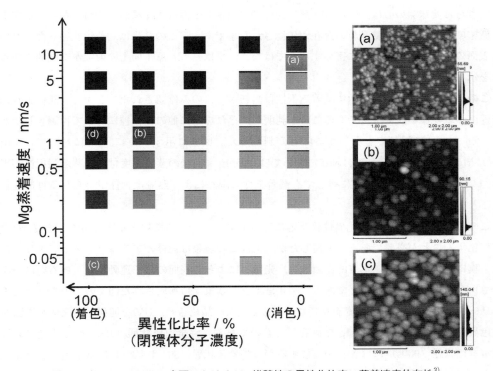

図2　ジアリールエテン表面におけるMg堆積性の異性化比率・蒸着速度依存性[3]

また逆に，0.04nm/secという低い蒸着速度では，着色状態表面においてもMg膜は形成されなくなった。この事は，フォトクロミック膜の光異性化によるMg蒸着選択性というのは，ガラス転移点や基板温度に依存するだけでなく，Mgの蒸着速度（表面におけるMg原子密度）にも依存する相対的な現象であることを表している。つまり，表面におけるMg膜形成には，表面におけるMg原子密度（これは蒸着速度と離脱速度が関係）と拡散速度が関係したMg原子同士の衝突による核形成速度が関与している。

　ジアリールエテン表面に堆積したMgの微結晶をAFM観察すると，蒸着速度1nm/secにおいて着色状態表面に形成されたMg微結晶に比べ，「Mg蒸着しきい値」付近である（b）の膜表面ではより大きなMg結晶が確認できる。これはジアリールエテン膜中の消色体分子比率が増えることにより表面分子運動状態が活発になり，Mg原子の表面拡散運動が活発化し結晶成長が促進されたことを示している。さらに消色体分子比率が増加し拡散運動が活発になれば，離脱するMg原子が増加して非堆積現象が生じることになる。一方消色状態表面でMgの蒸着速度を上げたときに得られる「Mg蒸着しきい値」（a）では，（b）とは異なり多数の小さなMg結晶の存在が確認された。これは，蒸着速度が速い＝Mg原子密度が高いため，Mg原子同士の衝突による結晶核形成密度が高くなり，多数の微結晶が形成されたものと解釈できる。即ち，消色状態表面におけるMg膜形成は，もともと表面に存在する欠陥などが膜形成の核になるのではなく，表面における原子同士の衝突によるクラスター形成が核となることが支配的であることを示している。さらに興味深いのは，低いMg蒸着速度で着色状態表面にMg蒸着した時，（c）に示すように低密度の大きなMg結晶粒の存在が確認された事である。この結果は，着色状態表面においても表面の欠陥などが核形成に寄与するのではなく，やはりMg原子同士の衝突が支配的であることを示している。

　このジアリールエテンの示す蒸着選択性は当初Mgにのみ確認された。しかし上述のように蒸着速度が重要なパラメータであることが判明し，それを基に他の金属種に対して再調査したところ，ZnやMnに対しても発現することが判明した。図3に示すように，Znに対しては4nm/sec，Mgに対しては1nm/s，Mnに対しては0.05nm/s前後の蒸着速度付近で蒸着選択性が現れた[4]。この事は，他の金属種に対しても蒸着条件の調整により蒸着選択性が得られる可能性があることを示している。

　この蒸着選択性の発現は光異性化反応に伴ってアモルファスに対する物性値であるT_gが大きく変化することが必要であると前述したが，実はこの現象は純粋のアモルファス・ジアリールエテン膜に限定されない。本質的な因子は，光照射によって表面の分子運動状態（あるいは表面の硬さ）が大きく変化することである。図4はガラス基板上に形成された図1のアモルファス・ジアリールエテン膜を60℃環境下でアニールして全面結晶化させ，UVを照射して表面を段階的に着色異性化状態とした後，Mgを蒸着したものである。完全消色状態（0s）やUV光による光定常着色状態（900s）にはMgが堆積するが，半着色状態（30sや120s）には堆積しないことがわかる[5]。結晶にはT_gの概念自体が適用されないが，このUV照射された結晶の表面近傍は低

第1章　ジアリールエテンの極限機能

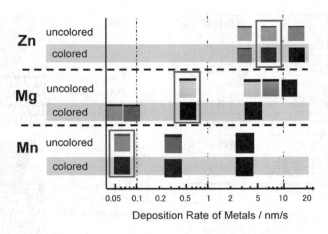

図3　Zn, Mg, Mn に対する蒸着選択性[4]

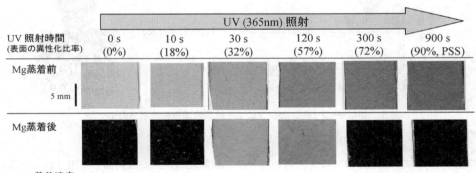

図4　ジアリールエテン結晶表面における Mg 蒸着選択性[5]

T_g アモルファスに対応するような状態となり柔らかくなっていることが示唆される。そこで AFM のフォースカーブ（FC）法を用いて結晶表面の硬さが調べられた。図5(a) は消色状態（0s），半着色状態（120s），光定常着色状態（900s）それぞれの FC である。表面への AFM のカンチレバー押し込み時の傾きを比べると，消色表面，光定常着色表面に比べて半着色表面は傾きが最小となっており，一番柔らかい表面となっている。また消色状態結晶表面は最も硬い状態であるが，光定常着色表面の硬さもアモルファス膜の光定常着色表面のそれにほぼ一致していることも判明した。以上の結果は，図5(b) に示すように，消色結晶表面では分子が規則正しく結晶格子に固定されているために硬い表面を示し Mg が堆積するが，半着色状態では表面の消色結晶中に大きさが異なる着色分子が混じるため結晶格子が崩れて柔らかいアモルファス状となって Mg が堆積せず，さらに異性化が進んで着色分子がほとんどを占めると着色アモルファス状態表面と同等の表面となり再び Mg が堆積するようになることを示している。有機エレクトロニクス

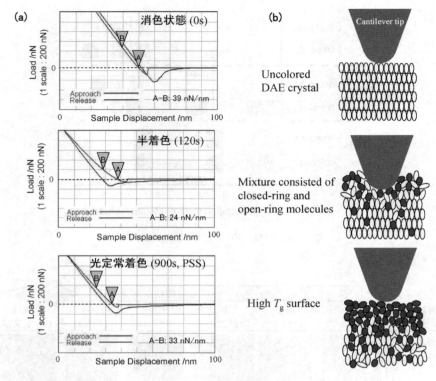

図5 AFM—フォースカーブによる結晶表面の分析とそのモデル[5]

分野ではアモルファス膜だけでなく，高いキャリア移動度の観点から結晶も多用されている。この結果はその様な結晶を用いるデバイスにおいて，光照射等により表面状態を制御することにより電極パターンがマスクレス蒸着で形成できる可能性を示しているといえるだろう。

蒸着選択性はジアリールエテンをポリマーにわずか数％ドープした膜においても確認された[6]。ポリマー膜の T_g は数％レベルのドープ量では変化は小さいが，FC による異性化前後の表面硬さは図6(a) に示すように大幅に変化し，これが Mg の堆積性に影響を与える。これは図6(b) にあるように，ポリマー鎖の間に存在するドープされたジアリールエテン分子の光異性化反応によって，表面のポリマー鎖の動きやすさが顕著にスイッチングされ表面硬度に影響するためであると考えられる。この現象を用いれば，図7に示すようにジアリールエテンドープポリマー表面に，レーザー走査による光反応とマスクレス蒸着によって，微細な Mg パターンを形成することが可能である。

このジアリールエテン表面の異性化状態に依存した蒸着膜形成特性の違いは，金属原子以外にも現れる[7]。有機 EL などで使用される典型的有機半導体材料である Alq3 を数 nm レベルの薄い膜でジアリールエテン表面に形成したサンプルの Mg 蒸着性を調べると，図8(a) に示すように，蒸着直後や蒸着直後から低温（0℃）で保管したサンプルでは Mg 膜は全面に形成される。しか

第1章　ジアリールエテンの極限機能

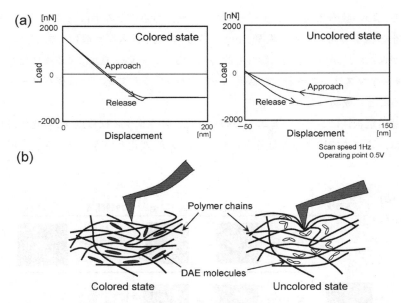

図6　ジアリールエテンをドープしたポリスチレン膜表面のAFM ― フォースカーブとそのモデル[6]

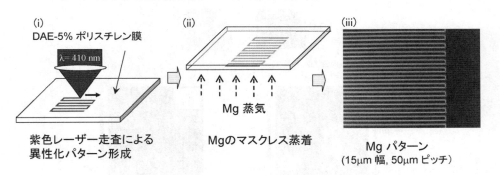

図7　ジアリールエテン（5％）ドープポリマーへのレーザー走査異性化に基づく
微細Mgパターンのマスクレス蒸着形成[6]

しながら高温でアニールすると短時間でMg膜は形成されなくなる。図8(2)は，ジアリールエテンが消色状態の（Mgが堆積しない状態）表面，及び着色状態の（同じく堆積する）表面のAlq3膜の状態をAFM観察したものである。消色状態ではAlq3は大きなアイランド状となって下地のジアリールエテンが露出している(i)が，着色状態表面のAlq3は細かなメッシュ状膜(ii)となっている。これは下地である消色状態分子の熱運動の影響を受けて表面に存在するAlq3分子が拡散運動し凝集することを示している。同様の非堆積現象はレーザースポット照射によるアニールによっても実現可能である。図9は，この機能を用いて有機EL素子の陰極パターニングを試みたものである[8]。典型的なAlq3を発光層とする有機EL素子構造の上に，蒸着選択機能

を発現させるための膜厚 3 nm のジアリールエテン層，さらにその上にジアリールエテンによる電子注入効率の低下を防ぐための膜厚 1 nm の Alq3 の電子注入層が設けてある。これにより蒸着選択機能が保たれ，かつ電子注入特性も改善される。レーザー走査による異性化パターンを形成後，Mg 陰極をマスクレス蒸着した結果，異性化パターンに対応した陰極パターン及び発光パターンを得ることに成功した。

この金属蒸着選択性はジアリールエテンの異性化に伴うガラス転移点 T_g の変化に基づく現象であることは，これまで述べてきた通りである。この T_g 変化という現象をうまく用いると，興

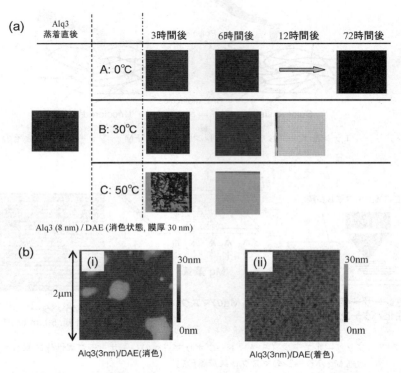

図8　数 nm レベルの薄い Alq3 層を設けたジアリールエテン膜の Mg 堆積性と表面 Alq3 層の変化[7]

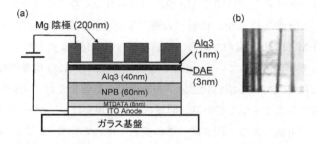

図9　Mg 蒸着選択性を利用して陰極パターン形成された有機 EL 素子の構造と発光[8]

第1章　ジアリールエテンの極限機能

味深い光学素子を得ることができる。回折格子は，光ディスクドライブのピックアップや，様々な分光機器で広く使用されている光学素子である。通常の回折格子は，透過光または反射光に対して所定の回折光を発生させる様に設計されている。しかしジアリールエテンの光異性化に伴う T_g 変化と金属蒸着選択性を利用すると，反射光と透過光に対して異なる回折光を生じさせる様な多機能回折素子が可能になる[9]。図10(a) は低 T_g 状態における表面平坦化効果を示す。消色ジアリールエテン膜を周期的溝構造を有する基板に形成すると，当初は下地の溝構造に応じた構造がジアリールエテン表面にも生じるが，低 T_g 状態による分子の運動のために徐々に溝は埋められて平坦化していく。これを光の回折で観察すると，平坦化により回折光は消失する。一方着色状態は高い T_g を有するため溝構造は保持される。図10(b) に示されるように，着色状態の回折光は変化しないが，消色状態は時間とともに低下することになる。この様な周期的溝構造が形成された基板にジアリールエテン膜を形成し，例えば図11(a) に示す様な回折光パターンを示すシートをフォトマスクとして利用し，光異性化パターンを形成してMgを蒸着すると，基板の溝構造と光異性化パターンの両方が反映されたMg膜パターンが形成されることになる（図11(b)）。一方消色部分はMgは堆積せず，時間とともに平坦化する。その結果この素子は，Mg膜による反射光では，図11(c) に示すように溝構造とMgパターンの両方の影響を受けた回折光が生じ，透過光についてはMgパターンだけによる回折パターンが生じることになる。この多機能回折格子は，様々な光学機器をさらに高性能化させる可能性を有する。

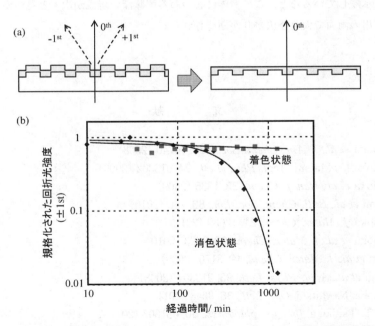

図10　周期的溝構造を有する基板上に形成されたジアリールエテン膜の低 T_g 状態による平坦化効果と回折光変化[9]

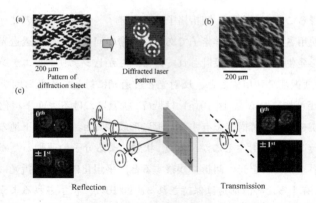

図11 平坦化効果と金属蒸着選択性を利用した多機能回折格子[9]

3.3 おわりに

ジアリールエテンの金属蒸着選択性に関連する最近の研究成果を紹介した。ここで述べた以外にも、様々な新しい現象の発見や応用が考えられている。例えば真空蒸着では通常高真空で金属蒸着をするのが常識であるが、あえて Ar ガスを導入して低真空中で蒸着すると、Mg の堆積性が変化することが観察された[10]。これは、真空蒸着が蒸気相から固相への急冷による非平衡プロセスであるのに対し、低真空蒸着では溶液中で生じる準平衡プロセスによる Mg 結晶成長が生じていることを示唆しているなど、この機能にまつわる興味深い現象が次々と見つかっている。今後、基礎・応用の両面で大きな広がりが期待される。

文　　献

1) T. Tsujioka *et al.*, *J. Am. Chem. Soc.*, **130**, 10740 (2008)
2) T. Tsujioka, A. Matsui, *Appl. Phys. Lett.*, **94**, 013302 (2009)
3) T. Tsujioka *et al.*, *New J. Chem.*, **33**, 1335 (2009)
4) Y. Sesumi *et al.*, *Bull. Chem. Soc. Jpn.*, **83**, 756 (2010)
5) T. Tsujioka, *J. Mater. Chem.*, **21**, 12639 (2011)
6) T. Tsujioka *et al.*, *J. Mater. Chem.*, **20**, 9623 (2010)
7) K. Masui *et al.*, *J. Mater. Chem.*, **19**, 3176 (2009)
8) R. Takagi *et al.*, *Appl. Phys. Lett.*, **93**, 213304 (2008)
9) T. Tsujioka, N. Matsui, *Opt. Lett.*, **36**, 3648 (2011)
10) Y. Iwai, T. Tsujioka, *Jpn. J. Appl. Phys.*, **50**, 081602 (2011)

4 光により誘起される表面形状変化とバイオミメティック超撥水性表面

内田欣吾[*]

4.1 はじめに

フォトクロミズムとは光により可逆的に色の変わる現象であるが，従来，有機フォトクロミック化合物の研究においては，色相（フルカラーを揃える），応答速度，量子収率，繰り返し耐久性や熱安定性が主な研究課題であった[1]。ジアリールエテンは，熱安定性フォトクロミック化合物として際立った特徴をもつため，記録材料への応用が特に活発に行われてきた[2]。代表的なジアリールエテンの分子構造1，2を下記のスキームに示した。添え字o，cは，開環体（open form）と閉環体（closed form）を表す。このようなジアリールエテンは，アゾベンゼンやスピロピランと異なり，異性化に伴う極性の変化がほとんどないため，この色素を用いて光で濡れ性を制御しようとした研究は全く無かった。

分子が光により可逆的に極性を変化しない系においても，表面の濡れ性を変えることは可能だろうか？　それに対するヒントは，意外なところに存在した。辻井らにより報告されたアルキルケテンダイマーという油脂は，紙などのにじみを抑えるためにパルプに対して0.1％前後加えられる薬品（サイズ剤）である[3]。このアルキルケテンダイマーは，石鹸のような固体であるが，

スキーム

---

* Kingo Uchida　龍谷大学　理工学部　物質化学科　教授

ナイフなどで切断して直後の断面は平らであるが，しばらくするとミクロンオーダーの鱗状の凸凹ができて[4]，この上に水滴を滴下すると，その接触角が174°程度の超撥水性を示すことが知られている[5]。超撥水性とは水滴の接触角（CA）が150°を超えることをいう。ちなみに，ヤングの定義によれば接触角が90°未満の表面は親水性であり，90°以上の表面は疎水性と分類されている。親水性である平滑な表面を凸凹にすると，CAはより小さくなり（より親水性になり），疎水性である平滑な表面を凸凹にすると，CAはより大きくなる（より疎水性になる）といわれている[3,6]。したがって平滑な表面を光照射で凸凹な表面に変えることができるなら，表面の濡れの性質を光で増幅することが可能になる。さらに凸凹の窪みに空気を取り込むことで，さらに疎水性が増幅される[7]。

　ジアリールエテン結晶表面での光誘起形状変化の最初の報告は，入江らによってなされた。ジアリールエテン 1o の単結晶表面に紫外光を照射すると，表面に階段状の構造ができ，可視光を照射するとこの構造が消失することを見出した[8]。これは，紫外光照射により開環体 1o の結晶中に生成する閉環体 1c の分子構造の厚さが薄いため，1o の分子の面が結晶の面と平行である面では階段状の構造ができ，1o の分子の面と垂直な結晶面では，亀裂が入ることを示した。

　筆者らは，ジアリールエテン 3o の単結晶表面に紫外光を照射すると 3c の針状結晶（直径 $1 \sim 2\,\mu\mathrm{m}$，長さ 10 数 $\mu\mathrm{m}$）が結晶表面を覆い，これに可視光を照射すると，元の平らな表面に戻ることを見出した。この現象は，3o の溶液をコートした薄膜表面でも起こり，この時，針状結晶で覆われた表面は，CA：163°の超撥水性を示した[9]。この膜に水滴を乗せた状態で膜を傾けると，わずか2°傾けただけで水滴は転落した（転落角（SA）：2°）。これらの角度は，偶然にも水生植物のハスの葉の値と全く同じであり，ロータス効果を光で制御できるシステムを見出すことができた[10]。さらに紫外線照射とそれに続いて温度を上げることによりさらに複雑な表面に変換し，バラの花びら（ペタル）のように超撥水性を示すものの，水滴が表面にピン止めされたように止まるペタル効果を発現することにも成功した（図1a）[10,11]。まず，これらの現象について説明する。この現象は，相図を用いて説明できた（図1b）。開環体 3o と閉環体 3c の融点は，それぞれ 100℃ と 140℃ であるが，これらの共融点（3o：3c＝76：24）では，融点は 30℃ である。膜を 30℃ の温度下に置き，紫外光を照射すると，表面に 3c の割合が増え，24％ を超えると表面に 3c の針状結晶が成長した[9]。この針状結晶が生えた表面に可視光を照射して 3c の割合が 24％ を切ると，今度は 3o のキュービック状の結晶が表面を覆った。

　さて，このような表面の撥水性を制御するには，どのような形状変化が起きれば良いのだろうか？　ジアリールエテン 2o を用いて，その考察を行った[12]。ジアリールエテン 2o と 2c の共融点は，115℃ という高温である（図2a）。共融点を保ちながら，紫外光，可視光を交互に照射すると図2b に見られるような，融解状態を経て表面形状が変化するのが観察された。これは，共融点を経る表面形状変化が，熱安定性をもつジアリールエテン誘導体に一般的な現象であり，先の入江らの単結晶表面の光による可逆的なステップ形成は，共融点以下での現象と理解することができる。さて，この誘導体では，2o，2c ともに針状結晶ではないため，2o の表面と 2c の表

第 1 章　ジアリールエテンの極限機能

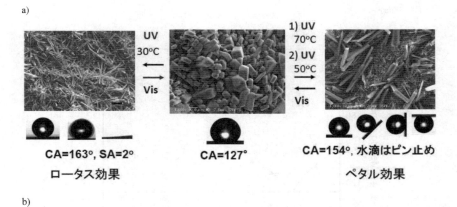

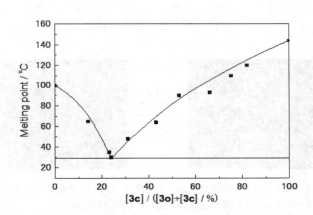

図 1　ジアリールエテン 3 の光誘起表面形状変化と表面の濡れ性（SEM 画像 1000 倍）(a) と
　　　ジアリールエテン 3 の開環体（3o）と閉環体（3c）の混合比と融点の関係（相図）(b)

面での CA はそれぞれ 120° と 136° であり，CA の大きさも，その変化も小さいことがわかった。したがって，表面の濡れ性を大きく光制御するためには，針状結晶を成長させる誘導体を用いる方が良いことが予想される。

　ところで，自然界にはハスの葉に代表される撥水性のほかに，青ネギやガーリックの葉に見られるような，CA は 150° を超える超撥水性を示すにもかかわらず，水滴がピン止めされて落ちない表面が存在する。L. Jiang らは，この表面構造を解析し，表面に凸凹があっても水が入り込む空間をもつ表面では，水滴がピン止めされるとし，この濡れの現象がバラの花びら（ペタル）でも見出されることからペタル効果と名付けた[13]。このようなペタル効果を示す表面を，我々のシステムで作れないか検討した。針状結晶を生成する 3 をコートした膜を紫外線照射後，暗所下 30℃，50℃，70℃，90℃の温度化で放置すると，高温では針状結晶は成長せず，よりサイズの大きな柱状結晶（直径 5〜10μm，長さ 20〜30μm）が生成していることが判明した[11, 12]。さらに針状結晶が生えた薄膜を，70℃に保存しビデオでモニターすると，オストワルドライプニングに

33

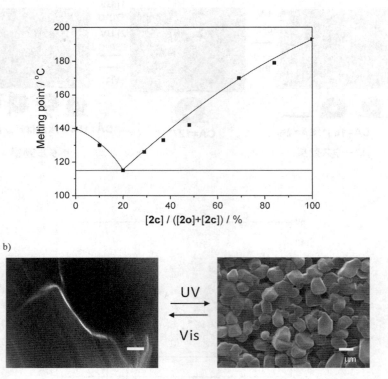

図2 (a) ジアリールエテン2の開環体（2o）と閉環体（2c）の混合比と融点の関係（相図）と
(b) ジアリールエテン2の微結晶表面に光誘起された形状変化
左が2oの微結晶表面，右が2cの微結晶表面（SEM画像10000倍，スケールバー：1μm）

より，小さな針状結晶が大きな柱状結晶に飲み込まれていく様子が観察された（図3d → e → f）[11]。そして柱状結晶の間の膜表面が，3oのキュービック結晶で覆われていることから（図3j），この状態にさらに2回目の紫外光照射をすることにより，二つのサイズの棒状結晶（針状結晶と柱状結晶）を併せもつ複合表面を作ることを考えた。図3に従って作成した膜はSEMによって観察すると，予想通りに柱状結晶の間に針状結晶が生えた構造をしており（図3k），そこに水滴を落とすとCA：154°の超撥水性を示すものの水滴は膜を逆さにしても落ちないペタル効果を示した。

開環体3oの膜に紫外線照射後30℃ 24時間暗所に放置してロータス効果と示す膜を作成し，これを可視光に当てて開環体に戻した後，先に示した方法によりペタル効果を示す膜を作成，これをさらに開環体の表面に戻すサイクルを3回繰り返すこともできた。フォトクロミック化合物のもつ繰り返し特性が，膜の可逆的な構造変化を可能にし，さらにジアリールエテンの特徴である熱安定性が，昇温条件下での閉環体結晶の成長制御を可能にした。

このような撥水機能は，閉環体の針状結晶のみしか使えないのか？ 結晶成長を速くし，膜の

第1章　ジアリールエテンの極限機能

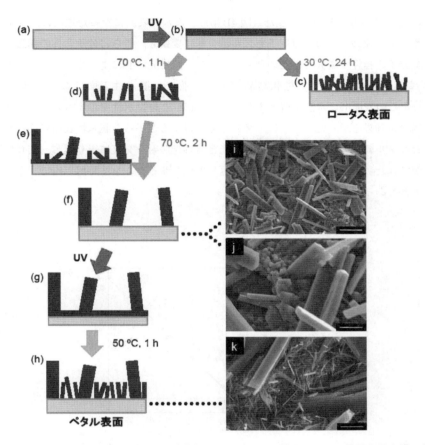

図3　ジアリールエテン 3 のコーティング膜表面でのロータス効果とペタル効果を示す膜の作り分けとその膜表面の SEM 画像（3i：倍率 1000 倍；スケールバー：20μm，3j,k：倍率 3000 倍；スケールバー：6.7μm）
(a) コートした膜，(b) 紫外線照射により膜表面に閉環体 3c が形成（濃い色で表示），(c) 紫外線照射後，暗所下 30℃で 24 時間放置すると，表面に無数の小さな針状結晶が生成しロータス効果を示す膜になる。(d)〜(e)〜(f) 紫外線照射した膜 (b) を暗所下 70℃で 3 時間置くとオストワルドライプニングが起こり，小さな針状結晶が大きな柱状結晶に成長する。その際，柱状結晶以外の表面には開環体 3o のキュービック結晶が出現している。(g) そこに，2 回目の紫外線照射をすると表面に出ている 3o が 3c に変換される。(h) この表面を暗所下 50℃，1 時間保持すると針状と柱状の 2 種類のサイズの結晶が生えた表面となり，ペタル効果を示した。

応答を早くすることはできないか？　より親水性側の膜を作れないかということを考慮し，分子構造を非対称にしたジアリールエテン 4o を合成し，この薄膜での結晶成長を調べた。この誘導体の相図を図 4A に示す。この化合物の共融点は，67℃であり，その時の 4o：4c の割合は 61：39 であった。この化合物の閉環反応と開環反応の量子収率は，それぞれ 0.35 と 0.004 であったが，4o の固体薄膜表面に紫外光を照射し続けても，4c の割合が 39% を超すことはなく，表面は共融状態の平らな膜になった。この平らな表面上での水滴の接触角を測定すると 81°であり，親

水性表面になっていることが分かった（図4B(b)）。親水性表面になった理由は，ジアリールエテンのチオフェン環の一つの硫黄原子をスルホン基に変換し，さらに分子全体の構造を非対称にしたことで分子の極性が増大したためと考えられる。紫外光照射により生成した平らな膜に可視光を照射すると 4o に由来する柱状結晶が表面に並び超撥水性表面になることが分かった（図4B(c)）。この表面上に水滴を落とすと，CA は 150°と超撥水性を示すものの，水滴はピン止めされるペタル効果を示した。さらに，紫外光を照射すると平らな親水性表面に戻った。この親水性表面とペタル効果を示すラフ表面を可視光と紫外光照射を交互に繰り返し，交互に再生生成することができた。特筆すべきは，この繰り返しのワンサイクルを2時間以内で行える迅速応答が可能なことであった[14]。

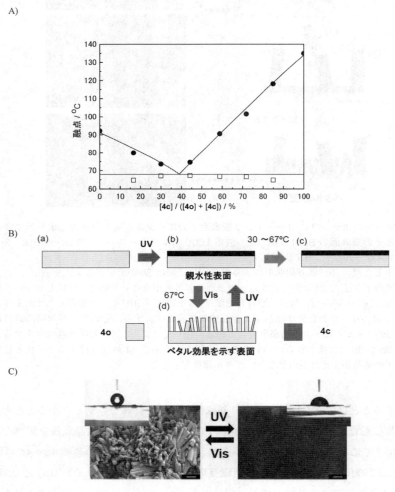

図4　ジアリールエテン4の相図（A）と，4の表面形状変化模式図（B）とSEM画像（C）（1000倍，スケールバー：10μm）

第1章　ジアリールエテンの極限機能

4.2　おわりに

　以上，ジアリールエテンの微結晶薄膜上での結晶成長を利用した光誘起濡れ性変化するシステムについて概説した。これらの結果から，共融点の融解状態を経る結晶成長現象は一般的なものであり，ジアリールエテンの優れた熱安定性のおかげで比較的広範な温度域で観察することができた。ジアリールエテンの光誘起形状変化による濡れ性の制御は，小畠らによっても行われており，さらに研究の領域が広がりつつある[15, 16]。今後，誘導体の結晶構造や分子の極性を変えることにより，様々な光応答微結晶膜を作成が可能となる。現在，生物の表面構造がさまざまな表面機能に影響を与えていることが解明されつつあり[17, 18]，今後，この光応答機能膜を用いた多彩な表面機能への展開が期待される。

文　　献

1)　*Photochromism; Molecules and Systems*, edited H. Duerr and H. Bouas-Laurent, Elsevier, Amsterdam（1990）

2)　M. Irie, *Chem. Rev.*, **100**, 1685（2000）

3)　辻井　薫：「超撥水と超親水」，（米田出版，2009）

4)　S. Shibuichi, T. Onda, N. Satoh, K. Tsujii, *J. Phys. Chem.*, **100**, 19512（1996）

5)　T. Onda, S. Shibuichi, N. Satoh, K. Tsujii, *Langmuir*, **12**, 2125（1996）

6)　R. N. Wenzel, *Ind. Eng. Chem.*, **28**, 988（1936）

7)　A. B. D. Cassie, S. Baxter, *Trans. Faraday Soc.*, **40**, 546（1944）

8)　M. Irie, S. Kobatake, M. Horichi, *Science*, **291**, 1769（2001）

9)　K. Uchida, N. Izumi, S. Sukata, Y. Kojima, S. Nakamura, M. Irie, *Angew. Chem. Int. Ed.*, **45**, 6470（2006）

10)　K. Uchida, N. Nishikawa, N. Izumi, S. Yamazoe, H. Mayama, Y. Kojima, S. Yokojima, S. Nakamura, K. Tsujii, M. Irie, *Angew. Chem. Int. Ed.*, **49**, 5942（2010）

11)　N. Nishikawa, A. Uyama, T. Kamitanaka, H. Mayama, Y. Kojima, S. Yokojima, S. Nakamura, K. Tsujii, K. Uchida, *Chem. Asian J.*, **6**, 2400（2011）

12)　N. Izumi, N. Nishikawa, S. Yokojima, Y. Kojima, S. Nakamura, S. Kobatake, M. Irie, K. Uchida, *New J. Chem.*, **33**, 1324（2009）

13)　L. Feng, Y. Zhang, J. Xi, Y. Zhu, N. Wang, F. Xia, L. Jiang, *Langmuir*, **24**, 4114（2008）

14)　A. Uyama, S. Yamazoe, S. Shigematsu, M. Morimoto, S. Yokojima, H. Mayama, Y. Kojima, S. Nakamura, K. Uchida, *Langmuir*, **27**, 6395（2011）

15)　D. Kitagawa, I. Yamashita, S. Kobatake, *Chem. Commun.*, **46**, 3723（2010）

16)　D. Kitagawa, I. Yamashita, S. Kobatake, *Chem. Eur. J.*, **17**, 9825（2011）

17)　M. Liu, S. Wang, Z. Wei, Y. Song, L. Jiang, *Adv. Mater.*, **21**, 665（2009）

18)　F. Xia, L. Jiang, *Adv. Mater.*, **20**, 2842（2008）

5 テトラチエニルエテン誘導体のフォトおよびエレクトロクロミック特性

川邊晶文[*1], 水野一彦[*2], 池田 浩[*3]

5.1 はじめに

外部刺激に伴って物質の色が可逆的に変化する現象はクロミズムと呼ばれ, 古くから多くの研究がなされている。例えば, 光照射によって引き起こされるフォトクロミズム (PC), 電圧の印加によるエレクトロクロミズム (EC), 加熱によるサーモクロミズム, 溶媒の変化によるソルバトクロミズムなどのクロミズムが知られ, なかでも PC や EC は, 分子デバイスへの応用研究が盛んである。ここでは我々が最近行った, テトラチエニルエテン誘導体の PC と EC の基礎研究の結果の概略を紹介する。

5.1.1 ジアリールエテン類のフォトクロミック特性とその応用

入江らによって開発されたジアリールエテン類 (**1**, スキーム 1)[1] は無色の化合物であるが, 紫外光を照射することで有色の閉環体 (*trans*-**2**) を生成し, それに可視光を照射すれば **1** を再生することが知られている。特徴として, 熱的不可逆性, 高い反応量子収率, 優れた繰り返し耐久性などが挙げられ, ジアリールエテン類は最も優れたフォトクロミック分子の一つである。最近では, その単結晶に紫外光と可視光をそれぞれ交互に照射することで, 単結晶の形状が可逆的に変化するというフォトメカニカル機能の発現に関心が集まっている。

一方, PC 系として高性能であるジアリールエテン類にもまだ幾つかの課題があり, その一つに多元応答性についてほとんど検討されていないことが挙げられる。多元応答性は優れた分子デバイスの重要な要素の一つであるが, 例えば PC の他に EC も示すジアリールエテン類は, 松田らの **3a** および Branda らの **3b**$^{2+}$ など (スキーム 2)[2], 数例にすぎない。

5.1.2 テトラキス (5-メチルチオチエン-2-イル) エテンのエレクトロクロミック特性とその応用

ジアリールエテン類 (**1**) と似た骨格を有する系の EC としては, 鈴木らの研究が挙げられる[3]。無色のテトラキス (5-メチルチオチエン-2-イル) エテン (**5**, スキーム 3) は二電子酸化に伴い

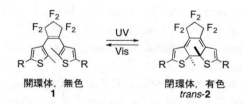

スキーム 1 ジアリールエテン類 (**1**) の PC[1]

[*1] Akinori Kawabe 大阪府立大学 大学院工学研究科
[*2] Kazuhiko Mizuno 大阪府立大学 大学院工学研究科 教授
[*3] Hiroshi Ikeda 大阪府立大学 大学院工学研究科 教授

第1章 ジアリールエテンの極限機能

スキーム2 ジアリールエテン（3a，3b^{2+}）のPCおよびEC[2]

スキーム3 テトラキス（5-メチルチオチエン-2-イル）エテン（5）のEC[3]

エテン部がねじれた構造をもつ青色の6^{2+}となり，引き続く二電子還元により5を再生する。立体構造が大きく異なる5と6^{2+}が酸化還元によって相互変換することから，鈴木らはこのECを動的酸化還元系と呼んだ。ジカチオン（6^{2+}）は対アニオンさえあれば比較的安定であることから，この動的酸化還元系は記録材料など分子デバイスへの応用が期待されている。

5.2 テトラチエニルエテン類のフォトおよびエレクトロクロミック特性 ― 新たな二元応答型分子の構築を目指して ―

我々は上述の状況に鑑み，より優れた分子デバイスの開発を目指して，PCとECの両方の性質を一分子で示す新たな化合物の開発を行った。具体的には，テトラキス（2-メチル-5-メチルチオチエン-3-イル）エテン（以下，テトラチエニルエテン，7）を新規に合成し，そのPCおよびECの検討を行った[4]。当初は，スキーム4のようにジアリールエテン型のPCおよびテトラキス（5-メチルチオチエン-2-イル）エテン型のECを想定したが，実際には予想とは異なる結果が得られた。詳細を以下に順を追って説明する。

5.2.1 テトラチエニルエテン（7）のフォトクロミック挙動

① 単結晶中および溶液中におけるPC

まず，7のPCおよびフォトメカニカル機能の可能性を検討すべく，X線結晶構造解析を行った。ジアリールエテン類の結晶中のPCの必要条件としては，単結晶中においてビシナル位のチオフェン環の配座が光閉環可能な *antiparallel* 構造でなくてはならない[1b]。しかし，解析の結果

フォトクロミズムの新展開と光メカニカル機能材料

スキーム4　テトラチエニルエテン（7）に予想されたPCとEC[4a]

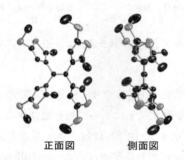

正面図　　側面図

図1　X線結晶構造解析で得られたテトラチエニルエテン（7）の分子構造

からparallel構造であることがわかり（図1），これはPM3計算で7の最安定配座がparallel構造であることからも示唆された。実際に7の単結晶に350nm光を照射しても，trans-8の生成は確認されなかった。

次に，溶液中のPCを紫外可視吸収法で検討した。テトラチエニルエテン（7）のCH₂Cl₂溶液に350nm光を30秒間だけ照射するとtrans-8の吸収（λ_{AB}=489nm）が現れ，さらに490nm光を照射するとこの吸収が消失し，7のPCが溶液中で示された（図2(i)）。これは，計算上では30％ほど存在する7の準安定なantiparallel構造から反応しているためと考えられる[4a]。しかし，7の溶液に350nm光を30分間にわたり照射した場合には489nmではなく492nmに吸収が現れ，さらに490nm光を照射してもその吸収は減衰しなかった（図2(ii)）。この結果から，trans-8から7を再生する以外の副反応が進行していることがわかった（スキーム5）。後述のように，その副反応とはtrans-8からtrans-10（λ_{AB}=492nm）が生成する光1,2-dyotropic転位反応[4b,c]と考えられる。

第1章 ジアリールエテンの極限機能

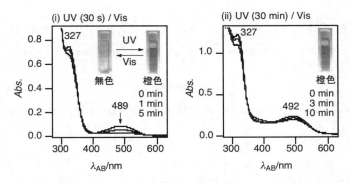

図2 テトラチエニルエテン（7）のCH$_2$Cl$_2$溶液に紫外光（350nm）を〔(i) 30秒間，(ii) 30分間〕照射後に，可視光（490nm）を照射した際の吸収スペクトルの変化

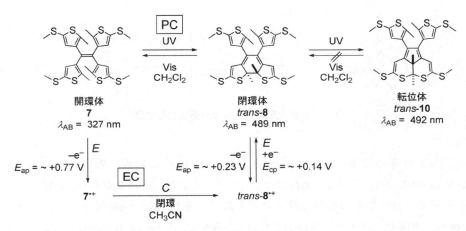

スキーム5 テトラチエニルエテン（7）で観測されたPCとEC[4a, b]

② Dyotropic 転位反応とは

閉環体 trans-8 から trans-10 が生成する反応と同様な反応は，すでに幾つかのジアリールエテン類の系で二次反応として報告されている。例えば入江らは，11 の光反応中で生成する trans-12 からさらに trans-13 が生成することを報告したが（スキーム6），残念ながら詳細な機構の解明には至っていなかった[5]。

我々は，これらの反応を光1,2-dyotropic 転位であると考えた。dyotropic 転位については Reetz[6] が初めて提唱し，(i) 無触媒条件下で熱反応により進行すること，(ii) 二つの σ 結合が同時に移動すること，さらに (iii) 遷移状態を経由することの三点を定義として挙げた（スキーム7）。つまり，この転位の一般的機構は，二つの σ 結合が熱反応で生成する遷移状態を経て移動する協奏機構である。転位体 trans-10 が生成したのは室温であり，前駆体は trans-8 と推定されることから，実際に室温で trans-8 の熱反応を試みたが trans-10 の生成は確認されなかった。

フォトクロミズムの新展開と光メカニカル機能材料

スキーム6　ジアリールエテン類（11）の紫外光照射による *trans*-13 の生成[5]

スキーム7　Dyotropic 転位に対する一般的な協奏機構[6]

スキーム8　光 1,2-dyotropic 転位の反応例[7]

さらに，DFT 計算の結果によれば *trans*-8 から *trans*-10 への過程は吸エルゴン的（+1.0〜+2.4kcal/mol）であり，熱反応の進行は考えにくい。従って，*trans*-8 から *trans*-10 への転位は光反応と考えられ，さらに転位位置を考慮すれば，光 1,2-dyotropic 転位と命名できる。光 1,2-dyotropic 転位は，スキーム8に示す有機金属錯体で，Jimenez-Barbero らによっても最近報告されている[7]。

　閉環体 *trans*-8 から *trans*-10 への光 1,2-dyotropic 転位の機構として，スキーム9に示すように，協奏的機構と段階的機構の二つが考えられる。前者では，光照射によって生じた励起状態 *trans*-8*が，遷移状態 14_{TS} を経由して *trans*-10 を与える。後者では *trans*-8*から中間体 15¨ もしくは 17¨ が生成し，その後 *trans*-10 を与える。本研究では，ジアリールエテン類の光反応によって副生する生成物が光 1,2-dyotropic 転位によって生成する可能性を初めて指摘したが，現在のところ機構に関する実験的な証拠は極めて乏しく，今後のさらなる研究が望まれる。

5.2.2　テトラチエニルエテン（7）のエレクトロクロミック挙動

①　サイクリックボルタンメトリー（CV）法による7の電気化学的特性評価

　次に7の EC に関し，CV 法を用いて検討した。当初はスキーム4に示したような二電子酸化還元による EC が予想されたが，CH_3CN 溶液における7の CV は予想とは異なる結果を示した（スキーム5）。すなわち，掃引速度を 0.01V/s として，0.0〜+0.8〜-0.2V と掃引した場合，E_{ap}〜+0.77V に7の一電子酸化波および E_{cp}〜+0.14V に *trans*-8¨[+] の一電子還元波が観測され

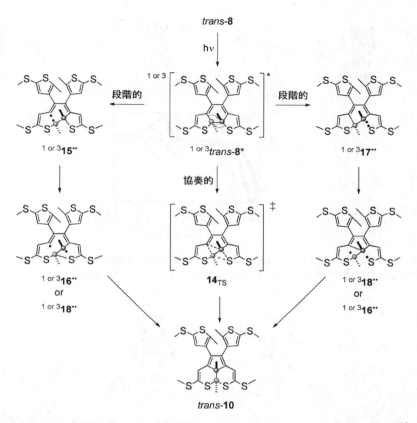

スキーム9　閉環体 *trans*-8 から転位体 *trans*-10 が生成する光 1,2-dyotropic 転位[4c]

た。さらに掃引を繰り返すごとに，新たに現れた $E_{ap}\sim+0.23$V の *trans*-8 の一電子酸化波の電流量の増大，上述した $E_{ap}\sim+0.77$V の電流量の減少，および $E_{cp}\sim+0.14$V の電流量の増大が確認され，加えて無色（$\lambda_{AB}=320$nm）から赤橙色（$\lambda_{AB}=522$nm）の溶液への変化も観測された（図3）。この色の変化は *trans*-8 の生成を示唆するが，PC のときに得られた橙色，$\lambda_{AB}=489$nm と異なるのは，副生成物の吸収も含まれるためと考えられる。$E_{ap}\sim+0.23$V の酸化波が *trans*-8 の一電子酸化，$E_{cp}\sim+0.14$V の還元波が *trans*-8・+ の一電子還元に対応することは，溶液中に光反応で発生させた *trans*-8 の CV で確認された。この結果より，7 の一電子酸化により生成した 7・+ は電極近傍で速やかな閉環反応により *trans*-8・+ に異性化し，その後一電子還元により *trans*-8 を生成することがわかった。すなわち，7 から *trans*-8 を与える EC が酸化型 ECE (Electrolysis-Chemical Reaction-Electrolysis) 機構で進行する（スキーム5）[4a]。

② ラジカルカチオン（7・+）の閉環反応の立体化学

Branda らは，3b^{2+} の一電子還元によって生成した 3b・+ が閉環反応する際に，通常の閉環体 *trans*-4b・+ の他に *cis*-4b・+ も生成することを報告している（スキーム2）[2b]。すなわち，ラジカル

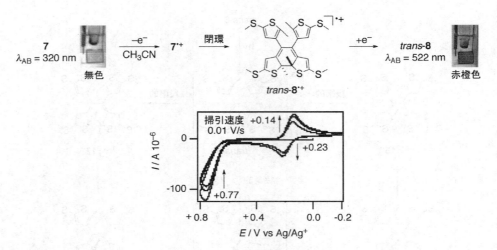

図3 テトラチエニルエテン（7）のCH₃CN（0.1M Et₄N⁺ClO₄⁻含有）溶液を0〜+0.8〜−0.2Vで繰り返し掃引したときの1，3，および5回目のサイクリックボルタモグラム

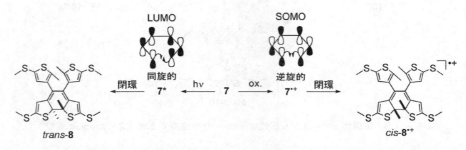

図4 テトラチエニルエテン（7）の光閉環反応とそのラジカルカチオン（7·⁺）の閉環反応に対する軌道対称性保存則の適用

カチオンの閉環反応の立体化学が特異的でない可能性がある．そこで，軌道対称性保存則（以下，保存則）の観点から7および7·⁺の閉環反応の立体化学について考察した．

多くのジアリールエテン類の光反応は保存則に従うものであり，事実，7からtrans-8が生成する光反応も，7のシクロヘキサジエン部にあるLUMOがフロンティア軌道になって同旋的に閉環したと説明できる（図4）．さて，もし7·⁺の閉環反応も保存則に従うならば，7·⁺はSOMOをフロンティア軌道にし，逆旋的に閉環してcis-8·⁺を与えるはずである．一方，DFT計算では，7·⁺からcis-8·⁺の生成が吸エルゴン的（+26.3kcal/mol）であるのに対して，trans-8·⁺の生成が発エルゴン的（−7.9kcal/mol）であることも示され，保存則に従わないtrans-8·⁺の生成が強く示唆された．実験事実は，上述の通りtrans-8·⁺が生成するものであり，これは，保存則がラジカルカチオンの反応にも成立するという，以前我々が得ていた実験結果（スキーム10，cis-19·⁺が同旋的に開環してE,Z-20·⁺を生成）と対照的であった[8]．ラジカルカチオン（7·⁺）の反応が

第 1 章　ジアリールエテンの極限機能

スキーム 10　光誘起電子移動反応で生ずる *cis*-**19**[・+]の同旋的開環反応による *E,Z*-**20**[・+]の生成[8]

　保存則に従わずに *trans*-**8**[・+]を与えたのは，保存則に従った場合の生成物 *cis*-**8**[・+]のエネルギーが *trans*-**8**[・+]のそれよりも極めて高く，その生成が不利であるからであろう。この反応は反応点である炭素間の電荷移動相互作用によって誘起され，立体障害の少ない経路でより熱力学的に安定なラジカルカチオンを生成することが，その推進力になっていると考えられる。これと似た反応は，Cope 転位体などを与えるジアリール置換 1,5- ヘキサジエン類の電子移動反応などにおいても既に見出されている[9]。

5.3　おわりに

　入江らによるジアリールエテン類は日本が世界に誇る機能物質の一つであるが，その優れた PC 特性を EC とクロスオーバーさせた例は数少ない。また EC の立場からみても，PC と機能をリンクする研究は数が限られている。特に本研究のように単純に「一分子に光応答性および電気応答性を賦与する」，すなわち，基質一分子で PC と EC を実現する試みは学術的な面でも応用開発の面でも重要であり，今後さらに研究すべき課題であると考えられる。

　本研究では，テトラチエニルエテン（**7**）が当初予想されなかった PC 特性と EC 特性を示すことを明らかにした。光 1,2-dyotropic 転位による閉環体 *trans*-**8** から転位体 *trans*-**10** の生成と，電子移動反応による **7** から *trans*-**8** の生成である。分子デバイスへの応用を考慮すれば，一般には分子構造の変化が小さい系が望ましい。なぜならば，アモルファス，フィルム，結晶といった，いわば凝縮系で機能発現が必要だからである。従って，EC 特性においても，当初予想した **7** からジカチオン（**9**[2+]）の生成よりも，*trans*-**8** への閉環という最小分子構造変化による異性化が好ましい。ただし，応用の観点からは，光 1,2-dyotropic 転位（*trans*-**10** の生成）と **7** の再生反応の競争などの問題点も多い。今後，更に分子設計の改良（反応に関与していない二つのチエニル基の化学的修飾など）を行って，転位体 *trans*-**10** の生成制御や第三のフォトンモードとして利用できれば，分子磁性・導電性の制御など，今後の多様な展開も充分に期待される。

文　　献

1)　(a) Irie, M. *Chem. Rev.* **100**, 1685 (2000)；(b) Matsuda, K. *et al. J. Photochem. Photobiol.*

フォトクロミズムの新展開と光メカニカル機能材料

C **5**, 169 (2004)；(c) Irie, M. *et al. Nature* **446**, 778 (2007)；(d) Favaro, G. *et al. Photochem. Photobiol. Sci.* **10**, 964 (2011)

2) (a) Matsuda, K. *et al. Org. Lett.* **7**, 3315 (2005)；(b) Branda, N. R. *et al. Angew. Chem. Int. Ed.* **43**, 2812 (2004)；(c) Branda, N. R. *et al. Adv. Funct. Mater.* **17**, 786 (2007)；(d) Irie, M. *et al. Chem. Lett.* **35**, 900 (2006)；(e) Branda, N. R. *et al. J. Am. Chem. Soc.* **125**, 3404 (2003)；(f) Branda, N. R. *et al. Chem. Commun.* 954 (2003)

3) (a) Suzuki, T. *et al. Angew. Chem. Int. Ed. Engl.* **31**, 455 (1992)；(b) Suzuki, T. *et al. Synlett.* 851 (2007)

4) (a) Ikeda, H. *et al. Tetrahedron Lett.* **48**, 8338 (2007)；(b) Ikeda, H. *et al. Tetrahedron Lett.* **49**, 4972 (2008)；(c) Ikeda, H. *et al. Res. Chem. Int.* **35**, 893 (2009)

5) Irie, M. *et al. Bull. Chem. Soc. Jpn.* **77**, 195 (2004)

6) (a) Reetz, T. *Angew. Chem. Int. Ed. Engl.* **11**, 129 (1972)；(b) Reetz, T. *Angew. Chem. Int. Ed. Engl.* **11**, 130 (1972)

7) Jimenez-Barbero, J. *et al. J. Am. Chem. Soc.* **125**, 9572 (2003)

8) Miyashi, T. *et al. J. Am. Chem. Soc.* **109**, 5270 (1987)

9) (a) Ikeda, H. *et al. Tetrahedron Lett.* **34**, 2323 (1993)；(b) Ikeda, H. *et al. J. Chem. Soc., Perkin Trans.* **2**, 849 (1997)；(c) Ikeda, H. *et al. J. Am. Chem. Soc.* **120**, 87 (1998)；(d) Ikeda, H. *et al. J. Org. Chem.* **64**, 1640 (1999)

6 フォトクロミックオルガノメタリックス

小池隆司[*1]，穐田宗隆[*2]

6.1 はじめに

近年，有機フォトクロミック分子と遷移金属錯体の複合化は，金属フラグメントが有する電気化学的性質や光物性，磁性などとフォトクロミズムの組み合わせで新しい機能を創出できる可能性があり，国内外を問わず注目されている。これまでに，アゾベンゼン，スピロピラン，メタシクロファンジエンなどのフォトクロミック分子を配位子とする金属錯体が報告[1]されているが，我々は，とくに金属–炭素（フォトクロミックユニット）結合を有する"フォトクロミックオルガノメタリックス"に注目し，研究を展開している[2]。この数年は，フォトクロミック分子としてジチエニルエテン（DTE)[3]を用いた研究を進めており，本稿ではその最新の結果を概説した。

とくに二つの内容に関して紹介する。まずは，DTE の光開閉環反応にともなった共役系の変化を有機金属錯体の金属間相互作用のスイッチングに利用した光スイッチング機能を有する有機金属分子ワイヤーに関する研究を述べる。つぎに，一つの錯体で，金属フラグメントの酸化還元反応に起因するエレクトロクロミズムと DTE の光開閉環に基づくフォトクロミズムを示すデュアルクロミック金属錯体に関してまとめた。

6.2 光スイッチング機能を有する有機金属分子ワイヤー

DTE は高い熱力学的安定性と繰り返し耐久性を示し，適切な波長の光を照射することで，交差共役系の開環体（淡色）と完全共役系の閉環体（濃色）の間で異性化反応を可逆的におこすため，優れた光スイッチングユニットとして期待できる。一方で，酸化還元活性な金属フラグメントをπ共役系配位子で架橋した多核金属錯体系は，一つの金属フラグメントで受容した刺激（酸化還元，光など）を，他方の金属フラグメントに伝達する機能を有しており，分子サイズの情報伝達素子（有機金属分子ワイヤー）として注目されている。有機金属分子ワイヤーに関しては，いくつかの優れた総説が発表されているので参照されたい[4]。われわれは，まず，この有機金属分子ワイヤーにフォトクロミック DTE を組み込み，光スイッチング機能を有する有機金属分子ワイヤーの開発に取り組んだ（図 1）。

酸化還元活性な有機金属フラグメントとして，電子供与性のジホスフィン配位子と Cp* 配位子をもち，極めて低い酸化電位を有する Cp*Fe(dppe)（Cp* = η^5-C$_5$Me$_5$，dppe = Ph$_2$PCH$_2$CH$_2$PPh$_2$）を用いた。二核錯体 **1Fe*** の開環体 **O** の単結晶構造解析の結果，嵩高い金属フラグメントを有しているのにもかかわらず，DTE 骨格は，光閉環する二つのチオフェン環 2 位の炭素原子間の距離（3.644(6) Å）に至るまで，これまでに報告された有機 DTE とほぼ同じ構造パラメータを示した（図 2(a)）。**1Fe*O** の THF 溶液に紫外光（<360 nm）照射すると，可視領域の 537 nm と

---

* 1　Takashi Koike　東京工業大学　資源化学研究所　助教
* 2　Munetaka Akita　東京工業大学　資源化学研究所　教授

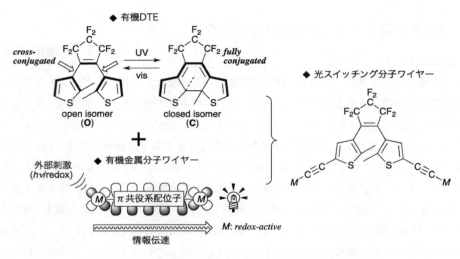

図1 光スイッチング機能を有する有機金属分子ワイヤー

774 nm の吸収が増大したことから，閉環反応の進行が確認され，NMR スペクトルから光定常状態の閉環異性化率は 90％であった．得られた光定常状態の溶液に，可視光（>560 nm）を照射すると，開環体のシグナルが再生したことから，可逆的な開閉環反応を示すことが明らかになった（図2(b))．

次に **1Fe*O** と **1Fe*C** の両異性体の分子ワイヤーとしての性能，すなわち電子伝達能を評価した．分子ワイヤーの代表的な性能評価方法として電気化学的な測定に基づく方法がある．有機金属分子ワイヤー（M−L−M，M：有機金属フラグメント，L：π 架橋配位子）は，遷移金属の d 軌道と架橋部位の π 軌道が重なりを持つことによって，両端の金属間で電子及び空孔の非局在化が可能になる．この分子全体における非局在化過程，電子状態が変化するプロセスが電子伝達のメカニズムである．すなわち，一電子酸化体（[M−L−M]$^{+\cdot}$：モノカチオンラジカル種）の安定性をもとにワイヤーの性能を評価することができる．両端の金属フラグメントに相互作用がない場合，異なる金属中心が同じ電位で酸化される．一方，両端の金属フラグメントが強い相互作用を有するとき，すなわち分子全体でカチオンラジカルを非局在化し安定化する場合，両端の金属フラグメントは異なる電位で酸化を受ける．このときの電位差 ΔE をもとに，混合原子価種（M(II)−L−M(III)：二価の金属フラグメントを用いた場合のモノカチオンラジカル種）の非混合原子価種（M(II)−L−M(II)，M(III)−L−M(III)）に対する安定度定数，均化定数 K_c を $K_c = \exp(\Delta E \times F/R\,T)$（$F$：ファラデー定数（$9.65 \times 10^4$ C・mol^{-1}），R：気体定数（8.31 J・K^{-1}・mol^{-1}），T：測定温度（K））の式から算出できる．K_c が大きいワイヤーほど，混合原子価種が安定であり，良好な電子伝達能を有する分子ワイヤーということになる．図2(d) に示すように良好な分子ワイヤーの場合，サイクリックボルタンメトリー（CV）を測定すると二つの可逆な酸化還元波が観測でき，そのチャートから二つの酸化還元電位の差 ΔE を求めることができる．

第1章　ジアリールエテンの極限機能

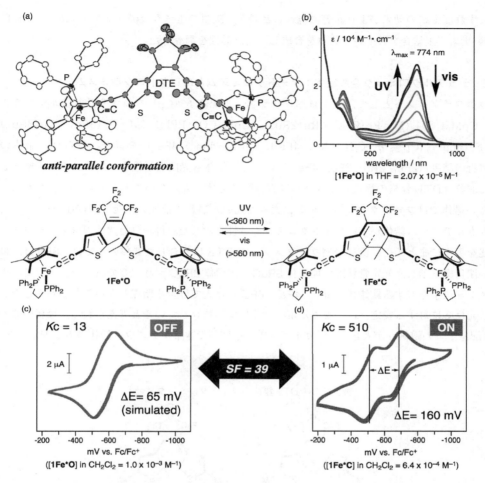

図2　(a) 1Fe*O の分子構造，(b) UV-vis 吸収スペクトルによる 1Fe* のフォトクロミズムの追跡，(c) 1Fe*O の CV チャート，(d) 1Fe*C の CV チャート

実際に，図2の（c）と（d）に示すように，1Fe*O と 1Fe*C の両異性体の CV チャートは，開環体では，一つの，閉環体では二つの可逆な酸化還元波を示した。この結果から，K_c 値は，開環体では 13，閉環体では 510 と算出でき，スイッチング性能［Switching Factor (SF) = K_c(closed)/K_c(open)］は，39 に達する。このように，光開閉環反応にともなって，大きく金属間相互作用を変化できる，すなわち光スイッチング機能を有する有機金属分子ワイヤーを開発することができた[5]。

また本研究において，等電子構造のルテニウムフラグメントをもつ DTE 錯体 1Ru* を合成し，その光反応性を調べたところ，フォトクロミック特性が鉄錯体にくらべ大きく向上し，閉環量子収率は 0.39（鉄錯体は 0.0021）であった[6]。この結果は，金属フラグメントの構造がフォトクロミック特性に大きな影響を与えることを示している。そこで，DTE に直接金属フラグメントを

フォトクロミズムの新展開と光メカニカル機能材料

導入すれば金属の効果がより顕著に現れると考え，次項で述べる金属フラグメントとDTE間の炭素-炭素三重結合をのぞいた錯体を合成し，光反応性を調査した。

6.3　デュアルクロミック金属錯体：フォトクロミズムとエレクトロクロミズム

　金属フラグメントとして，シクロペンタジエニル配位子（Cp）を有する鉄及びルテニウム錯体，$CpM(CO)_2$（M＝Fe(**2Fe**)，Ru(**2Ru**)），$CpM(CO)(PPh_3)$（M＝Fe(**3Fe**)，Ru(**3Ru**)），$Cp'Fe(dppe)$（$Cp' = \eta^5\text{-}C_5H_4(Me)$，**4Fe'**），$Cp^*Fe(dppe)$（**4Fe***）を得た。得られた錯体の構造解析の結果（**2Fe**，**2Ru**，**3Fe**，**4Fe'**），いずれの錯体も光閉環活性なアンチパラレル構造を有しており，DTE骨格の構造パラメータは有機物誘導体と大差ないことがわかった。しかし，これらの錯体ではフォトクロミズム挙動に大きな違いが現れ，前述の**1Fe***と**1Ru***のように，鉄よりもルテニウム錯体がよいフォトクロミック特性を示した。得られた錯体のフォトクロミック性能を表1にまとめた。直接金属フラグメントがDTEに結合した錯体の中では，**3Ru**は，最もよい閉環率を示し，光定常状態で開環体**3RuO**：閉環体**3RuC**＝30：70であった。一方で，ホスフィン配位子を有する鉄錯体（**3Fe**，**4Fe'**，**4Fe***）は光では全く閉環しないことがわかった。また，光反応に対する安定性は，脱カルボニル化反応に依存していると考えられる。金属中心からCO配位子への逆供与が大きく，脱カルボニル化を抑制できるルテニウム錯体の方が安定であり，

表1　二核DTE錯体のフォトクロミック挙動

complex	M	^{a}O : C	^{b}ring closure (UV) time, min.	^{b}ring opening (vis) time, min.	λ_{max}/nm of C in THF, color	recycl. (times)
1Fe*	C≡C–Cp*Fe(dppe)	10 : 90	80	90	774, green	95% (6)
1Ru*	C≡C–Cp*Ru(dppe)	~0 : ~100	8	60	719, green	88% (10)
2Fe	CpFe(CO)$_2$	61 : 39	16	4	560, brown	decomp.
2Ru	CpRu(CO)$_2$	36 : 64	24	4	553, brown	50% (5)
3Fe	CpFe(CO)(PPh$_3$)	90< : <10	–	–	–	decomp.
3Ru	CpRu(CO)(PPh$_3$)	30 : 70	30	8	584, blue purple	70% (10)
4Fe'	Cp'Fe(dppe)	100 : 0	–	–	–	
4Fe*	Cp*Fe(dppe)	100 : 0	–	–	–	

^{a}isomer ratios at the photostationary states in C$_6$D$_6$ dtermined by ^{1}H NMR, ^{b}monitoring 2.0 X 10^{-5} M in THF by UV-vis spectra.

第1章　ジアリールエテンの極限機能

配位子もホスフィン配位子を有する錯体 **3Ru** が繰り返し耐久性に優れていることがわかった。合成した二核錯体の中でフォトクロミック性能が最もよいものは，炭素-炭素三重結合を介してルテニウム錯体が結合した **1Ru*** である。

　金属フラグメントが DTE の光反応に与える効果に関して，Time-dependent DFT（TDDFT）解析を用いて考察した。有機 DTE の光閉環反応は，通常一重項励起状態を経由して進行することが明らかになっている[7]。一方，金属フラグメントが結合した DTE では，金属フラグメントに基づく励起状態が関与し，分子内エネルギー移動が起こり，三重項状態の DTE から閉環する可能性が示唆された。計算結果の詳細は，最近のポリピリジル金属フラグメント（$[Ru(bpy)_3]^{2+}$，$[Os(bpy)_3]^{2+}$）を有する DTE 錯体に関する報告[8]やわれわれの報告[9]を参照されたい。中心金属の効果を調べると，鉄フラグメントに基づく励起三重項状態のエネルギーレベルは，配位子である DTE の三重項のエネルギーレベルよりも低いのに対し，ルテニウム錯体は金属フラグメントの励起状態のエネルギーレベルが DTE のものより高い。すなわち，鉄フラグメントから三重項状態の DTE へのエネルギー移動は吸熱的なプロセスとなり閉環反応は進行せず，ルテニウム錯体では発熱的なプロセスを経由して閉環反応が進行すると考えている。

　また，これらの錯体の電気化学的な測定を行っている際に，金属フラグメントの酸化によって DTE の閉環反応が進行することを見出した。**3Ru** 錯体を例に CV の結果を図3(a) に示す。閉環体 **3RuC** は可逆な二つの酸化還元波を，$-430\,mV$ と $-174\,mV$ に与える。一方，開環体 **3RuO** は，閉環体 **C** と大きく異なり，2 電子酸化波が $273\,mV$ に観測されるが，対応する還元波はみられない。さらにカソード側に掃引すると，二つの還元波が現れ，つづくアノード側への掃引で対応する二つの酸化波が観測される。この新たに現れる酸化還元波は，2 電子酸化前のスキャンでは観測されず，前述の閉環体 **C** の酸化還元波と一致することから，2 電子酸化によって閉環反応が進行したことを示している。そこで実際に酸化剤（CAN）を用いて淡黄色の開環体 **3RuO** を酸化したところ，赤茶色の反磁性ジカチオン性閉環体 **3RuC²⁺** が得られた。同様の酸化反応を **3FeO** に対して行うと，深緑色の良好な結晶が得られ，単結晶構造解析で分子構造を明らかにした。閉環した酸化体 **C²⁺** の特徴は，金属-炭素結合（DTE）が二重結合性を帯び，さらに DTE の結合交替が中性の閉環体 **C** とは異なり，光開環不活性なことである。本反応は，図3(b) に示すように，開環体 **O** の二電子酸化によって金属上に生じたラジカルがチエニル環上を移動し，チエニル環の $2-$ と $2'-$ 位でラジカルカップリングすることで進行すると考えられる。また，このジカチオン性閉環体 **C²⁺** を 2 当量の Cp_2Co で還元すると中性の閉環体 **C** が得られることを見出した。ホスフィン配位子を有する鉄錯体 **3FeO** は，光で閉環体 **C** を与えないが，2 電子酸化還元を行うことでジカチオン性閉環体 **C²⁺** を経由して，閉環体 **C** を生成する。すなわち本錯体系はフォトクロミズムとエレクトロクロミズムをともに示すデュアルクロミズム系であり，光と酸化・還元という二つの刺激を組み合わせたクロミズムを発現する[10]。

　有機 DTE の酸化的閉環反応はすでに報告[11]されているが，強力な電子供与体となる金属フラグメントが DTE に結合している本系は，閉環した酸化体 **C²⁺** を安定に取り扱えることが特徴で

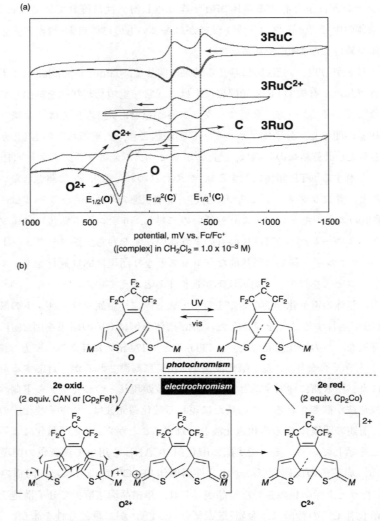

図3 (a) 3RuC, 3RuC^{2+}, 3RuO の CV チャート，(b) 二核 DTE 錯体のデュアルクロミック挙動：フォトクロミズムとエレクトロクロミズム

ある。われわれの報告の後，関連する DTE 金属錯体が報告[12]されている。

最後に，これまで二核錯体の研究例を示したが，単核錯体の研究を短く紹介する。DTE のチオフェン環の片側にのみ金属フラグメントが結合した場合，上述の酸化的閉環反応は進行しない。一方，金属フラグメントの酸化還元に起因した色調の変化が期待でき，二核錯体系とは異なるデュアルクロミック系を構築できる可能性がある。実際に 3Ru$_1$ 錯体は，1 電子酸化による DTE の閉環反応を起こさないが，金属フラグメントの酸化によってカチオンラジカル種を与え，その LMCT（Ligand to Metal Charge Transfer）によって濃色を呈する。単核錯体系は，このような酸化還元に起因するエレクトロクロミズムと DTE の光開閉環によるフォトクロミズムを

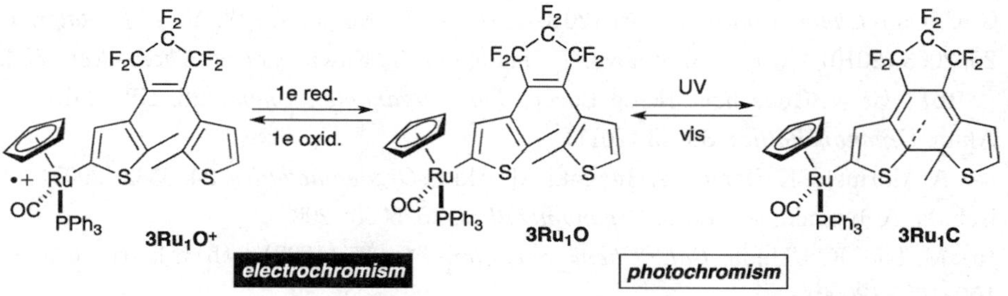

第 1 章 ジアリールエテンの極限機能

図 4 単核 DTE 錯体のデュアルクロミック挙動

組み合わせたデュアルクロミズムを示すことがわかった（図4）[13]。

6.4 まとめと今後の展望

　DTE の二つのチオフェン環5位に有機金属フラグメントを有する二核金属錯体を合成し，その反応性を明らかにした。炭素-炭素三重結合を介して鉄フラグメントが結合した二核錯体は，DTE の光開閉環にともなって金属フラグメント間の相互作用のスイッチングが可能であることがわかった。本二核 DTE 錯体は，分子エレクトロニクスや分子デバイスの研究分野において基礎的かつ重要な構成ユニットとなると考えている。また，有機金属フラグメントが直接 DTE に結合した二核錯体は，光による DTE の開閉環だけでなく，金属フラグメントの酸化によって閉環することを見出した。本系のフォトクロミズムは金属フラグメントの構造に大きく依存するが，光照射で閉環しない錯体に関しても，酸化還元反応を行うことで閉環体を得ることができる。すなわち，本系は，光と酸化還元の刺激によってクロミズムを示すデュアルクロミック系である。また，片方のチオフェン環にのみ金属フラグメントを有する単核錯体では光による DTE の開閉環と，金属フラグメントの酸化還元によるデュアルクロミズムを示す。これらの錯体系は，光照射と酸化還元プロセスを組み合わせることで，一つの錯体が三つの異なる色調を発現できる。

　本研究は，クロミックシステムと有機金属フラグメントの複合化が，分子スイッチのような新しい機能性分子やデュアルクロミズムのような多刺激応答システムを創出できることを示したと考えている。引き続き，クロミック分子と有機金属フラグメントの複合化を工夫することで，新しいスマートな化学システムの構築をめざしている。

文　　献

1)　(a) H. Tian, S. Yang, *Chem. Soc. Rev.*, **33**, 85 (2004)；(b) V. Guerchais, L. Ordronneau, H. Le. Bozec, *Coord. Chem. Rev.*, **254**, 2533 (2010)；(c) M.-S. Wang, G. Xu, Z.-J. Zhang,

G.-C. Guo, *Chem. Commun.*, 361 (2010) ; (d) C.-C. Ko, V. W.-W. Yam, *J. Mater. Chem.*, **20**, 2063 (2010) ; (e) Y. Hasegawa, T. Nakagawa, T. Kawai, *Coord. Chem. Rev.*, **254**, 2643 (2010) ; (f) V. Guerchais, H. Le Bozec, *Top. Organomet. Chem.*, **28**, 171 (2010) ; (g) M. Akita, *Organometallics*, **30**, 43 (2011)

2) (a) A. Moriuchi, K. Uchida, A. Inagaki, M. Akita, *Organometallics*, **24**, 6382 (2005) ; (b) K. Uchida, A. Inagaki, M. Akita, *Organometallics*, **26**, 5030 (2007)

3) (a) M. Irie, K. Uchida, *Bull. Chem. Soc. Jpn.*, **71**, 985 (1998) ; (b) M. Irie, *Chem. Rev.*, **100**, 1685 (2000)

4) (a) M. Akita, Y. Moro-oka, *Bull. Chem. Soc. Jpn.*, **68**, 420 (1995) ; (b) F. Paul, C. Lapinte, *Coord. Chem. Rev.*, **178-180**, 427 (1998) ; (c) M. I. Bruce, P. J. Low, *Adv. Organomet. Chem.*, **50**, 231 (2004) ; (d) S. Szafert, J. A. Gladysz, *Chem. Rev.*, **106**, PR1 (2006) ; (e) T. Ren, *Chem. Rev.*, **108**, 4185 (2008) ; (f) M. Akita, T. Koike, *Dalton Trans.*, 3523 (2008) ; (g) P. Aguirre-Etcheverry, D. O'Hare, *Chem. Rev.*, **110**, 4839 (2010) ; (h) 田中裕也, 穐田宗隆, 有機合成化学協会, **69**, 864 (2011)

5) Y. Tanaka, A. Inagaki, M. Akita, *Chem. Commun.*, 1169 (2007)

6) Y. Tanaka, T. Ishisaka, A. Inagaki, T. Koike, C. Lapinte, M. Akita, *Chem. Eur. J.*, **16**, 4762 (2010)

7) (a) J. Ern, A. Bens, H.-D. Martin, S. Mukamel, D. Schmid, D. Tretiak, E. Tsiper, C. Kryschi, *J. Lumin.*, **87-89**, 742 (2000) ; (b) P. R. Hania, R. Telesca, L. N. Lucas, A. Pugzlys, J. V. Esch, B. L. Feringa, J. G. Snijders, K. Duppen, *J. Phys. Chem. A*, **106**, 8498 (2002) ; (c) D. Guillaumont, T. Kobayashi, K. Kanda, H. Miyasaka, K. Uchida, S. Kobatake, K. Shibata, S. Nakamura, M. Irie, *J. Phys. Chem. A*, **106**, 7222 (2002)

8) R. T. F. Jukes, V. Adamo, F. Hartl, P. Belser, L. De Cola, *Inorg. Chem.*, **43**, 2779 (2004)

9) K. Motoyama, H. Li, T. Koike, M. Hatakeyama, S. Yokojima, S. Nakamura, M. Akita, *Dalton Trans.*, 10643 (2011)

10) K. Motoyama, T. Koike, M. Akita, *Chem. Commun.*, 5812 (2008)

11) (a) S. H. Kawai, S. L. Gilat, R. Ponsinet, J.-M. Lehn, *Chem. Eur. J.*, **1**, 285 (1995) ; (b) T. Koshido, T. Kawai, K. Yoshino, *J. Phys. Chem.*, **99**, 6110 (1995) ; (c) A. Peters, N. R. Branda, *J. Am. Chem. Soc.*, **125**, 3404 (2003) ; (d) A. Peters, N. R. Branda, *Chem. Commun.*, 954 (2003) ; (e) X.-H. Zhou, F.-S. Zhang, P. Yuan, F. Sun, S.-Z. Pu, F.-Q. Zhao, C.-H. Tung, *Chem. Lett.*, **33**, 1006 (2004) ; (f) Y. Moritama, K. Matsuda, N. Tanifuji, S. Irie, M. Irie, *Org. Lett.*, **7**, 3315 (2005) ; (g) G. Guirado, C. Coudret, M. Hliwa, J.-P. Launay, *J. Phys. Chem. B*, **109**, 17445 (2005)

12) (a) Y. F. Liu, C. Lagrost, K. Constuas, N. Touchar, H. Le Bozac, S. Rigaut, *Chem. Commun.*, 6117 (2008) ; (b) Y. Lin, J. J. Yuan, M. Hu, J. Yin, S. Jin, S. H. Liu, *Organometallics*, **28**, 6117 (2009) ; (c) K. A. Green, M. P. Cifuentes, T. C. Corkery, M. Samoc, M. G. Humphrey, *Angew. Chem. Int. Ed.*, **48**, 7867 (2009)

13) H. Li, T. Koike, M. Akita, *Dyes and Pigments*, **92**, 854 (2012)

7 黄色に光発色するフォトクロミック分子の開発

高見静香[*]

7.1 はじめに

　フォトクロミズムとは，光の作用により単一の化学種が，分子量を変えることなく，吸収スペクトルの異なる2つの異性体を可逆的に生成する現象のことをいう。分子の化学修飾により，紫外光を照射すると無色から黄色，赤色，青色，緑色と様々に発色する。色調の変化のみならず物性（融点，導電性，屈折率）が変化するため調光材料，表示材料，記録材料，分子デバイス等への応用が期待できる。代表的な化合物にフルギド誘導体とジアリールエテン誘導体が挙げられ，これらは光異性化に伴う繰り返し耐久性に優れ，両異性体が熱的に安定という特徴を有している[1]。このようなフォトクロミック色素をフルカラー表示材料に応用するには，黄色・赤色・青色に光発色するフォトクロミック化合物が必要となる。これらは，環境に配慮したリライタブルペーパーにも活用が期待できる。既に3原色に光発色するフルギド誘導体で検討がなされており，色鮮やかな画像を表示している[2]。しかし，室内の光で退色しない性質をもたせる（光安定性）が解決すべき点である。青と赤色の光安定なフォトクロミック化合物は数多くあるが，光安定な黄色のフォトクロミック化合物の報告例は少ないのが現状である。本内容は，黄色に光発色するフォトクロミック分子の開発について述べる。

7.2 黄色に光発色するフォトクロミック色素

　黄色に光発色させる一つの方法は，分子の共役長を短くすることである。黄色に光発色するフォトクロミック分子には2-チエニル基[3]および5-チアゾリル基[4]を有するジアリールエテン誘導体が挙げられる。図1にこれらの分子構造を示す。これら着色体の最大吸収波長はヘキサン溶液中で391～440nm付近であり，通常の3-チエニル基および4-チアゾリル基を有するジアリールエテンと比較して，閉環体で共役系が切れることに起因し着色体が短波長シフトする。また，ジアリールエテンのアリール部位を，チオフェンからチアゾール，オキサゾールに変えるとこれら着色体はヘキサン溶液中で青（575nm）・赤（525nm）・橙（462nm）へと変化し，ジオキサゾリルエテンの最大吸収波長（462nm）はジチエニルエテン（575nm）のそれと比較して113nmも短波長シフトする[5]。これら3つの分子構造は類似しているにもかかわらず電子密度の偏りにより吸収波長が大きく異なる。近年，スルホニル基を有するジアリールエテン誘導体が報告されている。2-ベンゾチエニル基を持つジアリールエテンの着色体は赤色に着色するが[1a]，2-ベンゾチエニル基の硫黄を酸化した誘導体の着色体は黄色に着色する。着色体の最大吸収波長は酢酸エチル溶液で，130nmも短波長シフトする。また，他の黄色に着色するフォトクロミック分子と比べてモル吸光係数の値が大きい[6]。また，2-チエニル基の硫黄を酸化した誘導体のフォトクロミズムは興味深く紫外光を照射する前は黄色であるが，紫外光を照射すると無色に変化する。し

　＊　Shizuka Takami　新居浜工業高等専門学校　環境材料工学科　准教授

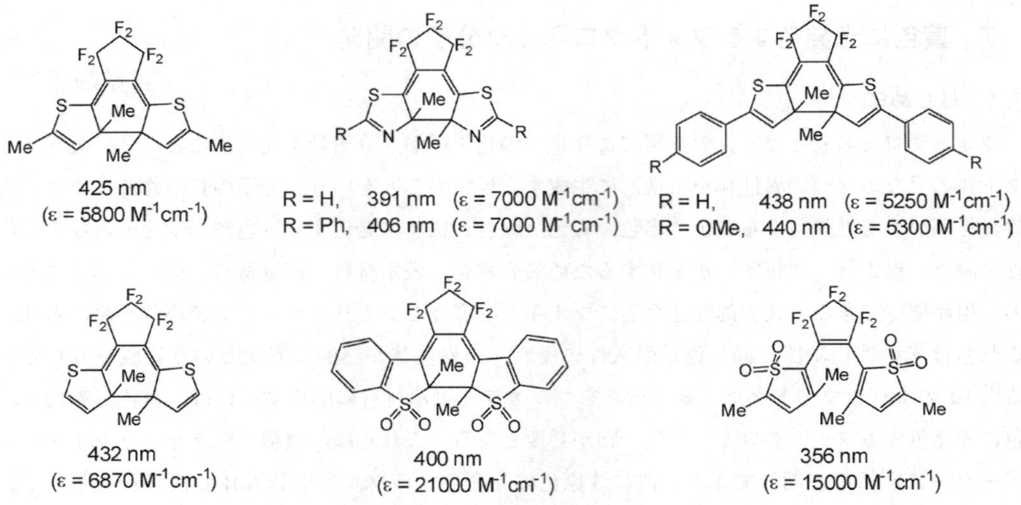

フォトクロミズムの新展開と光メカニカル機能材料

425 nm
(ε = 5800 M^{-1}cm^{-1})

R = H,　391 nm　(ε = 7000 M^{-1}cm^{-1})
R = Ph,　406 nm　(ε = 7000 M^{-1}cm^{-1})

R = H,　438 nm　(ε = 5250 M^{-1}cm^{-1})
R = OMe,　440 nm　(ε = 5300 M^{-1}cm^{-1})

432 nm
(ε = 6870 M^{-1}cm^{-1})

400 nm
(ε = 21000 M^{-1}cm^{-1})

356 nm
(ε = 15000 M^{-1}cm^{-1})

図1　黄色に光発色するフォトクロミック分子

かしながら，大概は光で着色した黄色は室内の光で安定とは言い難く，容易に光退色すると言える[7]。

7.3　光安定性

　発色した色が光安定性を持つためには，適切な分子修飾が必要となる。光安定性は光開環反応量子収率の値で検討する。ジアリールエテン誘導体では次の事が知られている。図2に示すように，フェニル基のパラ位に電子供与性置換基を導入すると光開環反応量子収率が置換基を導入していない誘導体と比較して1/6まで低下する[8]。また，反応点部位にメトキシ基を導入するとメチル基を有する誘導体のそれと比較して1/1000まで著しく低下する[9]。また，アリール部位にチアゾール基を有する誘導体でも同様に1/100まで光開環反応量子収率が低下する[10]。また，閉環体の最大吸収波長はメトキシ基を導入することで3-チエニル基を有するジアリールエテンでは575〜625nm，4-チアゾリル基を有するジアリールエテンでは534〜555nmと長波長シフトする[9,10]。図3に示す非対称のジアリールエテン誘導体 1a と 2a は，アリール部位に4-チアゾリル基と2-チエニル基を導入している[11]。これは，着色体の吸収波長を黄色へと短波長化させるためである。これらに紫外光を照射すると着色体 1b と 2b に光異性化する。反応点部位にメチル基をもつ誘導体 1b の最大吸収波長は494nm，メトキシ基をもつ誘導体 2b は525nmで，それぞれ橙色，赤色に発色した。光開環反応量子収率を測定すると，メトキシ基を持つ誘導体 2b がメチル基を有する誘導体 1b と比較して1/10低下した。しかしながら，十分な光安定性を持つとは言い難く，光開環反応量子収率を大きく抑制する効果は見られていない。黄色に光発色させるには吸収波長を大きく短波長シフトする必要があり，新しいフォトクロミック分子が必要となる。

R_1	光開環反応量子収率
H	1.5×10^{-2}
OMe	8.0×10^{-3}
$N(C_2H_5)_2$	2.5×10^{-3}

R_2	R_3	光開環反応量子収率
Me	Me	1.3×10^{-2}
OMe	Me	1.6×10^{-3}
OMe	OMe	$<2.0 \times 10^{-5}$

R_2	R_3	光開環反応量子収率
Me	Me	1.7×10^{-2}
OMe	Me	4.0×10^{-3}
OMe	OMe	3.3×10^{-5}

図２　ジアリールエテン誘導体の光開環反応量子収率

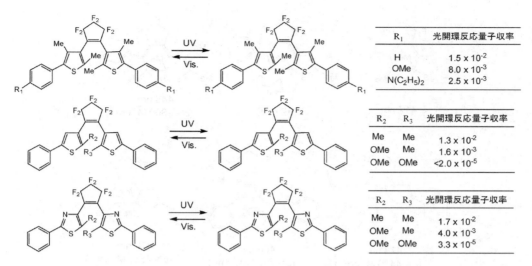

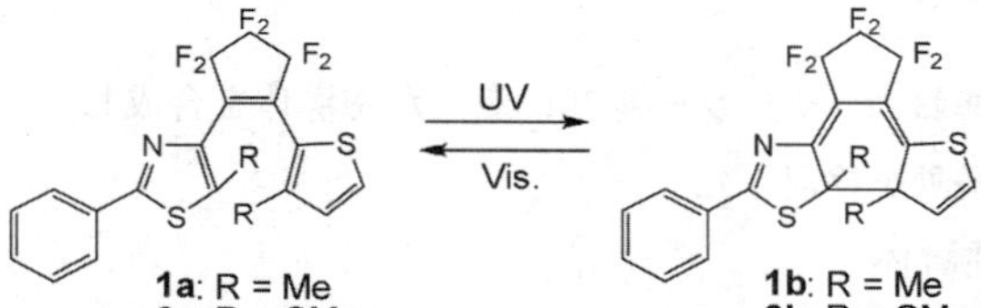

1a: R = Me　**1b**: R = Me
2a: R = OMe　**2b**: R = OMe

図３　非対称ジアリールエテン誘導体の分子構造

7. 4　1-アリール-2-ビニルシクロペンテン誘導体

7. 4. 1　チオフェン誘導体

アリール部位にチエニル基を有する1-アリール-2-ビニルシクロペンテン誘導体のフォトクロミック挙動が報告された[12, 13]。図4に分子構造を示す。この誘導体は，光を当てて生成する着色体の分子の共役長がジアリールエテン誘導体と比較して短い。ジアリールエテンやフルギド同様に，6π電子系フォトクロミック分子といえる。横山らによると反応点部位に水素をもつ化合物は，不可逆なフォトクロミズムを示し分解物を与えるが，メチル基に変えると可逆なフォトクロミズムを示すことを報告している[12]。着色体の最大吸収波長は417〜450nm付近で黄色に発色する。また，ブランダらはビニル部位また反応点部位にメチルおよびフェニル基を導入した誘導体を報告している。フェニル基の数が増えると，着色体の最大吸収波長は450〜473nmの範囲に吸収をもち黄色から橙色に発色する[13]。しかしながら，生成した光着色体は室内の光で容易に退色して光安定な黄色とは言い難い。しかし，適切な分子修飾を行うことでそのフォトクロミック反応性および熱安定性の制御が可能と考えられる。また，分子の共役長も短いため黄色に光発色するフォトクロミック分子に適する。そこで，1-アリール-2-ビニルシクロペンテン誘導体のアリー

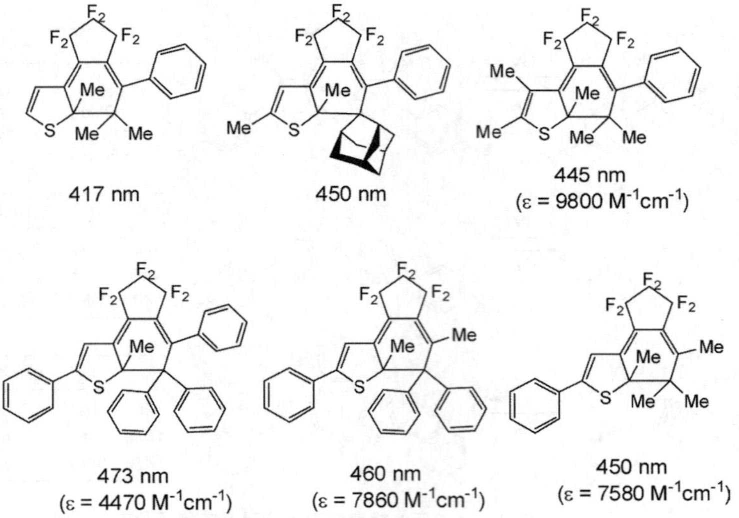

フォトクロミズムの新展開と光メカニカル機能材料

図4　1-チエニル-2-ビニルシクロペンテン誘導体の分子構造

ル部位をオキサゾール基およびチアゾール基に変えた誘導体を合成し，その着色体の最大吸収波
長やフォトクロミック挙動を検討した。

7.4.2　オキサゾール誘導体

　オキサゾールをアリール部位に持つ 1-オキサゾリル-2-ビニルシクロペンテン誘導体 3 と 4 に
ついて検討した。図5 に分子構造を示す。化合物 3 はビニル部位にメチル基を化合物 4 はフェ
ニル基をもつ構造である。数段階経て 3a と 4a の合成を行った。3a と 4a のトルエン溶液中で
の極大吸収波長はそれぞれ 274，275nm であり無色だった。これに，紫外光 300nm を照射して
いくと，可視領域の吸収極大が増加し淡い黄色に着色した。3a の場合では最大吸収波長は
375nm であった。一方，4a の着色体の最大吸収波長は 395nm であった。この光生成した淡い黄
色は着色体 3b，4b と考えられる。着色体 3b，4b の最大吸収波長を比較すると，フェニル基を
もつ誘導体 4b が，メチル基をもつ誘導体 3b と比較して 20nm 長波長シフトした。着色した溶
液は可視光を照射すると元の無色に戻るが，双方とも可逆なフォトクロミズムは示さなかった。

7.4.3　チアゾール誘導体

　次に，チアゾールをアリール部位に持つ 1-チアゾリル-2-ビニルシクロペンテン誘導体につい
て検討を行った。図5 に分子構造を示す。化合物 5 は反応点部位にメチル基を，化合物 6 はメ
トキシ基を有する誘導体である。トルエン溶液中での 5a と 6a の極大吸収波長はそれぞれ，
424nm と 414nm あり，無色であった。5a の溶液に紫外光を照射すると薄い黄色に着色しその時
の最大吸収波長は 424nm であった。可視光を照射すると元の無色に戻るが，光反応率は悪く，
不可逆なフォトクロミズムを示した[14]。一方，6a の溶液では紫外光照射に伴い最大吸収波長
414nm に値をもつ黄色の溶液に着色した。光転換率は高く，可逆なフォトクロミズムを示した。

第1章　ジアリールエテンの極限機能

さらに，チアゾール部位に置換しているフェニル基のパラ位にメトキシ基を有することで光開環反応量子収率の低下が期待できる。そこで，片側のビニル部位にはメチル基もつ誘導体 **7a** を合成しフォトクロミック挙動を検討した。化合物 **7a** のトルエン溶液中に溶液に紫外光を照射すると，黄色に着色しその時の最大吸収波長は 416nm であった。紫外光照射による光転換率も 97％ と非常に高い。図6に化合物 **7** のトルエン溶液中の吸収スペクトルを示す。破線は化合物 **7a**，紫外光 313nm を徐々に照射したとき可視領域の最大吸収波長 416nm が徐々に増加する。実線が

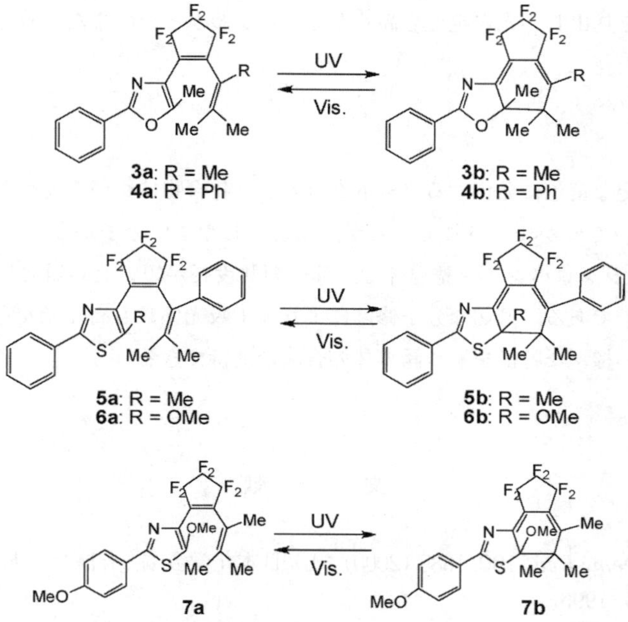

図5　オキサゾリル，チアゾリル基をもつ 1-アリール-2-ビニルシクロペンテン誘導体の分子構造

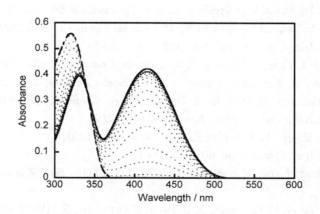

図6　化合物 **7a** のトルエン溶液中での吸収スペクトル
　　破線：**7a**，実線：**7b**，点線：紫外光照射時の経時変化

着色体 **7b** の吸収スペクトルである。また，光着色体 **7b** のモル吸光係数は，黄色に発色するフォトクロミック誘導体のなかでも大きなモル吸光係数（$17100M^{-1}cm^{-1}$）を示すことがわかった。また，着色体 **7b** の光開環反応量子収率は 10^{-3} オーダであり，室内光では容易に光退色しにくいことがわかった。光着色体 **7b** は 80℃ において 100 時間後も変化は認められず熱的に安定であることがわかった。

　本実施期間では，アリール部位にオキサゾリル基を導入した誘導体を合成したが，可逆なフォトクロミック反応は確認されなかった。しかし，チアゾリル基を導入すると可逆なフォトクロミズムが起こることを見出し，光安定性も高くなることがわかった。また，着色体は熱的に安定であることがわかった。

7.5　おわりに

　本稿では，光安定な黄色に発色するフォトクロミック化合物について述べた。黄色に光発色する種々の誘導体はいくつか報告されているが，光退色しやすい分子が多い。今回，紹介した 1-アリール-2-ビニルシクロペンテン誘導体は，分子の共役長が短いため短波長の領域で光発色させるには適した分子である。適切な分子修飾によりモル吸光係数も高く光安定性を有することが可能である。今後，様々な特徴をもつ誘導体の合成が期待できる。

文　　献

1)　a) M. Irie, *Chem. Rev.*, **100**, 1685 (2000)；b) 日本化学会編, 有機フォトクロミズムの化学, 化学総説, 28 (1996)
2)　R. Matsushima, H. Morikane, Y. Kohno, *Chem. Lett.*, 302 (2003)
3)　K. Uchida, M. Irie, *Chem. Lett.*, 969 (1995)
4)　K. Uchida, T. Ishikawa, M. Takeshita, M. Irie, *Tetrahedron*, **54**, 6627 (1998)
5)　a) L. Kuroki, S. Takami, K. Shibata, M. Irie, *Chem. Commun.*, 6005 (2005)；b) S. Takami, L. Kuroki, M. Irie, *J. Am. Chem. Soc.*, **129**, 7319 (2007)
6)　Y.-C. Jeong, S. I. Yang, K.-H. Ahn, E. Kim, *Chem. Commun.*, 2503 (2005)
7)　T. Fukaminato, M. Tanaka, L. Kuroki, M. Irie, *Chem. Commun.*, 3924 (2008)
8)　M. Irie, K. Sakemura, M. Okinaka, K. Uchida, *J. Org. Chem.*, **60**, 8305 (1995)
9)　K. Shibata, S. Kobatake, M. Irie, *Chem. Lett.*, 618 (2001)
10)　S. Takami, T. Kawai, M. Irie, *Eur. J. Org. Chem.*, 3796 (2002)
11)　S.Takami, M. Irie, *Tetrahedron*, **60**, 6155 (2004)
12)　Y. Yokoyama *et al*, *Bull. Chem. Soc. Jpn.*, **76**, 355 (2003)；*Bull. Chem. Soc. Jpn.*, **76**, 363 (2003)
13)　A. Peters, C. Vitols, R. Mcdonald, N. R. Branda., *Org. Lett.*, **5**, 1183 (2003)
14)　S. Takami, M. Irie, *Mol. Cryst. Liq. Cryst.*, **431**, 451 (2005)

8 キャリア移動部位を有するジアリールエテン誘導体のフォトクロミズムとその電気的特性

谷　敬太[*1]，久保埜公二[*2]，辻岡　強[*3]

　ジアリールエテン（DAE）誘導体は，通常，紫外線照射により開環体から閉環体へ異性化し，閉環体に可視光を照射することにより開環体へと戻る。両異性体間で，吸収スペクトルはもとより，酸化還元電位，分極率，屈折率，電気伝導性，蛍光，磁性，金属蒸着性など数多くの物性が変化することが知られている[1]。これらの中で電気伝導性の変化は，有機化合物の多くがホール輸送性に優れていることから，DAE の開環体と対応する閉環体のイオン化ポテンシャルが異なることで説明されている。よって，電極から有機層へのキャリア注入におけるポテンシャル障壁の高低に基づいて，電流の ON-OFF を制御しようとする研究が行われてきた[2]。しかしながら，電流の ON-OFF 制御に対して，注入されたキャリアの移動度も考慮すべき要因であることが，ホール移動部位（HT）を有するベンゾチオフェン系 DAE 1a（図 1）などの光定常状態における電流 — 電圧（*I-V*）特性の結果から報告された[3]。さらに，DAE の両端に HT と電子移動部位（ET）を有する場合には，電気伝導性の高い閉環体 2b にキャリアを注入することにより，電気的に開環体 1b へと異性化することが報告された[4]。

　しかしながら，キャリア移動度を予測することは困難であることから[5]，図 2 に示した HT と ET を有する DAE 誘導体を合成し，そのフォトクロミック特性および電気的な性質を調べながら，より高機能性の DAE 誘導体の開発を行うことにした。

　DAE のアリール部位としては繰返し耐久性の良いベンゾチオフェンを用い，キャリア移動度が良好なことが知られているカルバゾール[6]とオキサジアゾール[7]をそれぞれ HT，ET として

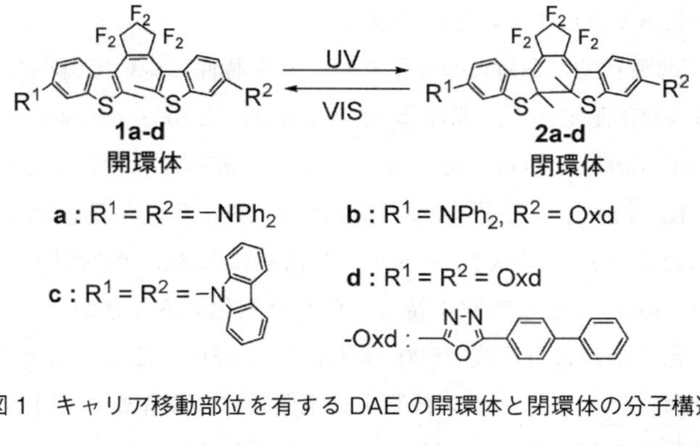

図 1　キャリア移動部位を有する DAE の開環体と閉環体の分子構造

＊1　Keita Tani　大阪教育大学　教育学部　教養学科　教授
＊2　Koji Kubono　大阪教育大学　教育学部　教養学科　准教授
＊3　Tsuyoshi Tsujioka　大阪教育大学　教育学部　教養学科　教授

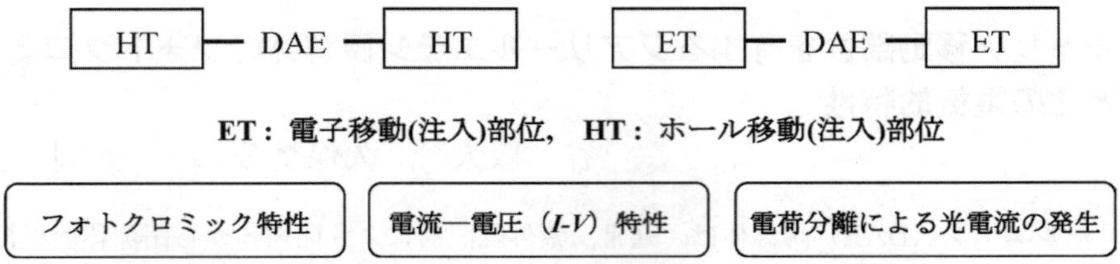

フォトクロミズムの新展開と光メカニカル機能材料

HT ― DAE ― HT　　　　ET ― DAE ― ET

ET：電子移動(注入)部位，　HT：ホール移動(注入)部位

| フォトクロミック特性 | 電流─電圧 (*I-V*) 特性 | 電荷分離による光電流の発生 |

図2　キャリア移動（注入）部位を有する DAE の模式図と機能

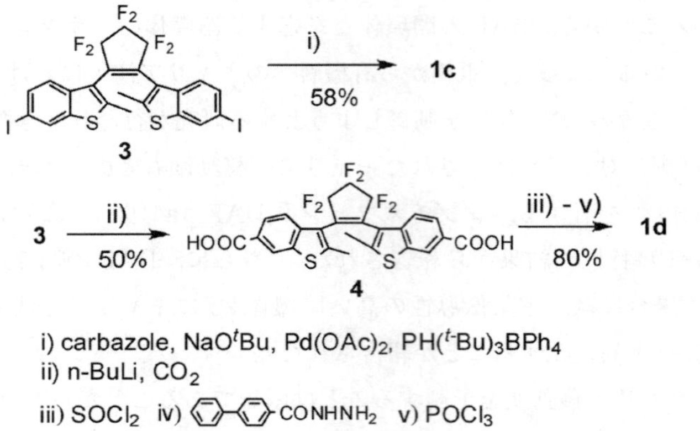

i) carbazole, NaO^{t}Bu, Pd(OAc)$_2$, PH(^{t}Bu)$_3$BPh$_4$
ii) n-BuLi, CO$_2$
iii) SOCl$_2$　iv) ⟨◯⟩-⟨◯⟩-CONHNH$_2$　v) POCl$_3$

スキーム 1

DAE と連結した **1c**，**1d** のフォトクロミック特性と電気的な挙動を調べた[8]。

スキーム 1 に示したように **1c**，**1d** は，ジヨード体 **3** からそれぞれ 1 段階，2 段階という短い経路で比較的良好な収率で合成することができた。

1c の溶液中および薄膜状態におけるフォトクロミック特性について調べた。

CDCl$_3$ 中における NMR 測定から，開環体 **1c** は parallel と *anti*-parallel の平衡にあり[9]，その比率はおよそ parallel：*anti*-parallel＝40：60 であった。紫外線照射による光定常状態では，開環体 **1c**（parallel）：**1c**（*anti*-parallel）：**2c**（閉環体）＝ 26：39：35 の平衡混合物になった。

また，図 3 に示したように開環体 **1c** のトルエン溶液に 365nm の紫外光を照射することにより，無色の状態から 550nm 付近に吸収を持つ紫色へと変化することからも閉環体が生成したことがわかる。この紫色の溶液に可視光（500～600nm）を照射すると，もとの無色の溶液に戻るフォトクロミズムを示した。一方，**1c** の薄膜を真空蒸着により作成して 365nm の紫外光を照射したが，この場合は閉環体がわずか 3％ほど生成したのみであった。オキサジアゾール系 **1d** の溶液中ならびに薄膜中のフォトクロミック特性もカルバゾール系の **1c** とほとんど同じで薄膜中での光閉環効率は低かった。

この薄膜中での光閉環反応効率の低い理由を調べるために，**1c** の X 線結晶構造解析を行っ

第1章 ジアリールエテンの極限機能

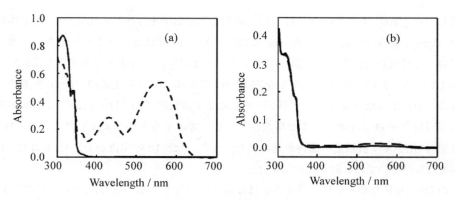

図3 1cのトルエン溶液中(a)および薄膜中(b)における吸収スペクトル変化
(a) トルエン溶液 (3.93×10^{-5} M)の吸収スペクトルを実線, 365nm 照射による光定常状態を破線で表示,
(b) 薄膜(膜厚:30nm)の吸収スペクトルを実線, 365nm 照射による光定常状態を破線で表示。

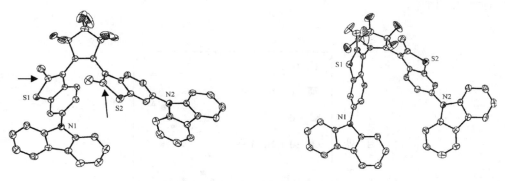

図4 1cのX線結晶構造解析結果

図5 I–V 特性を測定する素子構造

た[8]。図4に示したように開環体 1c において矢印を付けた光閉環反応が起こる炭素—炭素間距離は 0.55nm であり，しかもその配置は parallel に近かった。このことから，薄膜中では光閉環反応に適した立体構造の開環体がわずかしか存在しないこと[10]が示唆された。

薄膜中の光定常状態においてわずかではあるが閉環体が存在しているので，図5に示した素子

63

を作成し，1c, 1d の I–V 特性を検討した。真空蒸着で素子を作成し，DAE 層は開環体の状態で膜厚 30 nm になるように調製した。m-MTDATA と α-NPB はそれぞれホール注入層，ホール輸送層として用いた。光定常状態（図 6 では PSS と記す）に電圧を印加すると電流値が劇的に増大する一方，開環体では電流の増加が抑えられていることから電流の ON-OFF 制御が達成できることがわかった（図 6）。カルバゾール系の光定常状態（1c + 2c）における 15 V の電圧印加では電流値が約 80 μA/4mm^2 まで増大しており，対応するトリフェニルアミン系（1a + 2a）の電流値[3]に比べて 4 倍以上の改善が見られた。また，1c, 1d の電流の ON-OFF 比は，8 V の電圧印加においていずれも約 10 倍であった。

電流の ON-OFF 比が 100 倍を超える系は最近まで開発されなかったが，2009 年に Meerholz らにより約 3000 倍の ON-OFF 比を持つ DAE 誘導体が報告された[11]。1c, 1d が 10 倍程度の ON-OFF 比に留まった原因として，薄膜状態における光閉環反応が効率よく進行しなかったことが考えられるので，光閉環反応の向上を期待してチオフェン系 DAE 誘導体 5a-c および 6a-c を合成した（図 7）。

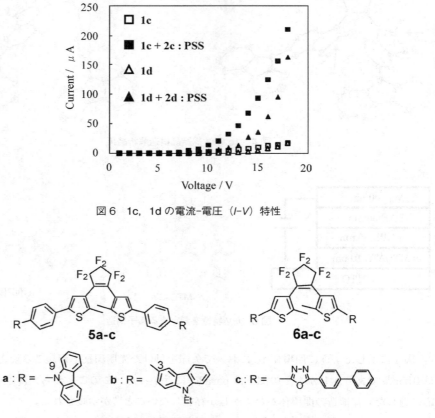

図 6　1c, 1d の電流–電圧（I–V）特性

図 7　チオフェン系 DAE 誘導体 5a-c と 6a-c の分子構造

第1章　ジアリールエテンの極限機能

　紫外光あるいは可視光の照射により，5a-c，6a-c は溶液中で可逆なフォトクロミック反応を示した。薄膜状態での光閉環反応もベンゾチオフェン系 1c，1d に比べて大きく向上することがわかった。このことは 6b の X 線結晶解析において，チオフェン環は *anti*-parallel 構造であり，しかも矢印で示した光閉環する二つの炭素間の距離が 0.35nm と短かったため[12]，薄膜中でも光閉環に適した立体構造をしている開環体が多く存在した[10]と考えられる（図8）。

　5a-c，6a-c の *I-V* 特性を図5の素子により測定した。予備実験の段階であるが，薄膜状態での光閉環反応効率が高まったことを反映して，チオフェン系 DAE の *I-V* 特性はベンゾチオフェン系に比べて改善が見られた。特に，カルバゾールの場合は3位で DAE と連結した 5b，6b が対応する9位連結体 5a，6a よりも *I-V* 特性が優れており，オキサジアゾールの場合は DAE 骨格との間にフェニレンスペーサーを持つ 5c の方が 6c に比べて良好な結果を与えた。5b，6b，5c における電流の ON-OFF 比は数千倍に達することが示唆された。この値は，Meerholz らの値にほぼ匹敵しており，その再現性および最適化条件を検討中である。

　以上，カルバゾールとオキサジアゾールをキャリア移動部位として有する DAE の *I-V* 特性を調べた限りではあるが，*I-V* 特性（電流値による ON-OFF 機能）に影響を及ぼす要因としてポテンシャル障壁に加えて，①薄膜中における DAE の閉環反応効率，② DAE とキャリア移動部位との連結位置，③ DAE とキャリア移動部位を連結するスペーサー，が挙げられることがわかった。

　種々の DAE 誘導体の *I-V* 特性を測定しているうちに，偶然ではあるが電圧を印加していないにもかかわらず DAE の閉環体が光照射により電流が発生することが示唆された。そこで，図9に示した素子（2mm×2mm）を用いて DAE 5a，5c などの光定常状態（365nm の光照射）における光電流の発生を検討した[13]。その結果，ホール輸送性（p型）のカルバゾール部位を持つ 5a よりも電子輸送性（n型）のオキサジアゾール部位を有する 5c の方が，光電流が多く発生することがわかった。興味深いことに0Vのときにも，$0.3\mu A$ の電流が観測された。

　さらに，光電流が生じるためのキャリアがどこで生じたのかを調べるために，5c の光電流の膜厚依存性を調べた結果，キャリアは α-NPB（p型）と 5c（n型）の界面で発生し，移動して

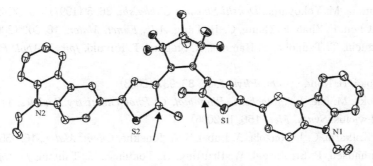

図8　6b の X 線結晶構造解析結果

フォトクロミズムの新展開と光メカニカル機能材料

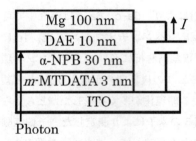

図9　DAEの閉環体を光吸収層とする素子構造

いることが確かめられた。

最近，トリフェニルアミン部位をドナー（D），ヘキサフルオロシクロペンテン部位をアクセプター（A）とするD-A-D型のDAE誘導体が，太陽電池におけるn型およびp型の両方として作用し，そのエネルギー変換効率が0.22%であることが報告された[14]。

以上のように，キャリア移動部位を有するDAE誘導体は，フォトクロミズムに加えて電流という基本的な電気物性と深く関連していることから，今後，光と電気物性をつなぐ架け橋として光化学，電気化学，構造有機化学，高分子化学などの機能性材料分野で大きく発展することが期待される。

文　　献

1) a) M. Irie, *Chem. Rev.*, **100**, 1685 (2000) ; b) B. L. Feringa, Molecular Switches, Wiley-VCH (2003) ; c) K. Matsuda, M. Irie, *J. Photochem. Photobiol. C*, **5**, 169 (2004) ; d) T. Tsujioka, Y. Sesumi, R. Takagi, K. Masui, S. Yokojima, K. Uchida, S. Nakamura, *J. Am. Chem. Soc.*, **130**, 10740 (2008)
2) a) T. Honma, M. Yokoyama, *Denshi Shashin Gakkaishi*, **36**, 5 (1997) ; b) Z. Zhang, X. Liu, Z. Li, Z. Chen, F. Zhao, F. Zhang, C.-H. Tung, *Adv. Funct. Mater.*, **18**, 302 (2008)
3) A. Taniguchi, T. Tsujioka, Y. Hamada, K. Shibata, T. Fuyuki, *Jpn. J. Appl. Phys.*, **40**, 7029 (2001)
4) T. Tsujioka, H. Kondo, *Appl. Phys. Lett.*, **83**, 937 (2003)
5) T. Tsujioka, M. Irie, *J. Photochem. Photobiol. C: Photochemistry Reviews*, **11**, 1 (2010)
6) S. Grigalevicius, *Synth. Met.*, **156**, 1 (2006)
7) a) A. P. Kulkarni, C. J. Tonzola, A. Babel, S. A. Jenekhe, *Chem. Mater.*, **16**, 4556 (2004) ; b) J. Bettenhausen, P. Strohriegl, W. Brütting, H. Tokuhisa, T. Tsutsui, *J. Appl. Phys.*, **82**, 4957 (1997)

第1章　ジアリールエテンの極限機能

8)　K. Tani, K. Kubono, K. Hori, K. Shoji, G. Shiga, M. Yamamoto, T. Tsujioka, *Chem. Lett.*, **40**, 1261 (2011)

9)　a) K. Uchida, Y. Nakayama, M. Irie, *Bull. Chem. Soc. Jpn.*, **63**, 1311 (1990) ; b) M. Irie, K. Sakemura, M. Okinaka, K. Uchida, *J. Org. Chem.*, **60**, 8305 (1995) ; c) T. Yamaguchi, M. Irie, *J. Photochem. Photobiol. A: Chem.*, **178**, 162 (2006)

10)　S. Kobatake, K. Uchida, E. Tsuchida, M. Irie, *Chem. Commun.*, **2002**, 2804

11)　P. Zacharias, M. C. Gather, A.Koehnen, N. Rehmann, and K. Meerholz, *Angew. Chem. Int. Ed.*, **48**, 4038 (2009)

12)　K. Kubono, T. Synmyozu, K. Goto, T. Tsujioka, K. Tani, *Acta Cryst.*, **E67**, o2194 (2011)

13)　T. Tsujioka, M. Yamamoto, K. Shoji, K. Tani, *Photochem. Photobiol. Sci.*, **9**, 157 (2010)

14)　C. Fan, P. Yang, X. Wang, G. Liu, X. Jiang, H. Chen, X. Tao, M. Wang, M. Jiang, *Sol. Energy Mater. Sol. Cells.*, **95**, 992 (2011)

9 ジアリールエテンの反応点炭素の混成軌道変化を用いた機能性分子開発

谷藤尚貴*

9.1 はじめに

フォトクロミズムを用いた機能性材料開発はジアリールエテン類に限定しても，多種多様な物性の光スイッチングを実現した例が報告されている[1]。ジアリールエテンへ適切な光照射を行うことで起こる開環体-閉環体間の可逆的な分子構造変化において，反応点部位である両アリール部位のチオフェン環の α 位では共有結合の生成と開裂が可逆的に起こる。この炭素原子上で起こる混成軌道の変化（図1）は結合角の変化だけでなく周囲の電子状態を変化させることが可能であり，それを用いた種々の物性を光スイッチングできる材料が開発可能になる。本稿では，ジアリールエテンのフォトクロミズムを用いた物性の光スイッチングの中でも，反応点炭素を起点として生じた物性の光スイッチングに関する知見についてまとめ，その将来的な展望について述べていく。

9.2 研究の背景

ジアリールエテン類のフォトクロミズムによる分子物性をスイッチングするためには，図2に示すように，これまでに主流となっていたスイッチング機能は反応中心であるアリール-エチニ

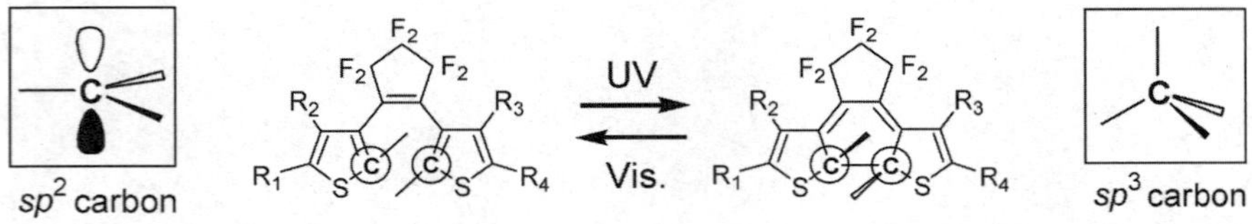

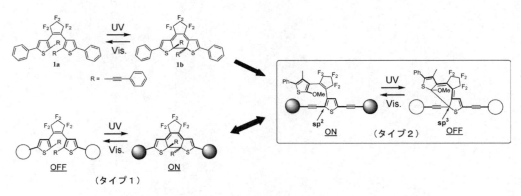

図1 ジアリールエテンのフォトクロミズムと反応点炭素の混成軌道変化

図2 本研究を着想するきっかけとなったジアリールエテン誘導体

* Naoki Tanifuji 米子工業高等専門学校 物質工学科 准教授

第1章　ジアリールエテンの極限機能

ル–アリール部位における開環体と閉環体における可逆的な分子構造変化を利用してきた。閉環体では2つのアリール基がシクロヘキサジエン構造により平面に近い形で固定化されて共役系はつながるが，開環体ではエテニレンに結合した2つのアリール基の自由回転が可能となり，アリール-エチニル-アリール部位は交差共役系になる。この特性を機能として活用する研究例として，従来は機能性を示す官能基を2つのアリール基にそれぞれ配置させる様式によって官能基間における相互作用の変化を光スイッチングさせることができた（タイプ1）。ジアリールエテンをスイッチングユニットとして用いるメリットの一つは，異性化の起こる部位以外の分子拡張に関する合成の適応範囲が広いことであり，アリール部位から様々な用途に合わせて拡張された誘導体が合成されている。その中でも森光らによる反応点の炭素に結合する置換基を変換した誘導体に関する報告[2)]では，フェニルエチニル基が反応点に結合した誘導体は従来のジアリールエテンに比べて反応部位が嵩高くなるにもかかわらず，溶液中でのフォトクロミズムは起こることを明らかにしているこの知見を参考にするとジアリールエテンの反応点からの分子拡張した新しい光スイッチング分子の創製が可能になると考えたことが，本稿で述べる研究の起点となっている。

　反応点からの分子拡張により期待される機能の作用機序は，反応点炭素におけるi) 混成軌道の変化に伴うパイ共役鎖の切断–再結合とii) 結合様式の変化による分子のモルフォロジー変化がそれぞれフォトクロミズムにより切り替わる点であり（タイプ2），いずれも光スイッチング機能として活用することが可能である。そこで，次節では実際に合成された分子におけるスイッチング作用について解説していく。

9.3　反応点炭素を用いたパイ共役系の光スイッチングと物性変化
9.3.1　磁気的相互作用の光スイッチング
　前節に述べた知見に基づき設計した分子が2である（図3）。この分子は二つの安定ラジカル置換基をパイ共役鎖状に適切に配置させることにより，ラジカル間の相互作用について電子スピン共鳴測定を用いて評価することが可能である。予想されるスイッチング特性としては，開環体でフェニレン-エチニレン-チオフェンで構成されるパイ共役鎖でつながれた二つのラジカルが磁気的相互作用を示す一方で，閉環体においては反応点炭素の混成軌道が sp^2 から sp^3 に変わるこ

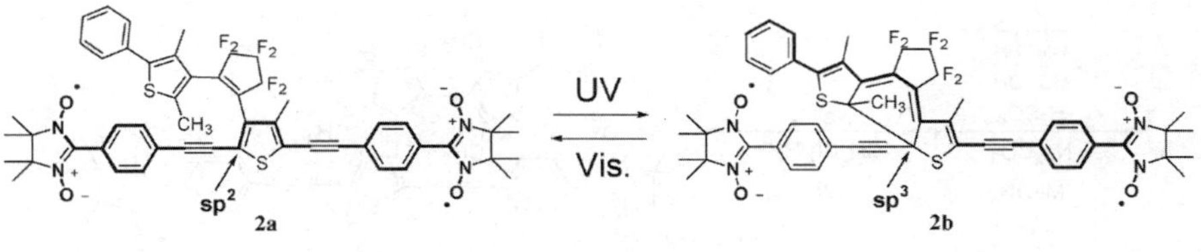

図3　フォトクロミズムにより磁気的相互作用が光スイッチングできる
ジアリールエテンジラジカルの分子設計

フォトクロミズムの新展開と光メカニカル機能材料

とでパイ共役鎖が切断されるために相互作用は小さくなる。そして，この2つの異性体間におい
て適切な光照射によって可逆的に変化する現象が得られると考えた。

　合成を行うにあたり，ジアリールエテンユニットの構築にはリチオ化したアリール基をパーフ
ルオロシクロペンテンへ逐次導入する手法を用いた。これにより非対称のアリール基は容易に導
入可能であるが，アリール基の導入順序によって収率は変わった。この分子の場合はフェニルエ
チニル基が2個結合したチオフェン環を先に導入した方の収率が良く，その原因としては基質お
よび求核剤の嵩高さやリチオ化したチオフェンの求核性の違いが原因になると考えられる。しか
しながら，現段階において非対称型ジアリールエテンの合成における嵩高さや，化学反応性に関
する一般的法則はないため，この系以外の非対称型のジアリールエテンの新規合成を行う際には
導入順における比較検討を行う必要が有ると言える。この他に，反応点へ置換基の導入する際に
はジアリールエテンユニットを作る前に入れる必要がある。その理由は，反応点に直接ハロゲン
を結合させたジアリールエテンが異性化反応が不可逆であり[3]，分子の拡張を行うには合成が終
わるまで完全な遮光状態が必要になるためである。その一方で，反応点以外の箇所における分子
拡張は容易であり，前駆体のホルミル基をニトロニルニトロキシドへ変換する反応も収率は良く
ないが，磁気測定が可能な量の目的物は単離することができた[4]。

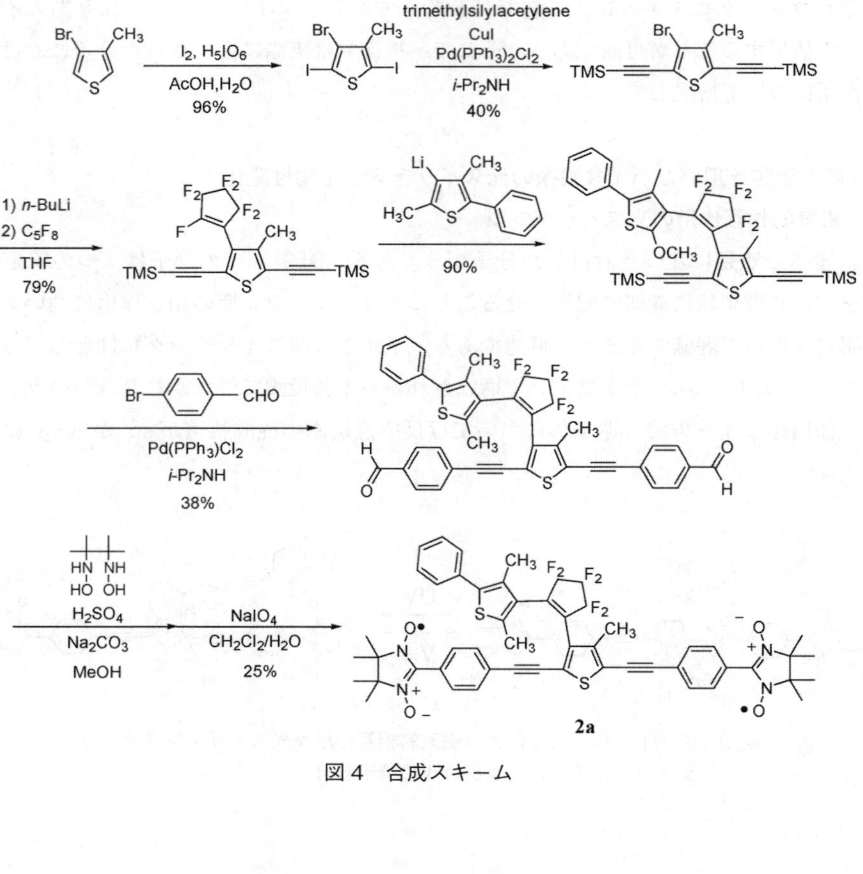

図4　合成スキーム

第1章　ジアリールエテンの極限機能

2に対する紫外光照射では目視による着色は確認できないが，吸収スペクトルにおいては僅かに可逆的なスペクトル変化が生じていたことや直前の前駆体であるホルミル体では良好なフォトクロミック特性を有していた。この事実から，ラジカル誘導体でフォトクロミズムが起きない理由を解明し，分子の改良を行うとフォトクロミズムの誘起は可能であると考え，誘導体の構造変換による反応性の改善を試みた。その結果，共役鎖に対してパラ配向にニトロニルニトロキシドを結合させた2は反応性が低かったのに対して，オルト位に配置させた3では，光定常状態（365nm 光）で変換率58％を示すフォトクロミック分子になった。さらに，光開環反応の量子収率を考慮してもう一方のアリール基にメトキシ基を導入した誘導体4では，変換率が82％まで向上した。3，4について両異性体のESRスペクトルを測定すると，それぞれの開環体における交換相互作用は超微細定数より大きく（$|2J/k_B|>0.04$K），閉環体では超微細定数より小さい（$|2J/k_B|<3\times10^{-4}$K）スペクトルが観測されたことから，この光スイッチングユニットが適切な光照射によって150倍以上の強度差で可逆的に磁気的相互作用を切替える機能を有することが分かった[4]。

パラ配向のジラジカル2においてスペクトル変化が起こりにくい理由としては，ニトロニルニトロキシドと共役鎖で起こる共鳴がウッドワードホフマン則に従った光反応を阻害したことにより，開環量子収率に比べて小さな閉環量子収率になったと考えられる。過去の報告における開環体で共鳴構造を持つジアリールエテン6で閉環反応が進行しない例[5]と，2つのニトロニルニトロキシド間におけるキノイド共鳴が起こりやすい2,5-チエニレン骨格を導入した分子7ではUV照射におけるスペクトル変化が起きなかった結果[6]は，ジラジカル間において共鳴構造を持つパラ配向で閉環反応が起こりにくく，共鳴構造が無いメタ配向ではフォトクロミズムが起こる事実と一致しており，ジラジカルのキノイド共鳴による分子の安定化がフォトクロミズム特性に

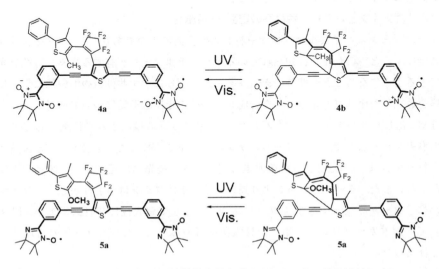

図5　フォトクロミズム特性を示すジアリールエテンジラジカル

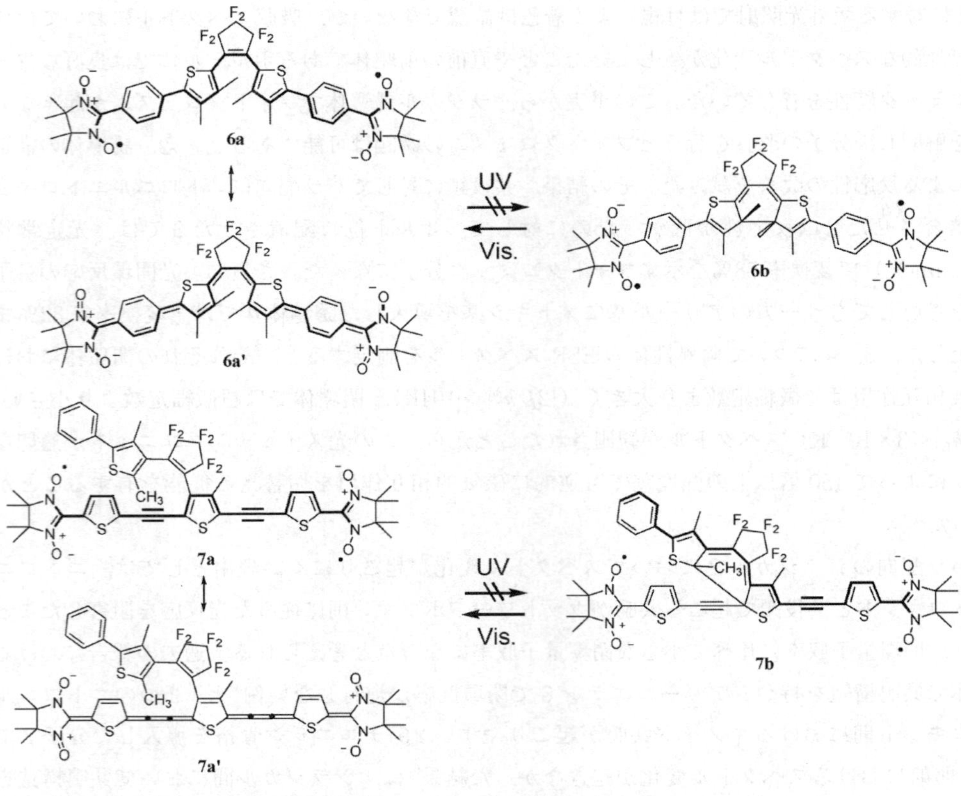

フォトクロミズムの新展開と光メカニカル機能材料

図6 光閉環反応がキノイド構造への共鳴により抑制されるメカニズム

強い影響を及ぼす事例を示すことができたと言える。

9.3.2 オリゴチオフェンのパイ共役系の切断 ― 再結合

オリゴチオフェンはパイ共役オリゴマー材料の代表例の1つであり，この共役鎖の切断 ― 再結合を可能にすると，これまでに知られているオリゴチオフェンが有する様々な特性を光スイッチングできるようになることが期待できる。そこで，図6に示す共役鎖の中央部にジアリールエテン骨格を導入したオリゴチオフェンを合成して，その光反応挙動について検討した。合成は，α 位を TMS 化したターチオフェンをハロゲン ― リチウム置換により求核剤としてアリールユニットの導入を行うことで，ジアリールエテンユニットを合成した。α 位を TMS 保護せずにリチオ化を行う場合は，n-BuLi は α 位の水素の引き抜きが優先的に起こり，目的とする反応にはならなかった。また，ターチオフェンより長いオリゴチオフェンは溶解性が低く，リチオ化も困難なために，ターチオフェンをアルコールユニットとして導入後に TMS 基の ipso 置換ハロゲン化を経て，鈴木カップリングを用いた拡張法を用いることで5，7，9量体の新規オリゴチオフェンを合成した。

合成したオリゴチオフェンの光反応性について検討を行ったところ，鎖長が伸びるに従い反応

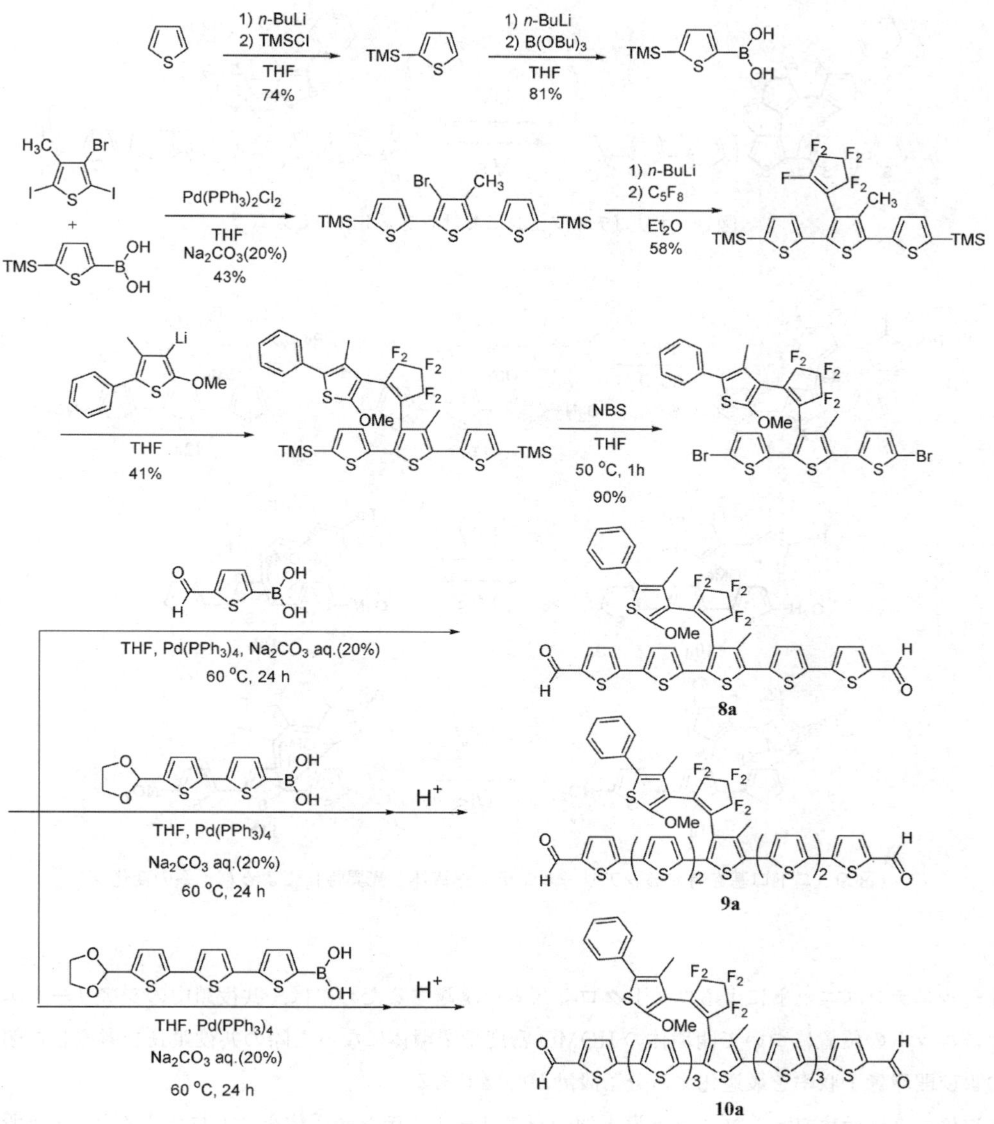

第1章　ジアリールエテンの極限機能

図7　合成スキーム

性は低下して，7，9量体では光閉環反応がほとんど進行しないことが明らかになった[7]。オリゴチオフェンを有するジアリールエテンに関する過去の報告では，両アリール基の閉環体が共役鎖を伸長させた形になる分子は閉環量子収率が低下する傾向がある[8]一方で，長いパイ共役鎖の中心にジアリールエテンユニットが置かれたジアリールエテン誘導体については閉環量子収率が低下する傾向があることが分かった。これは共役鎖長が伸びる程，光異性化の起こる6π部位における HOMO の密度が低下したことが理由であると考えられる。オリゴチオフェンにおいてジア

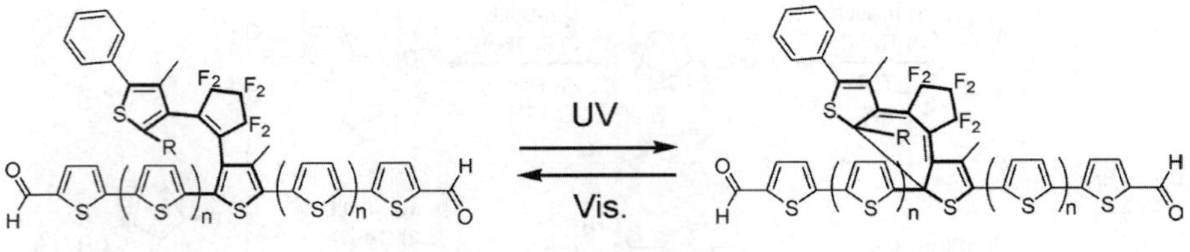

フォトクロミズムの新展開と光メカニカル機能材料

図8 オリゴチオフェンにおけるフォトクロミズム

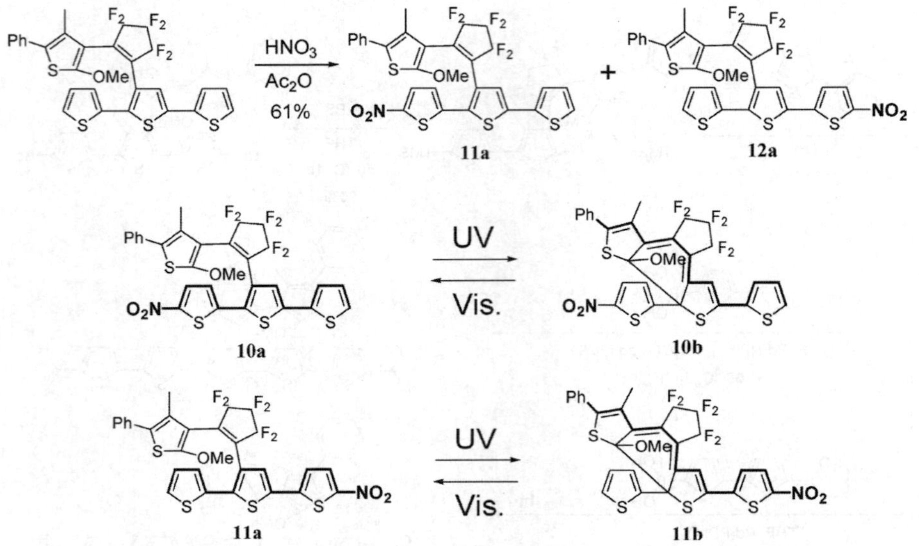

図9 ニトロ基を有するジアリールエテン誘導体と光異性化によるパイ系の変化

リールエテンユニットによるフォトクロミズムを誘起するためには，共役鎖中のジアリールエテンユニットの位置について開環体の HOMO 密度や閉環体になった際の共役鎖長を考慮した閉環および開環量子収率を最適化する分子設計が必要である。

　次に，ターチオフェンユニット導入型のジアリールエテン誘導体をニトロ化すると，2 カ所有するチオフェン環の α 位のいずれかにニトロ基導入された異性体が生成した。この 2 つのニトロ誘導体は溶媒の極性が大きくなるに従って光定常状態での閉環反応の反応性が低下した他，11 と 12 の異性体では同一条件での光照射における変換率に差が見られた。開環体では励起される分子におけるパイ系の電子状態に大きな違いは無いが，両アリール基がつながれた閉環体では共役鎖にニトロ基が結合するか否かで分子内分極等の性質は大きく異なる。そのために，閉環体から開環体に戻る光開環反応における溶媒和の寄与は異なり，それが量子収率の違いとして現れたと考えられる。

74

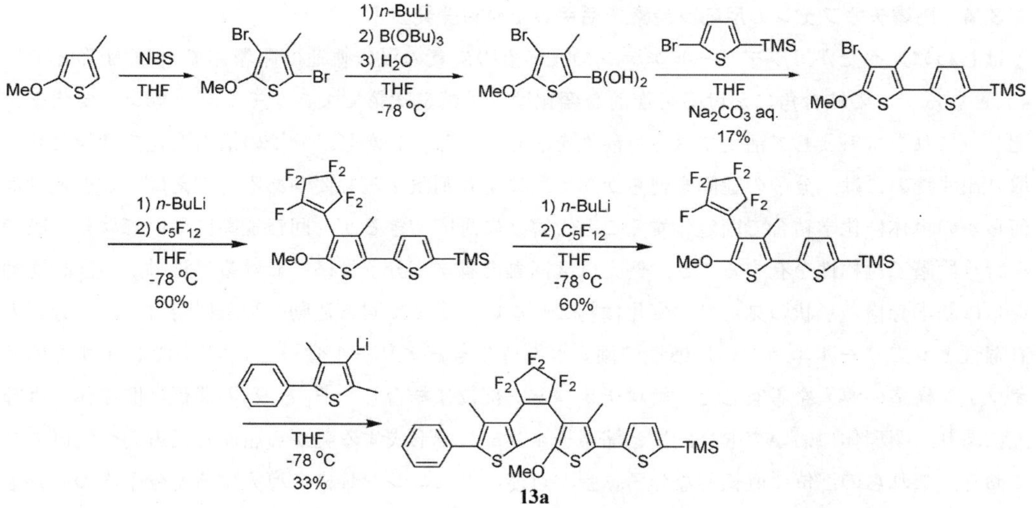

13a

図10　合成スキーム

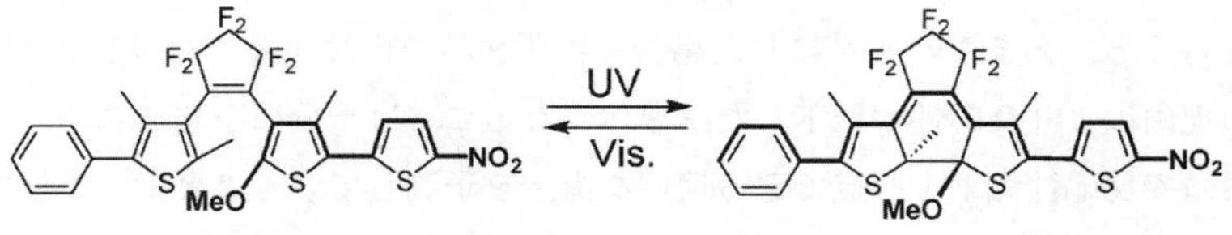

13a
Solvatochromism ON

13b
Solvatochromism OFF

図11　ソルバトクロミック部位を有するジアリールエテン誘導体

9. 3. 3　ソルバトクロミズム特性の光スイッチング

チオフェン2，3量体の誘導体の示す光機能特性として，ソルバトクロミズムがある。ドナー-2,5-チエニレン-アクセプター構造を持つ分子は，正のソルバトクロミズムを示すことが知られており[9]，この電子構造を有する構造をジアリールエテン骨格に導入するとフォトクロミズムはソルバトクロミズム特性を光スイッチングできると予想した。そこで反応点にはドナーとしてメトキシ基，ビチオフェンの末端にはアクセプターとしてニトロ基を結合させた分子 **13** を設計した。合成は α 位を TMS 保護したビチオフェンを導入後に，脱保護，ニトロ化することで目的分子が得られた。

低極性のヘキサン溶液と，極性溶媒のメタノールにおける開環体 **8a** の吸収スペクトルを比較すると，ビチオフェン部位の構造に由来する吸収バンドの極大値の長波長側へのシフト幅は 20nm と小さいものの，吸収端は約 70nm まで伸びた。その一方で，閉環体由来の可視域にある吸収帯は溶媒による影響はほとんど無くなった。これらの結果から，ソルバトクロミズムを示す電子状態はフォトクロミズムによってスイッチング可能になることが証明された[10]。

9.3.4 縮環チオフェンの反応点炭素を活用した材料開発

はじめに述べたが，ジアリールエテンの反応点の炭素の混成軌道は開環体で sp^2，閉環体では sp^3 となる。この結合角における可逆的な変化は分子構造次第で大きなモルフォロジー変化を誘起し，これを材料として活用できる可能性を有している。しかし，分子の構造変化を機能として取り出すためには，分子の運動を何らかの手段により制限する必要がある。例えば，並進運動は何らかの単体に化学結合で固定化することで容易に対応できるが，回転運動については分子設計を行う段階で対称性を有すること，例えば2回軸を有する分子骨格における対称軸上の回転運動ならば基本骨格の形状の見た目の変化は起こらない。そこで回転運動の制限に着目した，分子の直線性とジアリールエテンの反応性の両立が期待できるアリール骨格として図12に示す縮環チオフェン構造の導入を考案した。縮環チオフェン部位に結合した R_1 と R_2 の関係は開環体で直線上にあり，閉環体において R_1 は R_2 と縮環チオフェンで形成する軸から屈曲した方向へ配置されており，これらの部位に直線的な分子拡張が可能なフェニレン骨格を導入すると分子内の直線構造を光照射によって屈曲させた後に，再び直線構造に戻す操作が可能になると予想した。

縮環チオフェンの α 位をメチル化した **14**，**15** については，これまでに報告された分子群同様に良好なフォトクロミック挙動を示すことが確認された。しかし，今後この分子を基本骨格として分子拡張を行うと，大きなパイ系にした場合や拡張する方向によっては先に述べた HOMO 密度の低下等の理由により反応性が低下した誘導体になることは十分に予想される。そのために，分子設計の段階で反応性低下を回避できる適切な構造を予測していくことで，本研究の目的である反応点部位の炭素を活用した新しい光機能性分子の開発は可能になると考えた。

縮環チオフェンを芳香族で拡張したユニットは2回軸をもつ直線構造を有する一方で，その剛直かつ平面性の高さから溶解性は著しく低下するために分子拡張は困難になることが問題とな

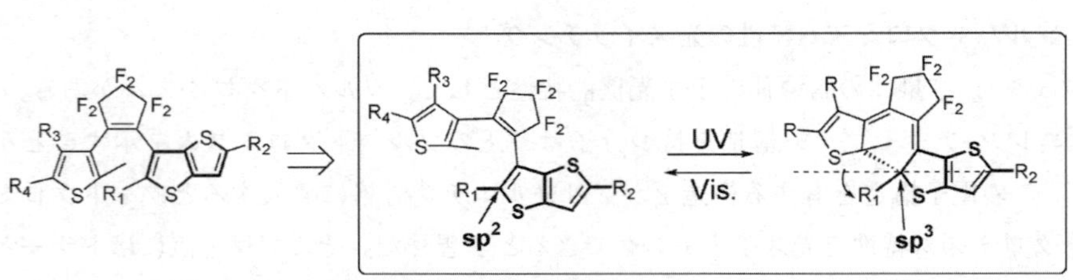

図12 縮環チオフェンを含む誘導体のフォトクロミズムと混成軌道変化による構造変化

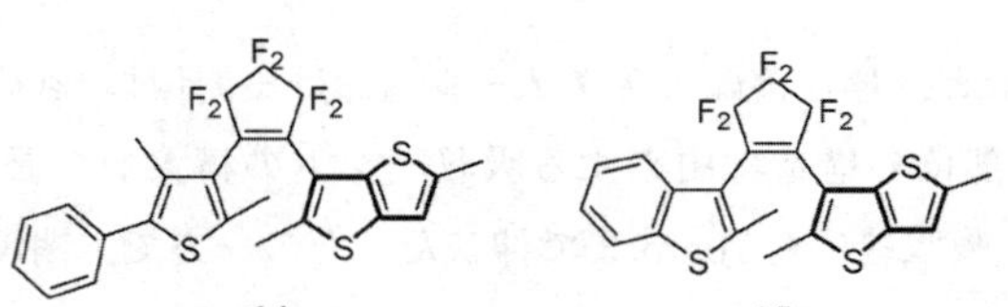

図13 縮環チオフェンを含む誘導体のフォトクロミズムと機能が発現するメカニズム

第1章　ジアリールエテンの極限機能

る。そのため，適切な置換基導入による溶解性の確保を行いながらパイ系の拡張を行うことで直線型のパイ系ユニットは合成可能となり，パーフルオロシクロペンテンを導入した後は分子の平面性が下がることから，それ以降の合成反応では溶解性の低さは解消されることが分かった。現在 TMS 部位を有する **16** まで合成を進めており，良好なフォトクロミック挙動を確認している。今後は反応性置換基の導入を行って，担体への化学結合により固定化すると，ジアリールエテンの反応点炭素を基点とした分子のモルフォロジー変化を用いた新しい機能性材料が創生できると

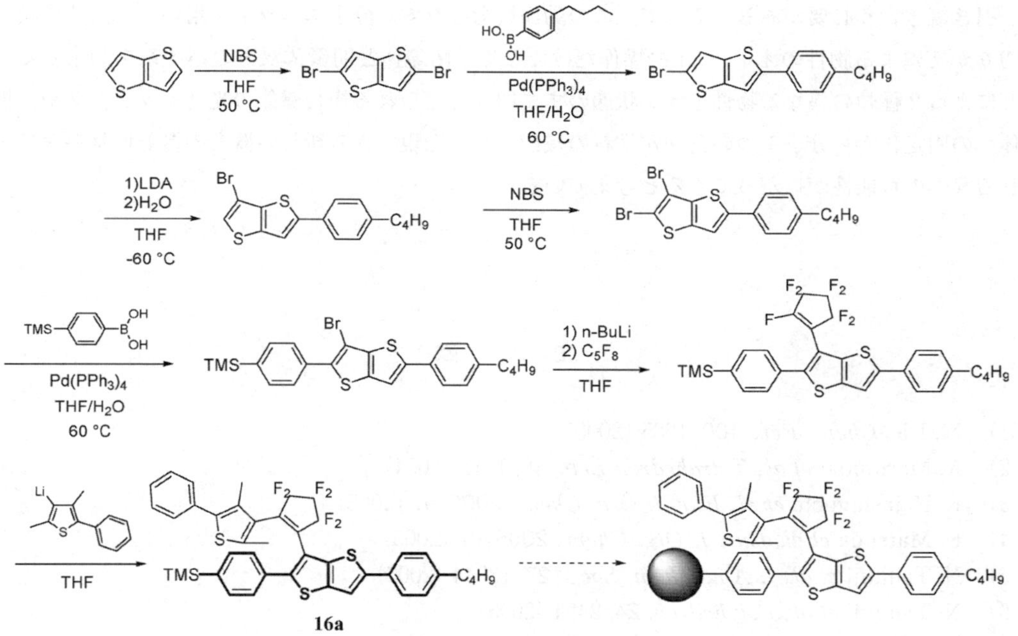

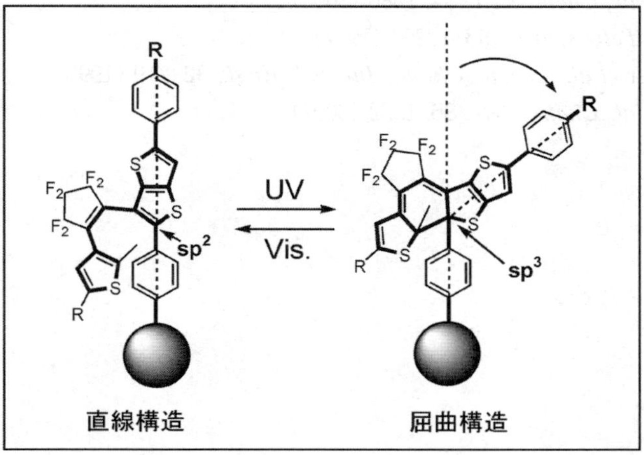

図14　縮環チオフェンの拡張により直線構造と屈曲構造のスイッチングが生じる
　　　　ジアリールエテン誘導体

予想している。

9.4 おわりに

　ジアリールエテンのフォトクロミズムによって生じる炭素原子の混成軌道変化を，光スイッチングユニットとして活用した機能性分子の例について述べてきたが，合成が多段階であるために検討例は限られていることや，導入する置換基の嵩高さ等に由来する閉環体の熱戻り等に関する知見は多くない。そのため，今後の合成によって様々な誘導体を用いて反応性に関する比較検討を引き続き行う必要がある。そして，この動作概念を有する分子ユニットを用いると，共役鎖の切りかえによる物性のオン ─ オフ操作だけでなく，閉環体と開環体双方のパイ系を利用することによる 2 種類の異なる物性をオン状態のまま切り替えられる複合機能の光スイッチングや，担体への固定化から分子 1 つの動作が材料の機能として発現できる新しい概念の機能性材料が生まれる等への可能性が拡がってくると考えている。

文　　　献

1)　M. Irie, *Chem. Rev.*, **100**, 1685 (2000)
2)　K. Morimitsu *et al.*, *Tetrahedron Lett.*, **45**, 1115 (2004)
3)　K. Higashiguchi *et al.*, *Eur. J. Org. Chem.*, **2005**, 91 (2005)
4)　K. Matsuda *et al.*, *Eur. J. Org. Chem.*, **2005**, 91 (2005)
5)　N. Tanifuji *et al.*, *J. Am. Chem. Soc.*, **127**, 13344 (2005)
6)　N. Tanifuji *et al.*, *Polyhedron*, **24**, 2484 (2005)
7)　N. Tanifuji *et al.*, *Chem. Lett.*, **34**, 1580 (2005)
8)　M. Irie *et al.*, *Tetrahedron*, **53**, 12263 (1997)
9)　F. Effenberger *et al.*, *Angew. Chem., Int. Ed. Engl.*, **32**, 719 (1993)
10)　N. Tanifuji *et al.*, *Chem. Lett.*, **36**, 1232 (2007)

10　計算科学によるジアリールエテンの解析

中村振一郎[*1]，横島　智[*2]

10.1　はじめに

　有機フォトクロミック系の機能が発現する源は分子にある[1]。この事実は光メカニカル機能に及んでも一貫している。それは他の有機材料と比べて際立った特色である。つまり，液晶，光感光体（OPC），非線形光学材料，顔料，光学プラスチック，色素（CD，DVD）に代表される有機材料は機能を決定する構造が不明瞭であってもすぐれた集合特性（形状，ポリマーとの相溶性，など）によって機能を発現する。これらに対し，高い完成度を誇る今日の有機合成技術が精緻な趣向と思いを込めて分子を設計しても，機能との相関は直接的ではなく，時として分子レベルでは大きかった期待が，マクロレベルでは甚だしく減衰してしまうことがある。一方，フォトクロミック系は分子設計が機能設計に直結する材料であり，確かな作用機序のもと，つまり構造から機能までロジックの途中に飛躍をはさむことなく，分子とマクロ構造との対応がつけられた後に実現されている。このように構造と機能の対応を明示的に扱ってゆくことは物質のリサイクルと排熱に悩む今日の社会にとってエネルギー問題とエコロジー問題を見据えた物質文明構築のために必要とされる研究の有り方であり，今後の材料設計の良き範例となるであろう。

　分子を直接対象とする設計であればこそ，計算科学は重要である。とくに量子化学計算は絶好の活躍の場を得て既にこれまで多様に活用されてきた。本稿では，まず過去の計算科学は如何なる役割を果たしたか，その概要と重要な総説レビューを引用した後，筆者らが行った最近の解析結果を述べる。

10.2　計算科学の貢献とは何か

　計算科学が有機フォトクロミック化合物系に最初に貢献したのは，構造と吸収波長の間の相関である。有機フォトクロミック材料の嚆矢であるスピロピランやスピロオキサジンに対して半経験的分子軌道法が活用されたのは，量子化学手法の発展に刺激を与えたという意味でも意義深いことであった[1b]。半経験的分子軌道法は，次に熱安定性の解明に活用された[2]。定量的精度を持たない方法が有効性を示し得たのは Woodward-Hoffmann 則という量子化学の理論に立脚したからである。計算機ハードの進歩と完成度の高い非経験的分子軌道計算ソフトが汎用的に用いられ始めた 1990 年代から定量性の議論にも耐える計算が報告されるようになった。その結果，「分子構造からフォトクロミック反応の量子収率が予測できるか」という難題に対して計算科学的な解析が行われ，一定の貢献が報告されている。これが可能となった背景は反応のポテンシャルエネルギー超曲面を定量的な議論ができる精度で求めるという技術進化が成されたからである[3]。最近の総説を参照されたい[4]。この段階まで来ると幾つもの定量的貢献が可能となる。まずメモ

---

*　1　Shinichiro Nakamura　㈱理化学研究所　中村特別研究室　特別招聘研究員

*　2　Satoshi Yokojima　㈱理化学研究所　中村特別研究室

リーへの応用を想定した非破壊読み出しを目的として，フォトクロミック反応に直接関与しない赤外吸収を用いてフォトクロミック反応前後でその吸収強度に差が生まれるような分子設計が実験的に試みられた。そこで計算は実験と融合し解釈と設計指針を提供する側に立って貢献した[5]。次いで，NMR[6]およびESR[7]に活用された。計算によればNMRケミカルシフトとそれを与える異性体の熱力学的相対安定性を構造に応じて求めることが可能である。そこからNMRでモニターされた温度依存性は計算によって説明が可能となった。またESRの計算では，実験的に測定されたチャートが複数の分子の重ね合わせによって再現できることが示された。これらの計算の役割はシグナルを同定するための解釈ツールとしてだけでなく，分子論的なイメージを提供し可視化したことにある。分子の直接観察が可能になる日が来ない限り，このような貢献が不要となることはないであろう。

10. 3　ジアリールエテン量子収率，逆さチオフェンの場合

基底状態や励起状態のポテンシャルエネルギー面を実験的に観測することはできないが，置換基や骨格を異にする様々な分子の実験結果と計算で得られたポテンシャル面との相関を見ればその実体が明らかにされる。下に示したNormalタイプとInverseタイプ（逆さ）の二つのジアリー

ルエテン（DAE）がこれまで合成され，それぞれ特有の面白い特徴を示すことが報告されてきた[1,3,4]。量子収率の実験結果と計算によるポテンシャル面から，この二つが下に示す特徴をもつエネルギープロファイルを持つことが解ってきている。たとえばNormalタイプの光開環反応の実測量子収率と計算で推定された図1左の励起状態の（TS）の高さ（の推定値）とが非常によく対応することが既に報告されている[3,4]。Inverseタイプはこのプロファイルから解るように光開環反応の量子収率が小さくないはずである。ここでNormalタイプの反応部位にメトキシ基を導入すると極度に光開環反応量子収率が低下することが実測されており，それは計算によっても下左図のスキームに従うと支持されていた。ではInverseタイプにメトキシを導入すれば光開環反応の量子収率はどうなるだろうか。

第1章 ジアリールエテンの極限機能

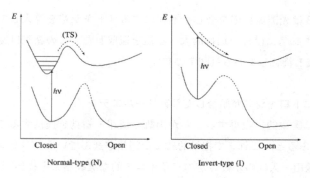

図1 Normal タイプと Inverse タイプのポテンシャル面

内田らは新たに合成した分子を加えて，下の化合物群を系統的に考察した[8]。

表1に実測された吸収波長と量子収率を，表2に計算による結果を示す。

表1 ヘキサン中の Bis(2-thienyl)perfluorocyclopentenes の特性

	λ_{max}/nm (ε/M^{-1}cm^{-1})	$\phi_{o \to c}$		λ_{max}/nm (ε/M^{-1}cm^{-1})	$\phi_{c \to o}$
1o	316 (1.2×10^4)	0.54 (313 nm)	1c	432 (6.87×10^3)	0.37 (432 nm)
2o	336 (1.3×10^4)	0.40 (366 nm)	2c	425 (5.8×10^3)	0.58 (425 nm)
3o	327 (1.3×10^4)	0.29 (280 nm)	3c	481 (4.2×10^3)	0.27 (492 nm)

表2 B3LYP/6-31G(d)法による計算結果

	$\lambda^{a)}$/nm (Oscillator strength)		$\lambda^{a)}$/nm (Oscillator strength)	$E_c - E_o$[b] /kcal mol^{-1}	$G_c - G_o$[b] /kcal mol^{-1}
1o	336 (0.309)	1c	444 (0.082)	28.5	30.2
2o	352 (0.382)	2c	437 (0.087)	26.1	28.3
3o	356 (0.317)	3c	507 (0.057)	29.7	31.6
4o	351 (0.037)[c]	4c	606 (0.424)	14.3	16.4
5o	357 (0.230)	5c	688 (0.339)	12.3	14.6

a) 励起波長と振動子強度，b) 閉環体 c と開環体 o のエネルギー (E) および自由エネルギー (G)

フォトクロミズムの新展開と光メカニカル機能材料

　確かに，化合物 **3** は光開環反応を著しく不利にするメトキシ基を導入しても，光開環量子収率 0.27 というメトキシ基には稀な比較的大きな値を達成した。この結果は励起状態に障壁が無いという計算の示唆と符合している（図 1 の右）。

10. 4　ニトロニルニトロキシドが結合したジアリールエテン

　計算科学の貢献は実験的に獲得することが困難な情報・知見を提供することである。今後のDAE の実用化を鑑みると，これまで相対的にまだ開拓が進んでいないスピン化学は有望な領域として浮上する。松田・入江らが幾つかのパイオニア的な実験結果を提出[9]しているのに対して計算科学・理論化学からの貢献は不十分である。我々はその状況に鑑みて遷移金属[10]や蛍光色素と結合した DAE のスピン軌道相互作用を計算科学的に考察して来た。その一環として行った新しい結果をここで紹介しよう。

　松田らによってニトロニルニトロキシド（NN）基が導入された DAE の特異な実験事実について解析した例である[11]。NN を DAE の両端に結合させた分子[9]は安定なバイラジカル分子として，また種々の応用から，とりわけスピン化学の例として非常に重要な系である。近年，松田らは DAE と NN の間に複数のフェニル基（(phe)^k，k はフェニルの数）を導入した系を新規に構築した。興味深いことに，この一連の系の吸収波長は常識に反する結果を示した。つまり，共役鎖が伸びるにつれて（k=0，1，2 と増加するにつれて）短波長シフトしたのである。比較のた

めに合成されたチオフェン基を導入した系（(thio)^k）とともにその分子を示す。チオフェン系は常識に合致して，共役鎖の延長にともなって長波長シフトする。この事実は常識に反するというからだけでなく，もうひとつの意味から非常に重要であり，その電子状態の詳細を明らかにすべく計算科学が扱うべき課題であった。それは共役長つまりコヒーレンス長と量子閉じ込めという問題である。分子システムのサイズと量子閉じ込めの関係[12]は来るべき分子エレクトロニクスで

第1章　ジアリールエテンの極限機能

は自在に制御しなければならない重要課題であるからである。さらに加えて有機機能性色素分子の設計という立場からの意義も述べておこう。それは嘗て久保らによって合成されたナフトキノンメチド分子との関連である。この分子は常識に反して非平面構造（したがって共役が広がり得ない構造）で長波長化を示した。その理由が計算科学によって説明された。つまり非平面構造であるにも拘らず近赤外領域に吸収を持つ理由は$\pi\pi^*$と$n\pi^*$状態の相互作用が非平面性に比例して増加することであった[13]。

　さて，松田の系の解析に用いられた手法はDFT（UDFT）計算である。B3LYP汎関数と6-31G(d)基底により，吸収波長はTDDFT（TDUDFT）計算によった。それぞれ基底状態の最安定構造を求めて励起状態のエネルギーが評価された。結果を図2に示す。

　図2に示されるようにDAE-(phe)^k-NNの系のみが，kの増加とともに短波長シフトする。つまりNNがついたチオフェン系DAE-(thio)^k-NN，NNのないフェニル基の系DAE-(phe)^{k}およびチオフェン基の系DAE-(thio)^{k}のいずれについてもkとともに長波長シフトする。計算はこれら全ての実験結果の傾向を（絶対値にはスケールが必要だが）よく再現している。解析によっ

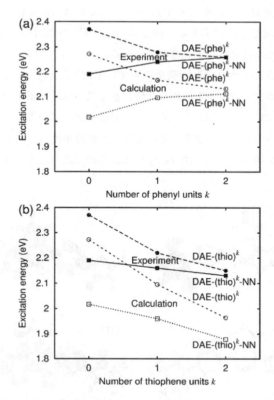

図2　吸収波長（縦軸）の計算結果，横軸はNNとDAEの間にあるフェニル基（Phe），チオフェン基（thio）の数k，（●，■）は実験結果，（○，□）は計算結果，表記にNNが無い分子はDAEに直接フェニル基（Phe），チオフェン基（thio）を結合させた分子

て明らかになった理由は以下のように要約される（詳細は文献11と補遺データ参照）。

まず (i) 二面角に現れる幾何学的構造から，および軌道相互作用に現れる電子状態の相互作用，この2つの理由から，チオフェン・DAEにおける大きなπ共役のつながりがフェニル・DAEでは減少していること（計算による二面角は前者で22度であり，後者では35度である。軌道の詳細は文献11の補遺データを参照）。(ii) 同じく幾何学的構造からチオフェン同士の共役のつながりはフェニル同士よりも大きい。(iii) 以上からDAE-(thio)^{k}もDAE-(phe)^{k}もともに，kとともに長波長シフトするが，その度合いは前者がより顕著であり，後者はもうすこし大きなkが合成できたとしたら，この傾向が飽和に向かうことが図2のプロファイルから示唆される。(iv) DAEとNNは構造（2面角は3度）からも軌道相互作用からも非常に大きな直接π相互作用が存在する。(v) その強いπ相互作用で結ばれているDAE・NNにチオフェンあるいはフェニルを介在させると，上記の (i) と (ii) から前者ではπ相互作用が保持されるが，フェニルでは大きく失われてしまう。

研究開始時の仮説では不対電子ラジカルと吸収波長の複雑な関係が予感され，量子化学の方法論的チャレンジを覚悟して始めたが，分子構造と軌道相互作用の詳細を観た結果，吸収はHOMO-LUMO励起が主要な重みを占めており，ラジカルはNN部位に顕著に局在していた。最終的に上の結論に到達したわけである。図3にDAE・NNの軌道を示す。DAEとNNが強く相互作用しつつもラジカルは局在している様子が解る。

図4にフェニル，図5にチオフェンの軌道を示す。上記 (i)-(v) で述べた様子がπ共役軌道に示されている。図4のフェニルが1個から2個になるにつれ，π電子の広がりはむしろ縮約する傾向が看取されるのに対して，図5のチオフェンでは伸張している様子が解る。

最後に計算の精度について付言しよう。ここで用いた計算精度は，これらの傾向を判断するには十分であるが，キノン構造の関与の割合について定量的に踏み込んだ議論をするにはまだ不足

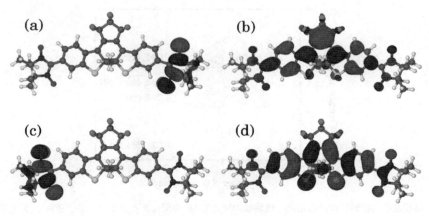

図3　DAE・NNのKohn-Sham α 軌道
(a) LUMO+1, (b) LUMO, (c) SOMO, (d) HOMO

第1章 ジアリールエテンの極限機能

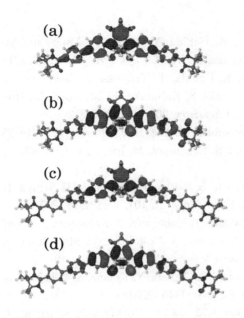

図4 Kohn-Sham α 軌道，DAE-(phe)-NN の (a) LUMO と (b) HOMO，DAE-(phe)$^{2-}$-NN の (c) LUMO と (d) HOMO

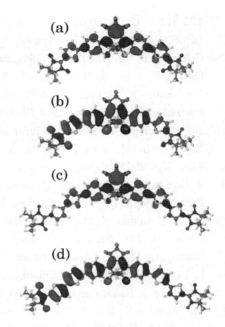

図5 Kohn-Sham α 軌道，DAE-(thio)-NN の (a) LUMO と (b) HOMO，DAE-(thio)$^{2-}$-NN の (c) LUMO と (d) HOMO

している。それには十分な軌道と電子を取り込んだCASSCF計算が（最低でも）必要でありキノン構造の関与はどの程度であるかという問いはまだ残されている。

文　　献

1) (a) Irie M., *Chem. Rev.*, **100**, 1685-1716 (2000) ; (b) Crano J. C., Guglielmetti RJ (eds). *Organic Photochromic and Thermochromic Compounds*, Vol. 1,2 Plenum: New York (1999) ; (c)「有機フォトクロミズムの化学」化学総説 28, 日本化学会, 2 章（学会出版センター1996）
2) Nakamura S., Irie M., *J. Org. Chem.*, **53**, 6136-6138 (1988)
3) (a) Uchida K., Guillaumont D., Tsuchida E., Mochizuki G., Irie M., Murakami A., Nakamura S., *J. Mol. Struct.* (Theochem), **579**, 115-120 (2002) ; (b) Guillaumont D., Kobayashi T., Kanda K., Miyasaka H., Uchida K., Kobatake S., Shibata K., Nakamura S., Irie M., *J. Phys. Chem. A*, **106**, 7222-7227 (2002) ; (c) Asano Y., Murakami A., Kobayashi T., Goldberg A., Guillaumont D., Yabushita S., Irie M., Nakamura S., *J. Am. Chem. Soc.*,

126, 12112-12120 (2004)

4) (a) S. Nakamura, T. Kobayashi, A. Takata, K. Uchida, Y. Asano, A. Murakami, A. Goldberg, D. Guillaumont, S. Yokojima, S. Kobatake, M. Irie, *J. Phys. Org. Chem.*, 20, 821-829 (2007) ; (b) S. Nakamura, S. Yokojima, K. Uchida, T. Tsujioka, A. Goldberg, A. Murakami, K. Shinoda, M. Mikami, T. Kobayashi, S. Kobatake, K. Matsuda, M. Irie, *Journal of Photochemistry and Photobiology A: Chemistry*, 200, 10-18 (2008)

5) (a) K. Uchida, M. Saito, A. Murakami, S. Nakamura, M. Irie, *Adv. Maters.*, 15, 121-125 (2003) ; (b) M. Saito, T. Miyata, A. Murakami, S. Nakamura, M. Irie, K. Uchida, *Chem. Lett.*, 33, 786-787 (2004)

6) A. Goldberg, A. Murakami, K. Kanda, T. Kobayashi, S. Nakamura, K. Uchida, H. Sekiya, T. Fukaminato, T. Kawai, S. Kobatake, M. Irie, *J. Phys. Chem. A*, 107, 4982-4988 (2003)

7) (a) S. Yokojima, K. Matsuda, M. Irie, A. Murakami, T. Kobayahsi, S. Nakamura, *J. Phys. Chem. A*, 110, 8137-8143 (2006) ; (b) K. Matsuda, S. Yokojima, Y. Moriyama, S. Nakamura, M. Irie, *Chem. Lett.*, 35, 900-901 (2006)

8) K. Uchida, H. Sumino, Y. Shimobayashi, Y. Ushiogi, A. Takata, Y. Kojima, S. Yokojima, S. Kobatake, S. Nakamura, *Bull. Chem. Soc. Jpn*, 82, 1441-1446 (2009)

9) (a) Matsuda K., Irie M., *Chem. — Eur. J.*, 7, 3466-3473 (2001) ; (b) Matsuda K., Irie M., *J. Am. Chem. Soc.*, 122, 7195-7201 (2000) ; (c) Matsuda K., Irie M., *J. Am. Chem. Soc.*, 122, 8309-8310 (2000) ; (d) Matsuda K., Matsuo M., Irie M., *J. Org. Chem.*, 66, 8799-8803 (2001)

10) K. Motoyama, H. Li, T. Koike, M. Hatakeyama, S. Yokojima, S. Nakamura, M. Akita, *Dalton Trans.*, 40, 10643-10657 (2011)

11) S. Yokojima, T. Kobayashi, K. Shinoda, K. Matsuda, K. Higashiguchi, S. Nakamura, *J. Phys. Chem. B*, 115, 5685-5692 (2011)

12) (a) Mukamel S., Takahashi A., Wang H. X., Chen G., *Science*, 266, 250-254 (1994) ; (b) Mukamel S., Tretiak S., Wagersreiter T., Chernyak V., *Science*, 277, 781-787 (1997) ; (c) Tolbert L. M., Zhao X., *J. Am. Chem. Soc.*, 119, 3253-3258 (1997) ; (d) Weil T., Vosch T., Hofkens J., Peneva K., Müllen K., *Angew. Chem., Int. Ed.*, 49, 9068-9093 (2010)

13) (a) Y. Kubo, K. Yoshida, M. Adachi, S. Nakamura, S. Maeda, *J. Am. Chem. Soc.*, 113, 2868-2873 (1991) ; (b) M. Adachi, Y. Murata, S. Nakamura, *J. Am. Chem. Soc.*, 115, 4331-4338 (1993) ; (c) S. Nakamura, A. Murakami, M. Adachi, M. Irie, *Pure & Appl. Chem.*, 68, 1441-1442 (1996)

第2章　新規・高性能フォトクロミック系

1　6π系電子環状反応に基づくフォトクロミズムの高性能化

横山　泰*

1.1　はじめに

フォトクロミズム[1]とは，ある化合物が可逆的に構造を変化させるとき，その変化が光によってもたらされる現象のことである。この相互変換によって化合物のさまざまな物性が変化する。特に吸収スペクトルの変化が大きいものが多く，無色状態と着色状態の間や，可視部の短波長側と長波長側の吸収の間，など色が著しく変わるものが多い。

構造変化の種類は多様であり，二重結合の異性化，結合の解離・再生によるラジカルの生成・消滅，シグマトロピー反応，環化付加・開裂，電子環状反応，などがある。これらの多くは光だけでなく熱によっても異性化が起きる。それらの中で，分子内環化・開環反応である6π系電子環状反応は反応過程がWoodward-Hoffmann則によって規制されるので，その反応の立体化学を制御することは大変興味深い。また，置換基効果によって熱反応が起きないようにすることができるので，一度生成した異性体は光照射をしない限りいつまでもその構造が保たれるメモリー性を持たせることができる。従って，光のパルスをスイッチとする機能材料としてのさまざまな応用の可能性がある。

6π系電子環状反応に基づくフォトクロミズムは，平面的なヘキサトリエンの末端の二つのsp^2炭素がsp^3炭素に変化しながら環化するので，これら末端の二つの炭素は反応時に90度回転す

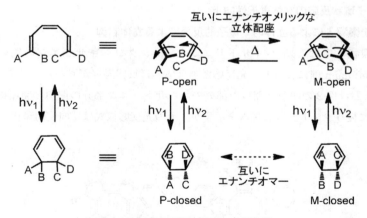

図1　6π系電子環状反応の立体化学

---

*　Yasushi Yokoyama　横浜国立大学　大学院工学研究院　機能の創生部門　教授

る。光反応なら2つのsp²炭素は同じ向きに回転する。その時に，どちら向きに回転するかによって，生じるsp³炭素の立体化学が異なってくる可能性がある。すなわち，生じるsp³炭素が不斉炭素になるなら，互いにエナンチオマーになる。このような反応を生体内など不斉な環境で行って二つの異性体が生じると系が非常に複雑になり，また場合によってはその物性や機能がキャンセルされてしまうこともあり得る。従って，環化反応の立体化学を制御することが重要となる[2]。例えば図1の開環体ヘキサトリエンの二つの互いにエナンチオメリックな立体配座で，左側のP-open配座のみが存在する状態であるなら，光環化によって生じる閉環体はP-closedのみになる。また，P-openとM-openが共に存在していても，P-openしか光環化しないなら，生成する閉環体はP-closedのみになる。このような状態を作り出すことができればよい。一般的には，前者の方が容易と考えられる。

　励起状態ではヘキサトリエンの立体配座がひっくり返る時間はない。そこで，基底状態のヘキサトリエンの立体配座を制御することで，環化反応生成物の立体配置を制御することが可能となる。それには，環化する炭素原子の周辺に細工をして，開環体の片方の配座を安定に，あるいは他方を不安定にすればよい。

　基底状態で立体配座を制御する際に，環化する2つの炭素原子を空間的に近づけて環化が容易に起きる配座に保つことができれば反応性が向上すると思われる。これは量子収率の増大として現れる。入江らの研究によって，結晶中でヘキサトリエンが *s-cis-cis-s-cis* の配座を取り，その環化反応を起こす炭素間の距離が4オングストローム以下であれば環化反応を起こしやすいことがわかっている。溶液中でもこのことが成立するなら，開環体の立体配座を制御することで閉環体の立体化学の制御と環化反応の量子収率の増大の両方が達成できる。以下に，これら2つの可能性に対するアプローチを述べる。

1.2　6π系電子環状反応の立体選択性向上
1.2.1　不斉炭素導入による立体的・電子的反発による立体制御
　6π系電子環状反応は1,3,5-ヘキサトリエンと1,3-シクロヘキサジエンの間の反応である。Woodward-Hoffmann則によると，光反応と熱反応では反応過程が異なる。ジアリールエテン[3]やフルギド[4]などは図2の四角で囲った部分のヘキサトリエン部分の閉環・開環によって6π系電子環状反応に従うフォトクロミズムを示すが，その光反応様式は「同旋的環化・開環反応」で

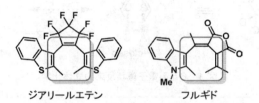

ジアリールエテン　　　フルギド

図2　6π系電子環状反応に分類されるフォトクロミック化合物

第2章　新規・高性能フォトクロミック系

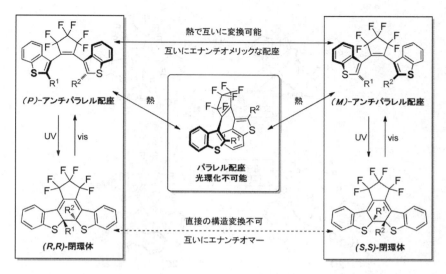

図3　ジアリールエテンのフォトクロミズムにおける立体化学

ある。もし熱で環化・開環が起きるならそれは逆旋的に起きるが，ジアリールエテンやフルギドでは一部の例外を除いて熱反応は起きない。

われわれは，図3のジアリールエテンの置換基R^1とR^2を不斉な置換基とすることで開環体のアンチパラレル配座のP（右巻きラセン）またはM（左巻きラセン）を制御することを考えた。不斉な置換基を導入することで，二つの閉環体はエナンチオマーの関係からジアステレオマーの関係になる。これまでに，置換基の片方だけを不斉にすることで閉環体において図4の1の94:6から他の化合物の97.5:2.5程度のジアステレオ選択性を実現していた[5~8]。これは，不斉置換基によってラセンの上側と下側の混み具合が変わってきて，もう一つの芳香環がどちらの側から接近しやすくなるか定まるためである。しかし，構造によっては2のように73.5:26.5程度の低い選択性になることがあった[9]。立体的なラセン制御以外に，不斉置換基上の酸素原子とベンゾチオフェン環のイオウ原子との間の静電的反発があるかないかによって選択性が大きく異なるためである。そこで，不斉置換基をR^1とR^2の両方に導入することによって図5の化合物のように2つの不斉置換基間の電子反発が立体配座を制御するような系に構築し直し，さらに高いジアステレオ選択性の発現をめざした。

まず図5に示す化合物3-5を合成し，ジアステレオ選択性を調べたところ，ヘキサン中ではそれぞれ97:3, 98:2, 96:4であったが，酢酸エチル中では99:1, 99:1, 97.5:2.5であった。酢酸エチル中では，側鎖同士の立体的・電子的反発で分子の外側に二つの極性置換基が飛び出した状態が極性溶媒の双極子 — 双極子相互作用により安定化するのに対し，ヘキサン中のように無極性溶媒ではそのような安定化が無いためであると考えられる。化合物3は，酢酸エチル中−70℃で光反応を行うと他方のジアステレオマーが検出されず，>99.9:<0.1の選択性で光環化を制御できた[10]。同じ条件で4の選択性は99.5:0.5に向上したが，5は不思議なことに94.5:

89

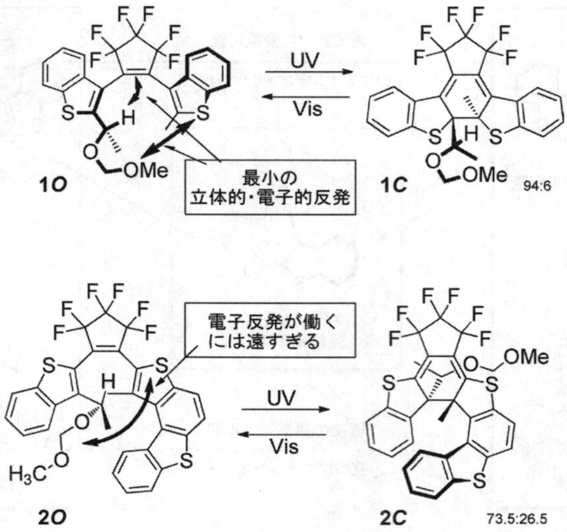

フォトクロミズムの新展開と光メカニカル機能材料

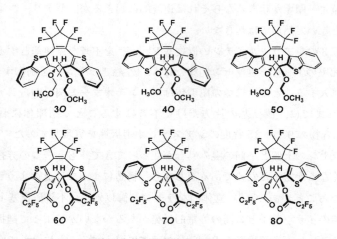

図4 ジアステレオ選択的フォトクロミックジアリールエテン

図5 2つの不斉な立体制御置換基をもつジアリールエテン

5.5と低下した。5は光照射温度を67℃にすると，逆に99：1と室温の時より選択性が向上した。

「1.1 はじめに」の中で述べたが，基底状態における立体配座を制御すれば光反応における立体選択性が制御できるはずである。二つ以上の配座があって互いに変換可能である場合，温度を下げれば低エネルギーの安定な配座の比率が増えるはずであるので，5の光反応の立体選択性の温度依存性は大変奇妙である。これは，生成したマイナーな閉環体が熱で開環する，とすれば，高温ほどマイナー閉環体の寿命が短くなるので，選択性の不思議な温度依存性が説明できる。執筆している現時点で詳細を検討中である。

化合物3-5では，側鎖と対面する芳香環の立体反発，側鎖の酸素原子と対面する芳香環のイ

第2章 新規・高性能フォトクロミック系

オウ原子の間の電子反発，および側鎖同士の立体的・電子的反発によって開環体の基底状態の立体配座を制御した。そこで，これらの反発をさらに強めるため，6-8のような化合物を合成した。

化合物6-8では，1つの不斉置換基あたり2つのエステル酸素以外に5個のフッ素原子が存在し，非共有電子対をたくさんもった原子がブドウの房のように密集している。従って，側鎖間の電子反発がより一層強くなり，側鎖同士が離れた立体配座を取る確率が高くなると考えられる。実際，極性溶媒であり，親フッ素溶媒であるアセトニトリル中で，6-8のジアステレオ選択性はそれぞれ98.8：1.2, 98.9：1.1, 99.7：0.3であり，特に8は同じ結合様式をもつ5より高いジアステレオ選択性を示した。一方，疎フッ素溶媒であるヘキサン中では，それぞれ77：23, 93：7, 98.4：1.6という結果になり，アセトニトリル中と比べて低い値となった。これは，側鎖がヘキサン中にむき出しになる配座と，電子反発はあるが分子の内部で側鎖同士が寄り合ってヘキサンへの曝露を防ぐ配座の安定性の差が縮まったためであると考えられる[11]。また，選択性は6＜7＜8の順であり，側鎖の酸素原子と対面する芳香環のイオウ原子の間の電子反発が選択性に効いていることを示している。

1.2.2　ヘキサトリエンのラセンの立体障害による制御

前項で，ヘキサトリエンの両末端に不斉置換基を導入し，その立体的・電子的反発によりヘキサトリエンが取り得るラセンの巻き方を制御して光環化の立体制御を行った。しかし，光反応に用いる溶媒の極性や反応温度を制御しないと完全な立体制御は実現しなかった。そこで，ヘキサトリエンの取り得るラセンの巻き方を物理的に制限することを考えた。片方の芳香環の片側の面を立体障害によりふさいでしまえば，環化のために他方の芳香環がアプローチできるのは立体障害のない面に対してだけになる。そこで，図6に示す化合物9を設計し，合成した。9には不斉炭素がないが，架橋鎖とチオフェン環の関係からエナンチオマーが存在する，面不斉化合物である。

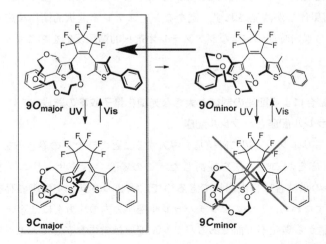

図6　面不斉をもつジアリールエテンの環化の完全ジアステレオ選択性制御

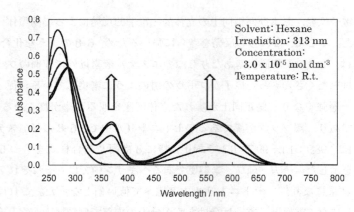

図7 紫外光照射による9の吸収スペクトル変化

　左側のチオフェン環の片側の面（図6では紙面上方）をトリエチレングリコール鎖で架橋し，右側のチオフェン環が接近できないようにした。DFT 計算（B3LYP 6-31G* in vacuum）で開環体の2つの立体配座 9O$_{major}$ と 9O$_{minor}$ の安定構造を計算すると，両者の生成熱の差は 32.8kJ/mol あり，これを自由エネルギー差と見なすと，室温における存在比は 564,800：1 となり，鎖で混んでいる側から右側のチオフェン環が接近する 9O$_{minor}$ はほとんど存在しないことが分かった。仮に存在したとしても，トリエチレングリコール鎖が邪魔をして環化は起きないと思われるが，もし光環化が起きたとしてその閉環体の生成熱を比べると，なんと 194.8kJ/mol もの差があった。これは波長 615nm の光のエネルギーに相当する。観測された 9C の吸収波長はヘキサン中 559nm であるので（図7），この化合物の基底状態と励起状態のエネルギー差に近い値になる。従って，9C$_{minor}$ は安定に存在し得ないと考えられる。

　実際，光環化反応を行って得られた 9C は，さまざまな条件における HPLC および NMR 測定によって単一の閉環体しか観測されず，完全なジアステレオ選択的閉環反応が起きたと結論した[12]。なお，竹下らも同時期に完全なジアステレオ選択的閉環反応を起こすジアリールエテンを報告している[13]。

1.3　分子内水素結合による配座の制御と大きな光環化量子収率の達成
1.3.1　アンチパラレル配座とパラレル配座

　前項で，ヘキサトリエンの周辺に置換基を導入することでラセンの巻き方を制御してジアステレオ選択的閉環反応を起こす方法を検討した。この場合，ヘキサトリエンを構成する5個の C-C 結合の内2つの単結合は自由回転できるので，図3のパラレル配座の存在は排除することができなかった。すなわち，二つのアンチパラレル配座の内の片方をほぼ除いても，Woodward-Hoffmann 則の要請から環化不可能であるパラレル配座は常に存在しており，パラレル配座の化合物が吸収した光は環化に用いられない。そこで，光エネルギーの有効利用のために，アンチパ

第2章　新規・高性能フォトクロミック系

ラレル配座のみが存在するような状態を作り出すことが興味の対象となる。

1.3.2　ビスアリールインデノンエチレンアセタール

われわれは，6π系電子環状反応に従う新規なフォトクロミックシステムを構築することをめざしている。そのような化合物の一つとして，2,3-ビスアリールインデノンの合成を行った。文献を調べる内，2-(2-naphthyl)-3-phenylindenone（図8）が，融点測定の際に融解して深紅の液体になった，という記述に遭遇した[14]。この記述は，もしかしたら熱環化反応（および，引き続く脱水素反応による芳香環化）が起きているのではないか，すると，光環化反応も起きるのではないか，とわれわれに予感させた。後日，後述の化合物 10O を合成して融点を測定した際にそのような着色はみられなかったので，図8の化合物は環化位置の炭素に置換基がないために立体障害が少なく，熱環化反応が起きたのかもしれない。

ビスアリールインデノン骨格を構築するために，われわれは塚本らの開発した方法[15]を用いた。図9に概略を示す。アリール基として，フェニルチアゾリル基を用いた 10O を標的化合物とした。また，10O のカルボニル基をアセタールにした化合物 11O を合成した。10 は開環体が 433nm に，閉環体が 429nm と 542nm に吸収をもち，共に着色している。従って，フォトクロミック反応を2種類の可視光（437nm と 579nm）で行うことができた。

インデノンアセタール 11O は，その環化の量子収率がヘキサン中で 0.81 と非常に大きかった。その原因を探るために，DFT 計算（B3LYP 6-31G* in vacuum）で 11O の安定配座を求めたところ図10のようであり，アセタール環上の水素原子とチアゾールの窒素原子，および他方のチアゾール環の窒素原子と近接するフェニル基の水素原子の間の距離が，それぞれ 0.254nm と 0.266nm であった。これらは，報告されている水素原子（0.110nm）と窒素原子（0.155nm）の van der Waals 半径の和（0.265nm）とほぼ同じであり，これらの原子間に親和的相互作用が働

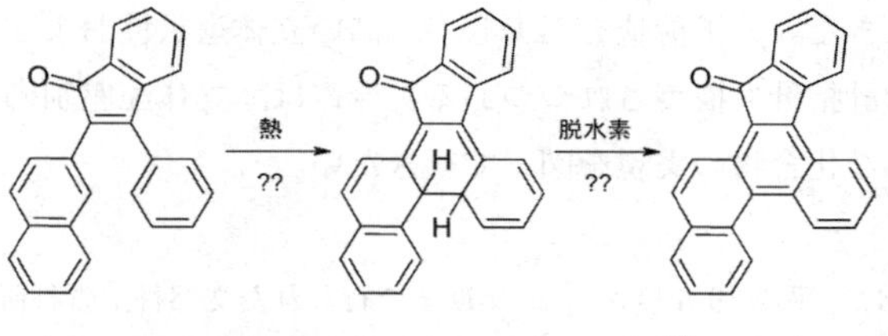

図8　ビスアリールインデノン[14]

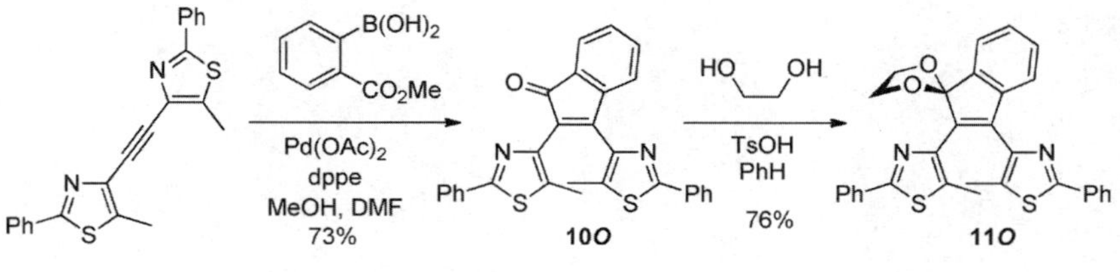

図9　ビスチアゾリルインデノンおよびそのアセタールの合成

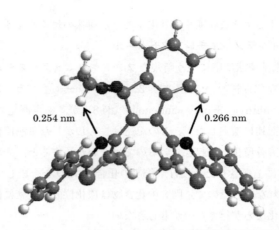

図 10 インデノンアセタール 11O の最安定構造の DFT 計算結果

いていることが示唆された[16]。

このように，チアゾール環は窒素原子を用いて分子内で N-HC 間の相互作用を用いてアンチパラレル配座を作り出すことができるので，光エネルギーを浪費するパラレル配座が少なく，環化の量子収率が大きくなったと考えられる。同様に，竹下らによる架橋による立体配座固定[17]，中嶋・河合によるヘテロ原子間に働く相互作用による立体配座固定[18]によって，われわれの研究の後に量子収率ほぼ 1 で閉環反応を起こす化合物が次々と報告された。

1.4 おわりに

われわれは 6π 電子系の光による電子環状反応によるフォトクロミック化合物の立体化学に着目して，その環化の立体選択性と，基底状態における立体配座制御による高感度フォトクロミック系の構築を研究してきた。分子構造を工夫して，高い立体選択性および高感度環化反応はほぼ実現され，その分子設計指針も構築されつつある。今後は，立体配座制御によってその両方の性質を合わせてもつような化合物の実現を図って行きたい。

ここに記した研究成果は，平成 19 年度から 22 年度まで行われた文部科学省科研費特定領域研究「フォトクロミズムの攻究とメカニカル機能の創出」（領域代表：立教大学理学部　入江正浩教授）による成果の一部である。他に多くの研究成果を得ることができたが，紙面の都合上ここには表記の題目に沿った研究成果だけを抽出した。また，これらの成果は論文の共著者である共同研究者各位の努力による賜である。ここに記して感謝する。

第2章　新規・高性能フォトクロミック系

文　　献

1) 横山　泰, 化学, **66** (9), 32 (2011)
2) Y. Yokoyama, *New J. Chem.*, **33**, 1314 (2009)
3) M. Irie, *Chem. Rev.*, **100**, 1685 (2000)
4) Y. Yokoyama, *Chem. Rev.*, **100**, 1717 (2000)
5) Y. Yokoyama, H. Shiraishi, Y. Tani, Y. Yokoyama, Y. Yamaguchi, *J. Am. Chem. Soc.*, **125**, 7194 (2003)
6) M. Kose, M. Shinoura, Y. Yokoyama, Y. Yokoyama, *J. Org. Chem.*, **69**, 8403 (2004)
7) Y. Yokoyama, *Chem. Eur. J.*, **10**, 4388 (2004)
8) Y. Tani, T. Ubukata, Y. Yokoyama, Y. Yokoyama, *J. Org. Chem.*, **72**, 1639-1644 (2007)
9) T. Okuyama, Y. Tani, K. Miyake, Y. Yokoyama, *J. Org. Chem.*, **72**, 1639 (2007)
10) Y. Yokoyama, T. Shiozawa, Y. Tani, T. Ubukata, *Angew. Chem. Int. Ed.*, **48**, 4521 (2009)
11) Y. Yokoyama, T. Hasegawa, T. Ubukata, *Dyes Pigments*, **89**, 223-229 (2011)
12) T. Shiozawa, M. K. Hossain, T. Ubukata, Y. Yokoyama, *Chem. Commun.*, **46**, 4785 (2010)
13) M. Takeshita, H. Jin-nouchi, *Chem. Commun.*, **46**, 3994 (2010)
14) E. D. Bergmann, *J. Org. Chem.*, **21**, 461 (1956)
15) H. Tsukamoto, Y. Kondo, *Org. Lett.*, **9**, 4227 (2007)
16) K. Morinaka, T. Ubukata, Y. Yokoyama, *Org. Lett.*, **11**, 3890 (2009); *Synfacts*, **11**, 1217 (2009)
17) S. Aloïse, M. Sliwa, Z. Pawlowska, J. Dubois, O. Poizat, G. Buntinx, A. Perrier, F. Maurel, S. Yamaguchi, M. Takeshita, *J. Am. Chem. Soc.*, **132**, 7379 (2010)
18) S. Fukumoto, T. Nakashima, T. Kawai, *Angew. Chem. Int. Ed.*, **50**, 1565 (2011)

2 ジアリールエテンと金属ナノ粒子による光分子エレクトロニクス材料

東口顕士[*1]，松田建児[*2]

2.1 分子エレクトロニクスとフォトクロミズム

分子エレクトロニクス，すなわち個々の分子を用いてエレクトロニクス素子を構築する分野が近年注目を集めている。分子構造の変化によるコンダクタンス（導電性）の制御は分子エレクトロニクスの最重要手法の一つとされ，実際に単一分子のコンダクタンスを測定することにより，分子構造との相関が明らかにされつつある[1,2]。

分子レベルでのデジタルなスイッチングユニットとして期待されているのがフォトクロミズムである[3,4]。本来は光で誘起される可逆な色調変化を意味するが，色調変化だけではなく結合状態や立体構造の変化を伴うためにスイッチングユニットとしての機能をもつ。代表的なフォトクロミック分子の一つであるジアリールエテン（図1）は6員環の閉環開環反応に基づく高い熱的安定性を備えたフォトクロミック分子であり，光照射後に生成する閉環体（着色体）が高温においても安定に存在できる[5]。また，光耐久性が高く，さらに分子設計によっては100%に近い理想的な光変換率を達成することも可能である。これらの特徴は，光異性化反応に伴う特性変化を行う上で適していると言える。加えて，ジアリールエテンの構造変化はヘキサトリエン ― シクロヘキサジエンの相互変換であるため，一分子ごとの反応は極めて高速に進行し，またπ共役系の大幅な変化を伴う。このため相互作用のスイッチングには適しており，例えば分子磁性の大幅な変化なども報告されている[6]。

本稿ではこのジアリールエテンのπ共役系変化に伴うスイッチング，特に金ナノ粒子表面に被覆させた場合のコンダクタンスの光コントロールについて紹介する。

2.2 金属ナノ粒子

金属ナノ粒子は，その特有の物理的性質のため多くの研究者から興味を持たれている[7,8]。例えば局在表面プラズモンにより入射光の電磁場が増強され，また電荷状態が不連続であるため量子効果が得られる。何より重要なことに，これらの物理的性質はナノ粒子のサイズや形状により

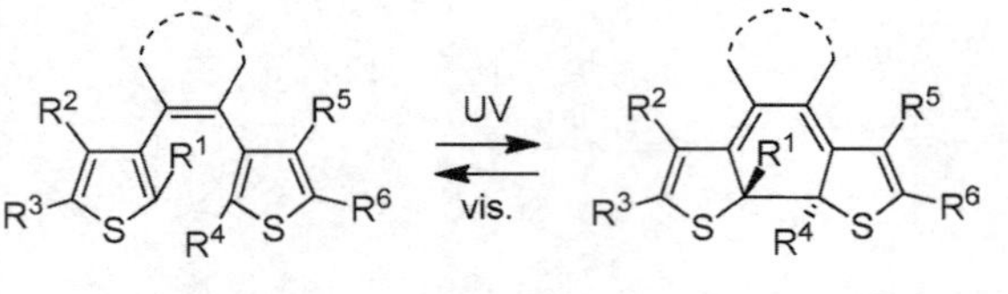

図1　ジアリールエテンのフォトクロミック反応
左：開環体　右：閉環体

＊1　Kenji Higashiguchi　京都大学　大学院工学研究科　合成・生物化学専攻　助教

＊2　Kenji Matsuda　京都大学　大学院工学研究科　合成・生物化学専攻　教授

第2章 新規・高性能フォトクロミック系

コントロール可能である。金属ナノ粒子のサイズは，調製法によるが一般には数 nm 程度で分子のサイズに近い。それゆえ金属ナノ粒子と有機分子によるネットワーク構造は，ごく少数の分子で形成されるものとしては作成が比較的容易なこともあり，多機能性集積材料として注目を集めている[9~11]。

金属ナノ粒子の応用には興味深い物がいくつもあるが，中でも光化学的応用は多く行われている[12]。金属ナノ粒子表面上における光化学反応は，励起状態が表面プラズモン共鳴によって容易にクエンチされるため，効率が本来非常に悪い。例えば蛍光に関して，金属ナノ粒子上に蛍光性分子を結合させると蛍光は完全にクエンチされることが知られている[13]。従って，コンダクタンス光スイッチングをフォトクロミック分子と金属ナノ粒子で構成されるネットワークにより実現するためには，金属ナノ粒子上での光反応について検討する必要がある。

2.3 金属ナノ粒子上における光反応

金属ナノ粒子の光物理的特性はバルク状態とは異なり，表面プラズモン共鳴吸収は粒子のサイズに依存する形で明瞭に観測されるようになる。ジアリールエテンについて金及び銀ナノ粒子上におけるフォトクロミック反応を検討した[14, 15]。

図2のジアリールエテン**1**はチオール基を有し，金属ナノ粒子上に単層の自己集合構造を形成する。開環体**1a**で被覆された金ナノ粒子**Au-1a**はBrust-Schiffrin法によって調製した[8]。銀ナノ粒子**Ag-1a**はBrust法の変法であるKim法によって調製した[16]。サイズの異なるナノ粒子は開環体**1a**と金属試薬のモル比を変えることで調製した。

金ナノ粒子**Au-1**及び銀ナノ粒子**Ag-1**のフォトクロミック反応を測定した。**Au-1a**および**Ag-1a**について，閉環体への変換率はそれぞれ74および64%と求められた。変換率から光閉環・開環反応の量子収率の比に関する情報が得られる。フリーな**1**と比べて変換率が小さく，閉環反応の量子収率が金属によって抑制されている事を示す。とはいえ，フォトクロミック反応が金属ナノ粒子の表面上で起こることが確認された。一般的に，金属はその表面にある分子の電子励起状態を容易にクエンチすることが知られている。その主な原因は，金属表面へのエネルギー

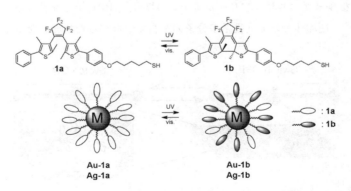

図2 ジアリールエテン被覆金属ナノ粒子の模式図

移動および電子移動である[17]。これらの時定数は通常数 ps で，一般的な蛍光寿命である数 ns より十分早く，従って蛍光は容易にクエンチされる。一方で，ジアリールエテンの閉環反応のような光環化反応の時定数は通常数 ps 程度であり，従って環化反応はクエンチ過程と競争可能である。

2.4 ジアリールエテン — 金ナノ粒子ネットワークのコンダクタンスの光スイッチング

ジアリールエテン π 共役系の両端に金微粒子を電極として繋げ，コンダクタンスの光スイッチングを試みた。単一分子のコンダクタンスを扱った報告の数は増えているが，光スイッチ可能な分子での例は少ない[18~20]。有機分子と金ナノ粒子で形成されたネットワークの，櫛形ナノギャップ電極上におけるコンダクタンスの研究は，比較的作成が容易でかつ少数の分子のみを用いることができるため近年盛んに研究が進められている。ここではジアリールエテン — 金ナノ粒子ネットワークのコンダクタンス光スイッチングを紹介する[21,22]。

金ナノ粒子は二つのチオール基を有するジアリールエテン分子によって架橋され，櫛形ナノギャップ金電極の間に電導経路を形成する（図3）。TEM 像により多数のナノ粒子がネットワーク構造を形成していることが，SEM 像によりナノ粒子ネットワークが櫛形ナノギャップ金電極間に架橋構造を形成していることが，確認できた。クエンチングを抑えるために，光スイッチングユニットは表面から遠い方がよいが，π 共役分子は非共役分子よりコンダクタンスが大きいことを考慮して，π 共役系に直接硫黄原子を導入した（図4）。

UV および可視光を交互に照射し，櫛形電極での電流電圧曲線を測定した（図5）。**Au-2** および **Au-3** において，UV を照射するとコンダクタンスは急激な増大を示し，可視光を照射すると減少した。これは，ジアリールエテンユニットの光異性化が π 共役系のスイッチングを引き起こしたことを意味する。**Au-2** ナノ粒子ネットワークの光開環反応は非常に遅く，可視光照射 56 時間後でさえコンダクタンスはわずか 18% しか減少しなかった。対照的に，**Au-3** の開環反応は 8 時間で完了し，コンダクタンスの ON/OFF 最大比は 25 倍と確認された。閉環・開環反応の高い量子収率が，完全に可逆な光スイッチングの要因であると考えられる。

2 や **3** のような 3-チエニル型ジアリールエテンの場合，開環体では π 共役系は左右でつながっておらず（OFF），閉環体では π 共役系が分子の左右でつながった状態となる（ON）。一方 **4** の

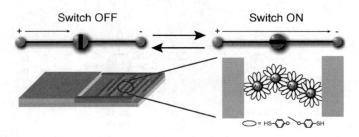

図3　櫛形電極ではさまれたジアリールエテン修飾金属ナノ粒子のネットワーク構造の模式図

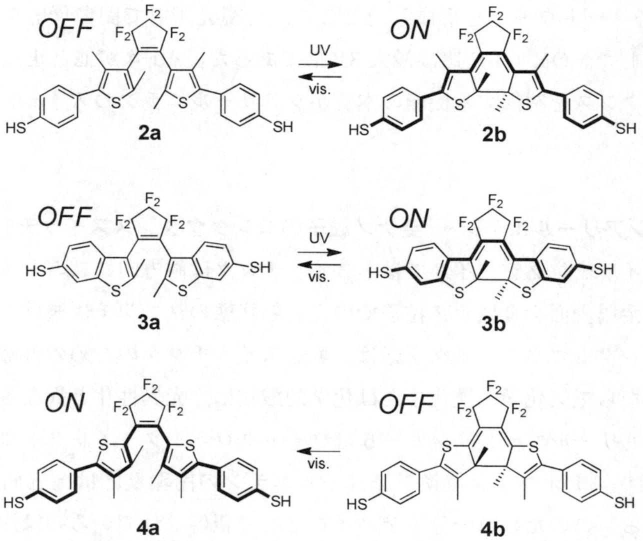

第2章 新規・高性能フォトクロミック系

図4 金属ナノ粒子に修飾したジアリールエテンの構造

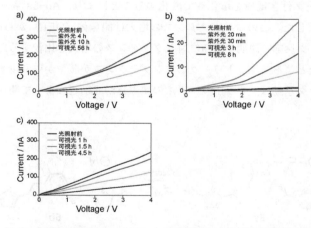

図5 金属ナノ粒子ネットワークの光照射による電気伝導性変化
(a) **Au-2**, (b) **Au-3**, (c) **Au-4**

ような2-チエニル型の場合，開環体ではπ共役系は繋がった状態で（ON），逆に閉環体では反応点炭素の混成軌道がsp^2からsp^3へと変化することから共役が切れた状態となる（OFF）。このため**4**は，**2**や**3**とはスイッチングの方向が逆向きになることが期待された。実際に作成した**Au-4a**ナノ粒子ネットワークはUV照射しても閉環反応を示さなかった。これは**Au-2b**や**Au-3b**での開環反応の抑制と同様，金ナノ粒子とπ共役系が直結した状態になっているために起こる金表面からの擾乱が原因と推測された。そこで**Au-4b**，すなわち暗所で単離した閉環体

4b から金ナノ粒子ネットワークを形成したところ，可視光照射で開環反応を示し，同時にコンダクタンスが増大した。ON/OFF 比は最大 3.8 倍であった。Au-4 が他と正反対の挙動を示したことは，コンダクタンスを制御する機能の本質がジアリールエテンのスイッチングであることを意味する。

2.5　酸化によるジアリールエテン — 金ナノ粒子のコンダクタンススイッチング

　実用的な分子スイッチングデバイスでは，スイッチングは両方向にスムーズに進行しなければならない。従って金属表面や金属ナノ粒子での光励起状態のクエンチは避けるべきである。ジアリールエテンのエレクトロクロミック反応は，可逆スイッチングのための外部刺激として有力な候補である。なぜなら電気化学的酸化または化学的酸化は，光異性化と異なる機構により起こるためである[23]。ジアリールエテンリンカー 5 はフォトクロミック・エレクトロクロミック反応の両方を示す（図 6）[24]。チオフェン置換ジアリールエテンの閉環反応は金表面やナノ粒子上では強くクエンチされる。このため単一分子デバイスとして報告されているのは片道だけの光スイッチング特性である。これは電気化学的酸化閉環反応によって克服することができる[25]。

　Au-5a ネットワークのコンダクタンスは UV 照射を 2 時間行ってもほとんど変化しないが，作成したネットワーク付き電極を塩化鉄で酸化することにより，Au-5a ネットワークのコンダクタンスは 5 倍増大した。このコンダクタンスの増大は開環体（OFF）から閉環体（ON）へのエレクトロクロミック反応で説明できる。コンダクタンスの増大を比較するために，可視光照射で開環反応を行ったところ，ネットワークのコンダクタンスが緩やかに減少することが確認できた。このスイッチング挙動は，ネットワーク中の閉環体が光励起によって開環反応していることを示す。

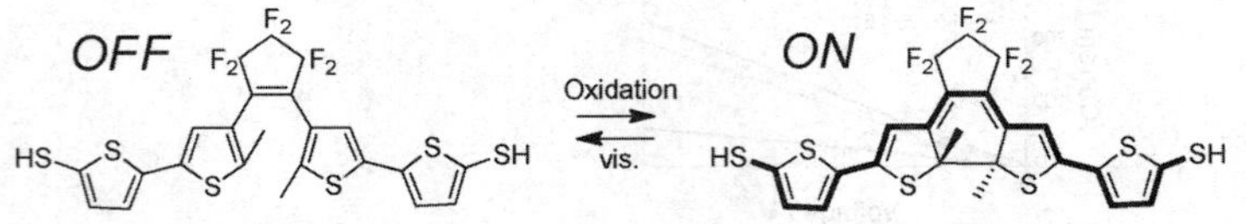

図 6　エレクトロクロミズムを示すジアリールエテン 5

2.6　おわりに

　本稿で，分子エレクトロニクス分野における分子スイッチとしてのジアリールエテンの応用について示した。ジアリールエテンの光照射による結合状態の変化，すなわち π 共役系の組み替えを用いることで，ジアリールエテンと金属ナノ粒子から構成されるネットワークのコンダクタンスの光スイッチングが可能であることを示した。これらの結果は，現在途上である分子サイズオーダー（オングストロームスケール）で動作可能な，無機系材料とは異なる有機 π 共役分子性材料による新しいスイッチングエレクトロニクス素子を提案する。

第2章　新規・高性能フォトクロミック系

文　　献

1) C. Joachim, J. K. Gimzewski and A. Aviram, *Nature*, **408**, 541 (2000)
2) K. Moth-Poulsen and T. Bjørnholm, *Nat. Nanotechnol.*, **4**, 551 (2009)
3) B. L. Feringa Ed., "Molecular Switches", Wiley-VCH: Weinheim (2001)
4) H. Dürr and H. Bouas-Laurent Eds., "Photochromism: Molecules and Systems", Elsevier: Amsterdam (2003)
5) M. Irie, *Chem. Rev.*, **100**, 1685 (2000)
6) K. Matsuda, *Bull. Chem. Soc. Jpn.*, **78**, 383 (2005)
7) M.-C. Daniel and D. Austruc, *Chem. Rev.*, **104**, 293 (2004)
8) M. Brust, M. Walker, D. Bethell, D. J. Schiffrin and R. Whyman, *J. Chem. Soc., Chem. Commun.*, 801 (1994)
9) T. Ogawa, K. Kobayashi, G. Masuda, T. Takase and S. Maeda, *Thin Solid Films*, **393**, 374 (2001)
10) H. Shigi, S. Tokonami, H. Yakabe and T. Nagaoka, *J. Am. Chem. Soc.*, **127**, 3280 (2005)
11) S. J. van der Molen, J. Liao, T. Kudernac, J. S. Agustsson, L. Bernard, M. Calame, B. J. Van Wees, B. L. Feringa and C. Schönenberger, *Nano Lett.*, **9**, 76 (2009)
12) K. G. Thomas and P. V. Kamat, *Acc. Chem. Res.*, **36**, 888 (2003)
13) P. Avouris and B. N. J. Persson, *J. Phys. Chem.*, **88**, 837 (1984)
14) K. Matsuda, M. Ikeda and M. Irie, *Chem. Lett.*, **33**, 456 (2004)
15) H. Yamaguchi, M. Ikeda, K. Matsuda and M. Irie, *Bull. Chem. Soc. Jpn.*, **79**, 1413 (2006)
16) S. Y. Kang and K. Kim, *Langmuir*, **14**, 226 (1998)
17) A. Kotiaho, R. Lahtinen and H. Lemmetyinen, *Pure Appl. Chem.*, **83**, 813 (2011)
18) J. J. D. Jong, T. N. Bowden, J. van Esch, B. L. Feringa and B. J. van Wees, *Phys. Rev. Lett.*, **91**, 207402 (2003)
19) M. Taniguchi, Y. Nojima, K. Yokota, J. Terao, K. Sato, N. Kambe and T. Kawai, *J. Am. Chem. Soc.*, **128**, 15062 (2006)
20) A. C. Whalley, M. L. Steigerwald, X. Guo and C. Nuckolls, *J. Am. Chem. Soc.*, **129**, 12590 (2007)
21) M. Ikeda, N. Tanifuji, H. Yamaguchi, M. Irie and K. Matsuda, *Chem. Commun.*, 1355 (2007)
22) K. Matsuda, H. Yamaguchi, T. Sakano, M. Ikeda, N. Tanifuji and M. Irie, *J. Phys. Chem. C*, **112**, 17005 (2008)
23) T. Koshido, T. Kawai and K. Yoshino, *J. Phys. Chem.*, **99**, 6110 (1995)
24) A. Peters and N. R. Branda, *Chem. Commun.*, 954 (2003)
25) H. Yamaguchi and K. Matsuda, *Chem. Lett.*, **38**, 946 (2009)

3 巨大構造変化を伴うフォトクロミック系の創出

滝澤　努[*1], 中里　聡[*2], 新井達郎[*3]

3.1 はじめに

　光化学は，光と分子の相互作用がもとになっており，その相互作用の一つとして光による分子の構造変化を挙げることができる。フォトクロミック分子系は光による分子の可逆的な構造変化が起こす色の変化を示す分子系のことであるが，可視領域は電磁場スペクトルの一部に過ぎないので，広義には吸収スペクトルの変化を伴う系であるといえる。色をはじめとした物性を光で変換できるフォトクロミック化合物は，現在でも魅力的な研究対象である。

　筆者らは特にC=C二重結合の光異性化に代表される基礎的な光反応のダイナミクスと構造変化について研究してきた。しかしながら低分子の構造変化は分子全体でも1nm以内の変化にとどまる。また吸収スペクトルの変化においても吸収波長については数十nmの変化が一般的であり，より大きな構造と光特性の変化を伴う新たな系への展開が求められる。視物質ロドプシンはC=C二重結合を有する低分子レチナールとそれを取り囲むタンパク質からなる複合系であり，レチナールの光異性化に伴う小さな構造変化が周りのタンパク質によって巨大な構造変化に増幅されることも機能の一つである。このような観点から光による小さな構造変化を起点とした巨大構造変化を起こす系には新たなフォトクロミック系としての期待が持てる（図1）。

　巨大な構造変化には分子の大きさや溶解性，屈折率なども含め，低分子の構造変化では実現できないような物性の変化が期待できる。本稿では光による巨大構造変化を示す合成巨大分子系に期待されることと，その光特性に関して解説する。

3.2 巨大構造変化の光化学

　巨大構造変化を起こす系の創出を目指す場合，光による小さな構造変化を起こす部位とその構造変化を増幅する巨大構造が共存する巨大分子が求められる。このような巨大分子を基礎的な光化学の研究対象となり得る系にするには，分子量，分子サイズ，分子形状，分子構造などを厳密に制御する必要があり，デンドリマー型高分子が最適な研究対象となる。デンドリマーは規則正しい枝分かれ構造を有する樹状型高分子の総称であり，従来の高分子とは異なり，分子量，分子サイズ，分

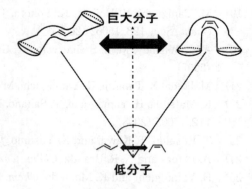

図1　巨大分子の構造変化

＊1　Tsutomu Takizawa　筑波大学　大学院数理物質科学研究科
＊2　Satoshi Nakazato　筑波大学　大学院数理物質科学研究科
＊3　Tatsuo Arai　筑波大学　大学院数理物質科学研究科　教授

第2章　新規・高性能フォトクロミック系

子形状，分子構造を一義的に定義することができる高分子である。フォトクロミック系の創出という観点からは巨大分子の決まった場所に色素や光応答性部位を導入することが可能となり，デンドリマーは多種多様な構造と物性を具現化できる高分子である[1]。

3.2.1　ベンジルエーテル型スチルベンデンドリマー

スチルベンはトランス体とシス体がいずれも熱的に安定であることと，トランス体が蛍光性であることから励起状態における光反応ダイナミクスの研究に適した分子である（図2）。そのため，スチルベンの4つのメタ位に柔軟なベンジルエーテル型のデンドロンを導入したデンドリマーは光による巨大構造変化を起こす分子の代表格となっている（図3）[2,3]。以下にベンジルエーテル型スチルベンデンドリマーの末端部位に置換基を導入した化合物とその光反応性について紹介する。

(1)　ベンゾフェノン置換デンドリマー

末端にベンゾフェノンを置換したデンドリマーのスチルベン部位の蛍光は著しく消光される。また末端のベンゾフェノン部位のりん光もほとんど消光される。以上のことから，スチルベン部位を光励起するとコアのスチルベン部位から末端のベンゾフェノン部位への高効率な一重項エネルギー移動（効率98%），ベンゾフェノン部位の項間交差（効率〜100%），スチルベン部位への高効率な三重項エネルギー移動（効率96%）が連続して起こることが分かった（図4）[4,5]。スチルベンとベンゾフェノン部位間での往復エネルギー移動は2つのエネルギー移動と項間交差の過程を経由しているにもかかわらず非常に高効率である（効率94%）。したがってスチルベン部位の光異性化反応はこの高効率な往復エネルギー移動を経由して進行すると考えられるため，通常の励起一重項状態からではなく，励起三重項状態からの異性化である。一重項状態からの異性化が蛍光放射と競争するのに対し，三重項状態からの異性化は競争する過程がないため高い効率で進行する。実際に異性化の効率はベンジルエーテル型スチルベンデンドリマーの値（$\Phi_{t \to c} = 0.29$）と比べると$\Phi_{t \to c} = 0.41$となり，約1.5倍に増加した。この系は紫外部の吸収効率の低い増感剤の光励起ではなく，紫外部のモル吸光係数が高いスチルベンの直接励起によって三重項状態のスチルベンが高効率で得られる珍しい系であり，一種の光捕集能を有する光反応系である。このようにデン

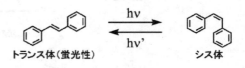

図2　スチルベンの光化学

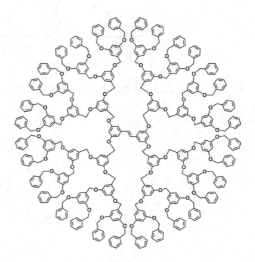

図3　ベンジルエーテル型スチルベンデンドリマー

ドリマー内のエネルギー移動と項間交差をうまく利用することでデンドリマー分子の高効率な巨大構造変化が実現できると考えられる（図5）。

さらに末端のベンゾフェノン部位にアルキル鎖を導入することで温度と世代により制御可能な高次会合体の形成が可能となった（図6）[6]。高次会合体は分子間における中心部位のπ-π相互作用とアルキル鎖のファンデルワールス力が原動力となって形成されると考えられる。第1世代デンドリマーは室温においておよそ1μmの粒径を持つ高次会合体を形成し，振動構造を有する吸収スペクトルを示した。また会合体においても効率的な光異性化を起こし（$\Phi_{t \to c}$ = 0.30），加温することで会合体を解消することができた。すなわち分子レベルではデンドリマー分子の構造変化であるが，会合体レベルではさらに大きな巨大構造変化となる。第2世代デンドリマーは4nm程度の会

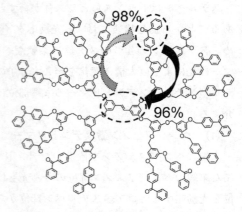

図4　高効率往復エネルギー移動

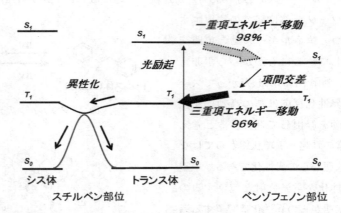

図5　往復エネルギー移動を経由した光異性化のポテンシャルエネルギー図

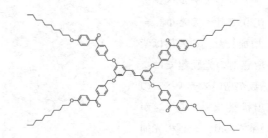

図6　アルキル鎖を有するベンゾフェノンデンドリマー

第2章　新規・高性能フォトクロミック系

合体を形成し，分子間反応が光異性化と競争するようになった。このようにアルキル鎖を有するベンゾフェノン置換デンドリマーは，光による分子構造の変化に加えて温度による会合状態の変化を併せ持つ特殊なフォトクロミック系となった。

(2) エステル置換デンドリマー

末端にエステルを置換したデンドリマーでは，スチルベン部位の励起一重項状態がデンドロンの末端部位との電荷移動相互作用により消光された。消光の効率は導入したエステル基の数によって異なり，エステル基の数を2倍にすると54%から74%に増加した（図7(A)，(B)）[7]。一般的にスチルベン部位の励起一重項状態の消光が起こると光異性化の効率は減少するが，この系においてはベンジルエーテル型スチルベンデンドリマー（$\Phi_{t \to c} = 0.32$）と比べてもほとんど減少しなかった（$\Phi_{t \to c} = 0.27$(A)，0.30(B)）。このことから電荷移動相互作用を経由した新たな光異性化の経路の存在が示唆された。極性の異なる溶媒中における蛍光スペクトルの解析からスチルベンとデンドロンの末端部位間でのエキシプレックス形成が示唆され，エキシプレックスの項間交差を経由して生成するスチルベンの励起三重項状態の光異性化の機構が提案された。以上に示したように，デンドリマーにおけるデンドロン部位は，単に構造変化を増幅するだけでなく，適切な設計に基づき構造変化の効率を高める効果が期待できる部位である。

(3) 水溶性カルボン酸置換デンドリマー

末端にカルボン酸を置換した水溶性のデンドリマーは，エステル置換デンドリマーの加水分解によって得られる（図8(A)，(B)）[8,9]。この系では水中におけるデンドリマーの構造がカルボキシル基の数により制御され，さらにそれが光反応性に影響する興味深い性質を示した。すなわち圧倒的にシス体に偏っていた光定常状態比が，親水基の数の増加によりトランス体の割合が増加した。このような違いの原因としては溶解性の違いやデンドリマーの表面の電荷分布の違いが考えられるが，より詳細な検討が必要となる。いずれにしても表面官能基の数による巨大構造変化の方向制御の可能性を示した結果となり，水中における単分子ミセル，あるいは微小有機反応場とも呼べる水溶性デンドリマー系は新たなフォトクロミック系への指針となることが期待される。

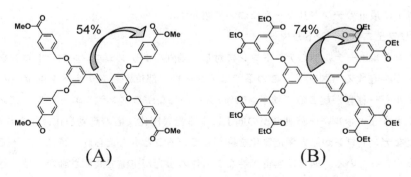

図7　エステル置換デンドリマーの電荷移動相互作用

フォトクロミズムの新展開と光メカニカル機能材料

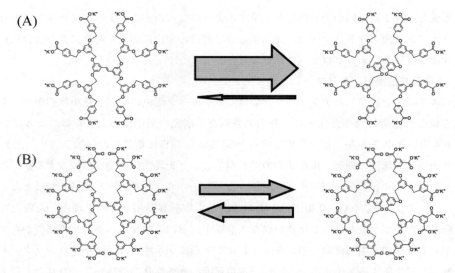

図8 水溶性カルボン酸置換デンドリマーの光異性化反応

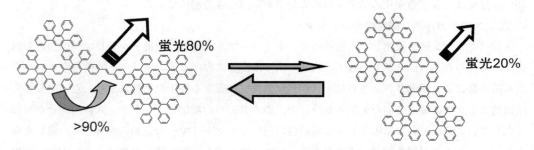

図9 ポリフェニレンデンドリマーの光異性化と蛍光特性

3.2.2 その他のスチルベンデンドリマー

ベンジルエーテル型以外にも様々なデンドロンを有するスチルベンデンドリマーの研究を行ってきた。以下に最近のデンドリマー系について紹介する。

(1) ポリフェニレンデンドリマー

柔軟なベンジルエーテル型のデンドロンに対し，剛直なポリフェニレンデンドロンを有するデンドリマーが存在する（図9）[10]。この系ではデンドロン部位からスチルベン部位への非常に高効率なエネルギー移動が起こる（効率＞90％）。しかしながらベンジルエーテル型デンドリマーに見られるようなエネルギー移動効率の向上による光異性化反応の高効率化は見られなかった。これは剛直なデンドロンが巨大構造変化を抑制していることも考えられ，特にシス体で蛍光放射の効率が高くなっている。通常は無蛍光性なシス体の蛍光が室温で観測されたのは，巨大なデンドロンの効果として特筆される結果である（Φ_f＝0.80（トランス体），0.20（シス体））。それで

第2章　新規・高性能フォトクロミック系

も光異性化は約10％の効率で進行する。このような剛直なデンドロンを有する系では体積変化の少ない異性化の機構が提案されている。

ポリフェニレンデンドリマーの末端にアルキル鎖を導入することでベンゼンだけでなく，ヘキサンにも溶解させることができた（図10）[11]。ベンゼン中ではシスからトランスへの異性化（$\Phi_{t \to c} = 0.42$）がトランスからシスへの異性化（$\Phi_{t \to c} = 0.14$）よりも有利であるのに対し，ヘキサン中ではトランスからシスへの異性化（$\Phi_{t \to c} = 0.18$）がシスからトランスへの異性化（$\Phi_{t \to c} = 0.06$）よりも有利となった。このような系においては溶媒の違いによりデンドリマー分子の溶解状態が異なると考えられ，溶解状態の違いによって構造変化の方向を制御することが可能であることが明らかとなった。

(2) 水溶性ペプチドデンドリマー

水溶性のペプチドをデンドロンとしたスチルベンデンドリマーは，高い生物学的適合性が期待できる巨大分子系である。具体的にはポリグルタミン酸デンドロンを用いることで水溶液のpHに応答する光特性を示した（図11）[12]。塩基性から中性にかけては吸収スペクトルも蛍光スペクトルも大きな変化が見られなかったが，さらに酸性にすると吸収スペクトルはレッドシフト，蛍光スペクトルはブルーシフトしながら強度が減少した（図12）。このような変化はデンドロン部位に多数存在するカルボン酸アニオンが低いpHでプロトン化されることで説明される。デンドロン部位にはpK_aがおよそ2.2と4.3の異なる2種類の水素が混在しているため，2段階でプロトン化が起こると考えられる。酸性水溶液中ではこのように段階的にプロトン化が進行するため，疎水性相互作用によって収縮したデンドロン部位がスチルベンコア周辺の極性を下げて，脂溶性のエステル末端を有するペプチドスチルベンデンドリマーに類似したスペクトルを与えることが分かった。この系は光による構造変化に加えてpH応答性が期待されるユニークな系となった。また光定常状態比もpH依存性を示し，酸性側でよりシス体に偏ることが分かった。

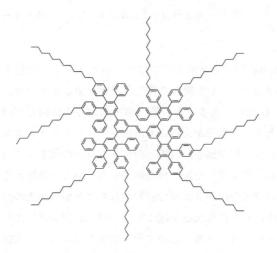

図10　アルキル鎖を有するポリフェニレンデンドリマー

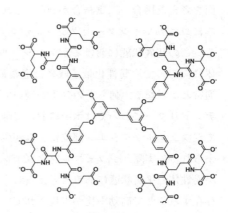

図11　水溶性ペプチドデンドリマー

フォトクロミズムの新展開と光メカニカル機能材料

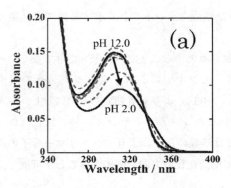

図12 水溶性ペプチドデンドリマーの吸収(a),蛍光スペクトル(b)のpH依存性

3.2.3 ジフェニルブタジエンデンドリマー

スチルベンよりもC=C二重結合を1つ多く有するジフェニルブタジエンにはトランス-トランス体,トランス-シス体,シス-シス体,s-トランス体など,より多くの異性体が存在する。その複雑な光反応性を詳細に検討することが,視物質ロドプシン内で進行するレチナールの高効率光異性化などの生体反応の解明につながると期待される。実際,水溶性のジフェニルブタジエンデンドリマーは高効率（$\Phi_{t \to c}$ = 0.64）で光異性化反応を起こし,この値はロドプシンの光異性化の値に匹敵した（図13）[13,14)]。通常,トランス-シス異性化のポテンシャル曲面を考えた場合,二重結合が90°ねじれたとこ

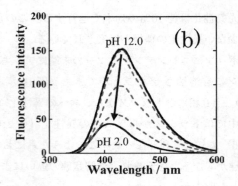

図13 水溶性ジフェニルブタジエンデンドリマー

ろにコニカルインターセクションがあり,励起状態から基底状態のポテンシャル曲面に失活する。この基底状態におけるポテンシャルの極大から1:1の割合で異性化が進行するか元の異性体に戻るので,異性化量子収率は通常最大でも0.50である。この最大値を超える系に関しては通常とは異なる,何らかの効果が働いていると考える必要がある。水溶性ジフェニルブタジエンデンドリマーにおいては水中において疎水性相互作用が働き,収縮したデンドロンの効果によってジフェニルブタジエン部位に歪みが生じ,異性化に適した配座異性体ができている可能性が考えられる。実際,ジフェニルブタジエン部位の蛍光寿命が3成分で解析されたことから複数の配座異性体の平衡状態にあると考えられ,その中に光異性化反応を起こすのに特に有利な異性体が存在することで高効率化が実現されていることが示唆された。このような高効率はエステル末端を有する脂溶性ジフェニルブタジエンデンドリマーでは観測されず,図13の水溶性デンドリ

第2章　新規・高性能フォトクロミック系

マーにおける水中の単分子ミセルのような特殊な構造により実現されていると考えられる。この発見はレチナールの高効率光異性化の機構を解明する糸口になることが期待される。

3.2.4　エンジインデンドリマー

エンジイン構造を中心に有するベンジルエーテル型のデンドリマーは，シス体とトランス体の分子サイズが著しく異なった（図14)[15]。トランス体とシス体の混合物に関してGPC分析を行うと，トランス体からシス体に光異性化することで分子サイズが縮小することが分かった（図15)。このことからエンジイン部位の光異性化による構造変化が十分にデンドロン部位によって増幅され，デンドリマー全体の巨大構造変化を引き起こすことが分かった。光異性化の効率はシスからトランスの方がトランスからシスよりも約1.5倍高くなったが，世代の増加に伴う効率の減少はほとんど見られなかった。したがってエンジインデンドリマーの中心部位の光異性化は巨大なデンドロンに妨げられることなく進行し，その構造変化が巨大構造変化に増幅された。

エンジインデンドリマーの末端に両親媒性のトリエチレングリコール鎖を導入したデンドリマーは溶媒による光反応性の違いを示した（図16)[16]。有機溶媒中ではエンジインデンドリマー

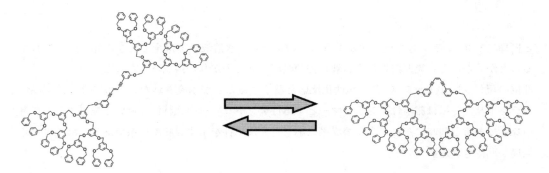

図14　エンジインデンドリマーの光異性化

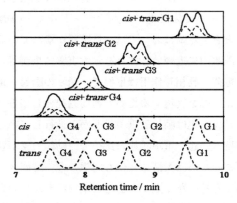

図15　エンジインデンドリマーのGPC分析

フォトクロミズムの新展開と光メカニカル機能材料

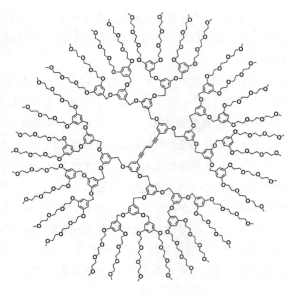

図16 両親媒性エンジインデンドリマー

と同様にシス-トランス光異性化が進行したのに対し，水溶液中では全く異なる光反応が進行することが分かった。光照射に伴う長波長側の吸収の立ち上がりが観測されたことからエンジイン部位の環化反応がトランス-シス異性化反応と競争することが示唆された。このような両親媒性のデンドリマー系は脂溶性デンドリマーと水溶性デンドリマーの光特性の違いを検討する上で有用な系であると同時にそれ自身が溶媒系に応じた光反応性を示す興味深い系であるため，更なる発展が期待される。

3.3 おわりに

巨大構造変化を伴うデンドリマー型フォトクロミック系はまず脂溶性と水溶性の2種類に大別できる。脂溶性のデンドリマー系で注目すべき点はデンドリマーの構成部位間の相互作用である。特に柔軟なデンドロンを有する系においては一見距離が離れているコアとデンドロンでも相互作用を起こすのに十分な距離内に近づけることを示す実験結果が得られている。相互作用の中でも特にエネルギー移動と電荷移動相互作用は重要で，通常の励起一重項状態からでは実現できないような高効率な光異性化反応を実現するための初期過程として重要な役割を果たすことが明らかとなった。この場合，光異性化は励起三重項状態から進行していると考えられる。ピコ秒からナノ秒程度の短い寿命を持つ励起一重項状態に比べて，励起三重項状態はマイクロ秒からミリ秒程度の長い寿命を持つ。このため巨大構造変化も同様の遅い時間スケールで進行すると考えられるため，分光学的な観測が容易になる点でも励起三重項状態からの異性化は有意義である。競争する過程が少ない為，励起三重項状態からの異性化は高効率で起こることもまた重要な意味を

110

第2章　新規・高性能フォトクロミック系

持つ。剛直なデンドロンを有する系に関しては体積変化の小さい特殊な反応機構が提案されていることも今後注目すべき点である。

　水溶性のデンドリマー系の魅力は巨大構造変化の方向を制御する可能性を秘めた点にある。水溶性デンドリマーは，概ね水溶液中において単分子ミセルのような状態で存在しているため，構造変化をつかさどる中心部位が分子と溶媒の界面の状態に鋭敏に応答する。すなわち，水溶性デンドリマー表面の溶解性や電荷分布をコントロールすることで中心部位付近の疎水性相互作用と構造変化の方向を制御することが可能となる。さらに興味深いのは，脂溶性デンドリマーの構造の変化が1段階であるのに対して水溶性デンドリマーでは2段階であることが時間分解過渡回折格子法によって明らかにされている点である[17,18]。このような違いはデンドリマーの溶解状態と関連付けられる。脂溶性デンドリマーは有機溶媒が分子全体に入り込んで溶解していると考えられるが，水溶性デンドリマーは分子表面が親水性なので，分子表面が溶媒和されることで溶解していると考えるのが妥当であろう。水溶性デンドリマーの光異性化に伴う構造変化の際は，デンドロンが溶媒和している水を引き連れて構造変化を起こすために遅くなり，内部の光異性化とデンドロンの動きが区別して観測されるため速い変化と遅い変化が観測されたと考えられる。このような観点から水溶性デンドリマーは溶媒の移動を含めた巨大構造変化を起こす系であるともいえる。また光反応部とそれをとりまく周辺部位も考慮したデンドリマー全体の構造変化はロドプシンにおけるタンパク質を引き連れたレチナール分子の光異性化反応に関連付けることができ，生体分子の高効率で方向の制御された光反応に関する知見の獲得が期待できる系であると考えられる。

　以上を踏まえて今後期待される研究の一つは，励起三重項状態を経由した高効率な光異性化の方向の制御であろう。例えば往復エネルギー移動過程によってC＝C二重結合部位の励起三重項状態を生成する水溶性デンドリマー系を作ることができれば，高効率な巨大構造変化を分光学的に追跡することが容易になり，時間スケールの概念を取り入れた新たなフォトクロミック系への展開も含めて，フォトクロミック系の創出に貢献できる新たな発展が期待できるであろう。

文　　　献

1)　A. Momotake, T. Arai, *Polymer*, **45**, 5369 (2004)
2)　T. Mizutani, M. Ikegami, R. Nagahata, T. Arai, *Chem. Lett.*, 1014 (2001)
3)　M. Uda, T. Mizutani, J. Hayakawa, A. Momotake, M. Ikegami, R. Nagahata, T. Arai, *Photochem. Photobio.*, **76**, 596 (2002)
4)　Y. Miura, A. Momotake, Y. Shinohara, Md. Wahadoszamen, Y. Nishimura, T. Arai, *Tetrahedron Lett.*, **48**, 639 (2007)
5)　Y. Miura, A. Momotake, K. Takeuchi, T. Arai, *Photochem. Photobio. Sci.*, **10**, 116 (2011)

フォトクロミズムの新展開と光メカニカル機能材料

6) Y. Miura, A. Momotake, T. Sato, Y. Kanna, M. Moriyama, Y. Nishimura, T. Arai, *Bull. Chem. Soc. Jpn.*, **84**, 363 (2011)

7) T. Takizawa, T. Arai, *Chem. Lett.*, **40**, 1124 (2011)

8) J. Hayakawa, A. Momotake, T. Arai, *Chem. Comm.*, 94 (2003)

9) A. Momotake, J. Hayakawa, R. Nagahata, T. Arai, *Bull. Chem. Soc. Jpn.*, **77**, 1195 (2004)

10) M. Tabuchi, A. Momotake, Y. Kanna, Y. Nishimura, T. Arai, *Photochem. Photobio. Sci.*, **10**, 1521 (2011)

11) T. Okamoto, A. Momotake, Y. Shinohara, R. Nagahata, T. Arai, *Bull. Chem. Soc. Jpn.*, **80**, 2226 (2007)

12) C. Mitsuno, A. Momotake, Y. Shinohara, K. Takahashi, R. Nagahata, Y. Nishimura, T. Arai, *Tetrahedron Lett.*, **50**, 7074 (2009)

13) Y. Miura, A. Momotake, Y. Kanna, Y. Nishimura, T. Arai, *Dyes and Pigments*, **92**, 802 (2012)

14) Y. Miura, A. Momotake, Y. Kanna, Y. Nishimura, T. Arai, *Photochem. Photobio. Sci.*, **10**, 1524 (2011)

15) N. Yoshimura, A. Momotake, Y. Shinohara, Y. Nishimura, T. Arai, *Bull. Chem. Soc. Jpn.*, **80**, 1995 (2007)

16) N. Yoshimura, A. Momotake, Y. Shinohara, K. Takahashi, R. Nagahata, Y. Nishimura, T. Arai, *Bull. Chem. Soc. Jpn.*, **82**, 723 (2009)

17) H. Tatewaki, N. Baden, A. Momotake, T. Arai, M. Terazima, *J. Phys. Chem. B*, **108**, 12783 (2004)

18) H. Tatewaki, T. Mizutani, J. Hayakawa, T. Arai, M. Terazima, *J. Phys. Chem. A*, **107**, 6515 (2005)

4　架橋型イミダゾール二量体の高速フォトクロミズム

阿部二朗*

4.1　はじめに

　イミダゾール二量体であるヘキサアリールビイミダゾール（Hexaarylbiimidazole：HABI）の
フォトクロミズムが最初に報告されたのは1960年のことである[1]。ロフィン（2,4,5-トリフェニ
ルイミダゾール）を塩基性条件下でフェリシアン化カリウム水溶液を用いて酸化すると，トリ
フェニルイミダゾールアニオンを経て電荷的に中性な赤紫色のトリフェニルイミダゾリルラジカ
ル（TPIR）を生成する。TPIR のラジカル二量化反応により生成する無色の HABI がラジカル
解離型フォトクロミズムを示す（図1a）[2,3]。HABI のフォトクロミズムでは，発色反応は二つの
イミダゾール環を結ぶ C-N 結合の光解離による TPIR の生成反応であり，消色反応は発色反応
により生成した TPIR 間のラジカル再結合反応である。ラジカル再結合反応は熱反応であり光照
射により促進されることはない。すなわち，HABI はジアリールエテンのように発色体に光照射
することで元の消色体に戻る P 型フォトクロミック化合物ではなく，熱反応によってのみ消色
する典型的な T 型フォトクロミック分子に分類される。溶液中における TPIR から HABI への
戻り反応は，半減期が濃度に依存する二次反応に従う熱反応であることから，TPIR が消失して
溶液の色が完全に消色するまでには数分の時間を要する。紫外光照射により生成した TPIR はフ
リーラジカルとして媒体中に散逸するが，低温凍結溶液，結晶，あるいは高分子中に希釈された
HABI に紫外光照射すると，空間的に無秩序に配向した三重項状態の ESR スペクトル[4]を示すこ
とから，ラジカルの拡散が抑制された反応場では，ラジカル対を形成することが見いだされてい

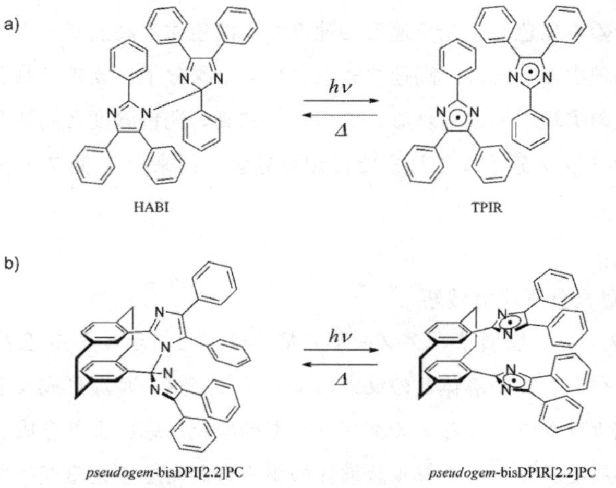

図1　(a) HABI と (b) *pseudogem*-bisDPI[2.2]PC のフォトクロミズム

＊　Jiro Abe　青山学院大学　理工学部　化学・生命科学科　教授

フォトクロミズムの新展開と光メカニカル機能材料

る。さらに，単結晶 X 線構造解析によって低温下で HABI の結晶に紫外光を照射することで生成するラジカル対の分子構造が明らかにされている[5,6]。このようなラジカル対を生成するような硬い分子環境では，ラジカル二量化反応が高速化されることが知られていた。実際に，結晶中ではラジカル再結合反応が高速化し，室温での発色体の半減期は 1 ミリ秒程度である。われわれは発色体である TPIR の散逸を抑制し，従来のフォトクロミック分子には見られない高速熱消色反応を実現することを目的として架橋型イミダゾール二量体を世界に先駆けて開発することに成功した[7,8]。

4.2 [2.2]パラシクロファン架橋型イミダゾール二量体

二つのイミダゾール環を架橋することで，媒体中への TPIR の散逸が抑制され，高速なラジカル再結合反応を示すラジカル解離型高速熱消色フォトクロミック分子の創出が期待される。われわれは，TPIR を架橋するリンカー部位として [2.2]パラシクロファン骨格を採用した [2.2]パラシクロファン架橋型イミダゾール二量体 (*pseudogem*-bisDPI[2.2]PC)[8] の合成に成功した（図 1b）。このイミダゾール二量体も HABI と同様に二つのイミダゾール環同士は C-N 結合により結合しており，結晶，溶液中，ポリマー中の何れにおいても紫外光を照射すると無色から青色に発色し，光を遮ると瞬時に無色に戻る高速フォトクロミズムを示す。一方で，HABI とは異なり *pseudogem*-bisDPI[2.2]PC の発色体のラジカル再結合反応に対応する消色反応は一次の反応速度式に従い，室温ベンゼン溶液における発色体の半減期は 33 ミリ秒と，極めて速い熱消色反応を示す。図 2a にベンゼン溶液中における紫外光照射後の過渡吸収スペクトルを示す。*pseudogem*-bisDPI[2.2]PC の発色体は可視光領域から近赤外光領域に及ぶ幅広い吸収帯を有し，発色状態は青色に見える。*pseudogem*-bisDPI[2.2]PC の溶液に室温で紫外線を照射すると，光が当たっている部分のみ発色し，光を遮ると速やかに消色する高速フォトクロミズムを観測することができる。その理由としては，高速フォトクロミック分子に要求される理想的な光反応量子収率と消色反応速度の実現があげられる。このように高い発色濃度と高速な消色反応速度を併せ持つ高速フォトクロミック分子はこれまでに類を見ず，従来の T 型フォトクロミック分子の概念を覆すものとなった。

4.3 高機能化に向けた分子設計戦略

[2.2]パラシクロファン架橋型イミダゾール二量体は，ビスホルミル[2.2]パラシクロファンと酢酸アンモニウム，ベンジル誘導体との反応によるイミダゾール環形成反応，塩基性条件下におけるフェリシアン化カリウムによるイミダゾール環の酸化反応により合成される。図 3 に示すように合成は比較的容易であり，ベンジル誘導体の組み合わせを変えるだけで，多様な誘導体を合成できるという特徴を有している。また，二つのイミダゾール環の構造的かつ電子的な非対称性が重要な特徴となっている。単結晶 X 線構造解析により，二つのイミダゾール環の間には炭素 — 窒素結合が形成されていることが明らかにされているが，炭素原子側のイミダゾール環

114

第2章 新規・高性能フォトクロミック系

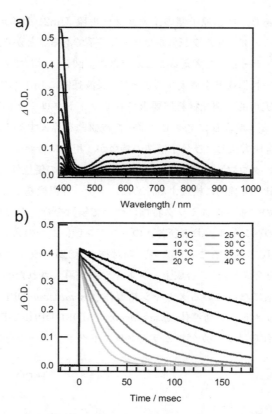

図2 *pseudogem*-bisDPI[2.2]PC の (a) 365nm の紫外光照射後, トルエン中における過渡吸収スペクトル変化（濃度：2.1×10^{-4}M, 温度：298K, 測定間隔：20ミリ秒）, (b) 各温度における 400nm の吸光度減衰過程（濃度：1.5×10^{-4}M）

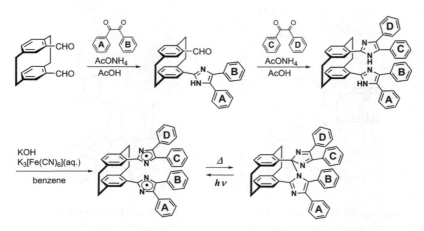

図3 [2.2]パラシクロファン架橋型イミダゾール二量体の合成スキーム

(Im1)は4π電子系であり,窒素原子側のイミダゾール環(Im2)は6π電子系になっている。一方で,発色体であるイミダゾリルラジカルは5π電子系であることから,Im1はπ電子アクセプター,Im2はπ電子ドナーとして考えることができる。図3に示しているようにフェニル基Cやフェニル基Dにドナー性置換基を導入することで,長波長側にIm1への分子内電荷移動(CT)遷移が新たに発現し,実用的な調光材料に要求されるフォトクロミック反応の感度増大が図れる。フェニル基Aやフェニル基Bにアクセプター性置換基を導入することでも同様の効果が期待できる。このような合成方法および分子構造の特徴が,用途に合わせた合目的分子設計を可能にしており,[2.2]パラシクロファン架橋型イミダゾール二量体の優位性といえる。

上述した分子設計指針を実験的に検証するために,ドナー性置換基としてメトキシ基を導入した誘導体を合成し,そのフォトクロミック特性について検討を行った。ビスホルミル[2.2]パラシクロファンと無置換のベンジル,および各々のベンゼン環に二つのメトキシ基を導入したベンジル誘導体を逐次的に反応させることにより,非対称な[2.2]パラシクロファン架橋型イミダゾール二量体(図4)を合成した[9]。合成上,メトキシ基が導入されたベンゼン環を有するイミダゾール環が4π電子系になっているメトキシ誘導体(*pseudogem*-DPI-TMDPI[2.2]PC)と,6π電子系になっているメトキシ誘導体(*pseudogem*-TMDPI-DPI[2.2]PC)の混合物として得ることができるが,それらはシリカゲルカラムクロマトグラフィーで分離精製することができ

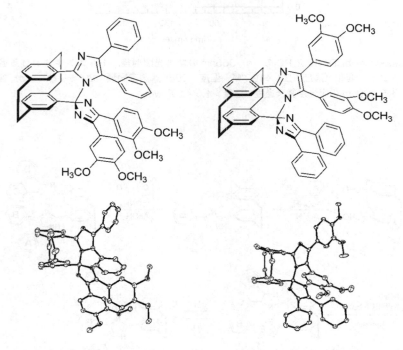

pseudogem-DPI-TMDPI[2.2]PC　　*pseudogem*-TMDPI-DPI[2.2]PC

図4　メトキシ置換誘導体の分子構造と単結晶X線構造解析結果

第2章 新規・高性能フォトクロミック系

る。単結晶X線構造解析により明らかにした分子構造を図4に，またアセトニトリル溶液の紫外可視吸収スペクトルをTD-DFT計算の結果とともに図5に示す。図5aに示した*pseudogem*-DPI-TMDPI[2.2]PCの紫外可視吸収スペクトルではドナー性置換基のメトキシ基からπ電子アクセプター性のIm1への分子内CT遷移が300〜400nmのUVA領域に見られるが，図5bに示した*pseudogem*-TMDPI-DPI[2.2]PCのスペクトルには，このような吸収帯が見られないことから，上述した分子設計指針の妥当性が証明された。もちろん，これらのメトキシ誘導体の発色体は同一の分子構造を有するビラジカルであり，ラジカル再結合反応により相互への異性化反応を起こしてしまうため，単離した*pseudogem*-DPI-TMDPI[2.2]PCのフォトクロミック反応により*pseudogem*-DPI-TMDPI[2.2]PCと*pseudogem*-TMDPI-DPI[2.2]PCの混合物を与えることになる。

さらに，われわれは熱消色速度を高速化することを目的としてMarcus理論に基づいた合理的

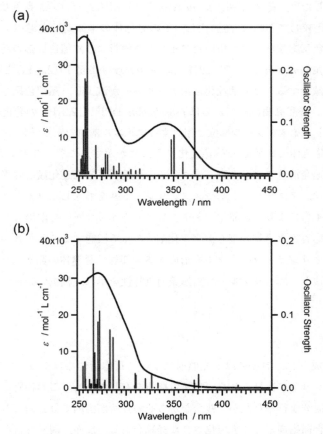

図5 (a) *pseudogem*-DPI-TMDPI[2.2]PC，(b) *pseudogem*-TMDPI-DPI[2.2]PCの紫外可視吸収スペクトル（縦棒で示したスペクトルはTD-DFT MPW1PW91/6-31＋G(d)//MPW1PW91/6-31G(d)により得られた計算結果）

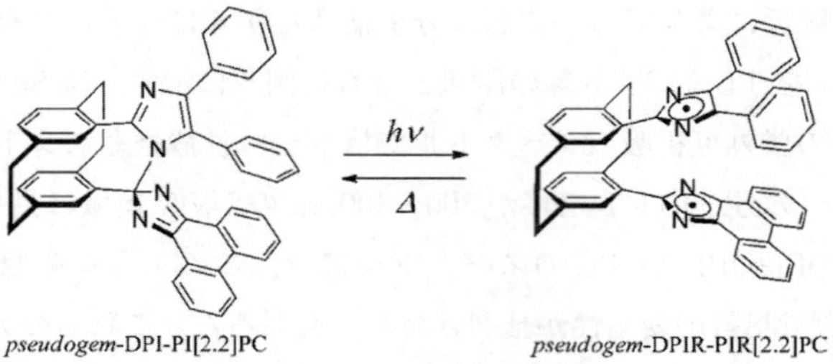

フォトクロミズムの新展開と光メカニカル機能材料

pseudogem-DPI-PI[2.2]PC　　　　　　*pseudogem*-DPIR-PIR[2.2]PC

図6　*pseudogem*-DPI-PI[2.2]PC のフォトクロミズム

　な分子設計を試みた。Marcus 理論に基づくと，発色体と消色体の標準自由エネルギー差が増大するほど活性化自由エネルギーが減少するため，熱消色速度が加速すると考えられる。この考えをもとに図6に示す *pseudogem*-DPI-PI[2.2]PC を設計および合成し，そのフォトクロミック特性を詳細に検討した[10]。その結果，*pseudogem*-DPI-PI[2.2]PC の熱消色反応は *pseudogem*-bisDPI[2.2]PC と比較して 1000 倍高速化し，その発色体の半減期は室温ベンゼン中で 35 μs であった。また熱消色反応速度定数を用いたアイリング解析より熱消色反応の活性化パラメーターを算出した結果，*pseudogem*-DPI-PI[2.2]PC は *pseudogem*-bisDPI[2.2]PC と比較して主に活性化エンタルピーが減少することで活性化自由エネルギーが減少し，熱消色反応が高速化することが明らかになった。密度汎関数計算からは *pseudogem*-DPI-PI[2.2]PC の発色体は，自由度が抑制されたフェナントロイミダゾール部位と相対するフェニル基間の立体反発によって *pseudogem*-bisDPI[2.2]PC の発色体と比較して不安定化することが示された[10]。このようにして，Marcus 理論に基づいた高速発消色フォトクロミック分子の熱消色反応高速化設計の妥当性が示された。

　さらにわれわれは，アクリレート基やメタクリレート基を導入したフォトクロミックモノマー誘導体のラジカル重合により，側鎖型フォトクロミックポリマー[11]を創出した。尿素部位を導入した誘導体では光応答性水素結合型有機ゲル化剤[12]として機能することがわかった。また，水中で球状ベシクルやオリゴラメラベシクルを形成する両親媒性誘導体の開発にも成功した[13]。これらのポリマーや有機ゲル，ベシクルでも高速発消色特性を示し，幅広い分野での応用が期待される。

4. 4　おわりに

　日本で最初に合成された HABI は，光照射によって反応活性なラジカルを生成するという他のフォトクロミック分子には見られない光発色機能を有している。この特異な光応答性は世界的に注目され多くの研究が行われたが，残念ながらその長所が国内では見過ごされ米国によって高感度光ラジカル重合開始剤として実用化された経緯がある。反面，調光材料などのように繰り返し耐久性が求められる分野への応用はほとんど検討されてこなかった。われわれが開発した架橋型イミダゾール二量体は高速熱消色特性がもたらした高い繰り返し耐久性が付与されたことで，

118

第2章　新規・高性能フォトクロミック系

従来のHABIに対する認識を根底から覆すものとなった。特に，[2.2]パラシクロファン架橋型イミダゾール二量体は合成が容易であり，すでに様々な誘導体が合成されており，その高速フォトクロミック特性は溶液中のみならずポリマーや結晶状態でも維持されていることが見いだされている。HABIのフォトクロミズムが発見されてから半世紀の時を経て再び日本でHABIに新たな息吹が吹き込まれた。今後，さらに高機能化した高速フォトクロミズムを示す架橋型イミダゾール二量体の幅広い分野での応用展開が期待される。

文　　献

1)　T. Hayashi and K. Maeda, *Bull. Chem. Soc. Jpn.*, **33**, 565 (1960)
2)　T. Hayashi, K. Maeda and M. Morinaga, *Bull. Chem. Soc. Jpn.*, **37**, 1563 (1964)
3)　林太郎，前田候子：日本化学会誌，**90**, 325 (1969)
4)　J. Abe, T. Sano, M. Kawano, Y. Ohashi, M. M. Matsushita and T. Iyoda, *Angew. Chem. Int. Ed.*, **40**, 580 (2001)
5)　M. Kawano, T. Sano, J. Abe and Y. Ohashi, *J. Am. Chem. Soc.*, **121**, 8106 (1999)
6)　M. Kawano, T. Sano, J. Abe and Y. Ohashi, *Chem. Lett.*, **29**, 1372 (2000)
7)　K. Fujita, S. Hatano, D. Kato and J. Abe, *Org. Lett.*, **10**, 3105 (2008)
8)　Y. Kishimoto and J. Abe, *J. Am. Chem. Soc.*, **131**, 4227 (2009)
9)　K. Mutoh and J. Abe, *J. Phys. Chem. A*, **115**, 4650 (2011)
10)　Y. Harada, S. Hatano, A. Kimoto and J. Abe, *J. Phys. Chem. Lett.*, **1**, 1112 (2010)
11)　A. Kimoto, A. Tokita, T. Horino, T. Oshima and J. Abe, *Macromolecules*, **43**, 3764 (2010)
12)　M. Takizawa, A. Kimoto and J. Abe, *Dyes Pigm.*, **89**, 254 (2011)
13)　K. Mutoh and J. Abe, *Chem. Comm.*, **47**, 8868 (2011)

5 励起状態プロトン移動に基づくフォトクロミック有機結晶

網本貴一[*]

5.1 はじめに

　繰り返し耐久性や取り扱いの容易さ，素子加工性に優れた固体状態で，フォトクロミズムや発光性などの光機能性を示す有機結晶が最近注目を集めている。しかしながら，結晶は分子が高度に集積した究極の分子集合体であるため，分子構造変換を含むフォトクロミズムや濃度消光が顕著な発光系の実現には不向きでもある。我々は，構造変化の少ない励起状態プロトン移動（ESPT）に基づく有機色素を用いることによって結晶状態で容易に光機能化できることに着目し，光機能性有機結晶を合理的に構築するための方法論の開発を進めてきた。さらに，それらの方法論を適用して得られるフォトクロミック結晶が示す物性と結晶構造との相関を紐解く過程で，結晶状態でのフォトクロミズム特性を調整制御するにはどうすればよいかの方向性が見えてくる。本稿では我々の研究成果を中心に紹介し，フォトクロミック有機結晶の合理的形成法と構造-物性相関に関するアプローチと考え方を述べる。

5.2 N-サリチリデンアニリン類を用いたフォトクロミック有機結晶の合理的構築法[1]

　N-サリチリデンアニリン類（SA 類）は紫外光照射により黄色から橙色へと変色し，暗所に放置すると元の黄色に戻るという T 型フォトクロミズムを示す代表的な有機結晶の 1 つである。このフォトクロミズムの発現にはエノール-イミン形からケト形への ESPT とそれに引き続く分子構造変化が関与していることが知られている（図1）[2]。このような分子構造変換が可能な空隙がエノール-イミン周辺の反応点近傍に確保されているか否かが，結晶状態でのフォトクロミズム発現を決定づけている。従って，結晶中にフォトクロミック反応を許容できる空間的隙間を確保することが，フォトクロミズム発現に最も有効なアプローチとなる。このような観点から，我々は SA 類によるフォトクロミック結晶を選択的に形成させる方法として，① tert-ブチル基のようなかさ高い置換基をサリチリデン芳香環に導入する方法（tert-ブチル基導入法），②アニリン環の 2,6-位にアルキル基を導入する方法（2,6-ジアルキルアニリン法），③デオキシコール酸が形成するクラスレート結晶中の包接空間場を反応場として利用する方法（包接結晶形成法）

enol-imine form　　　　cis-keto form　　　　trans-keto form

図1　SA 類の結晶フォトクロミズムにおける分子構造変化

---

　* Kiichi Amimoto　広島大学　大学院教育学研究科　准教授

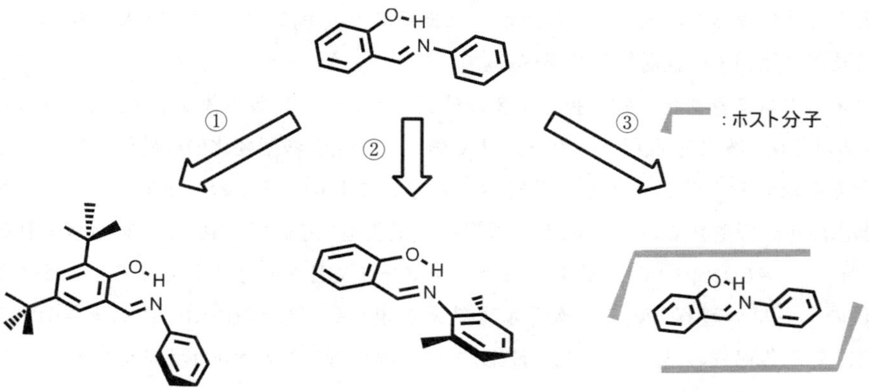

第2章　新規・高性能フォトクロミック系

図2　フォトクロミックな SA 類結晶を構築するための分子設計指針

を開発・報告している。その模式図を図2に示す。

　tert-ブチル基導入法は，サリチリデン芳香環の立体的厚みを増すことで近傍の分子を遠ざけ，結晶中に隙間を生じさせる方法である[3～5]。この分子設計指針はフォトクロミック結晶形成にかなり有効に働くことから，SA 類のフォトクロミズムを研究対象とする多くの研究者によって実用的に用いられている。2,6-ジアルキルアニリン法はアニリンの 2,6-位に導入されたアルキル基がアゾメチン水素と立体反発することによって，SA 類のサリチリデン芳香環とアニリン環とがねじれたコンフォメーションを取ることに基づいている[6]。この場合 SA 分子にとって π-π スタッキングなどの分子間相互作用が弱められるので，フォトクロミズムを示しやすくなる。SA 分子を自身のパッキングから完全に解いて単分子に近い状態にするのが包接結晶形成法である。デオキシコール酸（DCA）のようなクラスレート結晶を形成するホスト分子と SA 類とを組み合わせることで，純結晶状態ではフォトクロミズムを示さない SA 類に対しても多くの場合フォトクロミックな超分子結晶を与える[7,8]。

　一連のフォトクロミック有機結晶形成法は，SA 類の光機能化のみに限定されているわけではない。ESPT 発光色素である 2-(2-ヒドロキシフェニル)ベンズチアゾールのヒドロキシフェニル環に *tert*-ブチル基を導入した誘導体は結晶状態でフォトクロミズムを示すようになる[9]。また，ケトアミン-エノールイミンの互変異性現象を示す *N*-フェニル-2-アミノトロポン類は純結晶状態ではフォトクロミズムを示さないが，デオキシコール酸クラスレート結晶中に包接させることによってフォトクロミズムを示すようになる[10]。これらの事例は一連のフォトクロミック有機結晶形成法が ESPT 系有機色素の光機能化に幅広く適用できる可能性を示している。

5.3　*N*-サリチリデンアニリン類の結晶フォトクロミズムにおける構造-物性相関[11]

　上述の方法でフォトクロミックな SA 類結晶が容易かつ数多く手にすることができるようになったことで，SA 類結晶のフォトクロミズム特性を比較したり結晶構造との相関を議論したり

することが可能になった。続いて，我々がこれまでに明らかにしてきたSA類の結晶フォトクロミズムに及ぼす諸因子の検討結果を述べる。

T型フォトクロミック化合物が持つ重要な性質の1つが，光着色体が示す熱退色反応である。SA類の熱退色反応を拡散反射スペクトル法で測定し，光学密度変化の経時減衰率からその反応速度定数kを求めることができる（図3）。この方法により，多くのフォトクロミックSA類結晶の熱退色性が評価されている。SAは2段階の熱退色過程を経て減衰し，kの値はそれぞれ$k_1 = 1.4 \times 10^{-3} \mathrm{s}^{-1}$；$k_2 = 6.0 \times 10^{-5} \mathrm{s}^{-1}$である。また，エノールOHを重水素化したSAでは2段階の熱退色過程のうち早い過程にのみ1次重水素効果が現れる（$k_1 = 7.0 \times 10^{-4} \mathrm{s}^{-1}$；$k_2 = 6.0 \times 10^{-5} \mathrm{s}^{-1}$）ことから，熱退色過程の早い段階がN–H(D)⋯O距離の近い*cis*-ケト形からの緩和であり，遅い段階がプロトン移動の前にペダル型運動を必要とする*trans*-ケト形からの緩和であると結論している[12]。*N*-(3,5-ジ-*tert*-ブチルサリチリデン)-3-ニトロアニリンから得られる光着色体が示すkは$2.0 \times 10^{-7} \mathrm{s}^{-1}$と算出されており，SA類のフォトクロミック結晶としては最も安定な光着色体を与える化合物であることが明らかにされている[3]。大橋らはこの化合物に対して2光子吸収により光着色体を単結晶中に均一に蓄積させた後X線結晶構造解析を行い，光着色体のうち*trans*-ケト形の*in-situ*観測に成功している[13]。さらに，我々は*N*-(3,5-ジ-*tert*-ブチルサリチリデン)アリールヒドラジン誘導体において先述の3-ニトロアニリン誘導体に匹敵する熱安定性を示すフォトクロミック結晶をごく最近見いだしている[14]。

SA類の結晶フォトクロミズムにおける構造–物性相関を明らかにするには，SA類を固定して周りの環境を変化させたときのフォトクロミズム特性に与える影響を調べるのがよい。この際，包接結晶形成法により得られた結晶を検討対象とすることができる。先に述べたDCAに加えてホスト分子にデオキシコール酸アミド（DAA）とデオキシコリルアルコール（DCO）を用いて，

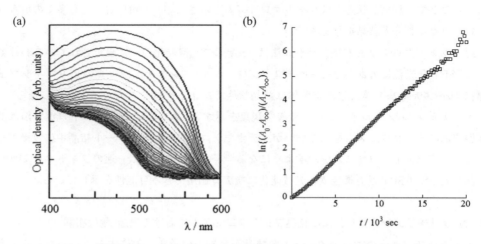

図3　典型的なフォトクロミックSA類結晶が示す熱退色過程を追跡した
　　（a）固体反射スペクトルと（b）1次反応を仮定した速度論プロット

第2章 新規・高性能フォトクロミック系

SAとのクラスレート結晶が得られている。いずれの結晶もフォトクロミズムを示すが，kの値はDCA，DCO，DAAの順に小さくなることから，光着色体の熱安定性が周りの環境に極めて敏感に影響されることがわかる[15]。また，SA骨格の両端に非常にかさ高い置換基を配置した分子[16]や2つのSA骨格メチレン鎖でつないだ4,4'-メチレンビス（N-サリチリデンアニリン類）[17,18]はフォトクロミック反応部位に有機小分子を包接した偽多形結晶を形成し，ゲスト分子の有無やその種類が光着色体の安定性に直接的な影響を与えていることが明らかにされている。

SA類の結晶フォトクロミズムにおける構造-物性相関を精査するもう1つの方法は，多形結晶や同形結晶を用いることである。SA類に置換基の修飾を施すと単分子構造や化学的性質そのものが変化するので結晶構造と物性の相関を純正に捉えることが難しくなるのに対し，同一の分子からなる多形を用いることでフォトクロミズム特性の変化の原因を結晶中分子構造の違いに帰着させることができる。4,4'-メチレンビス（N-サリチリデン-2,6-ジイソプロピルアニリン）は，図4に示したように，メチレン鎖を挟んで結びつけられている2つのSA骨格のヒドロキシル基が同じ側に配向している syn-形（空間群：$P2_1/n$）と反対に位置している anti-形（空間群：$C2/c$）の多形結晶を与える。ともにフォトクロミズムを示すが，anti-形に比べて反応点近傍に広い空隙が残されている syn-形の方が徐々に熱退色する[19]。このように，光着色体の熱安定性は結晶中での分子配向や空隙の大きさに支配される。これに対し，分子構造がわずかに異なる化合物でほとんど同一の結晶パッキングを与える同形結晶では一般に類似の結晶物性を示す。ところがこの予測に反し，同形結晶をとるN-(3,5-ジハロサリチリデン)-2,6-ジメチルアニリン類では，フルオロ体のみがフォトクロミズムを示し，クロロ体とブロモ体はフォトクロミズムを示さない[20]。フォトクロミズムを示したフルオロ体にはForm AとAのサリチリデン芳香環が反転したForm Bの2種類からなるディソーダー構造が認められ，それらの存在比はA：B＝85：15であった（図5(a)）。これらハロゲン誘導体はハロゲン基がもたらす極性や分散力によって同形結晶を構成する一方で，フルオロ体ではフッ素原子のサイズが他のハロゲンのそれと比べて小さいため，その近傍に乱れ構造を許容できる空隙が存在できたと考えられる。さらに興味深いことは，Aから生成する trans-ケト形の光着色体はBの構造と極めてよく似ていることである（図5(b)）。このことは光着色体が存在できる空間が結晶格子内にあらかじめ備わっていることを意味しており，そのような結晶では容易にフォトクロミック反応が進行できることになる。実は，フォトクロミックなSA類結晶中にディソーダー構造が存在する場合があることはそれほど珍しい現象で

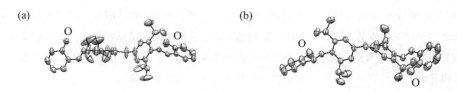

図4　4,4'-メチレンビス（N-サリチリデン-2,6-ジイソプロピルアニリン）の多形結晶に見いだされる (a) syn-形と (b) anti-形

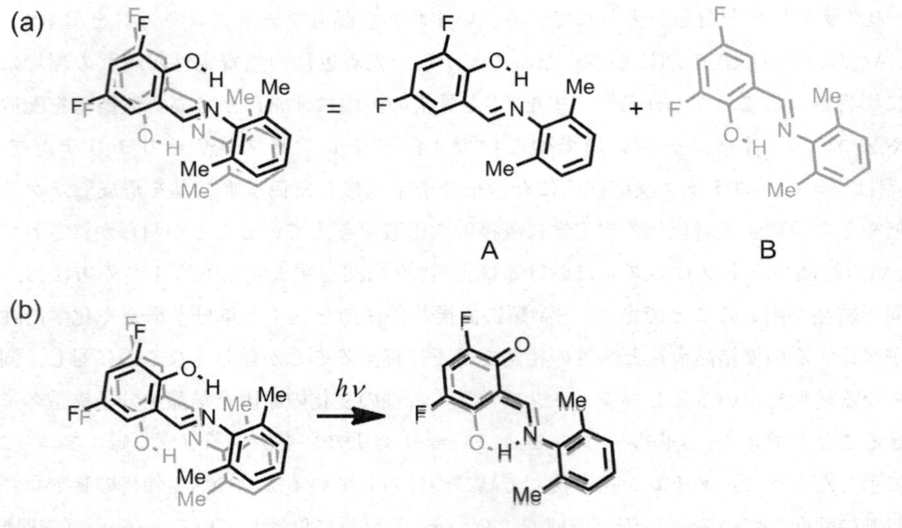

フォトクロミズムの新展開と光メカニカル機能材料

図 5　N-(3,5-ジフルオロサリチリデン)-2,6-ジメチルアニリン結晶における
（a）ディソーダー構造と（b）Form A が光異性化したときの構造変化

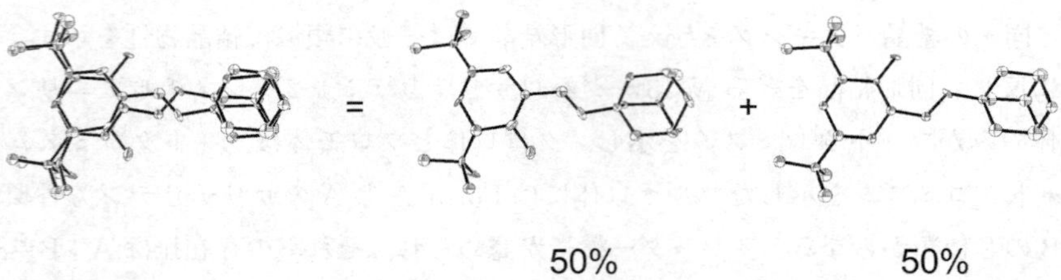

図 6　N-(3,5-ジ-tert-ブチルサリチリデン)-1-アミノアダマンタン結晶におけるディソーダー構造

はないことが明らかになりつつある。典型的なフォトクロミック結晶である SA の結晶構造を把握する試みは古くは Destro らによって行われたが，激しいディソーダーのため解析が収束しなかったと述べている[21]。最近 Arod らはその再検討を行い，フォトクロミックな結晶中に含まれるディソーダー構造を明らかにしている[22]。このような知見を踏まえ，我々はディソーダー構造を意図的に誘導することによって，フォトクロミック結晶を形成させることにも最近成功している。N-(3,5-ジ-tert-ブチルサリチリデン)-1-アミノアダマンタンは，図6に示すとおり，tert-ブチル基とアダマンチル基というかさ高い置換基を分子骨格の両端に結合させたことによってイミン部位にかなりの隙間が確保され，2種類の乱れ構造が1：1で結晶格子中に存在する。この結晶は太陽光の元でも高い感受性を示すフォトクロミック結晶となる[23]。

第2章 新規・高性能フォトクロミック系

5.4 ニトロ基が関与する新規フォトクロミック有機結晶

ニトロ基は有機色素における助色団であるとともに，ESPTに伴う異性化や光還元などの光反応性を持つ。従って，ニトロ基が光反応によって官能基変換を受けると大きな電子状態変化が起こり，フォトクロミズムが観測される場合がある。2,4-ジニトロベンジルピリジン類（DNBP類）はそのような現象を結晶状態で示す代表的な化合物である[2]。白色のDNBPに紫外光を照射すると青色に着色し，室温で速やかに熱退色する。我々はこのようなニトロ基の特徴を活かして，結晶状態で著しい光着色現象やフォトクロミック挙動を示す2-ニトロベンジリデン誘導体を独自に開発している。

我々の研究は，N-(2-ニトロベンジリデン)アミノピラゾールの結晶が太陽光のもとで著しく着色する現象を発見したことに端を発する[24]。しかも生成した光着色体は非常に安定であり，白色光の照射や加熱によって一切退色しない。この色調変化の不可逆性は，ニトロ基によるアゾメチン水素の分子内水素引き抜きの後2-ニトロソベンズアミドへ片道異性化するためである（図7）。これに対し，N-(2-ニトロベンジリデン)-5-アミノインダゾールの結晶は，紫外光照射によって黄色から黄土色へと着色し，加熱によって元の色調へと戻るという，フォトクロミズム現象を示す[25]。また，N-(2-ニトロベンジリデン)-2-ヒドロキシアニリン類の結晶も同様のフォトクロミック挙動を示す[26]。これら2-ニトロベンジリデン誘導体の光着色体は室温で非常に安定であり，元の化学種に完全に変換するには80〜100℃程度の加熱が必要である。また，ベンジリデン側芳香環に導入された置換基によって，光着色体は赤・橙・緑など多彩な吸収特性を示す。このような光着色体の熱安定性や多色性はSA類やDNBP類のような既存のESPT有機色素には見られない特徴である。しかも，このフォトクロミズム現象は結晶状態でのみ発現し，溶液では先述のN-(2-ニトロベンジリデン)アミノピラゾール結晶の場合と同様に2-ニトロソベンズアミドへの光異性化反応のみが進行する。加えて，分子内ESPT系であるSA類の場合に有効であったフォトクロミック結晶形成のための方法論は，2-ニトロベンジリデン誘導体の結晶に対してはいずれも効果が全く認められない。すなわち，かさ高い置換基を導入して分子会合を阻害したり包接化によって色素分子を単分散状態にしたりすると，フォトクロミック性がたちまち失われてしまう。このことは，2-ニトロベンジリデン誘導体のフォトクロミズム発現には結晶中での分子の会合状態が深く関与していることを示している。X線結晶構造解析より，この種のフォトクロミック結晶ではヘテロ環N-Hあるいはフェノール性O-Hが隣接する分子のニトロ基

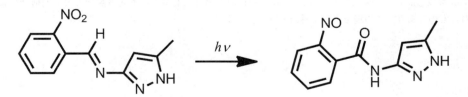

図7 N-(2-ニトロベンジリデン)アミノピラゾールの光異性化に伴う構造変化

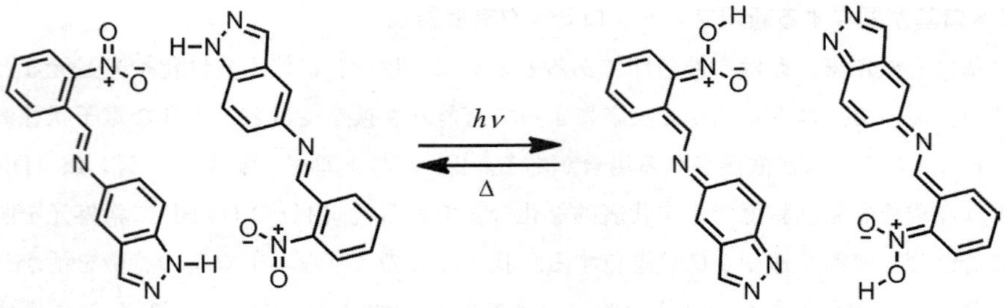

図8　*N*-(2-ニトロベンジリデン)-5-アミノインダゾールの結晶フォトクロミズムにおける
　　　分子構造変化

N-O との間で分子間水素結合をした2分子対を形成していることが示されている。さらに，光着色結晶表面に新たに ν(O-H) 吸収帯が出現することが拡散反射 FT-IR 測定より明らかとなっている。これらの事実から，2-ニトロベンジリデン誘導体結晶におけるフォトクロミズム発現では，ヘテロ環 N-H やフェノール性 O-H といったプロトンドナーからニトロ基への分子間 ESPT に伴ってニトロ-*aci*-ニトロ互変異性に基づく分子構造変化が起こっていると結論されている（図8）。

5.5　おわりに

　本稿では，分子内 ESPT 色素である SA 類を素材にして，光機能性有機結晶の合理的構築法と構造-物性相関研究の実例を解説した。さらに，2-ニトロベンジリデン誘導体による新規フォトクロミック系の最近の成果も紹介した。ESPT 色素による従来のフォトクロミック系には，構造変化の少ないプロトン移動により容易に光機能化できるという利点の裏返しとして，色調変化のバラエティに乏しいこと，熱退色反応が容易に進行してしまうことなどの問題点を含んでいた。そのような中，光着色体の熱安定性や多色性を併せ持つ有機結晶系が見いだされつつある。加えて，2-ニトロベンジリデン誘導体で新たに見いだされた，分子間 ESPT によってフォトクロミズムを発現する有機結晶系はこれまでにほとんど例がない。この系の反応機構の解明や物性制御の方法開拓に目指して，さらなる研究を進めている中途である。

　SA 類に関する成果の多くは，九州大学教養部・理学部において，川東利男名誉教授のご指導のもと，金冨元名誉教授（故人），小山弘行名誉教授，ならびに原著論文に記載した共著者諸氏との共同研究によってなされたものであり，この場を借りて感謝の意を表します。

第 2 章　新規・高性能フォトクロミック系

文　　献

1) 網本貴一，川東利男，光化学，**34**, 36 (2003)

2) E. Hadjoudis, in *Photochromism. Molecules and Systems, Revised Ed.*, edited by H. Dürr, H. Bouas-Laurent, p.685, Elsevier (2003)

3) T. Kawato, H. Koyama, H. Kanatomi, M. Isshiki, *J. Photochem.*, **28**, 103 (1985)

4) T. Kawato, H. Kanatomi, H. Koyama, T. Igarashi, *J. Photochem.*, **33**, 199 (1986)

5) T. Kawato, H. Koyama, H. Kanatomi, H. Tagawa, K. Iga, *J. Photochem. Photobiol., A: Chem.*, **78**, 71 (1994)

6) H. Fukuda, K. Amimoto, H. Koyama, T. Kawato, *Org. Biomol. Chem.*, **1**, 1578 (2003)

7) H. Koyama, T. Kawato, H. Kanatomi, H. Matsushita, K. Yonetani, *J. Chem. Soc., Chem. Commun.*, 579 (1994)

8) T. Kawato, H. Koyama, H. Kanatomi, K. Yonetani, H. Matsushita, *Chem. Lett.*, **23**, 665 (1994)

9) M. Taneda, Y. Kodama, Y. Eda, H. Koyama, T. Kawato, *Chem. Lett.*, **36**, 1410 (2007)

10) Y. Ito, K. Amimoto, T. Kawato, *Dyes Pigm.*, **89**, 319 (2011)

11) K. Amimoto, T. Kawato, *J. Photochem. Photobiol. C*, **6**, 207 (2005)

12) K. Amimoto, H. Kanatomi, A. Nagakari, H. Fukuda, H. Koyama, T. Kawato, *Chem. Commun.*, 870 (2003)

13) J. Harada, H. Uekusa, Y. Ohashi, *J. Am. Chem. Soc*, **121**, 5809 (1999)

14) 網本貴一，第 20 回有機結晶シンポジウム，O31 (2011)

15) T. Kawato, K. Amimoto, H. Maeda, H. Koyama, H. Kanatomi, *Mol. Cryst. Liq. Cryst.*, **345**, 57 (2000)

16) T. Kawato, H. Kanatomi, K. Amimoto, H. Koyama, H. Shigemizu, *Chem. Lett.*, **28**, 47 (1999)

17) M. Taneda, H. Koyama, T. Kawato, *Chem. Lett.*, **36**, 354 (2007)

18) M. Taneda, H. Koyama, T. Kawato, *Res. Chem. Intermed.*, **35**, 643 (2009)

19) M. Taneda, K. Amimoto, H. Koyama, T. Kawato, *Org. Biomol. Chem.*, **2**, 499 (2004)

20) H. Fukuda, K. Amimoto, H. Koyama, T. Kawato, *Tetrahedron Lett.*, **50**, 5376 (2009)

21) R. Destro, *Acta Cryst.*, **B34**, 2867 (1978)

22) F. Arod, P. Pattison, K. J. Schenk, G. Chapuis, *Cryst. Growth Des.*, **7**, 1679 (2007)

23) K. Amimoto, Proceedings of 6th International Symposium on Organic Photochromism (ISOP2010), PP-222 (2010)

24) K. Amimoto, T. Kawato, *Chem. Lett.*, **38**, 38 (2009)

25) K. Amimoto, Proceedings of 6th International Symposium on Organic Photochromism (ISOP2010), PP-223 (2010)

26) 網本貴一，2009 年光化学討論会，1D06 (2009)

6 配位環境が誘起する新規フォトクロミックシステムの創出

加藤昌子*

6.1 はじめに

　金属イオンと配位子の組合せにより，孤立系から集積系にわたって多種多様な電子状態や構造を形成する金属錯体は，クロミック現象の宝庫でもある。実際，金属イオンと配位子との錯形成や配位子置換に伴って色変化を観察することもしばしばである。従って，古くから金属錯体のサーモクロミズム，ソルバトクロミズム，ピエゾクロミズムなど多くのクロミック現象が報告されている[1]。筆者らのグループでは，集積することにより特異な発色・発光を示す金属錯体を基盤にして，種々の外部刺激に応答して発現するクロミック現象に研究の焦点をあててきた[2]。例えば，図1に示すように，カルボキシル基を持つ白金(II)錯体，[Pt(CN)$_2$(dcbpy)](dcbpy＝4,4'-dicarboxy-2,2'-bipyridine) は，平面形の錯体単位が積層するとともに，隣接錯体と水素結合して隙間（ナノチャンネル）のある三次元ネットワーク構造を形成する。積層した白金間の電子的な相互作用により結晶は発色するので，外部より侵入した蒸気分子に依存して集積構造がわずかに変化することにより多彩なクロミック現象が起こるのである。このような蒸気により色変化を起こす現象，すなわちベイポクロミズムは，比較的新しいクロミック現象として認知されたが，近年は揮発性有機分子のセンサー材料として大いに注目されている。

　一方，金属錯体のフォトクロミズムは，種々のユニークな例が以前より知られているが，有機フォトクロミック化合物の著しい研究の進展に比べるとまだ開発途上であろう[1]。フォトクロミック金属錯体としては，フォトクロミックな有機化合物を配位子に導入した系と，光により配位構造や電子状態が直接変化する金属錯体特有のフォトクロミック挙動を示す系が考えられる。

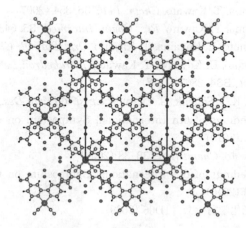

図1　多彩なベイポクロミズムを示す [Pt(CN)$_2$(dcbpy)]
(dcbpy＝4,4'-dicarboxy-2,2'-bipyridine) の結晶構造

＊　Masako Kato　北海道大学　大学院理学研究院　化学部門　教授

第2章 新規・高性能フォトクロミック系

筆者らは，後者の視点に立って，金属錯体ならではの新しいフォトクロミック金属錯体の開発に取り組んだ．具体的には，配位環境を光制御する要素として，ジメチルスルホキシド（dmso），ニトロシル（NO），チオシアン酸イオン（NCS⁻）などの両座配位子の光誘起結合異性化や，中心金属イオンの光酸化に注目した．特に，光により誘起されたこれらの配位構造や酸化状態の変化が連鎖的もしくは協奏的に集積構造の変化に波及してクロミズム現象として現れる新規フォトクロミック系の探索を行った．本稿では，強発光性を示す非貴金属錯体として近年注目される銅(I)錯体系および集積発光性を示す白金(II)錯体において見出された光と蒸気による興味深い発光のクロミック現象について紹介する．

6.2 ジメチルスルホキシド銅(I)複核錯体のフォトクロミック発光

銅(I)錯体は，同族の金(I)，銀(I)錯体と同様しばしば強発光性を示すため，近年，安価で高効率な発光材料として注目を集めている．銅(I)錯体は，d^{10}電子配置の閉殻構造を持つため，四面体4配位構造が基本骨格となるが，配位子の立体的，電子的な効果により，配位数も2配位，3配位などフレキシブルであり，かつ，容易にクラスター化やポリマー化して多様な多核構造をとることも特徴である（図2）．構造がフレキシブルであると励起状態からの無輻射失活が起こりやすいので，発光には不利になる．実際，ビス(α-ジイミン)型単核銅(I)錯体の低い発光性についてはすでに詳細な議論があり，MLCT（metal-to-ligand charge transfer）励起状態において四面体形から平面方向への配位構造ひずみが起こるためとされている．そこで，発光性を高めるために，励起状態のひずみを抑えられるような剛直な構造設計が種々試みられ，近年続々と強発光性銅(I)錯体が報告されるようになった[3,4]．図3のキュバン型のハロゲン架橋銅(I)四核錯体は，顕著な発光のサーモクロミズムを示すことで知られている[5]．この錯体は，^{3}CC(cluster centered) と ^{3}XLCT（halide-to-ligand charge transfer）の2つの励起状態からの発光強度が温度に依存して変化するため，室温では赤色に発光するが，77Kでは緑色発光を示す．以上のよう

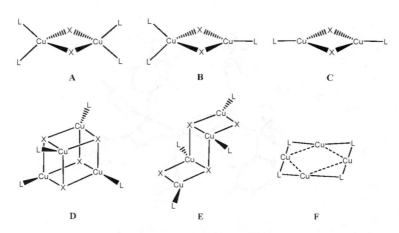

図2　銅(I)多核錯体骨格の例

な銅(I)錯体の構造の多様性を生かし，発光性を保ちながら構造変換も可能な系にすれば，新たなクロミック現象の発現も期待される．このような観点から，固体状態で強発光性を示すハロゲン架橋銅(I)複核錯体（図2A）について探索した結果，両座配位子として働きうるジメチルスルホキシド（dmso）を含む銅(I)複核錯体［$Cu_2(\mu\text{-}I)_2(dmso)_2(PPh_3)_2$］の結晶において，"光とベイパーで発光色が変化する"新規フォトクロミック錯体を見出した．

［$Cu_2(\mu\text{-}I)_2(dmso)_2(PPh_3)_2$］は，二つの銅(I)イオンと二つのヨウ化物イオンからなる菱形骨格を有し，銅(I)イオンは四面体4配位構造をとっている（図4）．興味深いことに，dmsoは銅(I)イオンに対して，ルテニウム(II)錯体等で見出されているS配位ではなく，末端のO原子で配位していた．この錯体は強発光性（$\phi = \sim 0.2$）を示すが，350nmの光を照射すると，数分以内に発光色が青色（$\lambda_{max} = 435nm$）から青緑色（$\lambda_{max} = 500nm$）に変化した．光照射を続けると，さらなる長波長シフトがゆっくりと起こり，8時間照射後には発光は黄緑色（$\lambda_{max} = 530nm$）に変化し，収束した（図5）．一方，dmso雰囲気下で光照射した場合には1段階目の発光スペクトル変化のみが起こった．赤外吸収スペクトルによる追跡の結果，図6に示すように，光照射により，O配位のdmsoの伸縮振動バンド（$\nu(S=O)_O = 1000cm^{-1}$）に加えて，S配位のdmsoの伸

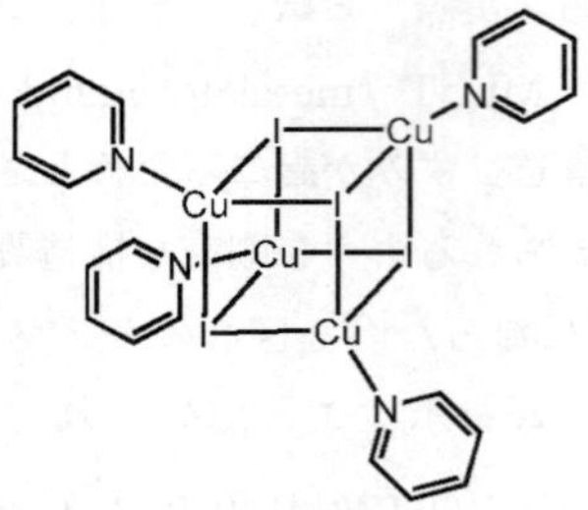

図3　キュバン型ハロゲン架橋銅(I)四核錯体，［$Cu_4(\mu\text{-}I)_4(py)_4$］(py＝pyridine)

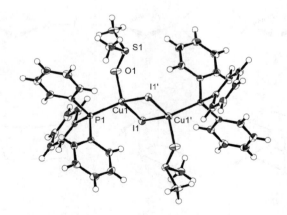

図4　［$Cu_2(\mu\text{-}I)_2(dmso)_2(PPh_3)_2$］の分子構造

第2章 新規・高性能フォトクロミック系

縮振動バンドに帰属できる新たなピークが出現し（$\nu(S=O)_S = 1120 \text{cm}^{-1}$），これらのバンドは時間と共に減少することがわかった。従って，第1段階目の早い変化は，dmsoの光誘起結合異性化で，第2段階のゆっくりとした変化は，dmsoの遊離による結果と考えられる。試料を単に加熱した場合は，上記のような2段階発光変化は観測されず，dmsoの遊離による発光スペクトルのゆっくりとした長波長シフトのみが観測された。このような光誘起構造変換は，光励起状態（^{3}XMLCT）において生じる配位構造の歪みにより誘起されると考えられる。また，dmso雰囲気下で加熱することにより，dmso脱離体は再びdmsoベイパーを吸収し，黄緑色発光からはじ

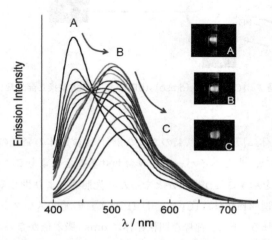

図5　[Cu$_2$(μ-I)$_2$(dmso)$_2$(PPh$_3$)$_2$] の光照射による発光スペクトル変化（λ_{ex} = 350nm）

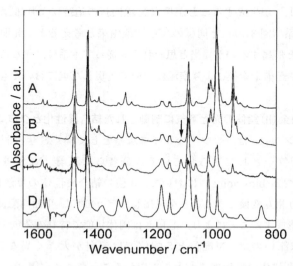

図6　光照射による [Cu$_2$(μ-I)$_2$(dmso)$_2$(PPh$_3$)$_2$] のIRスペクトル変化
（A）照射前，（B）照射5分，（C）照射8時間，（D）110℃で加熱

フォトクロミズムの新展開と光メカニカル機能材料

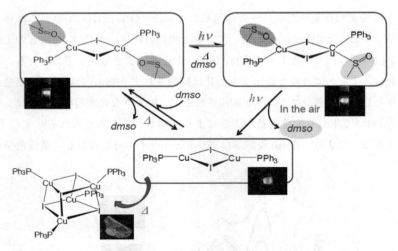

図7　[Cu$_2$(μ-I)$_2$(dmso)$_2$(PPh$_3$)$_2$]の構造変換と発光変化

めの青色発光を示す錯体に戻った。以上のような銅(I)複核錯体の発光のクロミック挙動は図7にまとめられる。本系は，光とベイパーを組み合わせることによりこれまでにないユニークなフォトクロミック発光を示すことが明らかとなった。光照射により生じるdmso脱離体の発光スペクトルは，キュバン型四核錯体，[Cu$_4$(μ-I)$_4$(PPh$_3$)$_4$]の発光スペクトルと類似しているが，量子収率に違いがみられる。また，純粋な四核錯体はdmso吸着能がないことを考えあわせると，光照射により生成したdmso脱離体は，四核錯体ではなく，図2C型の3配位複核錯体の可能性が示唆される。一方，加熱（110℃）によりdmsoを脱離させた場合は二量化が起こり，四核錯体[Cu$_4$(μ-I)$_4$(PPh$_3$)$_4$]が生成することが粉末X線回折の追跡により確認された。四核錯体の発光は前述の類似の系（図3(c)）と同様の^{3}CC状態由来と考えると，光照射dmso脱離体の発光も同様の^{3}CC発光と帰属するのが妥当と思われる。従って本系は，異なる励起状態からの発光のスイッチングを光誘起構造変換により室温において実現した点においてもユニークといえる。

6.3　チオシアナト白金(II)錯体の光と蒸気に制御された結合異性化とクロミック挙動

　チオシアン酸イオンNCS$^-$は，ソフトなルイス塩基として働くSサイトと，よりハードなNサイトを持つ両座配位子として知られている。筆者らは以前，NCS$^-$を含む白金錯体，[Pt(NCS)$_2$(bpy)]（bpy＝2,2'-bipyridine）において，3種の結合異性体の単離に成功し，これらが溶液中で熱や光により相互変換できることを見出した[6]。一般に，平面四配位構造を持つ白金(II)錯体は，積層構造を形成することにより，しばしば固体状態で特有の発色・発光を示す。チオシアナト錯体系で興味深いのは，N配位とS配位では配向が大きく異なるため，結合異性化（NCS$^-$の反転）により錯体の集積構造が大きく変わることである（図8）。従って，熱や光などの外部刺激により結合異性化を誘起することにより，集積構造の協奏的構造変換に基づく新しい

第2章 新規・高性能フォトクロミック系

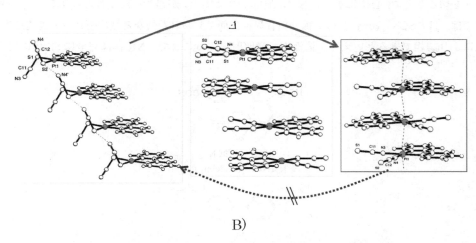

図8 ［Pt(NCS)$_2$(bpy)］の3種の結合異性体と構造変換
A) 溶液中，B) 結晶構造

クロミック現象が期待される。そのためには，固体状態でも SCN$^-$ の反転が効果的に起こるような，よりフレキシブルな集積構造系をデザインすることが重要である。この目的のために，筆者らは，多孔性水素結合ネットワーク構造の形成が期待できる前述のジカルボキシビピリジンを含むチオシアナト錯体，［Pt(SCN)$_2$(dcbpy)］，および，長鎖アルキル基を持つビピリジンを用いて，柔軟集積構造の形成が可能なチオシアナト錯体，［Pt(SCN)$_2$(dC$_n$bpy)］(dC$_n$bpy = 4,4'-dialkyl-2,2'-bipyridine) を構築した（図9）。予想通り，これらの錯体は，［Pt(SCN)$_2$(bpy)］では起こらなかった種々の外部刺激応答性を示すことが見出された。ここでは，［Pt(SCN)$_2$(dcbpy)］錯体に見出された光と蒸気によって制御される選択的結合異性化に基づく興味深いクロミック現象について述べる[7]。

［Pt(SCN)$_2$(dcbpy)］錯体は，水溶液中で［PtCl$_2$(dcbpy)］と KSCN を反応させることにより，2つの SCN$^-$ 配位子がともに S 配位した錯体（SS 体）が橙色固体として選択的に生成した。SS 体の生成は，カルボキシル基を持たない普通の bpy 錯体，［Pt(SCN)$_2$(bpy)］と同様であるが，bpy 錯体は加熱（70℃）により SS 体から NN 体への異性化が起こるのに対し，dcbpy 錯体ではいったん得られた SS 体の結晶は熱的に安定であった。これは，dcbpy 錯体では，対応する［Pt

(CN)$_2$(dcbpy)]の結晶構造（図1）に見られるような水素結合ネットワークにより構造が安定化されるためと考えられる。ところが非常に興味深いことに、熱的に安定なSS体を蒸気にさらすと、固体状態で容易に結合異性化が起こることが見出された。蒸気応答性は選択的に起こり、IR、NMR等により追跡した結果、SS体をアセトン蒸気にさらすと黄色のSN体が生成し、DMF蒸気にさらすと、無発光性のSS体から赤色発光性のNN体に構造変換することが明らかとなった（図10）。蒸気分子が錯体間のカルボキシル基とSCN$^-$配位子の間の水素結合ネットワークを切ることで、自由になったSCN$^-$配位子のフリップが起こったと考えられる。すなわち、本系では、[Pt(SCN)$_2$(bpy)]の3種の結合異性体間で見られた異なる積層構造への構造変換を、蒸気により誘起できるといえる。溶液中で光照射をすることで、NN体は完全にSS体に戻すこ

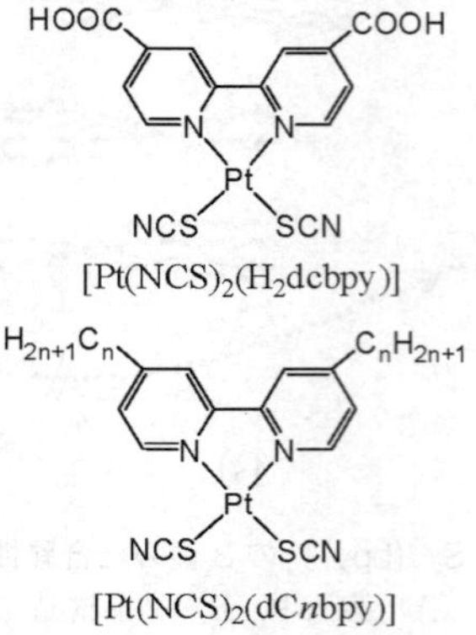

図9　チオシアナト白金(II)錯体（S,S-配位）

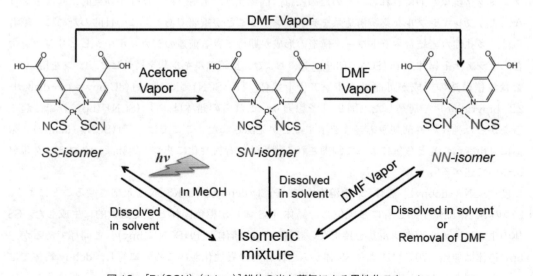

図10　[Pt(SCN)$_2$(dcbpy)]錯体の光と蒸気による異性化スキーム

第 2 章　新規・高性能フォトクロミック系

とができ，蒸気と光による結合異性化を制御した新たなクロミック系が実現した。

6.4　おわりに

　紹介した例のように，本研究の取組みにより，光，熱，蒸気などの種々の外部刺激に応答する
いくつかのユニークなクロミック金属錯体の構築に成功した。蒸気分子応答性は環境センシング
の機能として重要であることはもちろんであるが，蒸気分子を光結合異性化などの構造変換のス
イッチングに利用できるという観点からも大いに興味が持たれる。光と蒸気の連携作用をさらに
効果的に利用することにより，協奏的集積構造変換実現の可能性は高まった。これに基づく新規
フォトクロミック系の構築に向け，研究を展開中である。

文　　　献

1)　Y. Fukuda *ed.*, *"Inorgnic Chromotoropism"*, Kodansha Springer (2007)
2)　M. Kato *et al.*, *Angew. Chem. Int. Ed.*, **41**, 3183 (2002)；M. Kato *et al.*, *Chem. Lett.*, **34**, 1368 (2005)；M. Kato, *Bull. Chem. Soc. Jpn.*, **80**, 287 (2007)；A. Kobayashi *et al.*, *Chem. Lett.*, **38**, 998 (2009)；A. Kobayashi *et al.*, *Eur. J. Inorg. Chem.*, 2465 (2010)；A. Kobayashi *et al.*, *Dalton Trans.*, **39**, 3400 (2009)；A. Kobayashi *et al.*, *J. Am. Chem. Soc.*, **132**, 15286 (2010)；H. Hara *et al.*, *Dalton Trans.*, **40**, 8012 (2011)
3)　D. G. Cuttell *et al.*, *J. Am. Chem. Soc.*, **124**, 6 (2002)
4)　S. B. Harkins and J. C. Peters, *J. Am. Chem. Soc.*, **127**, 2030-2031 (2005)
5)　P. Ford *et al.*, *Chem. Rev.*, **99**, 3625-3647 (1999)
6)　S. Kishi and M. Kato, *Inorg. Chem.*, **42**, 8728 (2003)
7)　A. Kobayashi *et al.*, submitted.

7　フォトクロミック分析化学

木村恵一[*1]，中原佳夫[*2]

7.1　はじめに

　分離・分析化学における選択性や感度の改善には，材料（試薬）や装置の開発だけでは限界があり，新たな手段として光，熱，磁場などの外部刺激を利用することが期待されている。ここでは，光学的手法による分離・分析化学の高感度化や高選択化を目指すべく，スピロベンゾピランなどに代表されるフォトクロミック化合物に着眼した。著者らは，以前より，クラウンエーテルなどのイオン配位子に光応答性部位を導入した分子を設計し[1]，イオンの分離・分析の光制御さらには選択性や感度の光増幅を目指して，イオン定量，膜輸送分離，クロマトグラフィー分離などの分離・分析化学への応用を展開してきた[2]。この“フォトクロミック分析化学”（フォトクロミズムを利用して高感度，高選択性を追求する分析化学）は，ナノサイエンス・ナノテクノロジーと融合することで，単一分子・原子・イオンレベルまでの高感度化や高選択化の可能性を秘めている。本稿では，フォトクロミック分析化学の概念に基づいて行なわれた著者らの最新の研究について紹介する。

7.2　フォトクロミックカリックスアレーンを用いた金属イオン抽出の光制御

　フォトクロミックイオノフォアを用いた金属イオン抽出能の光制御については，予てよりアゾベンゼン誘導体[3~5]やジアリールエテン誘導体[6]について検討が行なわれているが，スピロベンゾピラン誘導体に関しては特に興味深い挙動が報告されている[7,8]。スピロベンゾピランは，一般に紫外光照射によって電気的に中性のスピロピラン体から双性イオン構造のメロシアニン体となるために，クラウンエーテルのような金属イオン錯形成部位を備えたスピロベンゾピラン誘導体（クラウン化スピロベンゾピラン）では，その錯形成された金属イオンとメロシアニン体のフェノラートイオンとの相互作用が付加されて，金属イオン錯形成能は顕著に向上する[9~17]。また，クラウン化スピロベンゾピランは暗時においても，金属イオンと錯形成することでスピロピラン体からメロシアニン体に異性化するため（図1），各種金属イオン添加時のメロシアニン体由来の吸光度を調査することで，金属イオン選択性を評価できる。

7.2.1　カリックス[4]アレーン化スピロベンゾピラン

　新規なフォトクロミック配位子として，側鎖に3つのエチルエステル部位と1つのスピロベンゾピラン部位を有するカリックス[4]アレーン誘導体1（図2）を合成した[18]。側鎖に4つのエチルエステル部位を有するカリックス[4]アレーン誘導体2は，アルカリ金属イオンの中でもナトリウムイオンに対して選択的に高い錯形成能を示し[19,20]，ナトリウムイオン選択性電極用材料としてすでに実用化されている。化合物1について，暗時におけるアルカリ金属イオン存在下で

　＊1　Keiichi Kimura　和歌山大学　システム工学部　教授

　＊2　Yoshio Nakahara　和歌山大学　システム工学部　助教

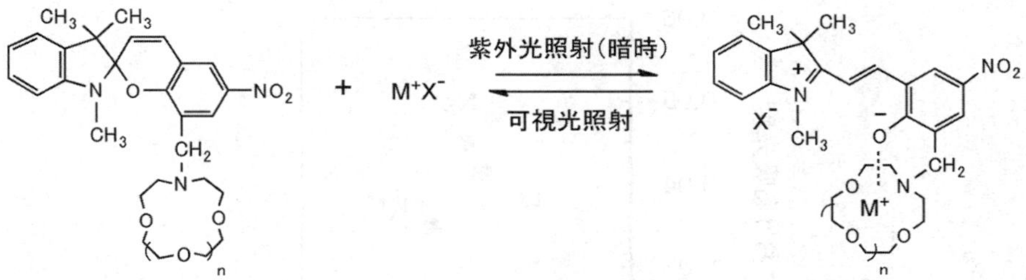

第2章　新規・高性能フォトクロミック系

図1　クラウン化スピロベンゾピランのフォトクロミズム

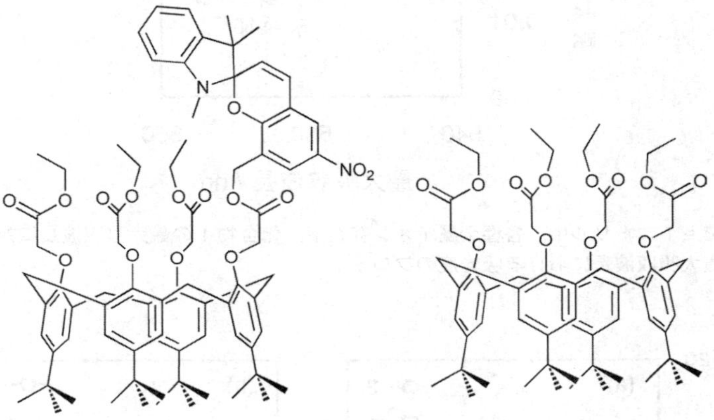

図2　カリックス[4]アレーン誘導体（化合物1および2）

のスピロベンゾピラン部位由来の最大吸収波長とその波長における吸光度のプロットを図3に示す。金属イオンとの錯形成によってもスピロピラン体からメロシアニン体への異性化が誘起され，ナトリウムイオン存在下で最も吸光度が増大したことから，化合物1についてもナトリウムイオン選択性が維持されることがわかった。また，この結果によれば，カリックス[4]アレーン誘導体1においてはクラウン化スピロベンゾピランと同様に，フェノラートアニオンが金属イオンと相互作用できる環境に存在することを示唆している。

7.2.2　アルカリ金属イオン抽出能の光制御

カリックス[4]アレーン誘導体を抽出剤として用い，金属イオンの液 — 液抽出実験（バッチ法）における抽出能の光制御について検討した。水相にはアルカリ金属イオンの塩化物塩およびテトラメチルアンモニウムの過塩素酸塩を含む Tris-HCl 緩衝溶液（pH 9）を，有機相にはカリックス[4]アレーン誘導体を含む1,2-ジクロロエタン溶液を用意した。抽出操作は，紫外光または可視光を照射しながら10分間行なわれた。抽出後，遠心分離によって水相と有機相を完全に分離し，水相中に含まれている金属イオン濃度を原子吸光分析によって定量した。

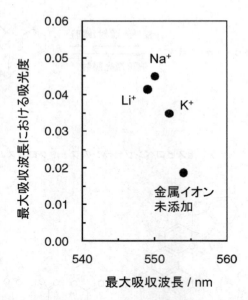

図3 アセトニトリル中，各種金属イオン存在下，化合物1の最大吸収波長に対する最大吸収波長における吸光度のプロット

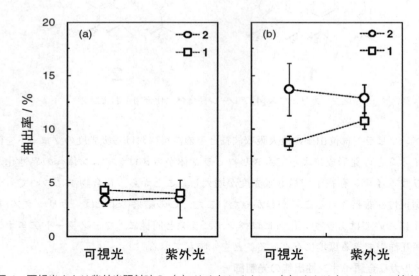

図4 可視光または紫外光照射時の（a）リチウムイオン，（b）ナトリウムイオンの抽出率

抽出実験の結果を図4に示す。ナトリウムイオン抽出について，フォトクロミック部位を有する化合物1を用いた場合では，紫外光照射時における抽出率は可視光照射時よりも値が増大した。つまり，スピロピラン体からメロシアニン体への光異性化によって，ナトリウムイオン抽出が促進されることが示された。これは，紫外光照射によってフェノラートイオンが発生し，化合

第2章　新規・高性能フォトクロミック系

物1とナトリウムイオンの錯体の安定化に寄与したためと考えられる。一方で，フォトクロミック部位を有していない化合物2については，光照射の影響は認められなかった。また，リチウムイオンについては，抽出量が小さすぎたために光照射の効果を確認できなかった。

　以上のように，カリックスアレーン化スピロベンゾピランを抽出剤として用いることで，ナトリウムイオン抽出能を光制御できることが明らかとなった。今後，エステル部位をアミド等で置換することで，アルカリ土類金属イオンや重金属イオンに対しても抽出能を光制御できると期待される。

7.3　原子間力顕微鏡によるフォトクロミック高分子の伸縮挙動の観察

　近年，原子間力顕微鏡（AFM）をフォースセンサーとして用いて，分子間力相互作用[21~26]や高分子の伸縮挙動[27~29]を単分子レベルで解析する試みが報告されている。その原理は，基板表面に測定対象となる化合物を固定し，AFM探針で伸張した際の探針にかかる力を測定することに基づく。つまり，（高）分子のメカノケミカルな挙動観察にAFMを適用できる[30]。ここでは，光および金属イオンに対して応答性を示す，側鎖にスピロベンゾピランおよびクラウンエーテルを有する高分子[31]を測定対象とし（図5），外部刺激を加えた際の伸縮挙動の変化について観察した[32]。

7.3.1　AFMフォース測定

　走査型プローブ顕微鏡（SPA，エスアイアイ・ナノテクノロジー）を用いて室温（約298K）で測定が行なわれた。AFM探針は，市販のAu/Cr層で被覆されたV字型Si_3N_4カンチレバー

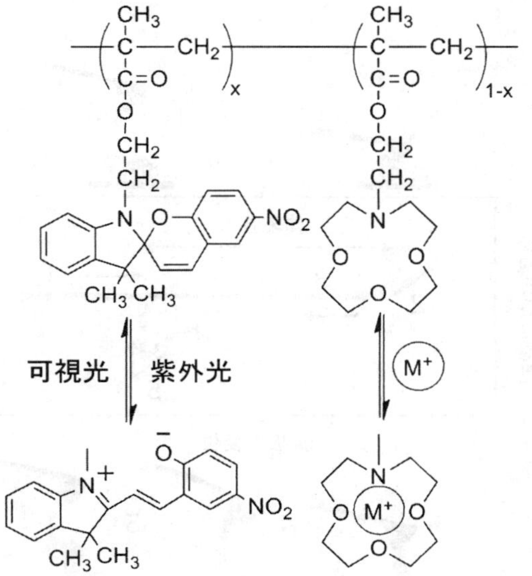

図5　側鎖にスピロベンゾピランおよびクラウンエーテルを有する高分子の光照射および金属イオン添加によって誘起される構造変化

を1-ドデカンチオールによって化学修飾してから使用した。基板は天然マイカを薄く劈開し，高分子のクロロホルム溶液に浸漬することで，高分子を基板表面に物理吸着させて作製した。カンチレバーを基板に対して垂直方向に移動させながらたわみ量を測定し，縦軸に探針にかかる力，横軸に基板の変位がプロットされた（図6）。図6中の曲線はフォースカーブと呼ばれ，各段階は以下のように説明される。このようにAFMでは，探針―基板間の接触界面に生じる極めて微小な力を測定することが可能である。

① 探針は基板から離れており，力は働かない。
② 基板を探針に近づけると探針と基板が接触し，さらに基板を押し上げることで斥力が最大となる。
③ 基板を探針から離す時に高分子が引き上げられる。
④ 高分子の伸縮により，力が観察される。
⑤ 探針―基板間の距離が高分子の伸縮長を超えたとき，高分子が探針から離れる。

7.3.2 外部刺激が高分子の伸縮挙動に与える影響

紫外光または可視光を液中セルの外から照射しながら，AFMフォース測定が行なわれた。図7には，水溶媒中，暗時，紫外光照射時，可視光照射時において，高分子を伸長した際に得られた典型的なフォースカーブを示す。暗時におけるフォースカーブには多段階の付着力が観測されたが（即ち，探針―基板間における多点相互作用を示す），紫外光照射においてそれらは消失した。これは，電気的に中性であるスピロピラン体から双性イオンのメロシアニン体への光異性化によって，探針に修飾されたドデカンチオールとの疎水性相互作用が弱まったためであると考えられる。Freely Jointed Chain（FJC）モデルによって高分子の弾性力を評価したところ，高

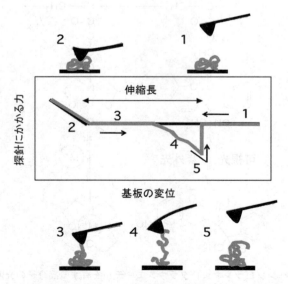

図6 高分子を伸張したときに観測される典型的なフォースカーブ

第2章　新規・高性能フォトクロミック系

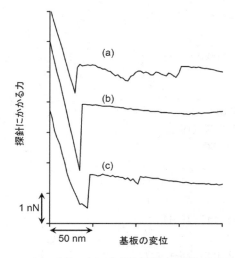

図7　(a) 暗時，(b) 紫外光照射時，(c) 可視光照射時に，水中で高分子を伸張したときに観測されたフォースカーブ

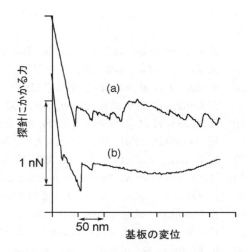

図8　(a) 金属イオン未添加時，(b) リチウムイオン添加時に，アセトニトリル中で高分子を伸張したときに観測されたフォースカーブ

　分子のセグメント長（Kuhn 長）は，暗時における値と比較して紫外光照射時で増加した。つまり，紫外光照射によって高分子の弾性力が減少したことを示す。また，可視光照射によって再び多段階の付着力が見られたこと（スピロピラン体への逆異性化によって疎水性相互作用が強まった）から，光照射によって高分子の弾性力を制御できる可能性が示唆された。

　また，金属イオン添加時における測定は，アセトニトリル中で行なわれた（図8）。リチウムイオンの添加によって，フォースカーブにおける多段階の付着力が消失した。これはクラウンエーテルとリチウムイオンとの錯形成によって，探針に修飾されたドデカンチオールとの疎水性相互作用が弱まったためであると考えられる。

　以上のような AFM フォース測定実験により，外部刺激を加えた際のスピロベンゾピラン高分子の伸縮挙動の変化が明らかとなった。今後，高分子の末端に反応性官能基を導入し，高分子の両端を基板および探針に化学固定した状態から伸張することで，外部刺激を加えた際の詳細な高分子レオロジー変化を解明できることが期待される。

7.4　おわりに

　今後，分析化学の分野において，フォトクロミック部位を備えたさまざまな機能性化合物が分子設計され，光照射によるフォトクロミック部位の光異性化の効果と相まって，より高効率な分離・分析が達成されることを期待したい。

文　　献

1)　K. Kimura *et al.*, *Bull. Chem. Soc. Jpn.*, **76**, 225 (2003)

2)　K. Kimura *et al.*, *Ana. Sci.*, **25**, 9 (2009)

3)　S. Shinkai *et al.*, *Chem. Lett.*, 283 (1980)

4)　S. Shinkai *et al.*, *J. Am. Chem. Soc.*, **103**, 111 (1981)

5)　S. Shinkai *et al.*, *J. Chem. Soc., Perkin Trans.*, **1**, 2735 (1982)

6)　M. Takeshita *et al.*, *Tetrahedron Lett.*, **39**, 613 (1998)

7)　K. Kimura *et al.*, *Ana. Sci.*, **12**, 399 (1996)

8)　H. Sakamoto *et al.*, *Anal. Chem.*, **74**, 2522 (2002)

9)　K. Kimura *et al.*, *Chem. Lett.*, 965 (1991)

10)　K. Kimura *et al.*, *J. Chem. Soc., Chem. Commun.*, 147 (1991)

11)　K. Kimura *et al.*, *J. Phys. Chem.*, **96**, 5614 (1992)

12)　K. Kimura *et al.*, *J. Chem. Soc., Perkin Trans.*, **2**, 199 (1999)

13)　K. Kimura *et al.*, *Analyst*, **125**, 1091 (2000)

14)　M. Tanaka *et al.*, *J. Org. Chem.*, **65**, 4342 (2000)

15)　M. Tanaka *et al.*, *J. Org. Chem.*, **66**, 1533 (2001)

16)　H. Sakamoto *et al.*, *Anal. Chem.*, **77**, 1999 (2005)

17)　K. Machitani *et al.*, *Ana. Sci.*, **24**, 463 (2008)

18)　K. Machitani *et al.*, *Bull. Chem. Soc. Jpn.*, **83**, 1107 (2010)

19)　I. Leray *et al.*, *Chem. Commun.*, 795 (1999)

20)　K. Iwamoto *et al.*, *J. Org. Chem.*, **57**, 7066 (1992)

21)　H. Schönherr *et al.*, *J. Am. Chem. Soc.*, **122**, 4963 (2000)

22)　S. Zapotoczny *et al.*, *Langmuir*, **18**, 6988 (2002)

23)　T. Auletta *et al.*, *J. Am. Chem. Soc.*, **126**, 1577 (2004)

24)　S. Kado *et al.*, *J. Am. Chem. Soc.*, **125**, 4560 (2003)

25)　S. Kado *et al.*, *Langmuir*, **20**, 3259 (2004)

26)　R. Eckel *et al.*, *Angew. Chem., Int. Ed.*, **44**, 484 (2005)

27)　A. Janshoff *et al.*, *Angew. Chem., Int. Ed.*, **39**, 3212 (2000)

28)　T. Hugel *et al.*, *Macromol. Rapid Commun.*, **22**, 989 (2001)

29)　M. I. Giannotti *et al.*, *ChemPhysChem.*, **8**, 2290 (2007)

30)　M. K. Beyer *et al.*, *Chem. Rev.*, **105**, 2921 (2005)

31)　K. Kimura *et al.*, *J. Nanosci. Nanotechnol.*, **6**, 1741 (2006)

32)　S. Kado *et al.*, *Bull. Chem. Soc. Jpn.*, **84**, 422 (2011)

8 イオン液体を利用した光誘起型高分子材料の創出と高機能化

小久保　尚[*1], 上木岳士[*2], 渡邉正義[*3]

8.1 イオン液体とイオンゲル

イオン液体（IL）は陽イオンおよび陰イオンのみから構成され，水や有機溶媒のような分子性液体と異なり高い熱的，（電気）化学的安定性・高イオン導電性・不揮発性・不燃性などの特徴を有している。IL は，図1に示すように Lewis 酸性，Lewis 塩基性が低い陽イオン，陰イオンから構成される。IL が塩であるにも係らず融点が低い理由の詳細は，わかっていない。しかし電荷分布の非局在化，コンフォメーション自由度，構造の非対称性等が低融点の原因であると考えられている[1]。

IL に関する研究は IL そのものの特徴を明らかにしようとする基礎研究から IL の特徴を活かした材料化研究に至るものまで枚挙に暇がない。さらに IL の特殊な溶媒和に起因する新たな反応系も提案されており，不揮発性で環境に優しい IL を合成反応溶媒として用いる研究も注目を浴びている。筆者らは以前，IL と相溶する高分子をネットワーク構造にし，その中に IL を閉じ込めた「イオンゲル」を提案した（図2）[2]。これは IL の優れた特徴を損なうことなく固体薄膜

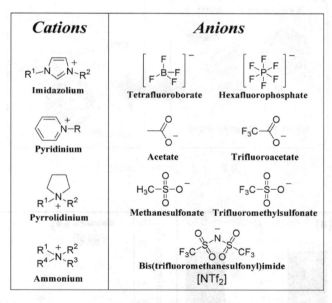

図1　イオン液体を構成する陽イオンと陰イオンの例
用途に応じてこれらのイオンの組み合わせる。

---

*1　Hisashi Kokubo　横浜国立大学　大学院工学研究院　特別研究教員
*2　Takeshi Ueki　横浜国立大学　大学院工学研究院　博士研究員
*3　Masayoshi Watanabe　横浜国立大学　大学院工学研究院　教授

化を可能とする有望な高分子材料といえる。材料化にあたって IL は固体電解質膜, 触媒担持膜, ガス吸収・分離膜など固体膜状態での利用が想定されるものも少なくないからである[3,4]。

8.2 イオン液体中における高分子（ゲル）の相転移現象

最近ではさらに IL 中で様々な高分子化合物が温度に応じて溶解性を変化させる事実に着目し, IL を溶媒に用いた刺激応答性高分子化学の研究を進めてきた。Poly(N-isopropylacrylamide) (PNIPAm) は室温付近, 水溶液中で低温相溶 ─ 高温相分離の LCST 型に溶解性を変化させることが古くから知られているが, 興味深いことにこの PNIPAm が代表的な IL である 1-ethyl-3-methylimidazolium bis(trifluoromethanesulfonyl)imide([C$_2$mim][NTf$_2$]) 中でこれとは逆の UCST 型相挙動を示すことを明らかにした（図3(a)）[5]。さらに IL 中で LCST 型に溶解性を変化させる高分子も見つかった。Poly(benzyl methacrylate)(PBnMA) は [C$_2$mim][NTf$_2$] 中で, 水中の PNIPAm のように, LCST 型に溶解性を変化させる（図3(b)）[6]。一般的に UCST 型相挙動は有機溶媒中で, 反対に LCST 型相挙動は水中で観測されることが多い。IL の多くは有機

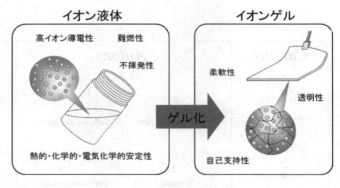

図2　イオン液体とイオンゲル

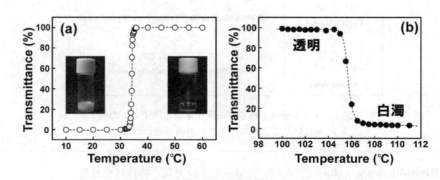

図3　イオン液体を溶媒に用いた線形高分子の相転移現象の例
(a) PNIPAm の [C$_2$mim][NTf$_2$] 中における UCST 型相転移及び,
(b) PBnMA の [C$_2$mim][NTf$_2$] 中における LCST 型相転移。

第2章 新規・高性能フォトクロミック系

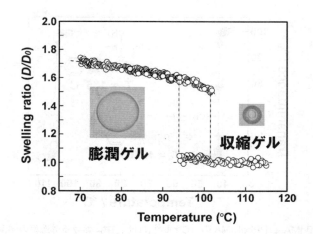

図4 PBnMA イオンゲルの [C_2mim][NTf_2] 中における体積相転移現象
低温で膨潤状態にある球状イオンゲルが相転移温度を境に不連続的に収縮することがわかる。
この変化は明確なヒステリシスループを持ち，可逆的に観測される。

物から成るが，強いクーロン相互作用だけでなく，弱〜中程度の様々な分子間相互作用により構造化しているという実験事実が提出されている。IL 中において LCST 型の溶解性変化が観測されたことは，特殊な幾何構造と水素結合によって構造化している水と IL の類似性を象徴しているようで興味深い。

さらに PBnMA をネットワークに用いたイオンゲルが温度刺激に応じてその体積を不連続かつ可逆に変化させることも明らかになった（図4)[6]。これまで水と，ある種の高分子ネットワーク（典型的には PNIPAm）を組み合わせたハイドロゲルの温度に対する体積変化を利用し，マイクロレンズ，アクチュエータ，センサーなど様々なスマートゲル材料が提案されてきた。これは古くから材料（ハイドロゲル）自身が刺激を感じ（センシング），判断し（プロセッシング），かつ行動（アクション）するインテリジェント材料の候補とされてきた[7]。しかしこれらの材料が工業的に実用化された例はない。いずれの材料においても高分子ネットワークに溶媒の出入りがあることで体積変化が生まれ，機能を発現するが，ハイドロゲルはネットワーク中の溶媒が経時的に蒸発してしまうため大気圧下で長期間利用することができないからである。もちろん水が液体として存在できない，0℃以下や100℃以上の温度条件でも使えない。IL 中の高分子あるいは高分子ゲルの溶解性変化を利用したスマート材料であれば構成成分が本質的に不揮発性かつ熱的・化学的にも安定なので従来のハイドロゲルでは適用できなかったような様々な環境に適用可能な新しいソフトマテリアルが構築できると期待された。

8.3 イオン液体を溶媒に用いた刺激応答性高分子の特徴と光応答性高分子への展開

一連の検討の中で筆者らは，IL 中では高分子の化学構造を僅かに変化させるだけで，その温度応答性（相転移温度）が劇的に変化するという特徴を見出した[8]。図5のように Poly(2-

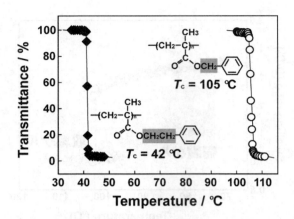

図5 PBnMA と PPheEtMA の ［C_2mim］［NTf_2］中における透過率の温度依存性
高分子構造にほとんど違いがないが相転移温度は63℃も差が出る。

phenylethyl methacrylate）（PPheEtMA）は前出の PBnMA と化学構造において実質的に一つのメチレンスペーサーしか違いがないにも係わらず，透過率50％を与える温度と定義する相転移温度は実に63℃も低下した[9]。この例だけでなく benzyl methacrylate（BnMA）に styrene や methyl methacrylate のような異種モノマーをランダム共重合させることによっても既報の水系温度応答性高分子より大幅に転移温度が変化する事実を見出した。

次に筆者らは，フォトクロミック反応に由来する化学構造変化が IL 中の高分子の刺激応答性にどのような影響を与えるか興味を持った。アゾベンゼンを側鎖に有するメタクリル酸エステル（AzoMA）と BnMA のランダム共重合体 P(AzoMA-r-BnMA) は主モノマーである BnMA の温度応答性により IL 中で LCST 型相転移することが予想される。そこでこのランダム共重合体の相転移温度がアゾベンゼンの光異性化状態に応じてどのように変化するか調査した。［C_2mim］［NTf_2］中における濁度測定の結果を P(AzoMA-r-BnMA) の構造式と共に図6に示す[10]。図中にあるように三角のプロットが暗中下（基底状態），丸のプロットが366nm の UV 光照射下で実験を行った結果である。ランダム共重合体中の AzoMA の組成は4.1mol％と決して多くないが，側鎖の異性化状態の違いだけで相転移温度は実に22℃も異なった。cis 型高分子の相転移温度の方が trans 型のそれと比べて高いのは溶媒とアゾベンゼンの極性の関係で説明できると考えられた。すなわち DMF や低級アルコールと近い極性を持つ IL 中で，より高極性な cis 型のアゾベンゼンの方がより安定に溶媒和して，trans 型よりも高温まで相溶状態を維持した（相転移温度が高い）という考えである。

さらに cis 型および trans 型の大きな相転移温度差を利用し，一定温度下で光の on-off によって IL 中の高分子の溶解性を制御することを試みた。P(AzoMA-r-BnMA) の ［C_2mim］［NTf_2］溶液を準備し，UV 光照射下において徐々に93℃まで昇温した。図6からわかるようにこの温度では P(cis-AzoMA-r-BnMA) の相転移温度に達していないから溶液は透明なままである。し

第2章 新規・高性能フォトクロミック系

かしここに 437 nm の可視光を照射すると 130 秒を過ぎた辺りから徐々に透過率は低下し，およそ数分で完全に溶液は濁った（図7）。相分離した溶液に再度 UV 光を照射すると高分子は再溶解することから，このプロセスは可逆であることがわかる。相分離時に到達した透過率ごとに再溶解挙動を見てみると，相分離途中である透過率 27％ で再溶解を誘起させた場合はほとんどラグタイムがなく迅速に再溶解が起こる。一方，完全に相分離させた状態（透過率 8％）から再溶解過程を始めるとおよそ 160 秒程度のラグタイムの後，透過率の上昇が確認される。完全相分離

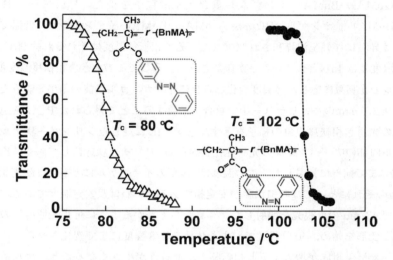

図6　アゾベンゼン含有高分子 P(AzoMA-r-BnMA)([AzoMA]＝4.1mol％) の [C_2mim][NTf_2] 中における透過率測定結果
　　アゾベンゼン側鎖の光異性化状態に応じて相転移温度が大きく異なる。

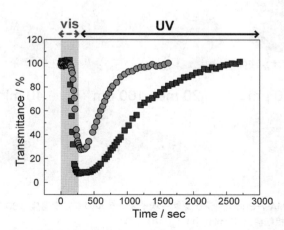

図7　P(AzoMA-r-BnMA) の双安定温度（80℃）における光誘起相転移現象
　　光刺激に応じて IL 中における高分子の溶解性を可逆的に制御することが可能であった。

した状態では生成した高分子の凝集体が光を散乱することで光学密度が低下してしまい,フォトクロミック反応が効率よく起きていないことを示唆している.

8.4 光応答性イオンゲルの作製と光メカニカル機能の創出

次に筆者らはアゾベンゼン含有高分子のイオンゲル化を試みた.まず膨潤・収縮挙動を理解するために,AzoMAとBnMAをモノマーに,ethylene glycol dimethacrylateを架橋剤に用いてイオンゲル微粒子を作製した.ILを分散相,水を連続相に用いた懸濁重合により大きさ約10μm程度のP(AzoMA-r-BnMA)ランダム共重合ゲル微粒子を得た.昇温過程においてP(cis-AzoMA-r-BnMA)イオンゲル,P(trans-AzoMA-r-BnMA)イオンゲル共に低温で膨潤状態にあったゲルは昇温に伴い脱溶媒和され収縮した.その相転移温度はそれぞれ約90℃,約75℃であり,その温度差は15℃と大きいことが確認された.そこでこの大きな相転移温度差を利用し,本イオンゲルの光刺激に応じた膨潤度変化ならびに光メカニカル機能の創出を試みた.

図8に直径270μmのキャピラリー中で重合・架橋することで得られたP(AzoMA-r-BnMA)イオンゲルの光誘起相転移現象の様子を示す.まず,ILに浸したシリンダー状ゲルに紫外光を照射し,ゲル内部のアゾベンゼンの光異性化状態を cis リッチな状態にしておく.次にこのイオンゲルを80℃まで徐々に昇温した.この温度は cis 型のイオンゲルにとっては膨潤状態が安定相で,trans 型のそれにとっては収縮状態が安定相である,いわば双安定温度である.この温度に保った状態で437nmの可視光を照射した.写真からもわかるように可視光照射後のイオンゲルはゆっくりと変形を始め,40分程度でおよそ体積を1/8程度にまで変化させた.これまでの検討によってAzoMA組成が増大すると相転移の不連続性が小さくなること,ゲル系はリニアポ

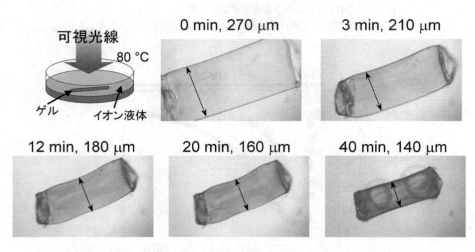

図8 P(AzoMA-r-BnMA)シリンダー状イオンゲルの双安定温度(80℃)における光誘起相転移([C₂mim][NTf₂]中)
最初に紫外光照射してゲルを膨潤させておき,可視光を照射したときの写真.可視光照射によってイオンゲルの体積は40分で1/8程度にまで収縮した.

第2章 新規・高性能フォトクロミック系

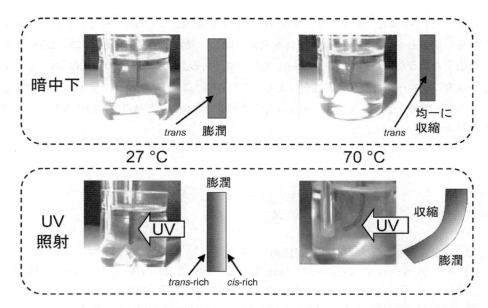

図9 P(AzoMA-r-BnMA) 平板イオンゲル (厚さ：1mm) のIL中における屈曲挙動
イオンゲルの片面にUV光を照射しながら昇温するとイオンゲル内部に相転移温度の勾配が生じ，膨潤度の差が出る。結果として双安定温度付近でイオンゲルの屈曲現象が見られる。

リマー溶液系に比較して相転移温度自身が低くなることなども見出している。
　さらに等方的な運動のみならず，アゾベンゼンの高いモル吸光係数を利用しイオンゲルの屈曲運動をデモンストレーションした（図9）。まず厚さ1mm程度の平板状P(AzoMA-r-BnMA)イオンゲルを準備した。このイオンゲルを暗中下で昇温していくと相転移温度で収縮するため，等方的に収縮する。一方，ゲルの片面から定常的にUV光を照射すると照射側のポリマーネットワークは cis リッチ，非照射側には照射光が完全には届かず，trans リッチな状態になりアゾベンゼンの濃度勾配が生じる。濃度勾配（すなわち相転移温度勾配）が生じた状態で徐々に昇温していくと，75℃付近で trans 型は相転移温度を上回り収縮しようとするが cis 型は膨潤状態を保つ。非照射側が収縮し，照射側が膨潤しようとする結果，ゲルの屈曲が起きる。このように光刺激と温度刺激を組み合わせることでアゾベンゼンのミクロな光異性化反応がイオンゲルのマクロな体積変化に表れるような新しいソフトマターが創出できた。

8.5　今後の展望

　on-off のスイッチングが容易かつ，非接触な物理刺激である光を高分子の応答性に組み込むことは材料科学的にも有望である。今回紹介した光応答性高分子（ゲル）の相転移温度は比較的高く，励起状態から基底状態への迅速な熱緩和が材料化を阻む問題点の一つであるが，最近ではIL中において PNIPAm の UCST 型相転移が比較的低温で起きることに注目し，これを主モノ

フォトクロミズムの新展開と光メカニカル機能材料

マーに用いた IL 中におけるフォトクロミック高分子を提案している[11]。さらにこのランダム共重合体を一成分とするブロック共重合体を精密合成し，双安定温度で可逆的に自己組織体を形成／崩壊するような新しいソフトマターも実現しつつある。温度や圧力の変化に強い IL 中で，高分子は実にユニークな刺激応答性を見せる。これら IL／高分子ハイブリッドを利用した新しい光メカニカル機能を創出できれば，従来の系では実現できなかった材料科学的にも有用なソフトマターが構築できると考えている。

文　　献

1) T. Welton, *Chem. Rev.*, **99**, 2071 (1999)
2) M. A. B. H. Susan, T. Kaneko, A. Noda, M. Watanabe *J. Am. Chem. Soc.*, **127**, 4976 (2005)
3) T. Ueki, M. Watanabe, *Macromolecules* (Review), **41**, 3739 (2008)
4) T. Ueki, M. Watanabe, *Bull. Chem. Soc. Jpn.* (Accounts), in press (2011)
5) T. Ueki, M. Watanabe, *Chem. Lett.*, **35**, 964 (2006)
6) T. Ueki, M. Watanabe, *Langmuir*, **23**, 988 (2007)
7) 吉田亮：「高分子ゲル」，高分子学会（編），（共立出版，2004）
8) T. Ueki, A. Ayusawa Arai, K. Kodama, S. Kaino, N. Takada, T. Morita, K. Nishikawa, M. Watanabe, *Pure & Appl. Chem.*, **81**, 1829 (2009)
9) K. Kodama, H. Nanashima, T. Ueki, H. Kokubo, M. Watanabe, *Langmuir*, **25**, 3820 (2009)
10) T. Ueki, A. Yamaguchi, N. Ito, K. Kodama, J. Sakamoto, K. Ueno, H. Kokubo, M. Watanabe, *Langmuir*, **25**, 8845 (2009)
11) T. Ueki, Y. Nakamura, A. Yamaguchi, K. Niitsuma, T. P. Lodge, M. Watanabe, *Macromolecules*, **44**, 6908 (2011)

9 ルテニウム(II)-ポリピリジルアミン錯体の配位構造変化を伴うフォトクロミック挙動

石塚智也[*1], 小島隆彦[*2]

9.1 はじめに

遷移金属錯体は，MLCT や LMCT などの電荷移動遷移を含む多様な電子遷移に基づき，興味深い光化学特性を示すことが知られている。なかでもルテニウム-ポリピリジル錯体は，比較的長寿命の励起状態を形成することから，色素増感太陽電池をはじめとする光機能性材料としても非常に注目されている[1]。一方，ルテニウム-ポリピリジル錯体を含めて，フォトクロミック挙動を示す遷移金属錯体の光反応性に関しては，あまり多くの報告例がない[2]。数少ない例として，Meyer らは，ルテニウム(II)-ビス(ビピリジン)-ビスアクア錯体が，光照射により安定なシス型からトランス型に変化することを報告している[2a]。しかし，この反応では，光異性化の前後で，吸収に大きな差がないために，照射した光が生成したトランス型異性体にも吸収されて逆反応を誘起してしまうために，シス型とトランス型が混じった光定常状態に至ってしまう。そのためスイッチングの応答効率が低く，応用展開の上での障害となっている。

我々のグループでは，トリス(2-ピリジルメチル)アミン（TPA）を配位子とするルテニウム(II)錯体（図1）の物性・反応性に関して，様々な研究を展開している[3]。その過程で，高い応答性を有するフォトクロミックな異性化反応を示すルテニウム(II)錯体の開発に成功した。本稿では，これらの性質に関して，特に最近の成果を中心に紹介する。

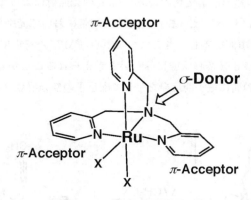

図1 ルテニウム-TPA ユニットの電子的特性

[*1] Tomoya Ishizuka 筑波大学 大学院数理物質科学研究科 化学専攻 助教
[*2] Takahiko Kojima 筑波大学 大学院数理物質科学研究科 化学専攻 教授

9.2 ルテニウム-TPA錯体におけるフォトクロミックな構造変化
9.2.1 光および熱による TPA 配位子の可逆な部分解離反応

　TPA とともに，2,2'-ビピリジン (bpy) などのジイミン配位子を有するルテニウム(II)錯体(**1**)において，光や熱などの外部刺激に応答して，TPA のピリジン環の一つが解離し，同時に溶媒として用いたアセトニトリルなどのπ受容性を有する分子が，空いた配位座に配位した部分解離錯体(**2**) を与える反応性を見出した（図2)[4]。ここではジイミン配位子と TPA 配位子の間の立体障害が，配位子の部分解離を引き起こす駆動力となる様子が X 線構造解析から明らかにされている。例えば，ジイミンとして bpy を有する錯体を，アセトニトリル溶液中，加熱撹拌すると，$1.73×10^{-7}$ s^{-1} の速度定数で，選択的に部分解離錯体 **2** を生成し，このとき逆反応は起こらない。さらに速度論的解析により，この反応の活性化パラメーターは，$\Delta H^{\ddagger}$ = 83 kJ/mol および $\Delta S^{\ddagger}$ = -85 J/mol·K と見積もられた。ここで見られた大きな負の活性化エントロピーは，溶媒であるアセトニトリル分子がルテニウム中心に配位した状態を遷移状態に含む会合交替 (Ia) 機構で進むことを示していると考えられる。一方，光励起によっても同様の解離反応が起き，このときの反応速度は熱反応よりもはるかに速い。またこの反応の逆反応も光により誘起することが可能で，この配位子の部分解離反応は高い可逆性を有していた。ジイミン配位子が bpy の際には，光による順反応（**1** → **2**）および逆反応（**2** → **1**）の量子収率が，423 nm の光に対して 0.21 及び 0.57％とそれぞれ求められている。さらに，ジイミン配位子が 2,2'-ビピリミジン (bpm) の場合，光による順反応及び逆反応の量子収率は，423 nm において 0.17％ 及び 2.8％ と決定されている。この量子収率の顕著な違いにより，[Ru(TPA)(bpm)]$^{2+}$ においては，図2に示すフォトクロミックな構造変化が，100％の熱的構造変化の後，453 nm の光照射によって構造再現が 89％ の割合で進行した。この光過程においては，まず MLCT 吸収帯において光励起された分子が，素早く MLCT 三重項励起状態に項間交差し，さらに金属中心（^{3}MC*）三重項励起状態へと遷移する。さらに，この ^{3}MC* 状態は d–d 遷移状態に等しいと考えられることから，d_{σ} 軌道に電子が入ることによって，配位子との間に電子間反発を生じて配位子の部分解離（5配位状態）に至ると考

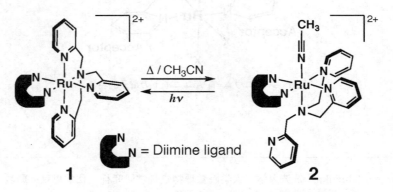

図2　熱および光による Ru(bpy)TPA 錯体の可逆な部分解離反応[4]

第2章　新規・高性能フォトクロミック系

えられる（D 機構）。

9.2.2　アロキサジン配位子の180°擬回転を伴う光異性化反応

　我々は以前に，フラビン誘導体であるアロキサジンを配位子とするルテニウム（II）-TPA 錯体（3）において，アロキサジンがルテニウムに対して，不安定な4員環を形成する1, 10位で配位していることを X 線構造解析により明らかにした[5]。この錯体3において，アロキサジンの4員環配位が不安定なために，アセトニトリル溶液に 400 nm の光を照射すると，アロキサジンの部分解離を経て，アロキサジン環の TPA に対する配位方向が180度反転した異性体4へと変化することが分かった（図3）[6]。この反応の量子収率は，アクチノメーター法を用いて34%と決定した。生成物の同定は ESI-MS および NMR スペクトル測定によって行なった。ESI-MS 測定からは，光反応生成物が出発原料の異性体であることが示された。また ^{1}H NMR においては，出発原料の他に1種類のみの生成物が光反応により生じていることが示され，4時間の光反応後における生成物の割合が87%であることが NMR の積分値より求められた。より詳細な生成物の構造決定は，NMR における NOE 実験により行なわれた。出発原料3においては，TPA 配位子のアキシャル位ピリジンにおける6位のプロトンと，アロキサジン環の9位プロトンの間には明瞭な NOE シグナルが観測された。これに対して，光反応生成物4においては，この2つのプロトンの間に NOE シグナルが観察されず，代わりに TPA 配位子のアキシャル位ピリジンにおける6位のプロトンが大きく低磁場シフトしていた。この低磁場シフトの原因として，アロキサジン環のイミド部位のカルボニル基との間の C＝O…H-C 水素結合の影響が考えられる。これを基に図3に示した異性体4の構造を推定した。この光反応においては，生成物4と出発原料3の吸収の差は小さく，ここでも順反応および逆反応の量子収率に応じた光定常状態へと至った。また−40℃で光照射することで，光反応の中間体の同定にも成功し，アセトニトリルが配位した中間体（図4）を経て反応が進行することが ESI-MS 測定より示された。また光反応生成物と同様に，中間体の ^{1}H NMR においても，C-H…O 相互作用により，TPA 配位子のアキシャル位ピリジンの6位のプロトンが低磁場シフトを示した。このことから光反応の反応機構は，MLCT 励起三重項から MC 励起三重項を経て，アロキサジンの配位が単座配位になり，空いた配位座

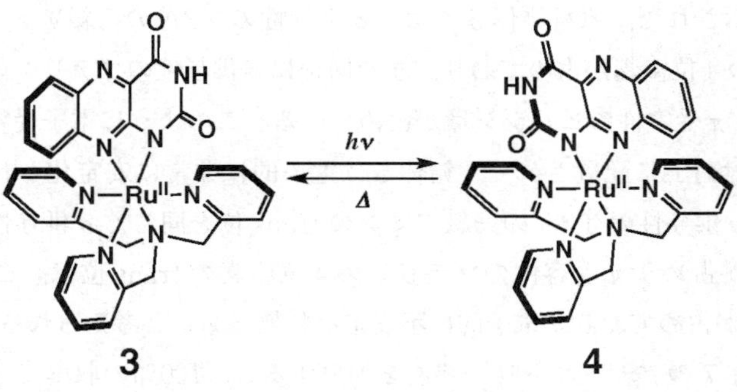

図3　Ru（Allo）TPA 錯体3における光および熱による異性化反応[6]

153

に溶媒のアセトニトリルが配位した中間体を生成し，ここからアロキサジンの再配位とアセトニトリルの脱離を経て，光生成物であるアロキサジンが擬回転した異性体へと至ると推定された。

さらに光照射後の溶液を加熱すると，100％の変換効率で出発原料に戻り，非常に高い可逆性を示した。また速度論解析により求めた熱的逆反応の活性化パラメーターは $\Delta H^{\ddagger} = 92$ kJ/mol および $\Delta S^{\ddagger} = -38$ J/mol·K となった。大きな活性化エンタルピーは，遷移状態における配位結合の切断を，また負に大きな活性化エントロピーは，その過程で溶媒のアセトニトリルが会合していることを示唆している。

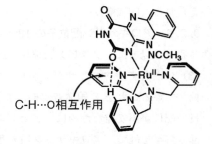

図4　中間体の推定構造[6]

9.2.3　プテリン配位子を有するルテニウム(II)錯体の可逆な光異性化反応

最近，我々は，プテリンを配位子に有するルテニウム(II)-TPA錯体(5)[7]において，可逆かつ100％の効率で進行する光異性化反応を発見した[8]。錯体5では，N,N-ジメチル-6,7-ジメチルプテリン（dmdmp）が4，5位でルテニウムに配位している。この5のアセトン溶液に460 nmの光を照射すると，上述のジイミン錯体1で見られたのと同様に，TPA配位子のピリジン環が部分解離し，空いた配位座に溶媒であるアセトンが配位した錯体(6)が得られた。錯体6の構造決定は，^{1}H NMRおよびESI-TOF-MS測定により行なった。アロキサジン錯体3では，アロキサジン配位は不安定な4員環を形成する1,10位配位であったために，光照射によってアロキサジンが部分解離する反応経路を経て異性化するのに対して，プテリン錯体5では，プテリン配位子が安定な5員環配位を形成するために，TPA配位子が部分解離すると考えられる。この錯体5から6への光反応の量子収率を求めたところ，0.87％だった。さらに6のアセトン溶液をそのまま撹拌し続けると，原料錯体5でも6でもない別な化合物へと定量的に変化した。この生成物の^{1}H NMRおよびESI-TOF-MSスペクトルを測定したところ，この生成物が錯体5の異性体7であることが判明した（図5）。異性体7の詳細な構造決定は，単結晶X線構造解析により行なった（図6）。その結果，異性体7では，プテリン配位子の配位形態が原料錯体5とは異なっていることが示された。原料錯体5では，σ供与性のTPAの三級アミンのtrans位は，π受容性のプテリンの4位窒素が占めており，また同様にσ供与性のプテリンの5位のフェノキシ酸素のtrans位は，π受容性のピリジン環が占めている。このように電子受容性と電子供与性の配位原子が互いに対角上に配置されて，錯体5は電子的に非常に安定化されている。一方，異性化錯体7では，σ供与性のTPAの三級アミンのtrans位を同じくσ供与性のプテリンの5位のフェノキシ酸素が占め，π受容性のプテリンの4位窒素のtrans位は，こちらもπ受容性のTPAのピリジン環が占めており，電子的に不安定な状態にあると考えられる。

また得られた錯体7のアセトニトリル溶液を加熱すると，100％の収率で元の錯体5に戻ることを発見した。同様の反応はアセトン溶液中では，加熱しても起こらないことを確認している。

第2章　新規・高性能フォトクロミック系

図5　光および熱により誘起されるルテニウム(II)-プテリン錯体5の可逆な異性化反応[8]

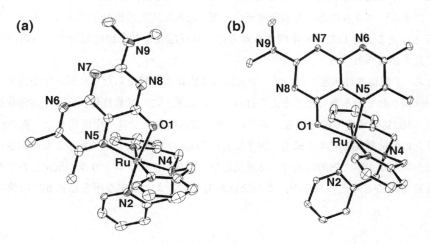

図6　ルテニウム(II)-プテリン錯体5[7b] (a) および7[8] (b) の結晶構造

155

フォトクロミズムの新展開と光メカニカル機能材料

　これらの光・熱による可逆な異性化反応の反応機構を研究するために，6→7，および7→5双方の熱反応の速度論を検討した。アセトン中，20～40℃の範囲で測定した6→7における反応速度を基にしたアイリングプロットから，この反応の活性化パラメーターは$\Delta H^{\ddagger} =$ 81.8 kJ/mol および$\Delta S^{\ddagger} = -49.8$ J/mol·K と見積もられた。この比較的負に大きな活性化エントロピーは，この過程が非配位のピリジン環の再配位した7配位状態が，律速過程に含まれていることを示している。

　しかし，ここで得られた活性化エントロピーの値は，2分子が会合する律速過程に比べて，小さなものになっている。その理由は，この反応でルテニウムに再結合するピリジン環は完全に自由な状態ではなく，分子内に束縛されているため既にある程度の自由度を失っていることから，遷移状態との自由度の差は小さくなっているのではないかと推測される。

　また7→5の反応に関して，アセトニトリル中，50～75℃の範囲で反応速度を見積もり，さらにそこからアイリングプロットにより活性化パラメーターを算出した。その結果，$\Delta H^{\ddagger} =$ 59.2 kJ/mol および$\Delta S^{\ddagger} = -147.4$ J/mol·K と見積もられた。ここで得られた負に大きな活性化エントロピーは，律速段階の遷移状態において溶媒分子が金属中心に強く結合していることを示している。したがって，この反応はI_a機構で進行していると考えられる。またこの際の活性化エンタルピーは，溶媒が配位した7配位のルテニウム(Ⅱ)錯体が熱力学的に不安定なことを示唆している。

　これらの速度論解析から得られた結果及びDFT計算から求めた各錯体，反応中間体，遷移状態のエネルギー準位から，反応機構を推定した（図7）。その結果，アセトン中では，中間体6から選択的に異性体6が生成し，一方，アセトニトリル中では，6と同様の反応中間体（もしくは遷移状態）を経るにも関わらず，なぜ出発原料錯体5を生成するのか，という疑問に対して，一定の示唆を得た。ここで重要なのは，溶媒分子が金属中心に配位する際の配位結合の強さである。アセトン中における光異性化反応では，はじめに，TPA配位子のアキシャル位に位置したピリジン環がルテニウム中心から部分解離し，空いた配位座を溶媒分子であるアセトンが埋めた中間体6を与える。そしてこの中間体6からは，熱反応により，出発原料である錯体5に戻ることなく異性体7へと至る。

　なぜなら，7配位遷移状態において，立体的な要因により解離したピリジン環が再配位する際の方向が制御されているからだと考えられる。この結果，この光異性化反応は光定常状態に至ることなく，100％の効率で進行する。実際にDFT計算の結果では，中間体6は，異性体7に近いプテリンの配位様式を有する構造（図7におけるint3）が最も安定であることが示された。一方，アセトニトリル中で熱的に進行する逆反応は，同様にアセトニトリルが配位した7配位の遷移状態を経由すると考えられるが，この際は熱力学的により安定な出発原料5に次第に戻って行く。

156

第2章 新規・高性能フォトクロミック系

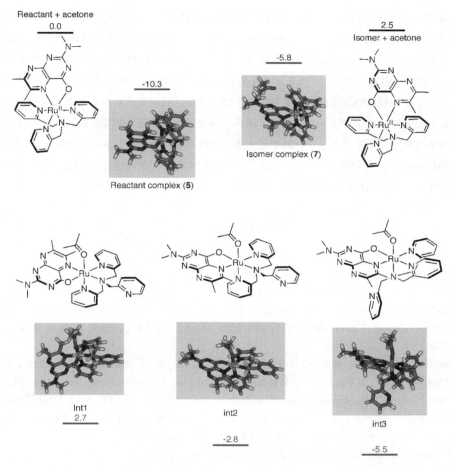

図7 DFT計算によるプテリン錯体5および7,反応中間体6のエネルギー準位の比較
（アセトン1分子を含む）[8]

9.3 おわりに

　上述したように，我々のグループでは，ルテニウム-TPA錯体が，MLCT遷移を経由するフォトクロミックな構造変化を示すことを明らかにした。bpyなどのジイミン配位子が，ルテニウム中心と安定な5員環を形成する錯体の場合には，TPAのピリジン環の一つが光照射により部分解離し，空いた配位座をπ受容性溶媒分子が埋めた錯体を与えた。一方，アロキサジン配位子を用いた場合には，ルテニウム中心と不安定な4員環配位構造を形成するために，アロキサジンの部分解離を経て，アロキサジンが180°擬回転した異性体が得られた。ルテニウム-プテリン錯体5の異性化反応では，プテリン配位子がジイミンと同様に安定な5員環配位を形成しているために，光照射によりまずTPA配位子が部分解離し，溶媒分子（アセトン）が配位した中間体を与えた。さらにこの中間体を経て，プテリン配位子が180°擬回転した異性体7へと熱的な反

応で変化することを見出した。また得られた異性化錯体 7 は，アセトニトリル中で加熱することにより，原料錯体 5 へと戻った。興味深いことに，この錯体 5 ⇄ 7 の反応は，光および熱，さらには反応溶媒により，光定常状態に至ることなく反応の方向性を完全に制御することが可能である。100％の効率でフォトクロミックな異性化反応を制御できることから，双安定性を利用したクロミックな機能性分子材料を開発する上で，非常に有望な系であると考えられる。遷移金属錯体におけるフォトクロミック挙動は，錯体の持つ強い光吸収や顕著な光物性を利用することで，従来の有機フォトクロミック材料を超える機能性が期待できる。さらに金属中心が持つ磁性や触媒活性を，フォトクロミックな光反応により制御することが可能になれば，光スイッチング機能を有する新たな光機能性材料や光触媒の開発にも結びつくと考えられる。

文　　献

1) (a) J. Kiwi, M. Grätzel, *Nature*, **281**, 657-658 (1971)；(b) J. E. Moser, P. Nonnöte, M. Grätzel, *Coord. Chem. Rev.*, **171**, 245-250 (1998)；(c) M. Grätzel, *Nature*, **414**, 338-344 (2001)

2) (a) B. Duham, S. R. Wilson, D. J. Hodgson, T. J. Meyer, *J. Am. Chem. Soc.*, **102**, 600-607 (1980)；(b) J. J. Rack, J. R. Winkler, H. B. Gray, *J. Am. Chem. Soc.*, **123**, 2432-2433 (2001)；(c) D. P. Schrendiman, J. I. Zink, *J. Am. Chem. Soc.*, **98**, 1248-1252 (1976)；(d) H. Nakai, T. Nonaka, Y. Miyano, M. Mizuno, Y. Ozawa, K. Toriumi, N. Koga, T. Nishioka, M. Irie, K. Isobe, *J. Am. Chem. Soc.*, **130**, 17836-17845 (2008)

3) T. Kojima, *Bull. Jpn. Soc. Coord. Chem.*, **52**, 3-16 (2008)

4) (a) T. Kojima, T. Sakamoto, Y. Matsuda, *Inorg. Chem.*, **43**, 2243-2245 (2004)；(b) T. Kojima, T. Morimoto, T. Sakamoto, S. Miyazaki, S. Fukuzumi, *Chem. Eur. J.*, **14**, 8904-8915 (2008)

5) Miyazaki S., Ohkubo K., Kojima T., Fukuzumi S., *Angew. Chem., Int. Ed.*, **46**, 905-908 (2007)

6) S. Miyazaki, T. Kojima, S. Fukuzumi, *J. Am. Chem. Soc.*, **130**, 1556-1557 (2008)

7) (a) T. Kojima, T. Sakamoto, Y. Matsuda, K. Ohkubo, S. Fukuzumi, *Angew. Chem., Int. Ed.*, **42**, 4951-4954 (2003)；(b) Miyazaki S., Kojima T., Sakamoto T., Matsumoto T., K. Ohkubo, S. Fukuzumi, *Inorg. Chem.*, **47**, 333-343 (2008)；(c) S. Miyazaki, K. Ohkubo, T. Kojima, S. Fukuzumi, *Angew. Chem., Int. Ed.*, **47**, 9669-9672 (2008)；(d) S. Miyazaki, T. Kojima, J. M. Mayer, S. Fukuzumi, *J. Am. Chem. Soc.*, **131**, 11615-11624 (2009)

8) T. Ishizuka, T. Sawaki, S. Miyazaki, M. Kawano, Y. Shiota, K. Yoshizawa, S. Fukuzumi, T. Kojima, *Chem. Eur. J.*, **17**, 6652-6662 (2011)

10 ジアリールエテンの新規合成法の開発

廣戸　聡[*1]，忍久保　洋[*2]

10.1 はじめに

　光照射により可逆的に色の変換を起こす現象をフォトクロミズムとよぶ[1]。これまで様々な有機化合物においてこの現象が観測され，研究されてきた。なかでも，2つのヘテロ芳香環とエテン部位からなるジアリールエテンは光応答性，耐久性，安定性などに優れているため，幅広い研究が展開されている[2]。さらに，ジアリールエテンは溶液中だけでなく結晶中でも光応答性を示すことが見いだされ，光スイッチング材料として注目されている。最近では，光照射による分子の構造変化がマクロな構造の変化につながることが見いだされ，その応用研究が盛んに行われている[3]。

　ジアリールエテンは2つのヘテロ環とオレフィンがなすヘキサトリエン部位がWoodward-Hoffmann則にしたがいシクロヘキサジエンに変化することで構造の変化およびそれに伴う色の変化を示す（図1）。したがって，ヘテロ環部位およびオレフィン部位に適切な修飾を施すことでジアリールエテンの特性をコントロールすることができる。実際，これまでチオフェンの5位に対して，様々な置換基が導入され，安定性の向上，構造変化，物性変化など多岐に渡る観点から研究がすすめられてきた。

　しかし，ジアリールエテンの機能に関する研究に比べると，合成法に関する研究はほとんどなされていない。本稿ではジアリールエテンの従来の合成法について述べるとともに，ジアリールエテンの新しい合成法についてのトピックスを紹介する。

10.2 ジアリールエテン骨格の合成

10.2.1 ジアリールエテンの初期の合成方法

　ジアリールエテンの最初の合成例は1988年入江らにより報告された[4]。まず，3位にシアノメチレン基を導入したチオフェンを強塩基および四塩化炭素存在下で反応させると，ラジカル反応によるホモカップリング反応が起こり，1,2-ジシアノエテンが中程度の収率で得られる。さらに，この化合物を塩基性条件で加水分解することによりオレフィン部位を無水マレイン酸に変換することができる。同様の方法でマレイミドをオレフィン部位に用いたジアリールエテンも合成され

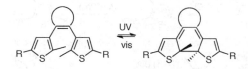

図1　ジアリールエテンのフォトクロミズムによる構造変化

---

*1　Satoru Hiroto　名古屋大学　大学院工学研究科　化学生物工学専攻　助教
*2　Hiroshi Shinokubo　名古屋大学　大学院工学研究科　化学生物工学専攻　教授

ている（図2)[5]。マレイミドをもつジアリールエテンは共役の伸張のため開環体でも400nm以上の可視領域に吸収を持つようになる。しかし，無水マレイン酸部位が酸および塩基性条件で分解しやすいことから，化学的に安定なオレフィン部位の模索が行われた。

10.2.2　有機リチウム反応剤を用いた合成

　現在，最もよく使用されるジアリールエテンはオレフィン部位にヘキサフルオロシクロペンテンを用いたものである。ヘキサフルオロシクロペンテンをもつジアリールエテンは熱，光および化学的に非常に高い安定度を示すためである。これらは，リチウム-ハロゲン交換反応によって調製した3位をリチオ化したチオフェンとオクタフルオロシクロペンテンとを−78℃で反応させることにより合成できる[6]。チオフェンの5位にアリール基を導入する場合は予め，アリール基を導入する必要がある。すなわち，2,4位を置換したチオフェンにクロスカップリングでアリール基を導入し，3位をハロゲン化した後，リチオ化を経由して合成される（図3）。この反応はほとんどのチオフェン類縁体で良好な収率で進行するため，現在までのジアリールエテンの合成法の主流となっている。さらに，この反応では反応に用いるリチウム反応剤の当量を調整することにより，一方だけヘテロ環を導入することが可能である。これを利用し，左右非対称なジアリー

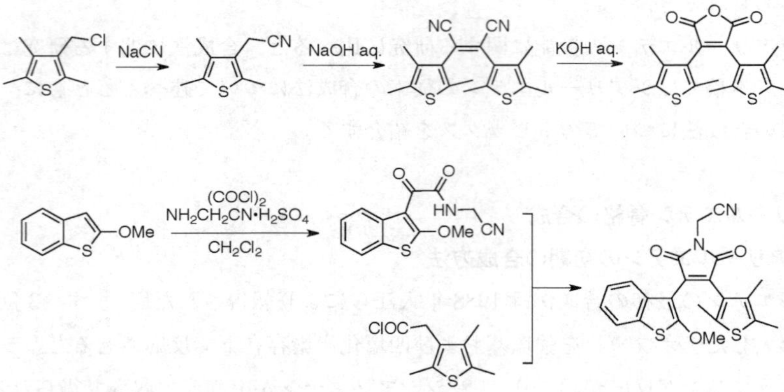

図2　ジアリールエテンの初期の合成法

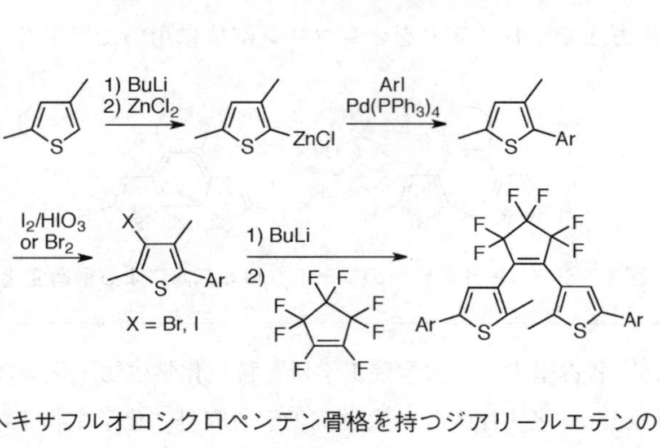

図3　ヘキサフルオロシクロペンテン骨格を持つジアリールエテンの合成法

ルエテンの合成も達成されている[7]。

　この反応ではより安価である1,2-ジクロロヘキサフルオロシクロペンテンを用いると反応の収率が極端に落ちてしまうことが分かっている。理由として，反応機構がオレフィン部位への付加-脱離機構であり，より求電子性の低いジクロロ体だと反応の進行が遅くなるためである。さらにこの合成法の問題点としては，リチウム反応剤が不安定であるため極低温で反応させなければならず，大量合成を妨げる要因となっている点が挙げられる。また，チアゾールを含むジアリールエテンでは窒素部位へのリチウムの配位による反応性の低下により過剰量のチアゾールを用いても二置換体の収率が低くなってしまう[8]。この問題を解決する方法として，吉田らはマイクロフローシステムによる合成を報告している[9]。この方法では0℃という，より高温条件下短時間で生成物が効率的に得られる。また，チアゾールの反応では二置換体が主生成物となる（図4）。さらに基質一般性が拡大すれば，ジアリールエテンの実用化への期待が高まる結果である。

10.2.3　McMurryカップリングによるジアリールエテンの合成

　基質であるオクタフルオロシクロペンテンは沸点が27℃と低く，揮発性が高いため非常に扱いづらい。また高価であるため大量合成に不向きであった。そこでこれらの欠点を克服するため，合成法の改良が検討された。まず開発されたのがMcMurryカップリングによる合成法である。基質としてヘキサフルオログルタル酸が使用された[10]。この化合物は比較的安価であり，揮発性も低いため取り扱いやすい。まず，これをエチルエステル化した後，リチオ化したチオフェンを−78℃で反応させることによりチエニル基を導入する。その後，低原子価チタンを用いるMcMurryカップリングによりシクロペンテン環を構築することによりジアリールエテンを得る（図5）。

　この合成法は付加-脱離反応を起こさない不活性な環をもつジアリールエテンの合成にも応用されている[11]。例えば，4位に硫黄をもつシクロペンテンを骨格とするジアリールエテンを合成できる。まず，チオエーテルを合成し，その後同様にMcMurryカップリングによりシクロ環を構築する。この化合物は閉環体が比較的安定であり，新しいジアリールエテン骨格として期待される化合物である。

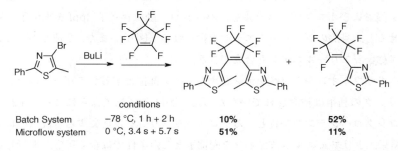

図4　マイクロフローシステムによるジアリールエテンの合成

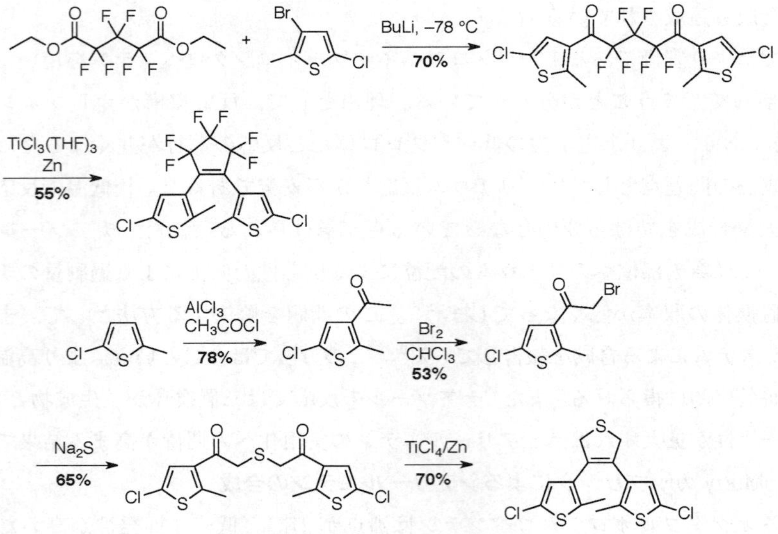

フォトクロミズムの新展開と光メカニカル機能材料

図 5　McMurry カップリングによるジアリールエテンの合成

10. 2. 4　鈴木-宮浦クロスカップリングによる合成

　これまで述べてきた反応はいずれもリチウム反応剤を使用するため，低温条件での反応が必須である。また，リチウム反応剤の高い反応性のため，官能基をもったチオフェン環を導入するのは困難である。そこで次に開発されたのが鈴木-宮浦クロスカップリングによる方法である。クロスカップリングは sp^2 炭素を結合させるのに極めて有用な反応である。また，最近様々な配位子が開発され，塩化アリールを含む広範囲のハロゲン化アリールが利用可能になってきている[12]。さらに，基質であるボロン酸およびボロン酸エステルは室温空気中で取り扱い容易な安定な化合物であり，単純なアリール基だけでなくポルフィリン[13]やピレン[14]といった機能性 π 電子系をもつボロン酸誘導体も合成されている。

　チアゾールおよびマレイミドをオレフィン部位に使用したジアリールエテンの合成において鈴木-宮浦クロスカップリングの利用が報告されている[15]。1,2-ジブロモマレイミドと様々なチオフェンボロン酸およびボロン酸エステルを，パラジウム触媒存在下 dppf を配位子に用いてカップリングさせると，目的のジアリールエテンが得られる（図 6）。また，2 種類のボロン酸を用いると左右非対称なジアリールエテンも合成できる。

　しかし，ヘキサフルオロシクロペンテンをオレフィン部位とするジアリールエテン合成へのクロスカップリングの利用は検討されていなかった。2011 年に忍久保らによって 1,2-ジクロロヘキサフルオロシクロペンテンを基質とするクロスカップリング反応による合成法の検討がなされた[16]。その結果，トリフェニルホスフィンを配位子とした条件では全く反応が進行しなかったのに対し，Buchwald らが開発したビフェニル配位子を用いる条件では良好な収率で生成物が得られた。さらに 2 位にメチル基を持つチオフェンではトリシクロヘキシルホスフィン，CsF を用

162

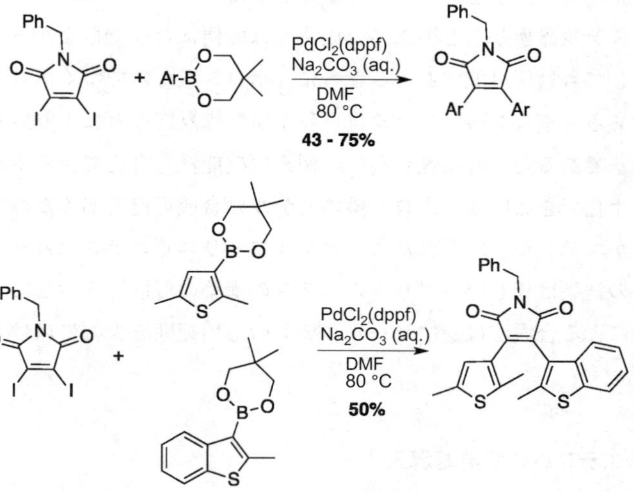

第2章　新規・高性能フォトクロミック系

図6　クロスカップリングによるジアリールマレイミドの合成

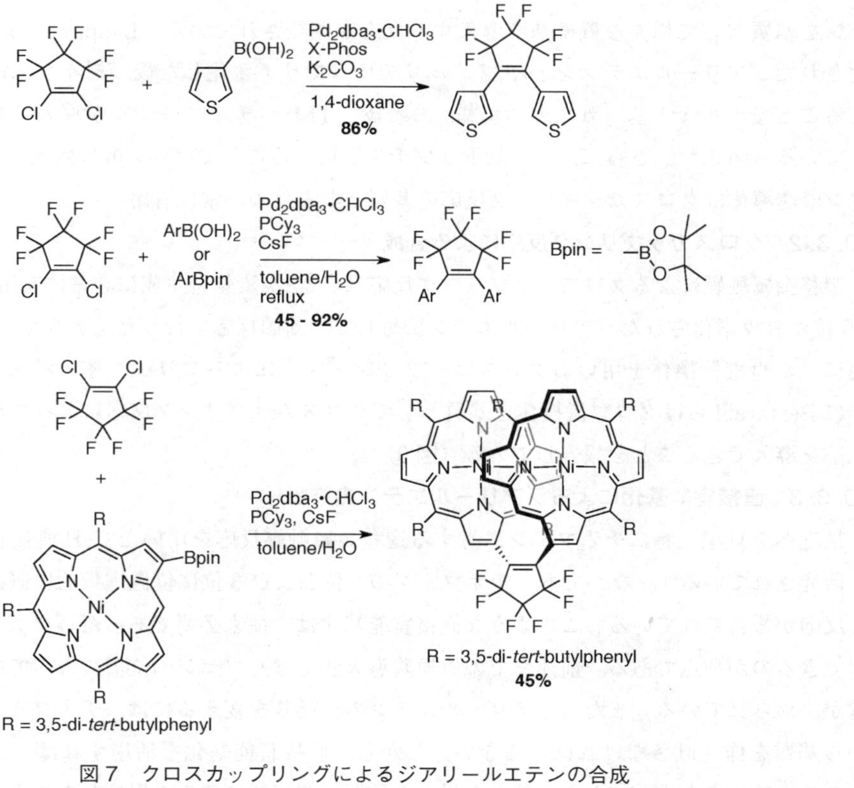

図7　クロスカップリングによるジアリールエテンの合成

いることにより高収率で反応が進行することが分かった。この反応は，比較的弱い塩基性条件下で行えるため，エステル置換基など従来の合成法では簡便に合成できなかった官能基をもつジアリールエテンに対しても適用可能である。さらに，ボロン酸だけでなくボロン酸エステルもこの反応に適用可能である。ボロン酸エステルは遷移金属触媒反応などにより容易に合成でき，また非常に安定な官能基であるため有用性が高い。例えば機能性化合物であるポルフィリンは電子豊富であるためリチオ化できないが，ボロン酸エステルは合成可能であるため，この反応を利用してジポルフィリニルエテンが合成された。このポルフィリニルエテンは残念ながら光応答性を示さなかったが，この結果は新しいジアリールエテンの構築の可能性を示している。このようにクロスカップリングによる合成法はジアリールエテンの応用範囲を大幅に広げるものと期待できる（図7）。

10.3 ジアリールエテンへの官能基導入

10.3.1 リチオ体を経由する置換基導入

　ジアリールエテンへの官能基導入は吸収波長の変化，量子効率，安定性など物性の変化をもたらすため有用である。しかし，物性のチューニングのため別の官能基に変更したい場合，従来法ではチオフェンの合成からやり直さなければならず面倒であった。そこで，1つのジアリールエテンを基質として様々な置換基を導入する反応が開発されている。Launay らは5,5'位がクロロ化されたジアリールエテンを *tert*-ブチルリチウムでリチオ化した後，様々な求電子剤と反応させることでホルミル基，カルボニル基，ヨウ素，TMS，チオエーテルが導入できることを報告している（図8）[17]。さらに，ホウ酸トリブチルを用いることでボロン酸に変換できる[18]。このボロン酸誘導体はクロスカップリング反応の基質となるため非常に有用である。

10.3.2 クロスカップリング反応による合成

　遷移金属触媒によるクロスカップリング反応は炭素-炭素結合生成に非常に有用な反応である。5,5'位がヨウ素化されたジアリールエテンに対して，薗頭反応を行うと，アルキンを導入できる。他に，ホウ素置換体を用いるクロスカップリング反応によるアリール基の導入がある[18]。2009年に Bertarelli らはクロロ置換体を基質としてクロスカップリング反応によって高収率でアリール基を導入できることを報告している（図9）[19]。

10.3.3 直接官能基化によるジアリールエテンの修飾

　最近ヘテロ環，特にチオフェンに対する遷移金属触媒反応を用いた C-H 直接官能基化が数多く研究されている[20]。なかでも，チオフェンの2位および3位に位置選択的に置換基が導入できる反応が報告されている。このような直接官能基化は，従来必要であったハロゲン化の段階が省略できるのが利点である。前述までの置換基導入法ではハロゲンの位置によって置換基の導入位置が決められている。また，ジアリールエテンの置換基を変えるには，チオフェンのアリール化から基質を作り直さなければならない。しかし，直接官能基化を活用すれば，まず単純なジアリールエテンを合成しておき，後から様々な位置に選択的に望みの置換基を導入できることにな

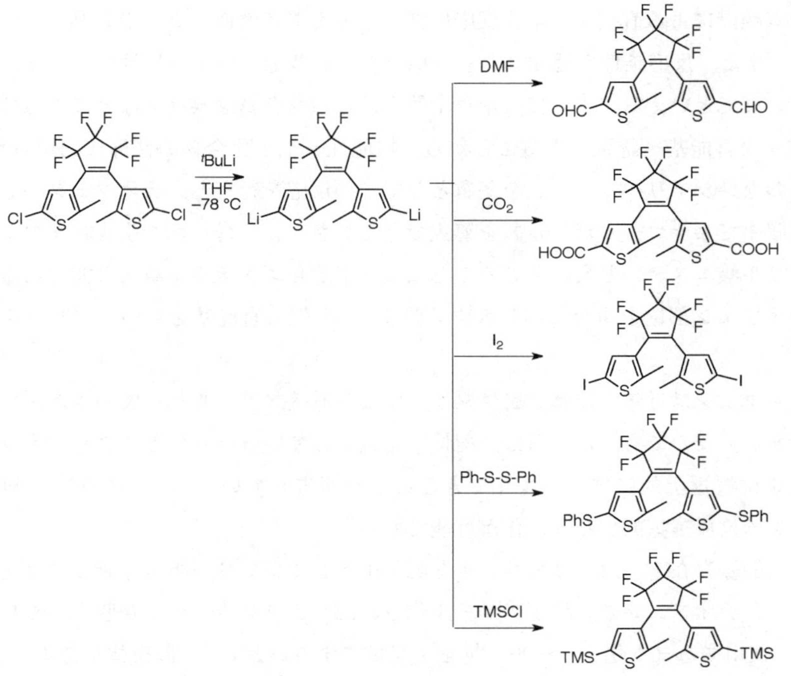

第2章 新規・高性能フォトクロミック系

図8 リチオ体を経由する置換基導入

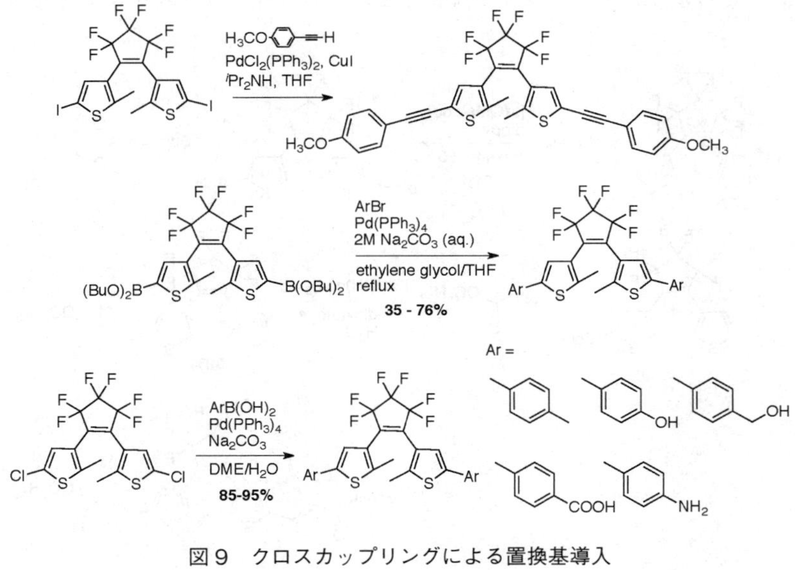

図9 クロスカップリングによる置換基導入

フォトクロミズムの新展開と光メカニカル機能材料

る。

　イリジウム触媒による直接ホウ素化反応は様々な芳香環に簡便にホウ素置換基を導入すること
ができる[21]。また，反応条件が穏和なため，様々な官能基をもつ基質に適用できることからも利
用価値の高い反応といえる。さらに，ホウ素置換基は遷移金属触媒反応などによる種々の変換反
応により様々な官能基へ誘導できることから，機能性 π 電子化合物の修飾に利用されている。5
位に置換基のないジアリールエテンを基質としてこの反応を行うと，チオフェンの 5 位に位置選
択的かつ高収率でピナコールボリル基を導入できる。さらに，得られた生成物をロジウム触媒存
在下，アクリル酸エステルと反応させることにより不飽和エステルを導入可能である。この反応
により，チオフェン部位を新たに作り直す必要なく，5 位に官能基をもつジアリールエテンを合
成できる[22]。

　また，チオフェンは近年，遷移金属触媒反応による直接アリール化反応がさかんに研究されて
いる基質である。なかでも，伊丹らは，配位子を適切に使い分けることによりチオフェンの 2 位
および 3 位を位置選択的にアリール化できることを報告している[23]。この反応を利用してジア
リールエテンの位置選択的アリール化が可能である[24]。

　パラジウム触媒存在下，2,2'-ビピリジルを配位子としてジアリールエテンとヨウ化アリールを
反応させると，チオフェンの 5 位がアリール化されたジアリールエテンが収率よく得られる。こ
の反応では，使用するヨウ化アリールの量を 1 当量にすることで，一置換体を得ることができる。
これからさらに異なるヨウ化アリールを反応させることで非対称型ジアリールエテンが合成でき
る。

　一方，配位子として P[OCH(CF$_3$)$_2$]$_3$ を用いるとチオフェンの 4 位選択的にアリール基を導入
できる。これにさらに 2,2'-ビピリジルを配位子としてヨウ化アリールを反応させることにより

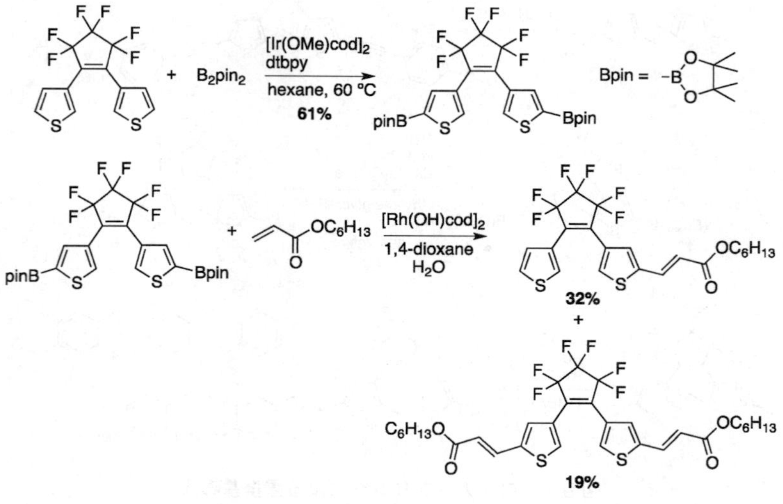

図 10　直接ホウ素化によるジアリールエテンの修飾

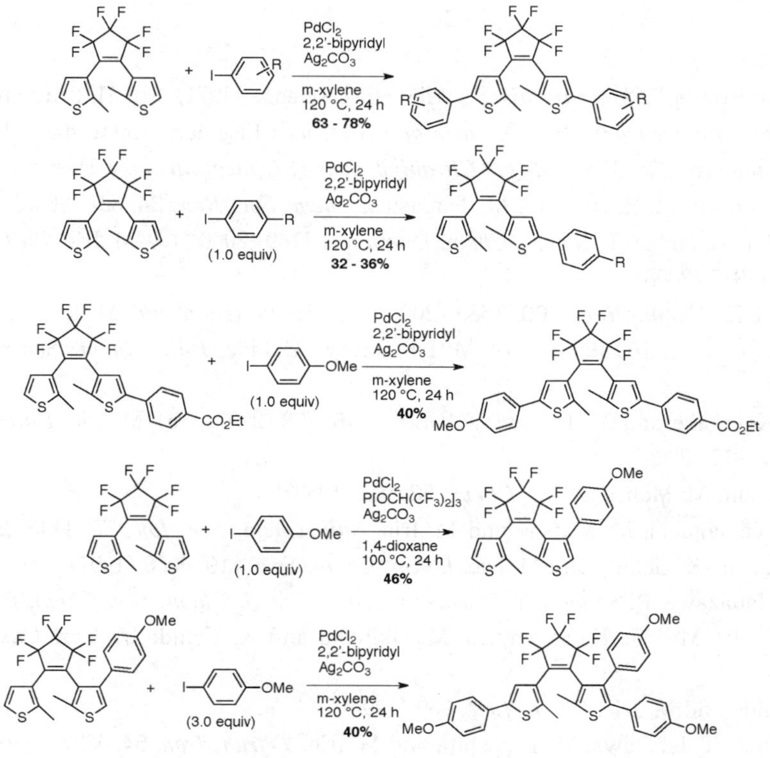

第 2 章　新規・高性能フォトクロミック系

図 11　直接アリール化によるジアリールエテンの修飾

　三置換ジアリールエテンが合成可能となった。現在，反応収率が低いことと使用できる基質が限定されていることが問題である。これらが改善できれば単純なジアリールエテンをアリール化し多彩なライブラリーを効率良く構築することができ，望みの特性をもつジアリールエテンの探索に貢献できるであろう。

10.4　おわりに

　以上，ジアリールエテンの合成法および修飾反応について述べてきた。言うまでもなく，ジアリールエテンは材料科学におけるスター的な分子であり，今後さらに新しい物性，機能性が期待できる。そのためにも，新しい構造を構築できる強力な合成法が不可欠である。新たな合成法の開発がさらなるジアリールエテン化学の発展につながることを望む。

フォトクロミズムの新展開と光メカニカル機能材料

文　　献

1) a) G. H. Brown, *"Photochromism"*, Wiley-Interscience (1971)；b) H. Dürr and H. Bouas-Laurent, *"Photochromism: Molecules and Systems"*; Elsevier: Amsterdam (1990)；c) M. Irie, *Photo-reactive Materials for Ultrahigh-density Optical Memory*; Elsevier: Amsterdam (1994)；d) F. M. Raymo and M. Tomasulo, *Chem. Soc. Rev.*, **34**, 327 (2005)；e) D. Gust, T. A. Moore and A. L. Moore, *Chem. Commun.*, 1169 (2006)；f) M. Irie, *Bull. Chem. Soc. Jpn.*, **81**, 917 (2008)

2) a) M. Irie, *Chem. Rev.*, **100**, 1685 (2000)；b) K. Matsuda and M. Irie, *J. Photochem. Photobiol. C*, **5**, 169 (2004)；c) M. Irie and K. Uchida, *Bull. Chem. Soc. Jpn.*, **71**, 985 (1998)

3) a) S. Kobatake and M. Irie *et al.*, *Nature*, **446**, 778 (2007)；b) M. Irie, *Bull. Chem. Soc. Jpn.*, **81**, 917 (2008)

4) M. Irie and M. Mohri, *J. Org. Chem.*, **53**, 803 (1988)

5) a) T. Yamaguchi, M. Matsuo and M. Irie, *Bull. Chem. Soc. Jpn.*, **78**, 1145 (2005)；b) T. Yamaguchi, K. Uchida and M. Irie, *J. Am. Chem. Soc.*, **119**, 6066 (1997)

6) a) R. Hanazawa, R. Sumiya, Y. Horikawa and M. Irie, *J. Chem. Soc., Chem. Commun.*, 206 (1992)；b) M. Irie, K. Sakemura, M. Okinaka and K. Uchida, *J. Org. Chem.*, **60**, 8305 (1995)

7) K. Uchida and M. Irie, *Chem. Lett.*, 969 (1995)

8) K. Uchida, T. Ishikawa, M. Takeshita and M. Irie, *Tetrahedron*, **54**, 6627 (1998)

9) Y. Ushiogi, T. Hase, Y. Iinuma, A. Takata and J. Yoshida, *Chem. Commun.*, 2947 (2007)

10) L. N. Lucas, J. Esch, R. M. Kellogg and B. L. Feringa, *Tetrahedron Lett.*, **40**, 1775 (1999)

11) a) L. N. Lukas, J. Esch, R. M. Kellogg and B. L. Feringa, *Chem. Commun.*, 2313 (1998)；b) Y. Chen, D. X. Zeng and M. G. Fan, *Org. Lett.*, **5**, 1435 (2003)

12) a) A. F. Littke and G. C. Fu, Angew. *Chem., Int. Ed.*, **41**, 4176 (2002)；b) R. Martin and S. L. Buchwald, *Acc. Chem. Res.*, **41**, 1461 (2008)；c) K. Billingsley and S. L. Buckwald, *J. Am. Chem. Soc.*, **129**, 3358 (2007)；d) G. C. Fu, *Acc. Chem. Res.*, **41**, 1555 (2008)

13) a) S. G. DiMagno, V. S. Y. Lin and M. J. Therien, *J. Am. Chem. Soc.*, **115**, 2513 (1993)；b) H. Hata, H. Shinokubo and A. Osuka, *J. Am. Chem. Soc.*, **127**, 8264 (2005)

14) T. B. Marder, *et al.*, *Chem. Commun.*, 2172 (2005)

15) a) A. E. Yahyaoui, G. Félix, A. Heynderickx, C. Moustrou and A. Samat, *Tetrahedron*, **63**, 9482 (2007)；b) T. Nakashima, K. Atsumi, S. Kawai, T. Nakagawa, Y. Hasegawa and T. Kawai, *Eur. J. Org. Chem.*, 3212 (2007)

16) S. Hiroto, K. Suzuki, H. Kamiya and H. Shinokubo, *Chem. Commun.*, **47**, 7149 (2011)

17) G. Guirado, C. Coudret, M. Hliwa and J.-P. Launay, *J. Phys. Chem. B*, **109**, 17445 (2005)

18) a) J. J. D. de Jong, L. N. Lucas, R. Hania, A. Pugzlys, R. M. Kellogg, B. L. Feringa, K. Duppen and J. H. van Esch, *Eur. J. Org. Chem.*, 1887 (2003)；b) J. Areephong, J. H. Hurenkamp, M. T. W. Milder, A. Meetsma, J. L. Herek, W. R. Browne and B. L. Feringa, *Org. Lett.*, **11**, 721 (2009)

第2章　新規・高性能フォトクロミック系

19) S. Hermes, G. Dassa, G. Toso, A. Bianco, C. Bertarelli and G. Zerbi, *Tetrahedron Lett.*, **50**, 1614 (2009)

20) For recent reviews on C–H bond arylation of arenes, see : a) L. Ackermann, R. Vicente and A. R. Kapdi, *Angew. Chem. Int. Ed.*, **48**, 9792 (2009) ; b) D. Alberico, M. E. Scott and M. Lautens, *Chem. Rev.*, **107**, 174 (2008) ; c) I. V. Seregin and V. Gevorgyan, *Chem. Soc. Rev.*, **36**, 1173 (2007) ; d) X. Chen, K. M. Engle, D.-H. Wang and J.-Q. Yu, *Angew. Chem., Int. Ed.*, **48**, 5094 (2009) ; e) C.-J. Li, *Acc. Chem. Res.*, **42**, 335 (2009) ; f) F. Kakiuchi and T. Kochi, *Synthesis*, 3013 (2008)

21) a) T. Ishiyama and N. Miyaura, *J. Organomet. Chem.*, **680**, 3 (2003) ; b) T. Ishiyama and N. Miyaura, *Chem. Rec.*, **3**, 271 (2004) ; c) T. Ishiyama, *J. Synth. Org. Chem. Jpn.*, **63**, 440 (2005) ; d) T. Ishiyama and N. Miyaura, in *"Boronic Acids"*, p.101, Wiley-VCH, Weinheim (2005)

22) H. Shinokubo, *et al., unpublished results.*

23) a) S. Yanagisawa, K. Ueda, H. Sekizawa and K. Itami, *J. Am. Chem. Soc.*, **131**, 14622 (2009) ; b) K. Ueda, S. Yanagisawa, J. Yamaguchi and K. Itami, *Angew. Chem., Int. Ed.*, **49**, 8946 (2010) ; c) S. Yanagisawa and K. Itami, *Tetrahedron*, **67**, 4425 (2011)

24) H. Kamiya, S. Yanagisawa, S. Hiroto, K. Itami, H. Shinokubo, to be submitted.

11 チオフェノファン-1-エン類のフォトクロミズム

竹下道範[*]

11.1 はじめに

　ジチエニルエテン類は熱不可逆性，高繰り返し耐久性のフォトクロミック化合物であり，光メモリー材料の有力な候補の一つと考えられている。しかし一方，光反応不活性なコンフォメーションが存在するため，溶液中では量子収率が上がらない，高分子媒体中ではフォトクロミック反応の効率が低いなどの問題点も多い[1]。そこで，これらの問題を解決すべく，立体障害を利用したり[2]，ホスト–ゲスト化学を利用したり[3]など，様々な努力がなされてきた。一方，フォトクロミック化合物である［2.n］メタシクロファン-1-エン類は，2つのベンゼン環を2架橋することによって，溶液中で1.0となる極めて高い光閉環量子収率となった[4]。これは，内部置換基とベンゼン環との間の立体障害によって，光反応活性なコンフォメーションに固定されているためである。しかしながら，ベンゼン環を芳香環として持つものは，その芳香族安定化エネルギーの大きさから，光異性化前後のエネルギー差が大きいため，熱反応の活性化エネルギーが小さくなってしまい，熱不可逆性に乏しい。そこで我々は，熱不可逆性と高光反応量子収率を併せ持った，チオフェン環を2架橋したチオフェノファン-1-エン類を開発した（図1）。

11.2 チオフェノファン-1-エン類の合成

　チオフェノファン-1-エン類は，ジチエニルエテン誘導体を分子内または分子間で架橋することによって合成できる。図2に分子内架橋の例として，小環状チオフェノファン-1-エン 1 の合成を示す。図2の合成では，開環体では立体障害のため2つのクロロメチル基が接近できないため，分子内環化反応はうまくいかない。一方，紫外光照射によって生成した閉環体では，それが可能となり，結果的にビスクロロメチル体の閉環体のみからチオフェノファン-1-エン 1b が得られた[5]。

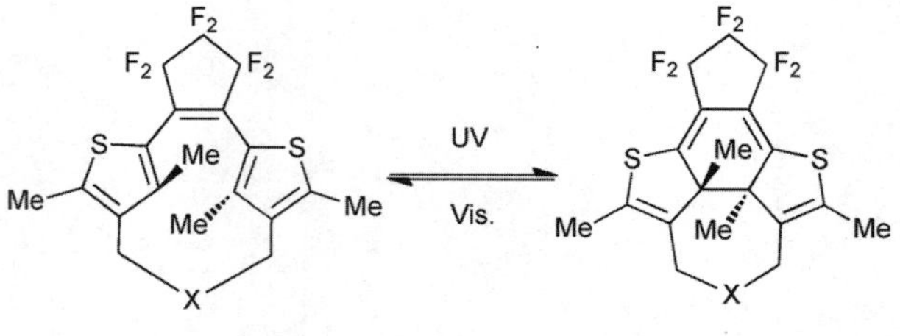

図1　チオフェノファン-1-エン類のフォトクロミズム

　＊　Michinori Takeshita　佐賀大学　工学系研究科　准教授

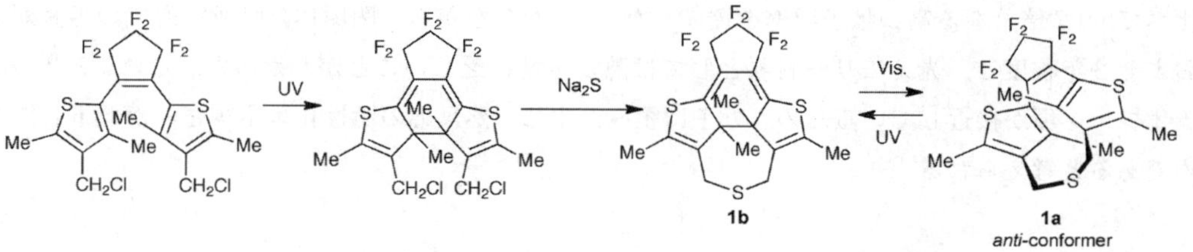

第2章 新規・高性能フォトクロミック系

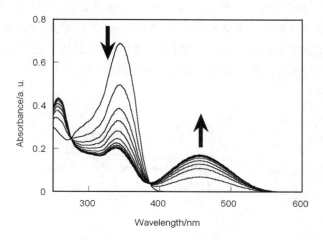

図2 分子内架橋によるチオフェノファン-1-エンの合成

図3 紫外光照射による化合物1の吸収スペクトル変化（ジクロロメタン溶液）

11.3 小環状チオフェノファン-1-エン類のフォトクロミズム

チオフェノファン-1-エン類の吸収スペクトル変化の例として，化合物1の313nm光照射による吸収スペクトル変化を図3に示す。図3に示したように，開環体はほとんど可視域に吸収がないが，紫外光照射によって，可視領域の450nm付近に，閉環体に帰属される幅広な吸収が現れ，溶液は黄色に着色する。また，この吸収は，460nm以上の可視光を照射することで完全に消失し，スペクトルも元に戻るフォトクロミズムを示す。我々が開発したチオフェノファン-1-エン類は，置換基によって開環体，閉環体の吸収が若干シフトするものの，ほぼ同様なスペクトル変化を示した。

環径が小さなチオフェノファン-1-エン類は，内部置換基とチオフェン環との立体障害のために，環反転が起こらない。即ち，ジアリールエテン化合物のように光活性型コンフォメーション（アンチパラレル型）から光不活性型コンフォメーション（パラレル型）へのコンフォメーション異性化は起こらないので，光活性型コンフォメーションに固定でき，光閉環反応の量子収率の向上が期待できる。そこで，図2に示したチオフェノファン-1-エン 1a の313nm光照射における光閉環量子収率を測定したところ，0.67となり，架橋していないジチエニルエテンの0.40と

171

フォトクロミズムの新展開と光メカニカル機能材料

比べて，1.7倍となる高い量子収率を達成した[5]。しかしながら，閉環体の暗所室温での半減期は
およそ2年程度と，光メモリー材料としては熱安定性に乏しいことがわかった。これは，2つの
チオフェン環が接近しているため，分子に歪みが生じ，熱反応の活性化エネルギーが低下したた
めであると考えられる。

11.4 中〜大環状チオフェノファン-1-エン類のフォトクロミズム

そこで，高量子収率を保ったまま，熱安定性を向上することを目的として，中〜大環状チオ
フェノファン-1-エン類を合成し，そのフォトクロミック特性について検討した（図4）[6,7]。

表1にチオフェノファン-1-エン 2-4 のフォトクロミック特性を示した。表1のように，ベン
ゼン環の架橋位置だけで光閉環量子収率が劇的に変化した。これは，反応炭素間距離が架橋位置
によって異なるためであると考えられる。即ち，架橋位置がオルト，メタ，パラとなるにつれて

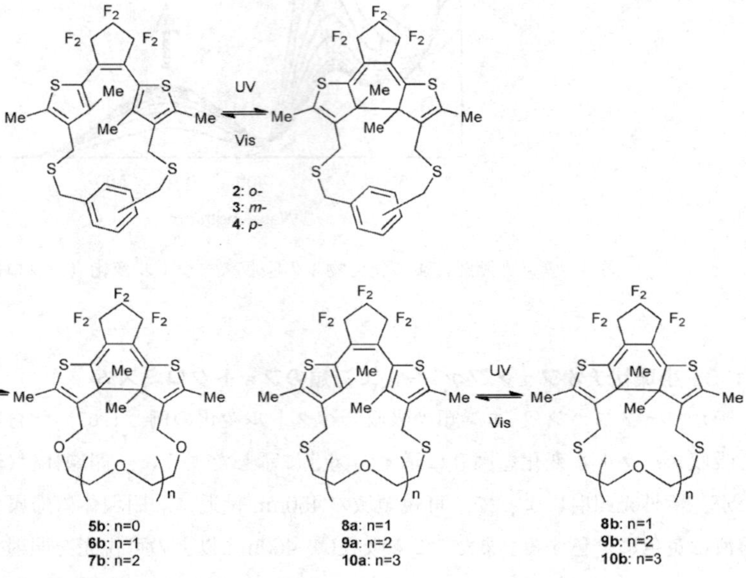

図4 開発した中〜大環状チオフェノファン-1-エン類

表1 化合物 2-4 のフォトクロミック特性

チオフェノファン	2	3	4
閉環量子収率[a]	0.51	0.42	0.11
反応炭素間距離[b]	3.96Å	4.26Å	4.68Å
開環量子収率[c]	0.36	0.24	0.29
閉環体の半減期（s）[d]	（熱安定）	5.4×10^4	6.5×10^3

[a] ジクロロメタン中 313nm 光照射，[b] AM1 で計算，[c] クロロホルム中
465nm 光照射，[d] 100℃

第2章 新規・高性能フォトクロミック系

表2 化合物 5-10 のフォトクロミック特性

チオフェノファン	5	6	7	8	9	10
閉環量子収率[a]	0.70	0.42	0.66	0.49	0.47	0.42
開環量子収率[b]	0.36	0.24	0.29	0.08	0.34	0.20
閉環体の半減期 (s)[c]	4.7×10^4	1.3×10^{10}	1.5×10^9	9.8×10^8	2.6×10^7	5.4×10^7

[a] ジクロロメタン中 313nm 光照射, [b] クロロホルム中 517nm 光照射, [c] 20℃

反応炭素間距離が長くなっていき，量子収率が低下している。これは，ジアリールエテンの結晶フォトクロミズムにおいても見いだされた現象であり[8]，チオフェノファン-1-エン類はその剛直な構造のために，溶液中において同様な現象を示したものと考えられる。また，閉環体の熱安定性は，オルト，メタ，パラとなるにつれて低下した。オルト架橋体である 2 においては，トルエン中 100℃で 5 時間加熱しても，全く開環体に戻らない，高い熱安定性を示した。一方，パラ架橋体 4 の閉環体においては，100℃における半減期が 1.8 時間となった。パラ架橋体の閉環体においては，［10］パラシクロファンの部分構造を有するため，分子に大きな歪みが生じ，開環体への熱反応の活性化エネルギーが減少したためであると考えられる。

表2にチオフェノファン-1-エン 5-10 の光閉環・開環量子収率，閉環体の 20℃における熱反応の半減期を示した。表2のように，酸素架橋の開環体の光閉環量子収率は，架橋鎖が短い 5 においては大きくなったが，6 で下がって，また 7 で上がる，偶奇性と思われる現象を示した。一方，2 つの酸素を硫黄に換えることで，量子収率は架橋鎖の長さに関係なくほぼ一定となった。これは，酸素原子を硫黄原子に置換することによって，結合距離が長くなり，架橋鎖がよりフレキシブルになったため，架橋鎖の長さが分子の硬さに影響しなくなったためであると考えている。閉環体の熱安定性は，架橋鎖を長くすることによって飛躍的に向上した。半減期は，活性化エネルギーと頻度因子から求めた。例えば，架橋鎖が一番短い 5 では 20℃における閉環体の半減期は 13 時間だったのに対し，より環径が大きな閉環体 6 の 20℃における半減期は，422 年となり，光メモリー材料として十分な熱安定性を持つことが明らかとなった。これは，架橋鎖が長くなることによって，2 つのチオフェン環の距離が離れて立体障害が緩和され，分子の歪みが小さくなったため，光異性化前後のエネルギー差が小さくなって，結果，熱反応の活性化エネルギーが大きくなったためであると考えられる。

11.5 メタシクロチオフェノファン-1-エン類のフォトクロミズム[9]

チオフェン環とベンゼン環よりなるメタシクロチオフェノファン-1-エン類は，チオフェノファン-1-エン類とメタシクロファン-1-エン類の中間のフォトクロミック特性を持つことが予想される。そこで，図5に示したシクロファン類を合成し，これらのフォトクロミズムを検討した。11，12 はフォトクロミズムを示したのに対し，単に架橋鎖が長いだけの 13 はフォトクロミズムを示さなかった。そこで，DFT（B3LYP/6-31G*）計算を行い，安定構造を見積もった。13a の反応炭素間距離は十分短かったが（3.84Å），環状反応を行うはずのベンゼン環とチオフェン環

173

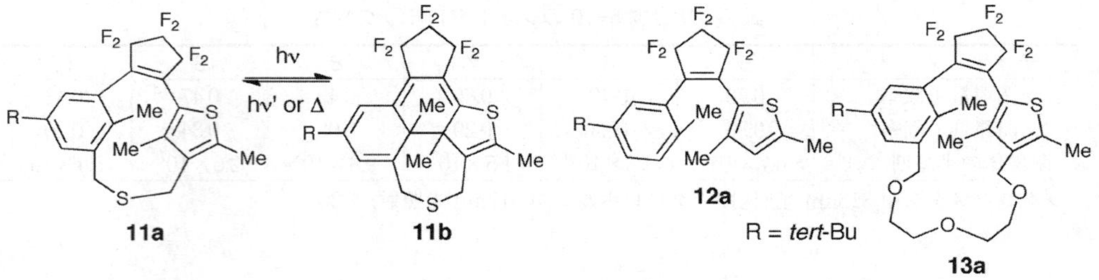

フォトクロミズムの新展開と光メカニカル機能材料

図5　メタシクロチオフェノファン-1-エン類

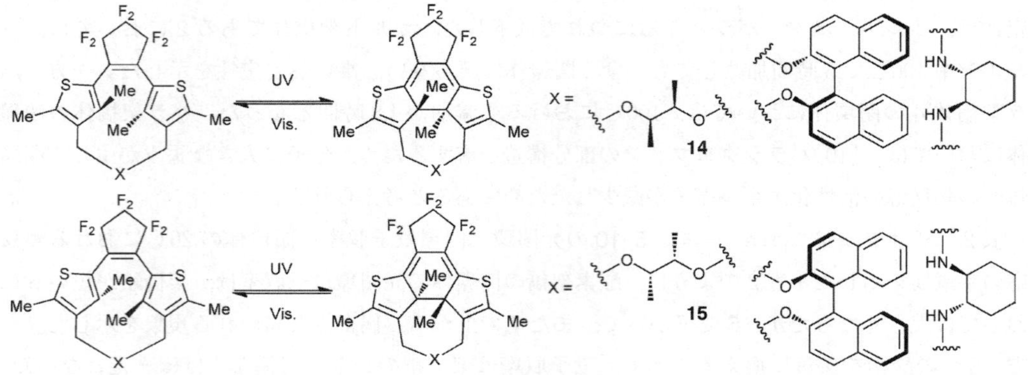

図6　チオフェノファン-1-エン類のジアステレオ特異的フォトクロミック反応

の二重結合の二面角が 88.3° と，ほぼ直行しており，これらはほとんど共役していないことがわかった。また，この共役長の減少は，吸収スペクトルからも見いだされた。すなわち，構造に由来する二重結合の共役の低さが，フォトクロミズムを示さなかった原因であると考えられる。このような現象はジアリールエテンでは見いだされておらず，シクロファン化合物に特有であり，ジアリールエテンに比べ，剛直な構造を有しているためであると考えている。また，光閉環反応の量子収率は 11a で 0.56，12a で 0.49 と，若干シクロファンの方が高い結果が得られた。一方，閉環体の半減期は 25℃ において，89 時間となり，チオフェノファン（2年・20℃）とメタシクロファン（25分・30℃）[10]の間の値を示した。

11.6　チオフェノファン-1-エン類のエナンチオ特異的フォトクロミズム[11]

　フォトクロミック化合物を光メモリー材料に用いるためには，非破壊読み出しが必須となる。その中でも，旋光度変化による読み出しは，物質が吸収しない波長の光で読み出すことができるため，最も盛んに研究されてきた[12]。我々は現在まで報告がない，ジアステレオ特異的フォトクロミック反応を開発した（図6）。この反応は，既知のジアステレオ選択的フォトクロミック反応[13]やエナンチオ特異的フォトクロミック反応[14]とは異なり，反応環境（温度，媒体など）にジ

174

第2章　新規・高性能フォトクロミック系

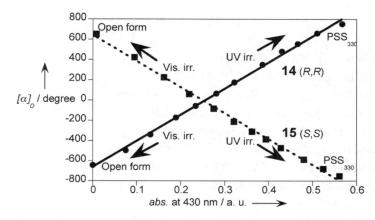

図7　光学活性チオフェノファン-1-エン 14, 15 の 588nm における光可逆的旋光度変化

アステレオ選択性が左右されず，光学分割も必要ない。フォトクロミックチオフェノファン-1-エンに導入した光学活性な架橋鎖としては，1,2-ブタンジオール，1,1'-ビ-2-ナフトール，1,2-シクロヘキサンジアミンを選択し，合成を行った。いずれの場合もジアステレオ選択的に環化反応が進行し，光学分割を行うことなく，開環体が単一エナンチオマーとして得られた。横軸に430nm の吸光度すなわち閉環体の濃度，縦軸に比旋光度をプロットすると，図7に示すように，化合物 14, 15 はフォトクロミック反応に伴って光可逆的に旋光度変化を行ない，2つのエナンチオマーはお互いに鏡像の関係にあることが確認された。また，溶液の温度を100℃で2時間保持しても，旋光度，CDスペクトルに変化は見られなかった。同様な現象が他の光学活性な架橋鎖を持ったチオフェノファン-1-エン類にも見いだされた。これらの化合物は，架橋鎖の光学活性によって，光環状反応のらせんに基づく不斉をコントロールしているため，ジアステレオ特異的にフォトクロミック反応を行っている。また，高温においても決して他のジアステレオマーへの異性化が進行しないことが見いだされた。この旋光度変化は，両光異性体が吸収しない波長の光（588nm）で行われたため，この方法を用いたフォトクロミック反応の非破壊読み出しが可能であることがわかった。

11.7　おわりに

以上のように，チオフェノファン-1-エン類は，部分構造としてジチエニルエテン骨格を有しているが，その剛直な立体構造に起因する特異なフォトクロミック特性をもつことが明らかとなっている。小～中環状のものは光メモリー材料として，大環状のものは，光スイッチを持ったホスト化合物として現在研究を進めている。

フォトクロミズムの新展開と光メカニカル機能材料

文　　　献

1) M. Irie, *Chem. Rev.*, **100**, 1685 (2000)
2) 例えば，K. Uchida *et al.*, *Chem. Lett.*, 63 (1999)
3) 例えば，M. Takeshita *et al.*, *Chem. Commun.*, 1807 (1996)
4) S. Aloïse *et al.*, *J. Am. Chem. Soc.*, **132**, 7379 (2010)
5) M. Takeshita *et al.*, *Chem. Commun.*, 1496 (2003)
6) M. K. Hossain *et al.*, *Eur. J. Org. Chem.*, 2771 (2005)
7) M. Takeshita *et al.*, *New. J. Chem.*, **33**, 1433 (2009)
8) M. Morimoto *et al.*, *Chem. Eur. J.*, **9**, 621 (2003)
9) M. Takeshita *et al.*, *Chem. Lett.*, **38**, 982 (2009)
10) M. Takeshita *et al.*, *J. Phys. Org. Chem.*, **20**, 830 (2007)
11) M. Takeshita *et al.*, *Chem. Commun.*, **46**, 3994 (2010)
12) Y. Yokoyama, *New J. Chem.*, **33**, 1314 (2009)
13) 例えば，Y. Yokoyama *et al.*, *Angew. Chem. Int. Ed.*, **48**, 4521 (2009)
14) M. Takeshita *et al.*, *Angew. Chem. Int. Ed.*, **41**, 2156 (2002)

12　ケト-エノール光異性化に基づく単結晶フォトクロミズム

田中耕一[*]

12.1　はじめに

　フォトクロミズムを示す有機化合物は数多く知られているが，結晶状態でフォトクロミズムを示す有機化合物の例は限られる。筆者らは最近，トランス-ビインデニリデンジオン誘導体（1）[1]，シクロペンテノン誘導体（2）[2]，プロパルギルアレン誘導体（3）[3]，フォスホニウムハライドのフェノール包接体（4）[4]，キラルなシッフ塩基マクロサイクル（5）[5]および1,4-ビスインデニリデンシクロヘキサン（6）[6]がそれぞれ結晶状態でフォトクロミズムを示すことを見出し報告した。本稿では，トランス-ビインデニリデンジオン誘導体（1），1,4-ビスインデニリデンシクロヘキサン（6）およびキラルシッフ塩基マクロサイクル（5）の結晶相フォトクロミズムについて紹介する。

12.2　トランス-ビインデニリデンジオン誘導体の結晶相フォトクロミズム

　3,3′-ジアリールビインデノンを含水溶媒中でZn-ZnCl₂で還元すると対応するトランス-ビインデニリデンジオン誘導体（1a-e）が得られる。1aの黄色結晶に数分太陽光をあてると速やかに赤紫色結晶に変化する。この赤紫色結晶を暗所に放置すると徐々に元の黄色結晶に戻った。この変化は結晶の崩壊なしに何度でも繰り返し可能であった[1a]（図1）。この変化を固体UVスペクトルで追跡した結果，暗所で約2時間で褪色することが分かった（図2）。同様に，1b-1dの結晶も黄色から赤色へのフォトクロミズムを示すことが判明した（表1）。興味深いことに，重水素を導入したトランス-ビインデニリデンジオン誘導体（1-d_2）のフォトクロミズムは顕著な同位体効果を示し，褪色反応の時間が長くなることが分かった[1b]。たとえば，1a-d_2および1c-d_2

　＊　Koichi Tanaka　関西大学　化学生命工学部　教授

フォトクロミズムの新展開と光メカニカル機能材料

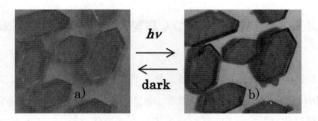

図1　単結晶1aの光照射前（a）および光照射後（b）の写真

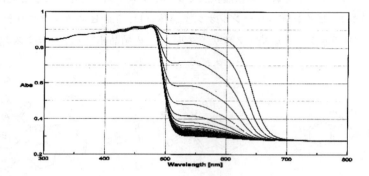

図2　1aの固体UV-visスペクトル変化（10分間隔で測定）

表1　1のフォトクロミズムにおける同位体効果

Ar	1		$1\text{-}d_2$	
	Mp（℃）	bleaching time（h）	Mp（℃）	bleaching time（h）
Ph	215-217	2	221-223	72
$2\text{-MeC}_6\text{H}_4$	223-225	2	228-230	10
$3\text{-MeC}_6\text{H}_4$	221-223	3	220-222	68
$4\text{-MeC}_6\text{H}_4$	216-218	3	218-220	8

の褪色時間は母体化合物1aおよび1cに比べて30倍以上長くなった（表1）。この事実は，トランス-ビインデニリデンジオン誘導体（1a-d）のフォトクロミズムにおいて，ベンジル位水素が反応に関与するNorrish Type II反応によるケト-エノール光異性化が示唆される。そこで，1aの単結晶の光照射前後の顕微FT-IRスペクトルを測定した結果，光照射後の赤色結晶にνOH吸収（3490cm^{-1}）が現れ，加熱により消失することが判明した。また，この過程は繰り返し再現性がみられた（図3）。そこで，1cの単結晶の光照射前と光照射下でのX線結晶構造解析を行った結果，予想どおりC22のジオメトリーがSP^{3}炭素原子（ケト型）からSP^{2}炭素原子（エノール型）に変化することがわかった。さらに，C1-C9原子間の距離が0.026（3）Å短くなり，それに対応してC9-O1原子間の距離が0.018（3）Å長くなることが判明した。また，光照射後のケト型の黄色結晶（1c）からエノール型の赤色結晶（2c）への構造変化の割合は約13%であった

第2章 新規・高性能フォトクロミック系

(図4)[1d]。

トランス-ビインデニリデンジオン誘導体がゲスト分子を取り込んで包接結晶を作ることを見出した。たとえば，1aはジクロロメタン，シクロペンタノン，γ-ブチロラクトンから再結晶するとそれぞれ1:1包接結晶を形成した（表2）。さらに興味深いことに，包接結晶を形成することにより初めてフォトクロミズムを発現したり，光着色状態が安定になることが分かった[1c]。たとえば，1e自身の結晶はフォトクロミズムを全く示さないが，1eの1:1 CH_2Cl_2 包接結晶は光照射で黄色から赤色に色調変化を起こすことが分かった（図5）。また，1aの包接結晶の光着色体は1a自身のそれよりも安定になることが判明した（表2）。1e自身の結晶と1eの1:1 CH_2Cl_2 包接結晶のX線結晶解析結果を図6と図7に示した。両者の結晶中における1eの分子構造のもっ

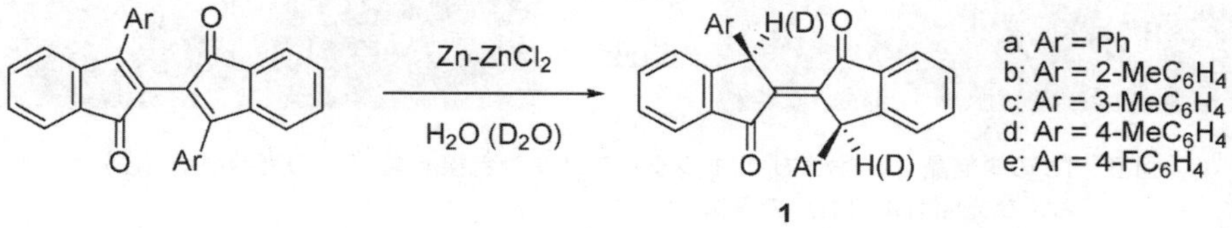

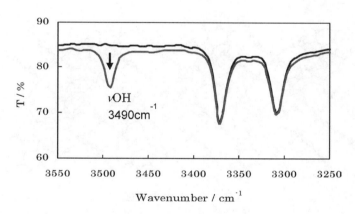

図3 1aの固体IRスペクトル変化

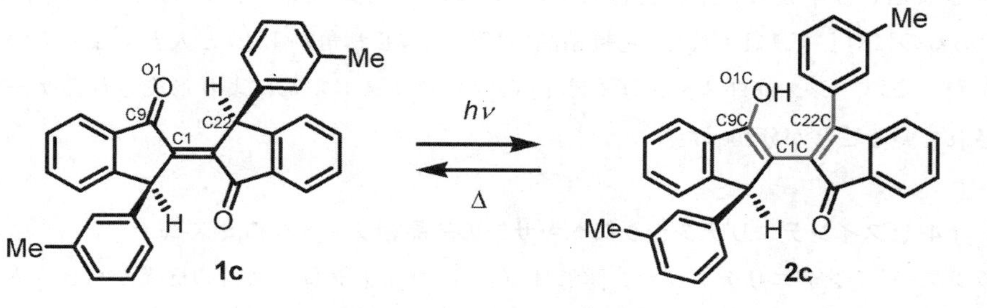

図4 1cの結晶中での分子構造変化

表2 1aと1eの包接結晶のフォトクロミズム

Ar	Inclusion complex of 1a		Inclusion complex of 1e	
	h:g ratio	photochromism	h:g ratio	photochromism
none	–	yes (1h)[a]	–	no
CH$_2$Cl$_2$	1:1	yes (6h)	1:1	yes (0.5h)
cyclopentanone	1:1	yes (12h)	1:1	yes (24h)
γ-butyrolactone	1:1	yes (12h)	1:1	yes (12h)

[a] half-life

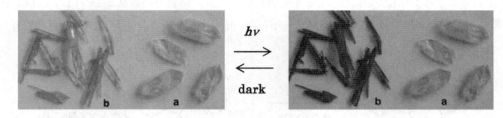

図5 1eの単結晶 (a) および1:1 ジクロロメタン包接結晶 (b) の光照射前 (左) および光照射後 (右) の写真

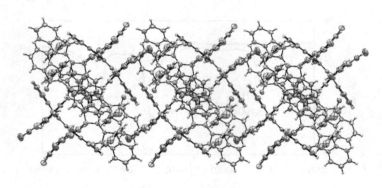

図6 1eのORTEP図

とも大きな違いは中央の二重結合の回りのねじれ角に現れており，1e自身の結晶中では0.2〜5.7°であるのに対して1:1 CH$_2$Cl$_2$包接結晶中では，ねじれ角が15.2°と大きくなっていることが判明した。また，ジクロロメタン分子は1eのフロロフェニル基により形成されるケージの中に収容されていることが分かった。

12.3 1,4-ビスインデニリデンシクロヘキサンの結晶相フォトクロミズム

トランス-ビインデニリデンジオン誘導体 (1) のフォトクロミズムの機構からヒントを得て，分子内ケト-エノール光異性化が可能な分子構造を有する新規フォトクロミック分子 (3〜5) を

第2章　新規・高性能フォトクロミック系

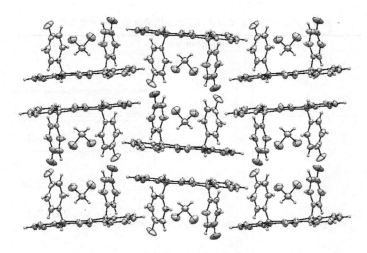

図7　1eの1:1 ジクロロメタン包接結晶の ORTEP 図

分子設計・合成した。化合物3への光照射では色変化が観察されなかったが，化合物4の無色結晶に＞300nm 光を30分照射すると薄いオレンジ色に着色した。また，インダンジオン骨格を分子内に2個有する化合物5は，再結晶溶媒の違いによって多形が生じ，黄色プリズム晶とオレンジプリズム晶が得られた。この内，黄色プリズム晶に同様に光照射するとオレンジ色に着色することが分かった。また，フォトクロミズムを示す化合物の光照射後の着色体結晶に ESR シグナルが現れることが判明した（表3）。

フォトクロミズムを示す5a（yellow form）と示さない5b（orange form）のX線結晶構造を比較した結果をそれぞれ図8と図9に示した。フォトクロミズムを示す5a（yellow form）の結晶中では，co-facially パッキング構造をとり隣接するクロモフォアの最小二乗平面間の距離が 3.136Å であり，C…C の van der Waals 半径の和（3.4Å）よりかなり短い（図8）。一方，フォトクロミズムを示さない5b（orange form）の結晶では，anti-facially パッキング構造をとり，相当する最小二乗平面間の距離は 3.545-3.651Å であった（図9）。

12.4　ラセミおよび光学活性シッフ塩基マクロサイクルの結晶相フォトクロミズム

2,6-ジホルミルフェノール誘導体と (1S, 2S)-1,2-ジアミノシクロヘキサンとの ［3＋3］環化縮合反応により得られるキラルなシッフ塩基マクロサイクル (S, S, S, S, S, S)-6 が結晶状態で

表3 アルキリデンインダンジオン誘導体のフォトクロミズム

Compound	Photochromism	ESR (g value)
3	No	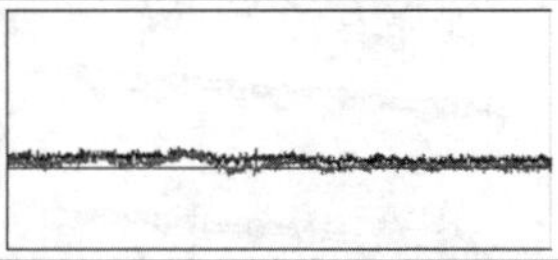
4	yes (orange)	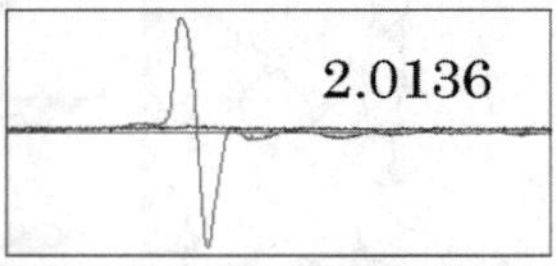 2.0136
5a (yellow form)	yes (orange)	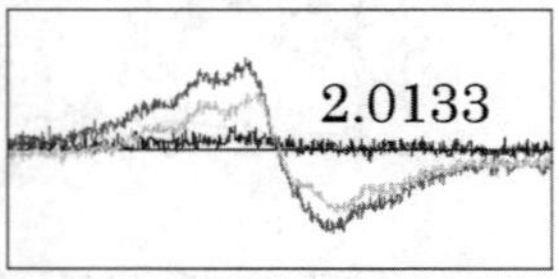 2.0133
5b (orange form)	No	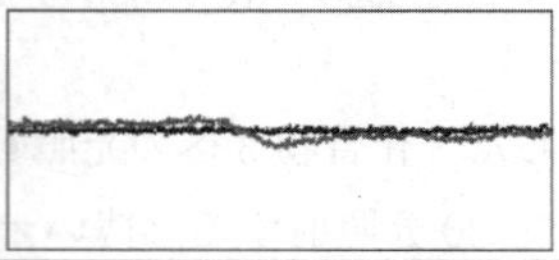

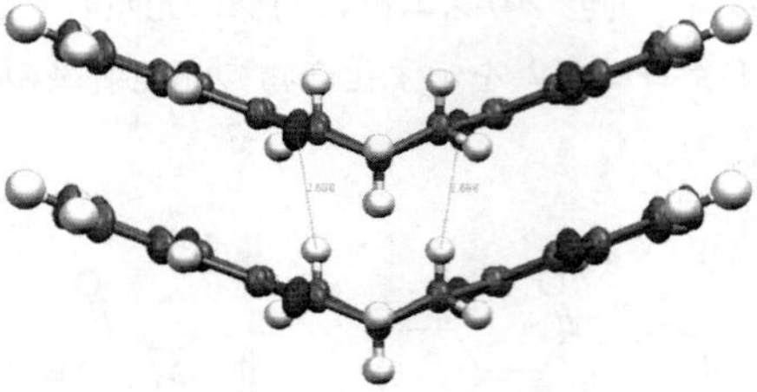

図8 フォトクロミズムを示す多形結晶 (5a) 中の二つの重なり合った分子の最小二乗平面間距離

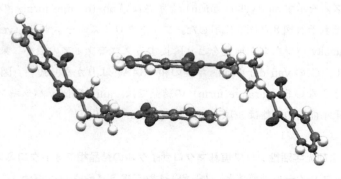

図9 フォトクロミズムを示さない多形結晶 (5b) 中の二つの重なり合った分子の最小二乗平面間距離

第2章 新規・高性能フォトクロミック系

フォトクロミズムを示すことを見出した。たとえば，(S, S, S, S, S, S)-6b の黄色結晶に光照射すると速やかに赤色結晶に変化し（図10），光照射を止めて結晶を暗所に放置すると約1時間で元の黄色結晶に戻った。興味深いことに，シッフ塩基マクロサイクル 6a の場合は，(S, S, S, S, S, S)-体の結晶はフォトクロミズムを示すが，rac-体の結晶はフォトクロミズムを示さないことが分かった。6a の光学活性体の結晶とラセミ体の結晶でフォトクロミック挙動が異なる理由を明らかにするために，6a の (S, S, S, S, S, S)-体および rac-体（CH$_3$CN 包接体）の X 線結晶解析を行った（図11，図12）。(S, S, S, S, S, S)-体結晶では，分子内 OH-N 水素結合が存在しておりエノール型からケト型への互変異性が可能である（図11）。一方，rac-体結晶では，その空洞に水素結合を介してアセトニトリル分子が包接されているため，エノール型からケト型への光異性化が進行しないものと考えられる（図12）。

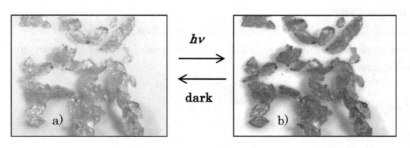

図10 6b の光照射前（a）および光照射後（b）の写真

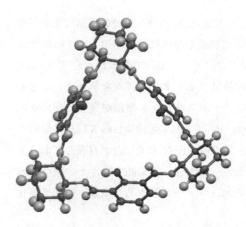

図11 (S, S, S, S, S, S)-6a の分子構造

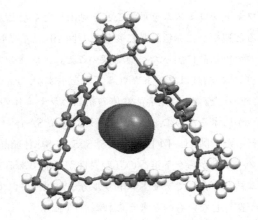

図12 rac-6a のアセトニトリル包接結晶の分子構造

文　献

1) a) K. Tanaka, F. Toda, *J. Chem. Soc., Perkin Trans.* **1**, 873 (2000)；b) K. Tanaka, Y. Yamamoto, H. Takano, M. R. Caira, *Chem. Lett.*, **32**, 680 (2003)；c) K. Tanaka, Y. Yamamoto, M. R. Caira, *CrystEngComm*, **6**, 1 (2004)；d) K. Fujii, K. Aruga, A. Sekine, H. Uekusa, K. Sohno, K. Tanaka, *CrystEngComm*, **13**, 731 (2011)
2) K. Tanaka, T. Watanabe, F. Toda, *Chem. Commun.*, 1361 (2000)；K. Tanaka, T. Watanabe, M. Kato, *J. Chem. Res.*, 535 (2003)
3) K. Tanaka, A. Tomomori, J. L. Scott, *Bull. Chem. Soc. Jpn.*, **78**, 294 (2005)
4) K. Tanaka, H. Itoh, A. Nakashima, D. Wojcik, Z. Urbanczyk-Lipkowska, *Bull. Chem. Soc. Jpn.*, **82**, 489 (2009)
5) K. Tanaka, R. Shimoura, M. R. Caira, *Tetrahedron Lett.*, **51**, 449 (2010)
6) Z. Urbanczyk-Lipkowska, P. Kalicki, S. Gawinkowski, J. Waluk, M. Yokoyama, K. Tanaka, *CrystEngComm*, **13**, 3170 (2011)

13 ロジウムジチオナイト錯体分子の単結晶フォトクロミズム

中井英隆[*1], 磯辺 清[*2]

13.1 はじめに

近年，有機金属錯体を含む錯体分子（無機化合物）のフォトクロミズム研究に注目が集まっている[1~6]。錯体分子は，金属原子の多様性と有機配位子の設計柔軟性を兼ね備えており，新規で高性能なフォトクロミック化合物を構築するうえで魅力的な化合物群である。

錯体分子におけるフォトクロミック化合物は，大きく2つに分類することができる（図1）。一つは，有機フォトクロミック化合物が配位子として錯体分子と連結（融合）した化合物群である（タイプI）。このタイプの化合物においては，錯体分子の機能と有機フォトクロミック分子のスイッチング機能を巧妙にリンクさせ，新しい機能・特性の開拓を指向した研究が活発に展開されている[1~4,6]。もう一つは，錯体分子自身が構造変化等によりフォトクロミズムを示す化合物群である（タイプII）。このタイプの化合物は，未知の機能・特性を示す可能性を有しているが，合理的な合成戦略は確立しておらず，見つけるのが難しい[1~3,5]。最近筆者らは，タイプIIに分類される錯体分子を発見し，その特異な性質を明らかにした[7~11]。すなわち，無機化合物であるジチオナイトイオン（$S_2O_4^{2-}$）を配位子とするロジウム二核錯体が，珍しい単結晶フォトクロミズムを示すことを見いだした。単結晶フォトクロミズムは，フォトクロミック化合物の新しい応用への可能性を秘めたものとして，最近特に注目を集めている現象の一つである[12~17]。本稿では，有機金属錯体分子「ロジウムジチオナイト錯体」の単結晶が示す特異なフォトクロミック現象・機能に関する最新の成果を中心に紹介する。

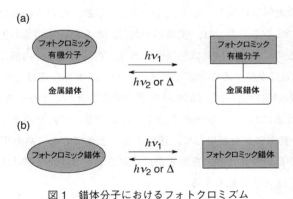

図1 錯体分子におけるフォトクロミズム
(a) タイプI, (b) タイプII

[*1] Hidetaka Nakai 九州大学 大学院工学研究院 准教授
[*2] Kiyoshi Isobe 九州大学 大学院工学研究院 学術研究員

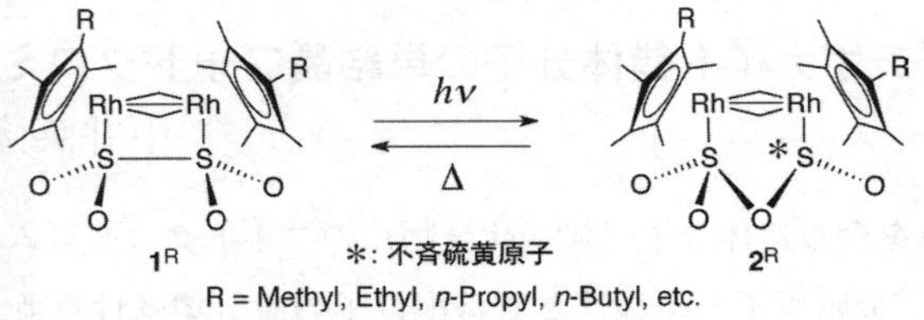

フォトクロミズムの新展開と光メカニカル機能材料

*: 不斉硫黄原子
R = Methyl, Ethyl, *n*-Propyl, *n*-Butyl, etc.

図2 ロジウムジチオナイト錯体のT型フォトクロミズム

13.2 ロジウムジチオナイト錯体のフォトクロミズム

ロジウムジチオナイト錯体 $[(Cp^RRh)_2(\mu\text{-}CH_2)_2(\mu\text{-}O_2SSO_2)]$ (1^R) $(Cp^R = \eta^5\text{-}C_5Me_4R$, R = Methyl, Ethyl, *n*-Propyl, *n*-Butyl, etc.) は，その異性体 $[(Cp^RRh)_2(\mu\text{-}CH_2)_2(\mu\text{-}O_2SOSO)]$ (2^R) との間で，熱反応でもとに戻るT型フォトクロミズムを示す。光応答部位は，Rh-Rh金属結合に平行に硫黄で配位したジチオナイト（$\mu\text{-}O_2SSO_2$）であり，光によって4つの末端酸素原子のうち1つが硫黄原子間に移動した $\mu\text{-}O_2SOSO$ 配位子へと変換される（図2）。この系のユニークな特徴は，「通常の単結晶X線回折装置で測定可能な0.1mm角の大きさの結晶でさえ，100%という変換率で可逆なフォトクロミック反応を示す」ことである[7,8]。

これまでに知られている単結晶フォトクロミック化合物では，光反応によって生成する着色異性体の光吸収が結晶内部への光の到達を妨げ（inner-filter effect），結晶全体の数%程度の変換率しか示さない[18~22]。そのため，2光子励起等の特殊なテクニックを使って，結晶全体における変換率を向上させる努力がなされてきた。ジチオナイト錯体の単結晶フォトクロミズムの光反応において，100%の変換率が達成されたのは，①この系が $\lambda_{max}(1^R) > \lambda_{max}(2^R)$ の逆フォトクロミズムを示し[23]，②吸光係数に関しても $\varepsilon_{\lambda max}(1^R) > \varepsilon_{\lambda max}(2^R)$ という特異な光化学的性質を持っていることによる。つまりこの系では，光反応の進行にともなって結晶の色が薄くなり，結晶に光が透過しやすくなるのである。戻りは熱反応であり，容易に結晶の内部にまで反応が進行し，もとの錯体 1^R へと100%変換することができる。なお，この熱反応は，室温ではほとんど進行しない。室温で逆反応が進行すれば，錯体 2^R を単離することができなくなるため，錯体 2^R の適度な熱安定性は，光反応において100%の変換率で反応が進行するための必要条件である。このような「100%という変換率」を利用して，達成することができた「高効率な絶対不斉光異性化反応」および変換率が高いゆえに詳細を明らかにすることができた「結晶内での動的挙動」をそれぞれ13.3項および13.4項で紹介する。

13.3 キラル結晶中でのフォトクロミズム

絶対不斉合成は，アキラルな化合物から形成される「キラル結晶」中で，エナンチオ選択的な反応を進行させることによって実現できる[24~26]。幸運にも，*n*-プロピル置換基を導入した $1^{n\text{-}Propyl}$ の結晶を用いて「高効率な絶対不斉光異性化反応：異性化率～100%，鏡像体過剰率＞90%」を達成した[10]。

186

第2章 新規・高性能フォトクロミック系

ロジウムジチオナイト錯体 1^R は,キラリティーの発現という観点から次の2つの可能性を有している。

(1) 2つある Cp^R 配位子にそれぞれメチル基以外の置換基を導入すると,結晶中では導入した置換基の立体配座が制限され,分子自身にキラリティーが発現する。たとえ置換基を導入しても,溶液中では,配位子が自由に回転するためアキラルな分子である。結晶中でも,対称面・対称心を持てばアキラルな分子となる。

(2) 光異性化反応に伴い,スルフィニル基(μ-O_2SOSO)の硫黄原子が不斉中心(図2中の＊のついた硫黄原子)となる。

ロジウムジチオナイト錯体 1^R の光反応では,結晶中での空間配置も考慮すると,4つの異性体の生成が可能である($2a^R$-$2d^R$)(図3)。アキラルな結晶(空間群:$P2_1/n$)中で進行する錯体 1^{Methyl} から 2^{Methyl} への光反応においては,1分子だけに着目すると生成可能な4つの異性体のうち1つだけが選択的に生成する(図3)。しかし,結晶全体としては,その鏡像体が対になったラセミであり,キラルな化合物を得ることはできない。

興味あることに,Cp^{Methyl} 配位子のメチル基の1つを n-プロピル基に置換した錯体 $1^{n\text{-}Propyl}$ を合成し,酢酸エチル-ジクロロメタン混合溶媒中より再結晶すると,ヘリカルキラリティーを持つキラル結晶(P-$1^{n\text{-}Propyl}$ と M-$1^{n\text{-}Propyl}$)が得られた(空間群:$P2_12_12_1$)。結晶中で,2つの $Cp^{n\text{-}Propyl}$ 配位子の配置・配向が固定され,錯体 $1^{n\text{-}Propyl}$ のキラリティーを引き出すことができたのである(溶液中では,$Cp^{n\text{-}Propyl}$ 配位子は自由に回転するため,アキラルである)。得られたキラル結晶に光を照射すると,P-$1^{n\text{-}Propyl}$ からは P-$2^{n\text{-}Propyl}$,M-$1^{n\text{-}Propyl}$ からは M-$2^{n\text{-}Propyl}$ が異性化収率〜100%で得られた。光異性化反応に伴って生成する不斉硫黄原子の絶対配置に注目すると,P-$1^{n\text{-}Propyl}$ からは S 配置を持つ錯体 $2^{n\text{-}Propyl}$,M-$1^{n\text{-}Propyl}$ からは R 配置を持つ錯体 $2^{n\text{-}Propyl}$ が鏡像体過剰率90%以上で選択的に生成することがわかった。図4は,上記4つのキラル結晶(P-$1^{n\text{-}Propyl}$,M-$1^{n\text{-}Propyl}$,P-$2^{n\text{-}Propyl}$,M-$2^{n\text{-}Propyl}$)をアセトニトリルに溶解し,測定したCDスペクトルである。錯体 $1^{n\text{-}Propyl}$ のキラリティーは,結晶中でのみ発現する一時的なものであり,溶液中では消失していることがわかる(図4の実線)。一方,錯体 $2^{n\text{-}Propyl}$ のキラリティーは,光反応によって固定化されたものであり,溶液中でも保持されている(図4の点線)。このように,$Cp^{n\text{-}Propyl}$ 配位子

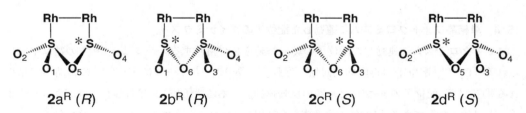

図3 結晶内で生ずる錯体 2^R の4つの異性体
簡略化のため Cp^R および μ-CH_2 配位子は省略,＊は不斉硫黄原子,括弧内の R,S は硫黄原子の絶対配置

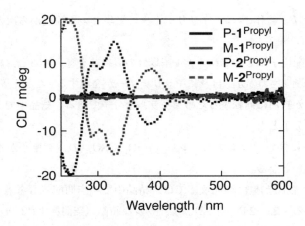

図4 円二色性 (CD) スペクトル
アセトニトリル中，室温

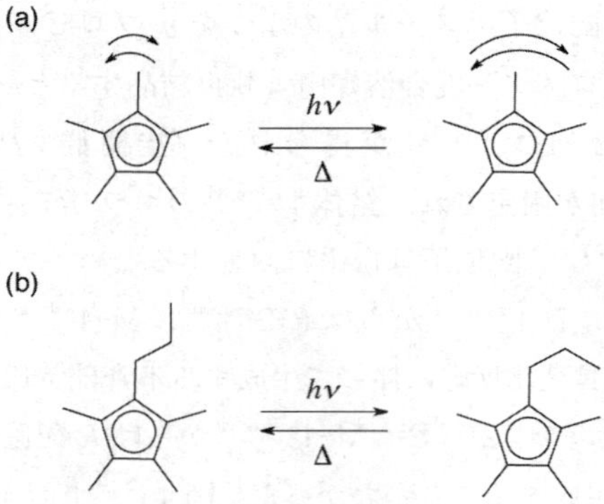

図5 フォトクロミズムに連動した配位子の動的挙動
(a) Cp^{Methyl}配位子の再配向（回転）運動，(b) Cp$^{n\text{-}Propyl}$配位子のn-プロピル基の反転運動

を用いることで，アキラルな錯体1$^{n\text{-}Propyl}$のキラル結晶化を経由して，キラルな錯体2$^{n\text{-}Propyl}$を得るという「絶対不斉合成」に成功した。

13.4 単結晶フォトクロミズムに連動した配位子のダイナミクス

フォトクロミズムに連動した配位子の動的挙動を2つ紹介する。一つは，1^{Methyl}の結晶中で見られる「Cp^{Methyl}配位子の再配向（回転）運動」であり[8]，もう一つは，1$^{n\text{-}Propyl}$の結晶中で見られる「Cp$^{n\text{-}Propyl}$配位子のn-プロピル基の反転運動」である[10]（図5）。どちらも，ロジウムジチオナイト錯体の特徴である「100％の変換率」を利用して，フォトクロミック反応前後の錯体分子・結晶を解析することによって明らかになった。

錯体1^{Methyl}の単結晶フォトクロミック反応は，結晶中で隣り合った錯体のCp^{Methyl}配位子で構

第2章　新規・高性能フォトクロミック系

成される空間内で進行する。結晶中でのCp^{Methyl}配位子の動的挙動を温度可変固体NMRスペクトル（^{13}Cおよび^{2}H）によって解析し，ロジウムに配位しているディスク状のCp^{Methyl}配位子が，5員環の5回軸を中心に再配向運動「$2\pi/5$ジャンピングモーション」していることを定量的に明らかにした。興味あることに，このCp^{Methyl}配位子の再配向運動は，フォトクロミック反応に連動して可逆に変化する。錯体1^{Methyl}のフォトクロミック反応では，ジチオナイト配位子の4つある酸素原子のうち，1つだけが移動する。錯体1^{Methyl}および2^{Methyl}の結晶構造を注意深く観察すると，反応空間を形成しているCp^{Methyl}配位子に最も近接している酸素原子が，選択的に移動していることがわかった。すなわち，Cp^{Methyl}配位子の再配向運動は，結晶中で酸素原子の移動（フォトクロミック反応）をトリガーとして制御されている。

　一方，$Cp^{n\text{-}Propyl}$配位子を有するジチオナイト錯体$1^{n\text{-}Propyl}$の単結晶フォトクロミック反応では，X線構造解析により，ジチオナイト部分の酸素移動反応（フォトクロミック反応）とn-プロピル基の反転運動（コンフォメーション変化）が連動して起こることを見つけた。この系の場合は，選択的な酸素原子の移動によって生じた空間を埋めるように，プロピル基のコンフォメーションが変化している。すなわち，n-プロピル基の反転も上述の錯体1^{Methyl}の系と同様に，フォトクロミック反応をトリガーとして制御されている。

　これらの現象を「結晶の安定性」という観点で眺めてみると，フォトクロミック反応で生じた結晶のストレス（不均一性）を，配位子の分子運動によって解消していると考えることができる。次からの項目では，フォトクロミック反応によって生じる結晶のストレスに着目した研究を紹介する（13.5，13.6項）。

13.5　フォトクロミック反応に誘起される表面ナノ構造変化

　再配向運動可能なCp^{Methyl}配位子やアルキル鎖に柔軟性のある$Cp^{n\text{-}Propyl}$配位子を有するロジウムジチオナイト錯体では，結晶性を保ったままフォトクロミック反応が進行する。再配向運動が極端に制限され，アルキル鎖に柔軟性のないCp^{Ethyl}配位子を用いたらどうなるだろうか。予想通り，通常の光照射条件（385-745nm，$80mW/cm^2$）でフォトクロミック反応を行うと，光反応の進行とともに結晶は崩壊した。ところが，マイルドに光照射（>500nm，$5.0mW/cm^2$）を行うと，結晶表面のナノ構造変化が誘起されることがわかった。さらに，光照射時間を調整することで，そのダイナミクスの観測に成功した[11]。

　錯体1^{Ethyl}の単結晶に光照射後（>500nm，$5.0mW/cm^2$，2 min），暗所にて，結晶の（11-1）面の構造変化を原子間力顕微鏡（AFM）により追跡した。図6にそれぞれ5分，30分，120分後に観測したAFM像を示している。光照射前の単結晶表面が一定の誘導期を経た後，さざ波状のパターン形成を経て，規則的な格子模様のパターンへと変化している。この現象が観測される間，一切光は照射しておらず，光ははじめに2分間照射しただけである。

　一方，X線結晶構造解析によって，結晶内での錯体の分子配列・配向を決定した。さらに，結晶の外形と結晶の面指数を対応させることにより，AFMで観測されたナノ構造変化が，結晶中

189

フォトクロミズムの新展開と光メカニカル機能材料

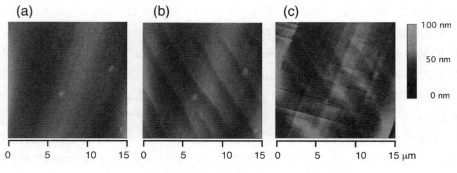

図6　錯体1^{Ethyl}の光誘起表面ナノ構造変化
光照射（>500nm, 5.0mW/cm², 2分間）後，暗所で（a）5分，（b）30分，
（c）120分経過後の結晶表面（11-1）のAFM像

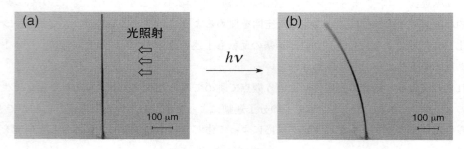

図7　錯体1$^{n\text{-Butyl}}$の光誘起結晶形状変化
（a）光照射前，（b）光照射後

での分子の配列・配向と密接に関連していることがわかった。つまり，錯体1^{Ethyl}の単結晶表面で見られた「光誘起ナノ構造変化」は，分子レベルの構造変化によって生じた結晶内のストレス（歪み）が結晶全体で解消される過程（結晶の崩壊寸前の過程）を観測したものと理解することができる。この現象が観測できた主たる要因は，結晶中での柔軟性に乏しいCp^{Ethyl}配位子を用いたことである。それでは，より柔軟性に富んだCp$^{n\text{-Butyl}}$配位子を用いたらどうなるだろうか。結論から先に述べると，この配位子を用いた系では，フォトクロミック研究のホットなトピックスである「光誘起結晶形状変化」を観測することができた（13.6項）。

13.6　光誘起結晶形状変化

ごく最近，n-ブチル基を有する錯体1$^{n\text{-Butyl}}$を合成し，ジクロロメタン-ヘキサン混合溶媒から再結晶することによって針状結晶を得た。得られた針状結晶（約600×10×10μm）の一端をスライドガラスに固定し（図7a），結晶の側面から光照射したところ，光源から遠ざかる方へと大きく屈曲した（図7b）。この結晶に，はじめとは反対側から光を再照射，もしくは熱を加えると

第2章　新規・高性能フォトクロミック系

元のまっすぐの形状に戻った。このような現象は，長辺が 400-1500 μm の針状結晶を用いても確認できた。屈曲現象の要因は，光照射した結晶側面の錯体 $1^{n\text{-Butyl}}$ が錯体 $2^{n\text{-Butyl}}$ に優先的に異性化することである。すなわち，本システムでは，結晶側面に生じたローカルストレスを結晶自体の変形によって緩和していると考えることができる。現在，分子レベルでの変形機構の解明に取組んでいる。

13.7　おわりに

本稿では，有機金属錯体である「ロジウムジチオナイト錯体」の単結晶フォトクロミズムについて，その分子レベルでのからくりも含めて紹介した。特に，分子内に導入したアルキル鎖の長さにおける僅かな違いが，アウトプットである現象・機能に大きな違いを示すことは，注目に値する。すなわち，単結晶フォトクロミズムの機能開発においては，炭素原子一つの違いにも注意を払うことが必要である。

最後に，結晶内で分子が感じているストレスについて少し考えてみたい。1984 年に McBride らは，結晶相での光反応によって生成する二酸化炭素の IR スペクトルを測定し，結晶内で分子が感じるストレスを見積もった[27]。その結果，結晶中に閉じ込められた二酸化炭素は，「4 から 6 万気圧という，グラファイトがダイアモンドに変化するのと同等の圧力を感じている」と報告している。すなわち，我々が，単結晶フォトクロミズムを自在に制御するためには，「如何に結晶内に生じるストレスを緩和するか」が重要なファクターになる。本稿で示したように，分子の回転運動や長鎖アルキル基を利用して，結晶に柔軟性を与えることが，有用な戦略の一つではないだろうか。

文　　　献

1) S. Kume, H. Nishihara, *Dalton Trans.*, 3260 (2008)
2) M.-S. Wang, G. Xu, Z.-J. Zhang, G.-C. Guo, *Chem. Commun.*, **46**, 361 (2010)
3) J. G. Vos, M. T. Pryce, *Coord. Chem. Rev.*, **254**, 2519 (2010)
4) V. Guerchais, L. Ordronneau, H. Le Bozec, *Coord. Chem. Rev.*, **254**, 2533 (2010)
5) H. Nakai, K. Isobe, *Coord. Chem. Rev.*, **254**, 2652 (2010)
6) M. Akita, *Organometallics*, **30**, 43 (2011)
7) H. Nakai, M. Mizuno, T. Nishioka, N. Koga, K. Shiomi, Y. Miyano, M. Irie, B. K. Breedlove, I. Kinoshita, Y. Hayashi, Y. Ozawa, T. Yonezawa, K. Toriumi, K. Isobe, *Angew. Chem. Int. Ed.*, **45**, 6473 (2006)
8) H. Nakai, T. Nonaka, Y. Miyano, M. Mizuno, Y. Ozawa, K. Toriumi, N. Koga, T. Nishioka, M. Irie, K. Isobe, *J. Am. Chem. Soc.*, **130**, 17836 (2008)

フォトクロミズムの新展開と光メカニカル機能材料

9) Y. Miyano, H. Nakai, M. Mizuno, K. Isobe, *Chem. Lett.*, **37**, 826 (2008)

10) H. Nakai, M. Hatake, Y. Miyano, K. Isobe, *Chem. Commun.*, 2685 (2009)

11) H. Nakai, S. Uemura, Y. Miyano, M. Mizuno, M. Irie, K. Isobe, *Dalton Trans.*, **40**, 2177 (2011)

12) M. Irie, S. Kobatake, M. Horichi, *Science*, **291**, 1769 (2001)

13) M. Morimoto, M. Irie, *Chem. Commun.*, 3895 (2005)

14) R. O. Al-Kaysi, A. M. Müller, C. J. Bardeen, *J. Am. Chem. Soc.*, **128**, 15938 (2006)

15) S. Kobatake, S. Takami, H. Muto, T. Ishikawa, M. Irie, *Nature*, **446**, 778 (2007)

16) R. O. Al-Kaysi, C. J. Bardeen, *Adv. Mater.*, **19**, 1276 (2007)

17) H. Koshima, N. Ojima, H. Uchimoto, *J. Am. Chem. Soc.*, **131**, 6890 (2009)

18) J. Harada, H. Uekusa, Y. Ohashi, *J. Am. Chem. Soc.*, **121**, 5809 (1999)

19) T. Yamada, S. Kobatake, M. Irie, *Bull. Chem. Soc. Jpn.*, **73**, 2179 (2000)

20) T. Yamada, S. Kobatake, K. Muto, M. Irie, *J. Am. Chem. Soc.*, **122**, 1589 (2000)

21) S. Kobatake, M. Irie, *Chem. Lett.*, **33**, 904 (2004)

22) J. Harada, R. Nakajima, K. Ogawa, *J. Am. Chem. Soc.*, **130**, 7085 (2008)

23) H. Bouas-Laurent, H. Dürr, *Pure Appl. Chem.*, **73**, 639 (2001)

24) K. Penzien, G. M. J. Schmidt, *Angew. Chem. Int. Ed. Engl.*, **8**, 608 (1969)

25) G. M. J. Schmidt, *Pure Appl. Chem.*, **27**, 647 (1971)

26) B. S. Green, M. Lahav, D. Rabinovich, *Acc. Chem. Res.*, **12**, 191 (1979)

27) J. M. McBride, B. E. Segmuller, M. D. Hollingsworth, D. E. Mills, B. A. Weber, *Science*, **234**, 830 (1986)

14 超分子相互作用に基づく高着色性フォトクロミックターアリーレンの設計

中嶋琢也[*1]，河合　壯[*2]

14.1　はじめに

　人間や動物の視覚をつかさどる桿体細胞にはレチナールと呼ばれるフォトクロミック分子が存在し，光感受性において重要な役割を担っている。このレチナールの分子構造が光に反応して cis から trans へと変化することにより光情報伝達カスケードが引き起こされ光刺激が神経に伝達される。レチナールの光異性化反応量子収率はオプシンと呼ばれるタンパク質と複合化した状態で約65％とされているが[1,2]，溶液中に遊離した状態では30％以下であることが報告されており，オプシンの中での高い反応効率は，レチナールの構造が光異性化反応に有利な立体配座に固定化されているためである[3]。水中にレチナールだけを溶かした場合には，その構造はねじれた構造やひずんだ構造の間で揺らいでおり，光異性化反応量子収率が低くなる原因と考えられている。一方，人工系のフォトクロミック分子を用いて，酵素反応などの生体反応を光で制御する試みが報告されている[4,5]。タンパク質は折り畳みにより特定のかたちを有する結合サイトを形成する。すなわち，フォトロミック分子の一方の異性体を結合サイトにフィットする阻害剤とし，光異性化反応による立体構造の変化に伴うサイトへの結合定数の変化を活性制御の原理としている。このため，フォトクロミック分子の立体構造制御がその活性制御に重要な役割を果たす。また，より根本的にはフォトクロミック分子の基底状態における立体構造は光異性化反応効率を制御する重要な因子の一つである。

　ジアリールエテンやフルギドにおけるフォトクロミック反応は，1,3,5-ヘキサトリエン — 1,3-シクロヘキサジエンの可逆的な光電子環状反応を基本とする。ジアリールエテンは溶液中において，典型的には鏡対称の平行コンホメーションと C_2 対称の逆平行コンホメーションの二つの立体配座をとると言われており，Woodward-Hoffmann 則に従えば[6]，光反応は C_2 対称の立体配座からのみ進行する[7]。そのため光閉環反応量子収率の制御を目指し，単結晶状態のジアリールエテンの反応量子収率が系統的に検討された[8]。一方，水素結合[9]，包摂錯体[10]，静電相互作用[11]，ならびに共有結合[12]などを利用して立体配座を制御する様々な試みが報告されている。

　本稿では，ジアリールエテン類似のフォトクロミック反応性を示す，ターアリーレン分子群について，その特徴を概説し，超分子相互作用に基づく高い着色性能を示すターアリーレンの分子設計について紹介する。

14.2　フォトクロミックターアリーレン

　フォトクロミックターアリーレンは，ジアリールエテンの中央エテン部（多くはヘキサフルオロシクロペンテン）をヘテロ芳香族で置換した構造を有し，代表的には図1の一般式で表され，ジ

＊1　Takuya Nakashima　奈良先端科学技術大学院大学　物質創成科学研究科　准教授

＊2　Tsuyoshi Kawai　奈良先端科学技術大学院大学　物質創成科学研究科　教授

アリールエテンと同様の可逆的な光電子環状反応を示す。Krayushkin らは一連の dihetarylethene の合成研究の一部としてフラン環，チアゾール環，オキサゾール環などで中央エテン部位を置換したフォトクロミック分子を報告している[13]。一方，筆者らは３つチオフェン環がトライアングル状に連結したターチオフェンを報告し[14]，π共役連結方向の多重切り替えを提案した。さらに，チアゾール，イミダゾリウムなど多様なヘテロ芳香族を導入することで，着色体の熱消色反応速度の制御[15,16]，光ゲート反応系の提案[17]，フォトクロミック希土類錯体[18]などスイッチング分子として多様な展開を行っている。ターアリーレンの最大の特徴は，ヘテロ芳香族の種類と組み合わせのバリエーションにより様々な分子内，分子間相互作用の設計が可能になることであり，これにより従来のジアリールエテンと差別化が可能となる。

　図２に示すジチエニルチアゾール（**1**）ならびにターチアゾール（**2**）の反応性を比較したところ，溶液ならびに単結晶状態において大きな違いが観察された[15]。**1** はヘキサン溶液中で閉環（着色）量子収率（ϕ_{o-c}）が 0.6 であるのに対し，**2** は 0.4 である。また，単結晶状態で **1** は可逆なフォトクロミック反応を示すのに対し，**2** はフォトクロミック反応性を示さなかった。以上の違いは単結晶 X 線構造解析により説明された。図３に示すとおり，**1** は単結晶状態で光反応活性な立体配座を有しており，中央チアゾール基とサイドチエニルユニット間の CH/S，CH/N 相互作用が確認され，立体配座の固定化に寄与していることが示唆された。一方，**2** の単結晶において光反応不活性な立体配座を示し，反応点炭素上のメチル基と中央チアゾール基間の CH/N 相互作用が確認された。以上の分子内相互作用が溶液中で観測された反応性の違いの要因となっていることが考察された。

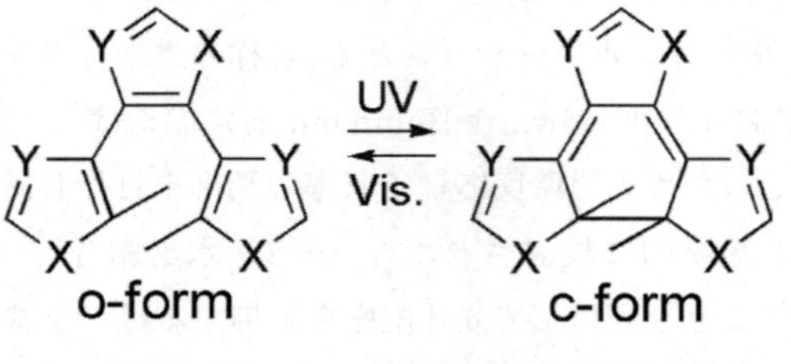

図１　ターアリーレンのフォトクロミック反応（X,Y は炭化水素またはヘテロ元素）

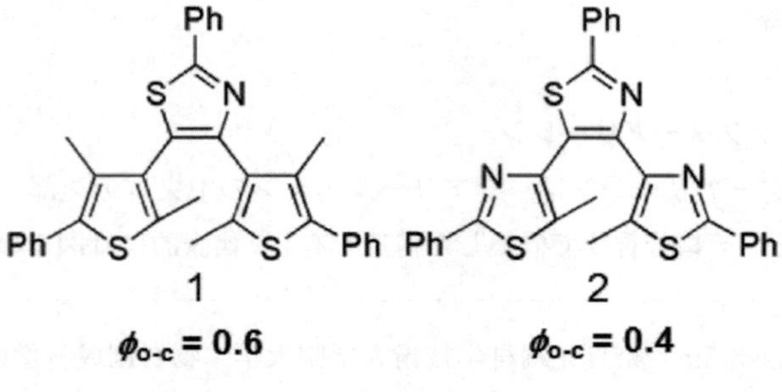

図２　ジチエニルチアゾール（**1**）とターチアゾール（**2**）

第2章 新規・高性能フォトクロミック系

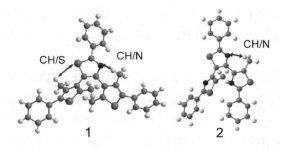

図3 ジチエニルチアゾール (1) とターチアゾール (2) の結晶構造

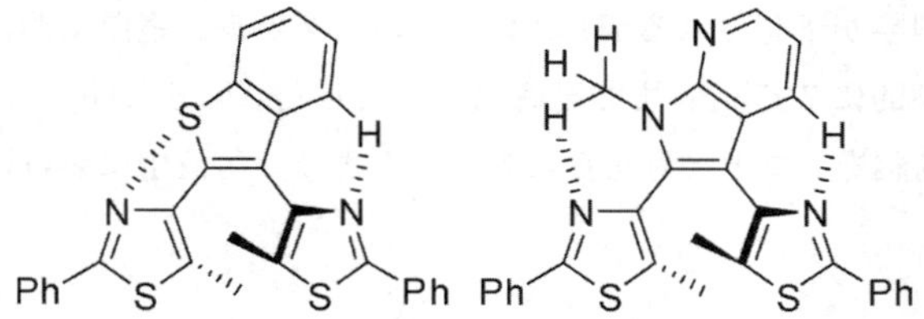

図4 ジチアゾリルベンゾチオフェン (3) とジチアゾリル-N-メチルアザインドール (4)

14.3 分子内相互作用の制御によるターアリーレンの着色効率の向上

前項よりフォトクロミックターアリーレンの反応性制御における分子内相互作用の重要な役割が示唆された。さらに、積極的な分子内相互作用の制御により 0.77[19]，0.82[20] と高い閉環反応量子収率を示すターアリーレン類縁体が報告された。筆者らは更なる閉環反応量子収率の向上，究極的には極限の着色感度を有するフォトクロミックターアリーレンの開発を目指し，ジチアゾリルベンゾチオフェン (3)[21] ならびにジチアゾリル-N-メチルアザインドール (4)[22] の設計・合成を行った（図4）。

図4に示すように，3は両端のチアゾリル窒素原子と中央ベンゾチオフェン間のS/Nヘテロ原子相互作用[23] ならびにCH/N相互作用により共平面構造に分子構造が近づけられる。一方，反応点炭素上のメチル基同士の立体反発により立体配座はわずかに共平面からずれ，ヘキサトリエン周りが C_2 対称となる光反応活性の立体配座が安定化されると期待される。同様に，4においては2点のCH/N水素結合による分子の固定化が期待される。以上のような分子内相互作用による立体配座の制御はフォルダマーの一般的な分子設計指針と類似する[24]。

化合物3はヘキサン溶液から再結晶され，単結晶を与えた。また，単結晶状態における可逆なフォトクロミズムも観測された。図5に3のX線結晶構造解析の結果を示す。予想される分子内相互作用における原子間距離を見積もったところ，S1-N1；0.295nm，H1-N2；0.269nm といずれも，それぞれの原子の *van der Waals* 半径の和より短い値が得られ，結晶内における分子内相互作用が明らかとなった。また，反応点炭素上のメチル基と対面するチアゾール環間の距

離から CH/π 相互作用が示唆された．以上の分子内相互作用により，3 は反応活性型にフォールディングされ，反応点炭素間距離は 0.352nm と結晶フォトクロミック反応を示すのに十分短い距離となった．

一方，低極性のトルエン溶液中における ^{1}H NMR の温度変化測定を行いフォールディングの温度変化を評価した（図6）．常温において，反応点炭素上のメチルプロトンは 1.8ppm と sp^2 炭素に結合したメチルプロトンとしては大きく高磁場にピークを与えた．これは，前述のメチル基 — 対面チアゾール環間の CH/π 相互作用に基づく環電流効果の影響と考えられる．80℃への加熱に伴い，このメチルプロトンのピークは低磁場シフトし分裂したことから，CH/π 相互作用が弱まり，また，対称的な光反応活性な立体配座が揺らぎ，対称性が低下したことが示唆された．一方，水素結合への関与が予想される H1 プロトンのシグナルは室温における 8.1ppm から 80℃までの加熱により連続的に 7.95ppm まで高磁場シフトした（図6 矢印）．これは，加熱による水素結合の緩和に伴う高磁場シフトと考えられる．以上より，溶液中における分子間相互作用によ

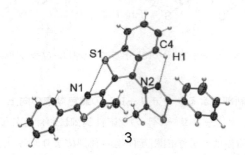

図5 ジチアゾリルベンゾチオフェン（3）の結晶構造

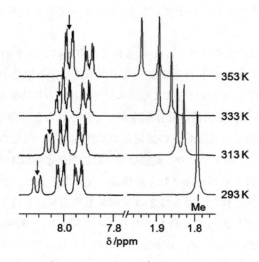

図6 ジチアゾリルベンゾチオフェン（3）の ^{1}H NMR 温度変化測定（トルエン-d_8 中）

第2章　新規・高性能フォトクロミック系

り対称性の高い反応活性な立体配座にフォールディングされていることが示唆された。実際，ジチアゾリルベンゾチオフェン **3** は同様に無極性のヘキサン溶液中において可逆なフォトクロミック反応を示し，その光閉環量子収率は $\phi_{o-c}=0.98\pm0.02$（$\phi_{c-o}=0.008$）とほぼ100％の極限効率を示した。一方，極性溶媒であるメタノール中における光閉環反応量子収率は 0.54（$\phi_{c-o}=0.029$）と半分程度であった。同様に ^{1}H NMR 測定からは，反応点上のメチルプロトンの高磁場シフトならびに H1 プロトンの低磁場シフト，温度依存性も確認されず，極性溶媒中では1点のCH/N 水素結合が有効に働かず，立体配座の保持が効果的でないことが示唆された。

　分子内に2点の CH/N 水素結合サイトを有するジチアゾリル–N–メチルアザインドール（**4**）についても期待通り **3** と同様の光反応活性な結晶構造が得られた。溶液中においても **3** と同様の CH/π 相互作用，CH/N 相互作用が ^{1}H NMR 測定から観測された。さらに，溶液中におけるフォトクロミック特性について，無極性のヘキサン，ならびに高極性のメタノール両方の溶媒において閉環反応量子収率 0.9 を与えた。複数の水素結合点を導入することで高極性溶媒中でも光反応活性な構造が効果的に保持されたものと考えられる。

　以上のように，高い着色感度を有するフォトクロミックターアリーレンの分子設計指針を提案した。様々なヘテロアリールの組み合わせによる適切な原子配置により分子内相互作用を設計し，溶液中におけるアリール間の単結合の回転を制御することで光反応活性な立体配座が安定化される。

14.4　分子間相互作用によるターアリーレンの立体配座と着色効率の制御

　分子内相互作用に加え，分子フォールディングのレギュレーターとなる外部因子に応答して立体配座を変化させるターアリーレン分子システムが構築できれば，フォトクロミック反応とそれに付随する種々の光スイッチングシステムの分子情報制御が可能となる。

　ゲスト結合性のフォトクロミック分子としてアリールユニットとしてチエノピリジンを導入したターアリーレン **5**，**6** を設計した[25]。**5**，**6** はそれぞれ前述の分子内 CH/S，S/N 相互作用により一方のサイドアリールユニットが固定化されるが，もう一方のサイドアリールユニットは中央チアゾールの窒素原子とチエノピリジル基の窒素原子の非共有電子対間の静電反発により共平面

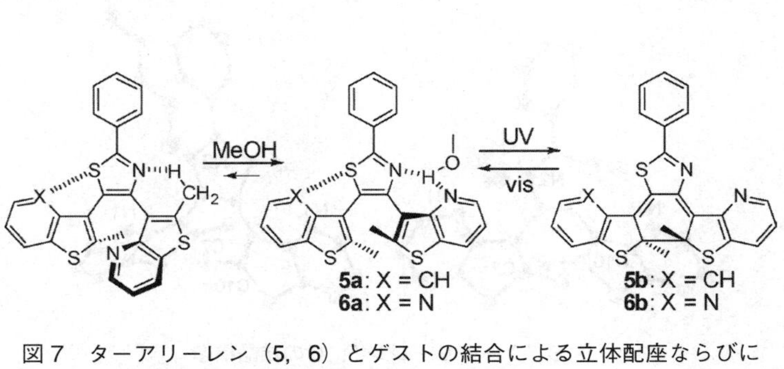

図7　ターアリーレン（**5**，**6**）とゲストの結合による立体配座ならびに
　　　フォトクロミック反応性の制御

フォトクロミズムの新展開と光メカニカル機能材料

構造から大きくずれた光反応不活性な立体配座が優先される。ここで，フォールディングのレギュレーターとなる外部因子（ここではメタノール）がN-N結合サイトに結合することで，分子が光反応活性な立体配座にフォールディングすると期待される。

ターアリーレン5，6はメタノールおよびヘキサン溶液から再結晶され，結晶構造において興味深い溶媒依存性を示した。図8aおよびcに示すように，メタノールからの再結晶により得られた単結晶中において，5，6はそれぞれ1分子のメタノールをN1-N2結合サイトに包摂していることが明らかとなった。また，反対サイドのアリールユニットは，前述の通り，それぞれCH/S（5），S/N（6）により固定化されていることがわかった。一方，ヘキサンから再結晶した単結晶においては，5については明らかに光反応不活性な立体配座が観察された。N2-（C8メチル）間のCH/N相互作用が確認され，分子内相互作用により反応不活性立体配座が安定化されていることがわかった。ヘキサン溶液から得られた6の結晶については，一見，光反応活性型に見えるが，N1-N2間の非共有電子対間の反発のため，N1-N2距離が遠くなり，それに従い，反応点間（C7-C10）距離は0.431nmとフォトクロミック反応を示すには遠い距離となった。メタノール溶液から再結晶された5，6はいずれも結晶フォトクロミズムを示すのに対し（図9），ヘキサン溶液から再結晶された5，6の結晶はフォトクロミズムを示さなかった。このように，単結晶状態において，ホスト―ゲスト分子間相互作用を利用することで分子フォールディング

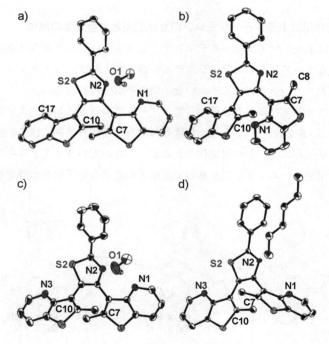

図8　ターアリーレン5，6の結晶構造
a) 5（メタノール），b) 5（ヘキサン），c) 6（メタノール），d) 6（ヘキサン）

198

第2章 新規・高性能フォトクロミック系

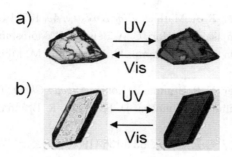

図9 単結晶5（メタノール）(a) ならびに6（メタノール）(b) の結晶フォトクロミズム

と結晶フォトクロミズム特性の完全制御を行った。

　フォトクロミック反応特性の溶媒依存性は溶液中における閉環反応量子収率においても観測された。5, 6はヘキサン溶液中でそれぞれϕ_{o-c}=0.30, 0.24（ϕ_{c-o}=0.22, 0.26）であるのに対し，メタノール溶液中でϕ_{o-c}=0.60, 0.88（ϕ_{c-o}=0.16, 0.16）といずれも2倍以上の着色効率を与えた。以上の着色効率の溶媒依存性は低温 ^{1}H NMR 測定から光反応活性立体配座の存在（占有）比として相関が得られた。

14.5 おわりに

　以上のように，本稿ではフォトクロミックターアリーレンの分子設計を例に分子内相互作用ならびに分子間相互作用に基づく分子フォールディング制御と着色効率の向上について紹介した。ほぼ100％の極限感度で光閉環反応を示すフォトクロミック反応システムの利用により，記録材料用途における省エネルギー化や超感度光センサーへの応用が期待される。また，極限感度を有する光閉環反応を利用して，酸発生やラジカル発生により後続反応を誘起する事ができれば[26]，光反応材料を用いたレジストや粘着性テープ・フィルム，塗布・コーティング，接着・シール，写真製版印刷，光造成形などの光反応プロセスの大幅な省エネルギー化が実現される。

　一方，本稿で高い着色感度のためのフォトクロミック分子の設計指針を示したが，消色反応の高感度化との両立は未踏領域である。今後，熱消色反応の非線形応答化や，電気化学的酸化反応による消色プロセス[27]を組み合わせることで，着色ならびに消色ともに高い感度を有するフォトクロミック分子システムの開発が期待される。

文　　献

1) D. S. Kliger, E. L. Menger, *Acc. Chem. Res.*, **8**, 81 (1975)

フォトクロミズムの新展開と光メカニカル機能材料

2) J. E. Kim, M. J. Tauber, R. A. Mathies, *Biochemistry*, **40**, 13774 (2001)

3) K. Palczewski, T. Kumasaka, T. Hori, C. A. Behnke, H. Motoshima, B. A. Fox, I. Le Trong, D. C. Teller, T. Okada, R. E. Stenkamp, M. Yamamoto, M. Miyano, *Science*, **289**, 739-745 (2000)

4) D. Vomasta, C. Hogner, N. R. Branda, B. Konig, *Angew. Chem. Int. Ed.*, **47**, 7644 (2008)

5) U. Al-Atar, R. Fernandes, B. Johnsen, D. Baillie, N. R. Branda, *J. Am. Chem. Soc.*, **131**, 15966 (2009)

6) S. Nakamura, M. Irie, *J. Org. Chem.*, **53**, 6136 (1988)

7) M. Irie, *Chem. Rev.*, **100**, 1685 (2000)

8) S. Kobatake, K. Uchida, E. Tsuchida, M. Irie, *Chem. Commun.*, 2804 (2002)

9) M. Irie, O. Miyatake, K. Uchida, *J. Am. Chem. Soc.*, **114**, 8715 (1994)

10) M. Takeshita, C. N. Choi, M. Irie, *Chem. Commun.*, 2265 (1997)

11) K. Matsuda, Y. Shinkai, T. Yamaguchi, K. Nomiyama, M. Isayama, M. Irie, *Chem. Lett.*, **32**, 1178 (2003)

12) S. Aloise, M. Sliwa, Z. Pawlowska, J. Rehault, J. Dubois, O. Poizat, G. Buntinx, A. Perrier, F. Maurel, S. Yamaguchi, M. Takeshita, *J. Am. Chem. Soc.*, **132**, 7379 (2010)

13) M. M. Krayushkin, S. N. Ivanov, A. Y. Martynkin, B. V. Lichitsky, A. A. Dudinov, B. M. Uzhinov, *Russ. Chem. Bull.*, **50**, 116 (2001)

14) T. Kawai, T. Iseda, M. Irie, *Chem. Commun.*, 72 (2004)

15) T. Nakashima, K. Atsumi, S. Kawai, T. Nakagawa, Y. Hasegawa, T. Kawai, *Eur. J. Org. Chem.*, 3212 (2007)

16) S. Kawai, T. Nakashima, K. Atsumi, T. Sakai, M. Harigai, Y. Imamoto, H. Kamikubo, M. Kataoka, T. Kawai, *Chem. Mat.*, **19**, 3479 (2007)

17) T. Nakashima, M. Goto, S. Kawai, T. Kawai, *J. Am. Chem. Soc.*, **130**, 14570 (2008)

18) T. Nakagawa, K. Atsumi, T. Nakashima, Y. Hasegawa, T. Kawai, *Chem. Lett.*, **36**, 372 (2007)

19) S. Kawai, T. Nakashima, Y. Kutsunugi, H. Nakagawa, H. Nakano, T. Kawai, *J. Mater. Chem.*, **19**, 3606 (2009)

20) K. Morinaka, T. Ubukata, Y. Yokoyama, *Org. Lett.*, **11**, 3890 (2009)

21) S. Fukumoto, T. Nakashima, T. Kawai, *Angew. Chem. Int. Ed.*, **50**, 1565 (2011)

22) S. Fukumoto, T. Nakashima, T. Kawai, *Eur. J. Org. Chem.*, 5047 (2011)

23) M. Karikomi, C. Kitamura, S. Tanaka, Y. Yamashita, *J. Am. Chem. Soc.*, **117**, 6791 (1995)

24) I. Huc, *Eur. J. Org. Chem.*, 17 (2004)

25) T. Nakashima, R. Fujii, T. Kawai, *Chem. Eur. J.*, **17**, 10951 (2011)

26) H. Nakagawa, S. Kawai, T. Nakashima, T. Kawai, *Org. Lett.*, **11**, 1475 (2009)

27) T. Koshido, T. Kawai, K. Yoshino, *J. Phys. Chem.*, **99**, 6110 (1996)

15 白金錯体単結晶で起こるフォトクロミズム

松下信之[*]

15.1 はじめに

遷移金属錯体は，配位子場によって色・電子状態が支配されるので，フォトクロミズム，サーモクロミズム，エレクトロクロミズム，ソルバトクロミズム，ベイポクロミズムなど外部刺激（外場）に応答して色が変化するクロモトロピズムをしばしば発現する．本文では，我々が発見したビス(2-アミノメチルピリジン)白金錯体（スキーム1）の塩化物・一水塩の単結晶 $[Pt(2\text{-amp})_2]Cl_2 \cdot H_2O$ (2-amp は 2-アミノメチルピリジン)[1])で起こるフォトクロミズムについて，これまで明らかになったことを解説する．

15.2 ビス(2-アミノメチルピリジン)白金錯体結晶のフォトクロミズムの特徴

白金錯体結晶 $[Pt(2\text{-amp})_2]Cl_2 \cdot H_2O$ の単結晶フォトクロミズムは，図1に示すとおり，光が照射されると青くなり，暗所においておくと無色に戻る，そしてこれが可逆的に起こるフォトクロミズムである．この無色から青色への変化は，蛍光灯などの室内灯のもとで容易に起こり，日中の日の光や室内灯などの明かりがある状況では，結晶は青色を呈している．単核の白金(II)錯体は，ふつう青色を示さないことから，この単結晶状態でのフォトクロミズムを発見するに至った．

本白金錯体単結晶が示すフォトクロミズムの特徴をまずまとめておくと，

① 室温，室内灯下で着色．暗所で元の無色に戻る．
② 溶液中では起こらず，結晶状態でのみ起こる．
③ 単核 Pt^{II} 錯体では珍しい青色を呈する．
④ ドメイン構造をもつ（図2）．

となる．

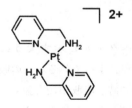

スキーム1 ビス(2-アミノメチルピリジン)白金錯体イオン

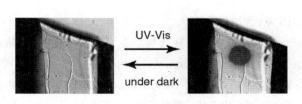

図1 $[Pt(2\text{-amp})_2]Cl_2 \cdot H_2O$ 単結晶のフォトクロミズムの偏光による観察
左：96時間暗所においた単結晶（無色）の写真
右：タングステンランプスポット光を1時間照射後の写真（スポット光のあたった箇所のみ青色に変色．写真では円形の色の濃い部分．）

---

[*] Nobuyuki Matsushita 立教大学 理学部 化学科 教授

フォトクロミズムの新展開と光メカニカル機能材料

図2 青色のフォトクロミック領域（少し色のついている領域）と無色のノン-フォトクロミック領域からなる砂時計模様を呈する単結晶
結晶全面に可視光照射してある。偏光下で撮影した写真

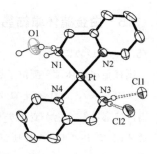

図3 室内灯下，光定常状態の測定に用いた単結晶（左）室内灯下，光定常状態での単結晶X線回折実験による解析結果の構造（右）

　単結晶フォトクロミズムは，多くの場合，分子の光異性化が結晶中でも起こることによっているが，本白金錯体単結晶では，もともと明らかな光異性化分子（部位）を有しているわけではない。また，単結晶全体で現れる，フォトクロミズムを示す「フォトクロミック領域」と示さない「ノン-フォトクロミック領域」からなるドメイン構造は，バルクの性質であるので，微視的な個々の分子の性質でのみ説明することが困難であり，集合状態全体としての結晶であることに，本フォトクロミズム発現の理由があるように見える。

15.3　ビス(2-アミノメチルピリジン)白金錯体結晶の光定常状態下での構造
　[Pt(2-amp)$_2$]Cl$_2 \cdot$H$_2$O についての文献は，過去に結晶構造の報告[2]が一報あるのみで，そこにはフォトクロミズム発現の指摘はなかった。結晶相が異なる可能性もあるので，本白金錯体フォトクロミック単結晶の光定常状態での結晶構造解析（図3）を行ったが，解析された結晶構造は，文献報告のものと差異は見られなかった。

15.4　光誘起吸収帯
　この光照射により発現する青色は，図4の単結晶吸収スペクトルに示すように628nm（15,900cm^{-1}）と595nm（16,800cm^{-1}）に極大を持つ吸収帯の出現によっている。この吸収帯の偏光特性（図5）は，偏光が結晶の長軸から一方に約20°の方向の時，吸収が最も強く，偏光がそれに直交する時，吸収帯はほぼ消失し，「青色」と「無色」の顕著な二色性を示す。この吸収が最も強い偏光方向（遷移モーメントの向き）は，白金イオンにトランス配置で位置する2つのアミノ基を結ぶ方向にある。

15.5　フォトクロミック状態の熱的安定性
　光を当て青い状態にした結晶を，室温で暗所におけば，元の無色に戻るが，室温，室内灯下では，[Pt(2-amp)$_2$]Cl$_2 \cdot$H$_2$O の色変化した状態（青色状態）は，ずっと維持され安定である。この

第2章 新規・高性能フォトクロミック系

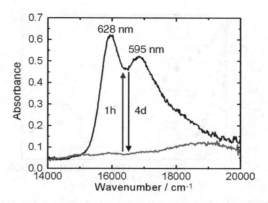

図4 [Pt(2-amp)$_2$]Cl$_2$・H$_2$O の光誘起吸収帯
吸収強度の大きい方がタングステンランプ光を1時間照射後，小さい方が96時間（4日間）暗所保存後のスペクトル

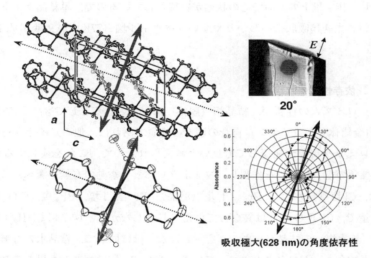

図5 光誘起吸収帯（at 628nm）の偏光特性（0°は針状結晶の長軸方向），ならびに，分子構造と遷移モーメントの関係

フォトクロミック（青色）状態の熱的安定性を調べた。図6に示すように，光誘起吸収帯の吸光度（図中のCはベースラインを差し引いて規格化したもの）は，温度を上げると速やかに減衰する。各温度での減衰は，一次反応的で，求めた速度定数 k のアレニウスプロットから，活性化エネルギーが104(2)kJ/molと求められた。また，298Kでの緩和時間は14時間と算出された。ジアリールエテン類[3]の4800年（298Kに換算）に比べると大変短いものとなっているが，同じ金属錯体のニトロプルシドナトリウム（Na$_2$[Fe(CN)$_5$NO]・2H$_2$O）[4]の0.1ms（298Kに換算。190K以下で10^7sと見積もられている）に比べると十分長い時間になっている。ニトロプルシドナトリウムは単結晶フォトクロミズムとして報告されているわけではないが，低温（190K以下）

203

フォトクロミズムの新展開と光メカニカル機能材料

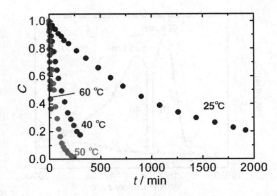

図6　光誘起吸収帯（at 628nm）の各温度における規格化した吸光度（C）の減衰

とはいえ，500nmより短波長側の可視光照射に対し，単結晶スペクトルにおいて760nm極大の吸収帯が出現し，10^7s以上の寿命でその状態が維持されているので，単結晶フォトクロミズムといえなくもない。光誘起吸収帯のわかりやすいスペクトル図（77K）が文献5)のFigure 3に報告されている。

15.6　対イオン依存性・無水塩

このフォトクロミズムの性質が，結晶相（固相）に限定されるとしても，ビス(2-アミノメチルピリジン)白金錯体分子（イオン）自身の固有の性質であれば，他の対イオンを持つ塩でも同様にフォトクロミック現象が発現しても良いと考えられたので，これを検証するため，Cl・H_2O塩を含めた8種類の塩（結晶）を作製し，フォトクロミック挙動の有無を調べた。

結晶構造は，Cl塩（無水塩），$Br_{1-x}Cl_x$塩（混晶），Br塩，I塩，BF_4塩，ClO_4塩の6つがお互いに同形構造で，Cl・H_2O塩とは異なっていた。しかしながら，図7にCl・H_2O塩，Cl塩（無水塩），Br塩（無水塩）の結晶パッキングを示したが，ほぼ同じで，結晶水の有無により，対イオン部位の水素結合ネットワークが異なっていた。残るPF_6塩は両者とも異なる結晶構造であった。

表1に示したとおり，室内灯の下でフォトクロミック状態（青色状態）になるのは，Cl・H_2O塩のみで，他は室内灯の下では無色状態であった（厚みのある結晶では少し淡く黄色に色づく）。励起光源として50Wのタングステンランプの白色光，あるいは，水銀ランプ輝線365nm光を照射してようやく，Cl塩（無水塩），$Br_{1-x}Cl_x$塩（混晶・無水塩），Br塩（無水塩）は，淡く青色に変化した。照射をやめると速やかに（10分程度で）消色する。可逆的に繰り返すので，フォトクロミック現象ではあるが，発現の仕方が弱いといえる。Cl塩（無水塩）について，タングステンランプの白色光からバンドパスフィルター（幅10nm）で切り出した435nm光照射による光誘起吸収帯の成長の時間変化を図8に示した。5秒ほどで光定常状態に達してしまい，光誘起吸収帯の飽和吸光度は大変小さい。これは，Cl・H_2O塩と比べて，出現するフォトクロミック

第2章 新規・高性能フォトクロミック系

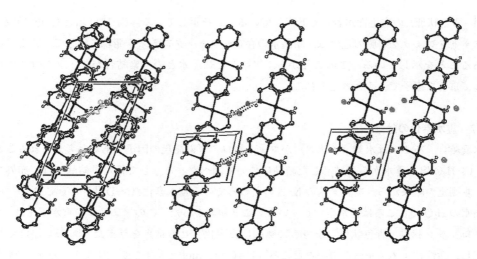

図7 b軸方向から見た結晶パッキング
（左）Cl・H$_2$O 塩，（中央）Cl 塩（無水塩），（右）Br 塩

表1 ビス(2-アミノメチルピリジン)白金錯体の各塩に関するフォトクロミズム出現の状況

	Cl・H$_2$O 塩	Cl 塩	Br$_{1-x}$Cl$_x$ 塩	Br 塩	I 塩	BF$_4$ 塩	ClO$_4$ 塩	PF$_6$ 塩
室内灯下	青色	無色	淡緑色	淡黄色	淡黄色	淡黄色	淡黄色	淡黄色
タングステン光	青色	青色	青色	青色	×	×	×	×
UV（365nm）光	青色	青色	青色	青色	×	−	−	−

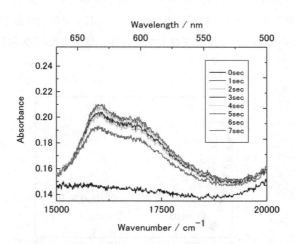

図8 [Pt(2-amp)$_2$]Cl$_2$（無水塩）の光誘起吸収帯

5秒ほどで成長が飽和する。
励起光照射停止10分で熱緩和してしまう。
スペクトルは1秒おきに表示してある。最も吸収の小さいのが，励起光照射前。

205

状態(青色状態)の安定性が著しく低下していることを示している。Cl・H_2O 塩と Cl 塩（無水塩）のフォトクロミック挙動の違いは、結晶水の存在がフォトクロミズム発現に対して、非常に重要であることを示している。このことから、アミンと結晶水との水素結合がフォトクロミズムにとって重要な因子であると考えられる。

15.7 重水素化の効果

水素結合、あるいは水素（イオン）がフォトクロミズム発現の因子であると考えられることから、Cl・H_2O 塩を重水から再結晶した結晶について調べた。こうして得た単結晶では、赤外スペクトル測定の結果から、アミノ基の N-H のところでのみ重水素化（N-D 化）が起こり、C-H や結晶水の H_2O のところは重水素化していないことがわかった。このアミノ基の重水素化は、フォトクロミック状態（青色状態）をさらに熱的に安定化させる結果を与えた（図9）。温度変化を測定し、活性化エネルギーを求めたところ、114(1)kJ/mol と大きな変化はなかったが、298K での緩和時間は 14 時間から 105 時間と大幅に長くなった。アミノ基の水素原子、あるいは、水素結合がフォトクロミック状態の熱的安定性に大きく関与していることを示している。

15.8 フォトクロミズムの結晶化時 pH 依存性

フォトクロミック発現に水素（水素イオン）の関与が示唆されたことから、結晶化溶液中の水素イオン濃度に対する依存性を検討するため、Cl・H_2O 塩を pH 1 ～ 14 の条件下で結晶化し、フォトクロミズムを調べた。中性付近（pH 5 ～ 9）の溶液から析出した結晶は、フォトクロミズムを明瞭に示したが、それより酸性側（pH 1 ～ 3）や塩基性側（pH10 ～ 14）の溶液から析出した結晶は、フォトクロミズムを示すものの、淡い色変化しか示さなかった。また pH 5 ～ 9 の溶液から得た、フォトクロミズムを示す結晶においてでも、pH 7 で得た結晶が、最も濃い青色状態を与えた。pH 依存性の結果は、フォトクロミズムには、結晶成長時の溶液の水素イオン濃度が

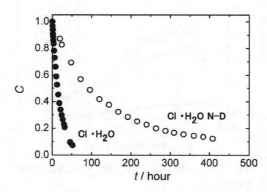

図9　25℃における Cl・H_2O 塩と Cl・H_2O (N-D) 塩の光誘起吸収帯（at 628nm）の規格化した吸光度（C）の減衰

第2章 新規・高性能フォトクロミック系

何らかの形で関与し，その際に，溶液の pH が 7 あたりであることが重要であることを示している。

15.9 おわりに

これまで，本白金錯体単結晶におけるフォトクロミズムの様々な知見が得られてきたが，光照射によって生成する青色種（青色状態）がどういったもので，どのような仕組みで光によりそれが生成するのか，残念ながら解き明かすには至っていない。しかしながら，光照射による青色の発現に対して，明らかな重水素化効果や，結晶水の有無，結晶化時の水素イオン濃度依存性があり，また青色の元である光誘起吸収帯の遷移モーメントがアミノ基を結ぶ軸に向いていることなどから，水素（または水素イオン），ないしは，水素結合が大きく関与していることは間違いないといえる。

そこで現在，さらに，アミノ基まわりの水素原子（イオン）の構造変化を探るべく，大きい単結晶を作製し，中性子構造解析を進めている。また，青色種（青色を呈する白金錯体）の候補として，レドックス活性白金錯体の成果を参考に，アミノ基が脱水素イオン，酸化しイミノ基にかわった白金錯体を想定し，合成的な実証も進めている。

謝辞

本研究の一部は，科学研究費・特定領域研究「フォトクロミズム」の公募研究として行われた。研究助成に感謝する。

文　献

1) H. Nishimura and N. Matsushita, *Chem. Lett.*, pp.930-931 (2002)
2) F. D. Rochon and R. Melanson, *Acta Crystallogr.*, **B35**, 2313-2316 (1979)
3) M. Irie, T. Lifka, S. Kobatake, N. Kato, *J. Am. Chem. Soc.*, **122**, 4871-4876 (2000)
4) H. Zöllner, T. Woike, W. Krasser, S. Haussühl, *Z. Kristallogr.*, **188**, 139-153 (1989)
5) Y. Morioka, H. Saitoh, H. Machida, *J. Phys. Chem. A*, **106**, 3517-3523 (2002)

16 ビス（アリールオキシ）ナフタセンキノンのフォトクロミズムと分子集合材料への展開

守山雅也[*]

16.1 はじめに

　分子集合系でのフォトクロミズムは"クロミック"な機能以外にも，分子集合構造や材料機能の光制御という観点から非常に興味深い。ゲルや液晶などの自己組織性のソフトな分子集合材料におけるフォトクロミズムの活用は，フォトクロミック分子の構造変化情報が効果的に周辺分子へ伝達され，分子集合構造と材料のマクロ機能に反映されることが期待できる。しかしながら，分子集合系材料の研究に利用されてきたフォトクロミック化合物のほとんどがアゾベンゼン，スピロピラン，ジアリールエテンである。フォトクロミック分子集合材料の更なる展開には，新たなフォトクロミック化合物の利用が期待される。

　図1に示すフェノキシナフタセンキノン（PNQ）に代表される芳香族キノンもフォトクロミック化合物の一つである[1,2]。PNQは光照射によりフェニル基の分子内移動を起こし，*para*体と*ana*体間での可逆的構造変化を示す。中間体としてスピロ型のビラジカルを経由すると言われている[3]。PNQのバルク材料としての応用研究は，側鎖に導入したポリマーフィルムについて検討している例や，自己組織性単分子膜に導入した例などに限られる[4～6]。また，溶液系ではあるがポルフィリンと連結した電子移動型発光制御材料の開発など機能性材料への展開を意識した研究例もあるが[5,7]，ゲルや液晶などのソフトマテリアルに展開した例はなく，ナフタセンキノンのフォトクロミック機能や電子機能を分子集合材料に利用することは非常に興味深い。

　また，これまでのフォトクロミックPNQの研究には，ほとんど図1に示すモノフェノキシ体が研究対象になっており，図2に示すジフェノキシ体（DPNQ）に関する報告は少ない。分子集合材料への展開において，両側のフェノキシ基末端に修飾可能なDPNQを利用すれば，フォトクロミックデンドリマーやフォトクロミック高分子架橋剤など，これまで検討されてこなかった分子への展開が可能となる。

　ここでは，我々が研究を行ってきた，DPNQをはじめとするナフタセンキノン骨格に2つのアリールオキシ基を導入した種々のビス（アリールオキシ）ナフタセンキノンのフォトクロミッ

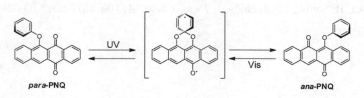

図1　フェノキシナフタセンキノン（PNQ）のフォトクロミズム

---

[*] Masaya Moriyama　大分大学　工学部　応用化学科　准教授

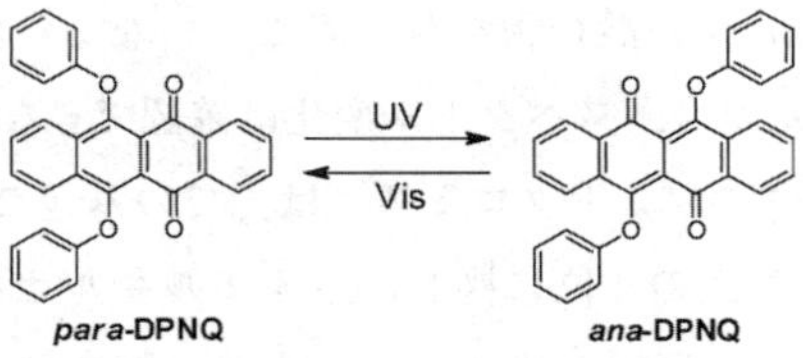

第2章 新規・高性能フォトクロミック系

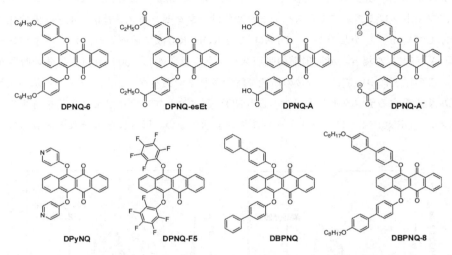

図2 ジフェノキシナフタセンキノン (DPNQ) のフォトクロミズム

図3 ビス (アリールオキシ) ナフタセンキノン (para体) の分子構造

ク挙動について述べる[8]。また，ナフタセンキノンをコアに有するデンドリマー分子のフォトクロミック特性，分子集合機能について紹介する[8]。

16.2 ビス (アリールオキシ) ナフタセンキノンのフォトクロミズム

ここで紹介するビス (アリールオキシ) ナフタセンキノンの分子構造を図3に示す。DPNQとこれらビス (アリールオキシ) ナフタセンキノンの溶液中でのフォトクロミック挙動の類似点および違いについて述べる[8]。

16.2.1 置換フェノキシ基を有するナフタセンキノンのフォトクロミズム

無置換フェノキシ基を有するpara-DPNQのトルエン溶液 (1×10^{-4} mol/l) は397nmに極大を有する吸収バンドを示す (図4)。この溶液に紫外光 (365nm) を照射すると，照射時間とともに443，471nmにピークを有するana体の吸収バンドの一様な増加が確認できる。その後，可視光 (>436nm) を照射すると，ana体の吸収が減少し，para体の吸収が回復する。つまり，DPNQはPNQ同様，para体 — ana体間でのフォトクロミズムを示すことが分かる。DPNQの紫外光照射時の光定常状態比はpara : ana = 15 : 85，可視光 (457nm) 照射時は75 : 25であり，

209

この照射条件では*para*体，*ana*体の混合物を与えることになる。紫外光照射後の*ana*体リッチなトルエン溶液を暗所放置した場合，スペクトル変化は確認できない。これは，室温付近では熱による反応は起こらず，DPNQのフォトクロミズムは光でのみ起こることを示している。

DPNQの2つのフェノキシ基上の4位に図3に示すアルキルオキシ基（ヘキシルオキシ基，DPNQ-6），エステル基（DPNQ-esEt），カルボキシル基（DPNQ-A）を導入したジフェノキシナフタセンキノンも無置換DPNQと同様に紫外光照射で*para*体から*ana*体へ，可視光照射で*ana*体から*para*体へ光異性化する。それぞれの*para*体，*ana*体ともに，吸収スペクトルに大差はなく，フォトクロミズムによるスペクトル変化はナフタセンキノン骨格の電子状態変化によることを示している。しかしながら，DPNQ-AをKOH水溶液に溶解させ，カルボキシレート基（DPNQ-A⁻）とした場合，光照射前の吸収スペクトルは一変し，500nm付近に強い吸収が観察される。この原因については，今後の研究で解明されるであろう。また，フェニル基の代わりにピリジル基を有するナフタセンキノン（DPyNQ）とペンタフルオロフェニル基を有するナフタセンキノン（DPNQ-F5）は，フォトクロミズムを示さない。図5はそれぞれの溶液のスペクト

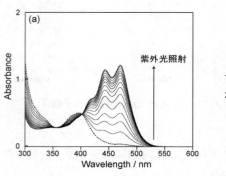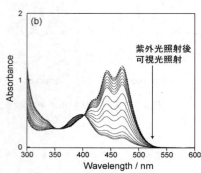

図4　紫外（a）および可視光（b）照射時のDPNQ溶液の紫外可視吸収スペクトル変化（トルエン溶液）

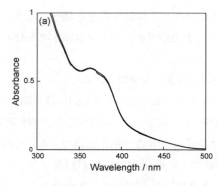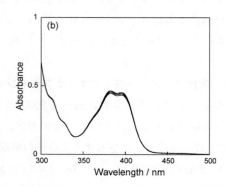

図5　紫外光照射時のDPyNQクロロホルム溶液（a）とDPNQ-F5トルエン溶液（b）の紫外可視吸収スペクトル

第2章 新規・高性能フォトクロミック系

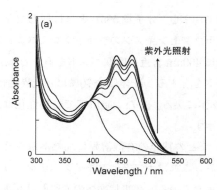
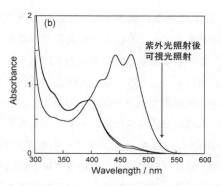

図6 紫外（a）および可視光（b）照射時のDBPNQの紫外可視吸収スペクトル変化（トルエン溶液）

ルであるが，紫外光を照射してもほとんど変化は見られない。スピロ型ビラジカル中間体を形成しにくいなどの理由が考えられるが，詳細は分かっていない。

16.2.2 ビフェニルオキシ基を有するナフタセンキノンのフォトクロミズム

フェノキシ基の代わりにビフェニルオキシ基を有するナフタセンキノン（DBPNQ）は光照射により図6のような吸収スペクトル変化を示す。para体，ana体ともに，スペクトル形状はフェノキシ体（DPNQ）と同じであり，モル吸光係数がわずかながら大きいだけで吸収極大波長もほぼぴたりと一致する。これは，300nmより長波長側の吸収帯がほとんどナフタセンキノン骨格によるものであることを示している。一方，吸収スペクトルが同じにもかかわらず，DPNQとDBPNQでは異性体の光定常状態比に違いがあることが分かった。DPNQの紫外光（365nm）照射時の定常状態ではana体が80％ほど生成するのに対し，DBPNQでは約70％と，わずかにpara体からana体への変化の割合が小さい。また，DPNQへの可視光（457nm）照射時では，20％ほどana体が残るのに対し，DBPNQでは100％近くana体からpara体への異性化が進行する。DBPNQにアルキルオキシ基（オクチルオキシ基）を導入したナフタセンキノン（DBPNQ-8）もDBPNQと同様のフォトクロミック挙動を示し，ana体からpara体への高効率の光異性化は光誘起移動を起こすアリールオキシ基の種類に原因があるものと考えられる。なお，DBPNQとDBPNQ-8の室温，暗所下での吸収スペクトルでは少なくとも数日は変化が観察されず，DPNQ同様，光でのみ反応が進行するフォトクロミック特性を有することが分かっている。

16.3 コアにナフタセンキノン骨格を有するデンドリマーのフォトクロミズム

我々は，図7に示す，コア構造にDBPNQを，分子末端に複数のアルキルオキシ基（オクチルオキシ基）を有するベンジルエーテル型のデンドリマーを合成した。ここでは，これらの溶液中，ゲル状態およびバルク状態でのフォトクロミズムについて紹介する。

16.3.1 ナフタセンキノンデンドリマーの溶液中でのフォトクロミズム

ナフタセンキノンデンドリマー，DBPNQ-G0およびDBPNQ-G1（図7）の分子量はそれぞれ

1576 と 2770 である。両者ともトルエン溶液中で DBPNQ（分子量 595）とほぼ同じフォトクロミック挙動を示す。これは大きな原子団の導入がナフタセンキノンのフォトクロミズムにほとんど影響しないことを示している。図 8 に示すように 400nm 付近に吸収バンドを有する *para* 体は紫外光照射によって 450〜500nm 付近に吸収バンドを有する *ana* 体に約 70％ほど光異性化する。一方，可視光照射では 90〜100％の *ana* 体が *para* 体に戻る。また，暗所下での異性化は進行せず，光刺激のみで誘起されるフォトクロミズムを示す。

para-DBPNQ-G0 を 1-オクタノールやドデカンなどの特定の有機溶媒に加熱溶解させた高濃度溶液は室温に冷却することで物理ゲルを形成する。これはナフタセンキノンのデンドリマー化が分子集合材料への応用展開の一つになることを示している。ゲル状態への光照射はゾルへの転

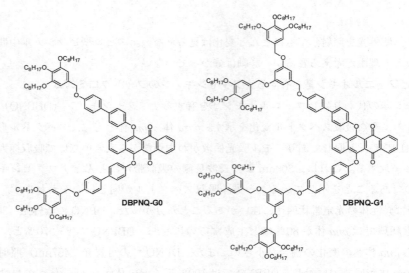

図 7　ナフタセンキノンデンドリマーの分子構造

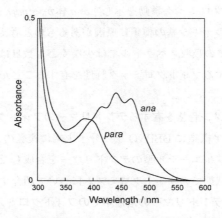

図 8　*para*-DBPNQ-G1 と紫外光照射後の *ana*-DBPNQ-G1 リッチの吸収スペクトル（トルエン溶液）

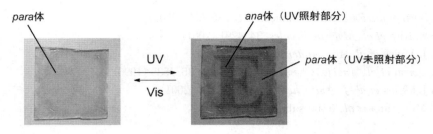

図9 ナフタセンキノンデンドリマーDBPNQ-G0 の固体薄膜のフォトパターニング

移などの状態変化を誘起することはできないが，ゲル状態でも para 体 — ana 体間のフォトクロミズムが起こることは確認されている。

16.3.2 ナフタセンキノンデンドリマーのバルク状態でのフォトクロミズム

DBPNQ-G0 および DBPNQ-G1 は室温でガラス固体を形成することも分かった。ガラス固体中でも溶液中と同様に，紫外光照射で ana 体に，可視光照射で para 体に光異性化するフォトクロミズムを示す。この固体状態でのフォトクロミック色変化を利用し，図9に示すような光パターニングも可能となる。ガラス基板上に DBPNQ-G0 のクロロホルム溶液をスピンコートして作製したガラス固体薄膜にフォトマスクを介して紫外光照射すれば，そのパターニングが可能となる。暗所下ではパターンは安定に保持されるが，可視光を照射することで完全に消去することが可能となる。ビフェニルオキシナフタセンキノンをベース骨格にしたことで，可視光照射により ana 体から para 体に効率よく戻り反応が進行し，効果的なパターン消去が実現できるものと考えられる。

16.4 おわりに

以上，DPNQ と DBPNQ からなるナフタセンキノンのフォトクロミズムについて紹介した。ビス（アリールオキシ）化することで，これまでのモノフェノキシ体にはない新たな分子設計が可能となり，分子集合材料としての応用展開の幅が広がったものと考えられる。しかしながら，まだ課題も多く，更なる分子構造の拡張，電気化学特性などの光機能以外の分子物性の解明など，今後の研究に期待したい。

文　献

1) V. Barachevsky, "Organic Photochromic and Thermochromic Compounds Volume 1" ed. by J. C. Crano et al., p.267, Plenum Press (1999)
2) Y. Yokoyama et al., Chem. Lett., 355 (1996)

フォトクロミズムの新展開と光メカニカル機能材料

3) R. Born *et al.*, *Photochem. Photobiol. Sci.*, **6**, 552 (2007)
4) J.-M. Kim *et al.*, *Macromolecules*, **34**, 4291 (2001)
5) A. J. Myles *et al.*, *Adv. Mater*, **16**, 922 (2004)
6) A. Doron *et al.*, *Angew. Chem. Int. Ed. Engl.*, **35**, 1535 (1996)
7) A. J. Myles *et al.*, *J. Am. Chem. Soc.*, **123**, 177 (2001)
8) M. Moriyama *et al.*, to be submitted.

第3章　光メカニカル機能の創出

1　光メカニカル作用を利用した高分子薄膜の構造制御

関　隆広[*1]，永野修作[*2]

1.1　はじめに

　フォトクロミック分子を光反応性分子とソフトマテリアルの機能と結びつけることで魅力的な動的応答系が構築できる。光応答分子を液晶等の協同性（相関性）の強い分子集合体に組み込むことで，僅かな光エネルギーの入力に対して大きな増幅効果を介した巨視的な効果の発現が可能となる。そうした現象の典型例として，フォトメカニカル（photomechanical）効果，光応答表面での液晶分子等の配向制御（command surface），偏光による異方性誘起（photoinduced optical anisotropy），光誘起相転移（photoinduced phase transition），光誘起物質移動（photoinduced mass transport）などが知られ[1~6]，最近では，液晶系における光誘起相分離（photoinduced phase separation）も知られるようになった[7,8]。これらの系にはアゾベンゼンのE（トランス）/Z（シス）光異性化反応が最もよく利用される。ここでは，薄膜系における光メカニカル作用に基づく構造形成に焦点を絞り，ブロック共重合体のミクロ相分離作用から形成されるメソスコピックなパターン構造の光制御およびマイクロメータレベルの凹凸構造が形成される光物質移動現象を扱う。特定領域研究「フォトクロミズム」にて得られた成果と関連研究を紹介する。

1.2　ミクロ相分離配向の光制御と可逆的な変換

　液晶分子の配向を巨視的に表面にて制御できる手法が確立できたために，今や巨大産業を形成している液晶ディスプレイの実現が可能となった。液晶分子レベルの光配向は，かなり技術的に成熟してきた感がある。最近では，より大きな特性サイズのブロック共重合体が形成するミクロ相分離構造（典型的には数10nm）の光配向の試みについて触れる。ブロック共重合体リソグラフィーとよばれる次世代の技術領域を開拓する研究が世界的に急激に進んでいるが，人為的にミクロ相分離構造やその配向を制御する技術の開発が強く望まれている[9]。光配向法は一つの有力な手法を与えうるものとして期待できる。高分子膜中のアゾベンゼン部位を光配向させるためには，光の方位選択的励起を利用しており，この際，ロッド状のトランスアゾベンゼンは光励起されない方向（直線偏光に対する垂直方向あるいは伝播方向）へ再配向する（図1）。

　典型例として，熱的安定性の高いポリスチレンと液晶性アゾベンゼン高分子のブロック共重合

＊1　Takahiro Seki　名古屋大学　大学院工学研究科　物質制御工学専攻　教授

＊2　Shusaku Nagano　名古屋大学　名古屋大学ベンチャービジネスラボラトリー　准教授；科学技術振興機構さきがけ　研究員

フォトクロミズムの新展開と光メカニカル機能材料

体を用いた光配向がなされている。熱処理を伴った偏光照射にて面内の配向制御が可能であり，上面からの非偏光照射で面外（垂直）へ配向を変えることができる[10]。ここで用いているブロック共重合体はミクロ相分離により 14nm 径のポリスチレンシリンダーを形成し，アゾベンゼンの液晶高分子のドメインは 100℃付近の温度にてスメクチック A 相をとる。ポリスチレンのガラス転移温度以下の室温では，偏光照射の際アゾベンゼンの配向は良好に再配向できるが，ポリスチレンシリンダーの配向は全く影響を受けない。すなわち，単純には配向変化は観測されない。図 2 のような高分子ドメインを配向させるには，一旦熱処理によりドメイン構造を消去する必要がある。フォトマスクを用いた照射で，簡単に面内／面外の配向構造のマイクロパターニングを

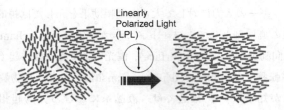

図1　液晶系での偏光照射による光配向の模式図

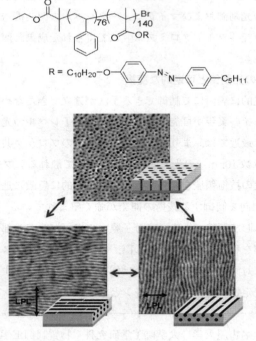

図2　ポリスチレンと液晶性アゾベンゼンのジブロック共重合体の構造とポリスチレンシリンダードメインの光による再配向（AFM 像と構造模式図）
LPL は照射した偏光面の方位を示す。

第3章　光メカニカル機能の創出

行うこともできる。

彌田ら[11]は，ポリエチレンオキシド（PEO）と液晶性アゾベンゼン高分子のジブロック共重合体の薄膜において，膜上部から光照射を施しながらアニール冷却を行うことでPEOナノシリンダーを再現良く垂直配向させうることを報告している。また，Yuら[12]も，同様なジブロック共重合体を用いて直線偏光を作用させることでPEOシリンダーが高度に面内配向することを見出している。最近では，ネマチック型の同様なブロック共重合体における配向制御も可能であることが示されている[13]。岡野ら[14,15]は，側鎖が相分離するタイプのホモポリマーにおいてナノ相分離構造の光制御を行っている。主鎖ブロックとなっている共重合体では，偏光面に対して，相分離ドメイン配向が垂直となるのに対して，側鎖が相分離するタイプではドメインは平行方向に配向する。

分子レベルでの光配向変化については，高分子液晶系ですでに多くの研究と知見の蓄積があるが，ここで述べたような，光応答分子の配向変化がより大きな階層であるメソ特性サイズ（ミクロ相分離構造）へどのようにプロセスを経て再配向するかの知見は無い。放射光施設を利用した，時間分解X線散乱測定による検討も進めており，これによりスメクチック液晶の組織化のプロセスと高分子ドメインの組織形成プロセスには強い協同性があることが判明している[16]。

以上の液晶性薄膜は，協同的な運動性を利用するもので比較的配向制御が容易であるが，極限薄膜である単分子膜における2次元系のミクロ相分離構造では，3次元的な自由度が無いので制御が困難である。しかし，片成分がポリジメチルシロキサンのブロック共重合体において，単分

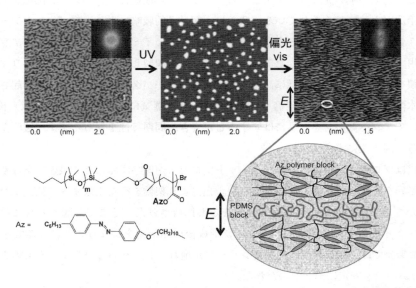

図3　ポリジメチルシロキサン（PDMS）をブロック鎖にもつアゾベンゼン高分子共重合体単分子膜の偏光によるドメイン配向制御（AFM像）
　　　一旦，紫外光の照射でドメインが消去され（中央，突起は膜が延びるために生じている），偏光可視光の照射で異方的にドメインが並ぶ（右）

フォトクロミズムの新展開と光メカニカル機能材料

子膜の相分離紫外光照射でミクロ相分離構造が消去されることが偶然見出され，その消去過程を経ることにより，可視偏光によりミクロ相分離構造を再生させる過程を経ることで，異方的な相分離ドメインの成長が起き，面内配向が可能となった[17]（図3）。

1.3　光物質移動

1.3.1　光相転移型を経由する物質移動

　アルゴンイオンレーザの干渉露光により，アモルファスアゾベンゼン高分子膜上で物質移動が誘起され，干渉パターンどおりに表面レリーフが形成される現象が発見されて，既に15年以上経過している。当時当グループの生方博士により見出された[18]アゾベンゼン液晶高分子材料系は，広く検討されているアモルファス材料系と比較して，3桁におよぶ低露光量にて高感度で効率的に移動が起こる際立った特徴がある。その後の多くの検討から，この高効率な物質移動は光によって膜にパターン化された液晶相部分（トランス型アゾベンゼンを多く含む，典型的にはスメクチックA相）と等方相部分（シス型アゾベンゼンを多く含む）の境界領域で引き起こされる移動現象であると解釈されている。すなわち，移動の要因は一般的に議論されている勾配力などの電磁気学的作用ではなく，熱的に駆動される自己集合的なプロセスによるものと考えられる[19~21]。特定領域研究で進めた展開を以下に紹介する。

1.3.2　後架橋の手法と超分子型液晶高分子システム

　アゾベンゼン高分子膜にて形成されるレリーフ構造を導波路等の光学的用途に応用する上で，アゾベンゼン色素の強い光吸収が障害となる。レリーフ形成後にアゾベンゼン部位を光化学的に脱色する手法がかつて試みられている。我々は，超分子的戦略により，アゾベンゼンを簡便に取り除くシステムの構築を試みた。安息香酸を持つ高分子とイミダゾール環を有するアゾベンゼン誘導体を用いて，水素結合を介した側鎖型液晶高分子を調製した。この超分子型ポリマーも共有結合の側鎖を持つポリマーと同様に高感度にて物質移動がパターン露光によって誘起される。ポリマーの水酸基を利用して化学架橋（ホルムアルデヒド蒸気によるアセタール形成）後[22,23]，適当な溶媒にてアゾベンゼンを容易にはずすことができ，周期特性を保ったまま，透明なレリーフ膜ができる（図4左に模式図）[23]。

　化学架橋はプロセスが煩雑であり，ウェットプロセスが関与することで微妙な条件変化が架橋の効率に影響を及ぼし再現性に問題があった。光により架橋を行なえばすべて乾式プロセスで行なうことができ，条件設定と再現が容易となると期待された。そこで，図4の右に示したポリマーを用いケイ皮酸部位を導入し，レリーフ形成後に光架橋を行なうことによる安定化を図った[24]。光架橋前では，80℃程度の加熱でレリーフが崩れてしまうのに対して，光架橋を施すことで300℃においても安定に形状が保たれた。

1.3.3　液晶性の有機無機ナノハイブリッド

　光物質移動のほとんどの研究には，有機系の低分子あるいは高分子材料が用いられている。もし機能性無機材料表面にレリーフを構築できれば，その機能や用途は大きく広がるものと期待さ

218

第3章 光メカニカル機能の創出

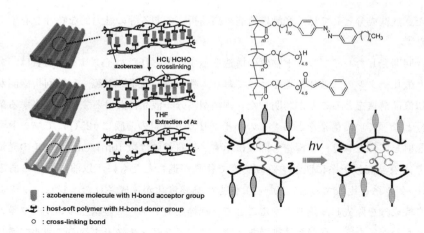

図4 レリーフ形成後の化学架橋後のアゾベンゼンの取り外しプロセスの模式図（左）と
光架橋でレリーフを安定化できるポリマーと光架橋の模式図（右）

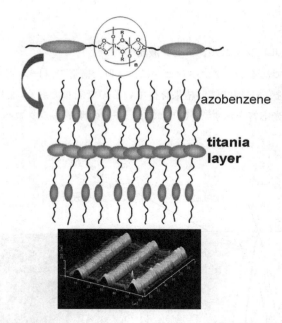

図5 液晶性のアゾベンゼン-チタニアハイブリッドの集合構造と紫外光照射で
得られるレリーフ（下, AFM像）

れる．無機物質とのゾル-ゲル材料において，物質移動を経由したレリーフ形成の報告例は僅かにある[25,26]．しかし，これらの系ではレリーフ形成に莫大な露光量を要することから，必ずしも魅力的な材料システムとなっていない．我々は，液晶性を付与し光相転移を利用することで高効率な物質移動が可能であることを見出していることから，液晶性の有機無機ハイブリッドの設計

219

を目指した。無機成分としては、光触媒機能や高屈折率である等の魅力的な特性を有するチタニアを用いた[27]。

図5に今回開発したハイブリッド物質の構造を示す。得られたハイブリッド物質は、アゾベンゼン部位と酸化チタンの二量体構造をとっており、熱分析、光学顕微鏡、X線回折観測からこの材料は層状液晶構造をとることが判明した。側鎖型高分子液晶における主鎖に相当する部分がチタニア成分となっている構造をとる。このハイブリッド材料の薄膜に125℃にてフォトマスクを介して光照射して得たレリーフ構造も図5に示す。物質移動は数 $10mJ/cm^2$ レベルの光量で開始されており、液晶高分子系に匹敵する高感度で移動が進むとともに、以前に報告のあるアモルファスゾル-ゲル系と比較すると、$10^3 \sim 10^5$ 倍もの高感度化が達成された。レリーフ構造を保持したまま有機成分を除去し、熱処理することで、純粋なアナターゼ型結晶のレリーフ膜の作成ができることもわかった[28]。有機系材料であれば、アゾベンゼンを除去するのに図4で述べたような込み入った分子設計と操作を要するが、無機材料を含むハイブリッド系では、光分解や熱分解という簡便なプロセスで有機成分を除くことができる。光物質移動が多様な物質材料のプロセッシングに適用できる例といえる。

1.4 （1-シクロヘキシル）フェニルジアゼン液晶

最後に付随的な成果であるが、アゾベンゼンによく似た構造の（1-シクロヘキセニル）フェニルジアゼン（CPD）も扱い、興味深い結果を得ているので記しておく。CPDはアゾベンゼンと同様なシス／トランス光応答を示す[29]。CPDでは、一方の環が1-シクロヘキセンとなっている。

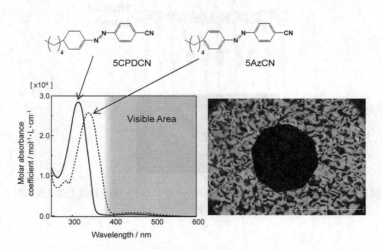

図6 （1-シクロヘキセニル）フェニルジアゼン誘導体（5CPDCN）とアゾベンゼン誘導体（5AzCN）
CPDCNのππ*吸収は完全に紫外域へとシフトし（左）する。5CPDCNもネマチック液晶へドープした際、紫外光照射により等方相への転移が誘起できる（偏光顕微鏡写真、中央のスポットに紫外光を照射している）。

第3章　光メカニカル機能の創出

これをメソゲンとして光応答液晶系を構築することもできる。CPD を用いることにより，$\pi\pi^*$ 吸収バンドは完全に紫外領域へシフトするため着色が抑えられる（図6左）。5CB などのネマチック液晶中へドープすることで光相転移も容易に誘起できる（同右）。興味深いことに，同等な構造を持つ誘導体ではアゾベンゼンよりも液晶性を発現しやすいことがわかった。4-シアノ-4'-ペンチルアゾベンゼン（5AZCN）では冷却過程でのみネマチック液晶構造が発現するモノトロピックな挙動であるのに対して，同等の構造をもつ 5CPDCN（図6）では，昇温／冷却の両過程でネマチック状態をとるエナンチオトロピックな特性を示した[30]。これは，シクロヘキニル環の柔軟性により分子全体がより伸張され，液晶状態を保つのに有利なるためと考えられ，このことは最近分子動力学計算によっても裏付けられている[31]。

1.5　おわりに

薄膜系において，アゾベンゼンの光異性化からもたらされるダイナミックな膜の構造形成について，特定領域研究「フォトクロミズム」（No. 471）にて当グループで得られた成果を中心にまとめた。分子レベルでの，光相転移や光配向の現象は広く知られているので，特定領域研究では，より大きな階層レベルで観測される数 10nm からマイクロメータサイズの構造形成の光（配向）制御と液晶系に特有な光物質移動による表面レリーフ形成に着目した。分子の光異性化をどのように材料にデザインして組み込むかによって，多彩な現象発現と新たな材料プロセッシングの提案が可能となる。今後の展開がまだまだ楽しみな分野であると考えている。

文　　　献

1)　K. Ichimura, *Chem. Rev.*, **100**, 1847（2000）

2)　A. Natansohn and P. Rochon, *Chem. Rev.*, **102**, 4139（2002）

3)　T. Ikeda, J. Mamiya and Y.-L. Yu, *Angew. Chem., Int. Ed.*, **46**, 506（2007）

4)　T. Seki, *Bull. Chem. Soc. Jpn.*, **80**, 2084（2007）

5)　T. Seki and S. Nagano, *Chem. Lett.*, **37.**, 484（2008）

6)　"Smart Light-Responsive Materials", Y. Zhao and T. Ikeda eds., Wiley, Hoboken（2009）

7)　X. Tong, G. Wang, Y. Zhao, *J. Am. Chem. Soc.*, **128**, 8746（2006）

8)　Y. Zhao, X. Tong, Y. Zhao, *Macromol. Rapid Commun.*, **31**, 986（2010）

9)　吉田博史，高分子，**60**, 129（2011）

10)　Y. Morikawa, T. Kondo, S. Nagano and T. Seki, *Chem. Mater.*, **19**, 1540（2007）

11)　渡辺一史，鎌田香織，彌田智一，高分子学会予稿集，**55**, 4298（2006）

12)　H.-F. Yu, T. Iyoda, T. Ikeda, *J. Am. Chem. Soc.*, **128**, 11010（2006）

13)　H-F. Yu, T. Kobayashi, T. G.-H Hu, *Polymer*, **52**, 1554（2011）

14)　K. Okano, Y. Mikami, T. Yamashita, *Adv. Func. Mater.*, **19**, 3804（2009）

フォトクロミズムの新展開と光メカニカル機能材料

15) K. Okano, Y. Mikami, M. Hidaka, T. Yamashita, *Macromolecules*, **44**, 5605 (2011)

16) S. Nagano, Y. Koizuka, T. Murase, M. Sano, Y. Shinohara, Y. Amemiya, T. Seki, 投稿中

17) K. Aoki, T. Iwata, S. Nagano, T. Seki, *Macromol. Chem. Phys.*, **23**, 2484 (2010)

18) T. Ubukata, T. Seki, K. Ichimura, *Adv. Mater.*, **12**, 1675 (2000)

19) N. Zettsu, T. Ogasawara, R. Arakawa, S. Nagano, T. Ubukata and T. Seki, *Macromolecules*, **40**, 4607 (2007)

20) T. Seki, *Curr. Opin. Solid State Mater. Sci.*, **10**, 241 (2006)

21) J. Isayama, S. Nagano, T. Seki, *Macromolecules*, **43**, 4105 (2010)

22) N. Zettsu, T. Ubukata, T. Seki and K. Ichimura, *Adv. Mater.*, **13**, 1693 (2001)

23) N. Zettsu, T. Ogasawara, N. Mizoshita, S. Nagano, T. Ubukata and T. Seki, *Adv. Mater.*, **20**, 516 (2008)

24) W. Li, S. Nagano and T. Seki, *New J. Chem.*, **33**, 1343 (2009)

25) B. Darracq, F. Chaput, K. Lahlil, Y. Levy and J. P. Boilot, *Adv. Mater.*, **10**, 1133 (1998)

26) O. Kulikovska, L. M. Goldenberg, L. Kulikovsky and J. Stumpe, *Chem. Mater.*, **20**, 3528 (2008)

27) K. Nishizawa, S. Nagano and T. Seki, *Chem. Mater.*, **21**, 2624 (2009)

28) K. Nishizawa, S. Nagano and T. Seki, *J. Mater. Chem.*, **19**, 7191 (2009)

29) I. Conti, F. Marchioni, A. Credi, G. Orlandi, G. Rosini, M. Garavelli, *J. Am. Chem. Soc.*, **129**, 3198 (2007)

30) M. Sato, S. Nagano and T. Seki, *Chem. Commun.*, 3792 (2009)

31) X.-G. Xue, L. Zhao, Z.-Y. Lu, M.-H. Li, Z.-S. Li, *Phys. Chem. Chem. Phys.*, **13**, 11951 (2011)

2　架橋フォトクロミック液晶高分子を用いたメカニカル機能の創出

間宮純一[*1]，宍戸　厚[*2]，池田富樹[*3]

2.1　はじめに

東日本大震災および福島原発事故に伴いエネルギー問題への関心が高まり，積極的なクリーンエネルギーの開発が進められつつある。太陽光に代表されるように無限に存在するエネルギー源を有効活用できるシステムの構築が急務である。福島原発における対応も大きな問題の一つであり，放射線の降り注ぐ中，高温多湿という過酷な環境下で多くの人たちが原発の対処に当たっている。このように人の立ち入ることが困難な場所で，人の代わりに仕事をしてくれる機械やアクチュエーターは，今後ますます活躍の場が増えるであろう。軽量でさまざまな形状へ成形できる高分子アクチュエーターは，機械式ロボットでは行うことができない分野での活躍が期待される。この高分子アクチュエーターを光により駆動することができれば，さらに広範に活躍するアクチュエーターの創成につながる[1]。

本稿では，フォトクロミック分子の小さな構造変化を増幅し，力学的な仕事を生み出す新しい光機能材料について紹介する。特に，光照射によりさまざまな運動を示す液晶高分子材料について概説する。

2.2　光屈伸

フォトクロミック分子の一種であるアゾベンゼンを基本骨格とし，重合基およびアルキル鎖を導入することによりアゾベンゼン液晶モノマーおよび架橋剤を合成し，それら混合物を平行配向処理を施した液晶セル中に封入した後，光重合により一軸配向した架橋アゾベンゼン液晶高分子を調製することができる。作製した高分子フィルムに紫外光を照射すると，フィルムは光源に向かって屈曲し，可視光を照射すると元の平坦な形状へと戻る（図1a）[2]。架橋フォトクロミック液晶高分子は，光照射によるフォトクロミック部位の光異性化反応に伴い分子配向が乱され，その動きが高分子主鎖に直接伝播することにより変形する。架橋液晶高分子中にフォトクロミック分子を高濃度に導入すると，フィルムの表層において優先的に光異性化反応および分子配向変化が起こり，膜厚方向に収縮力の傾斜が生じるため，フィルムは収縮ではなく屈曲する。さらに，フィルム平面に対してメソゲンを垂直に配向させた架橋液晶高分子フィルムに紫外光を照射すると，平行配向フィルムとは逆に光源と反対方向に屈曲する（図1b）[3]。つまり，フィルムの光屈曲をメソゲンの初期配向によって精密に制御できることが明らかになった。また，照射光に偏光を用いることによって，自在に屈曲方向を制御することにも成功している[4]。

架橋液晶高分子フィルムの光屈曲におけるアゾベンゼン濃度の効果について検討した[5]。前述

＊1　Jun-ichi Mamiya　東京工業大学　資源化学研究所　助教

＊2　Atsushi Shishido　東京工業大学　資源化学研究所　准教授

＊3　Tomiki Ikeda　中央大学　研究開発機構　教授

したようにアゾベンゼン濃度が高いフィルムにおいては，表層だけで光吸収・配向変化・収縮が起こるためフィルムが光源に向かって屈曲する。しかしながら，アゾベンゼン濃度を下げると，紫外光を照射すると，一旦フィルムは光源方向に屈曲するが，紫外光照射を続けると元の形状へ戻る。紫外光を照射し続けることにより，表層のみに誘起されていたアゾベンゼンの異性化および分子配向変化がフィルムの奥側まで生じ，膜厚方向における応力の傾斜がなくなり，フィルム全体が収縮するためである（図2）。このように，アゾベンゼン濃度を変化させることにより，紫外光の染み込み深さを制御し，異なる屈伸挙動を誘起できることを見いだした。

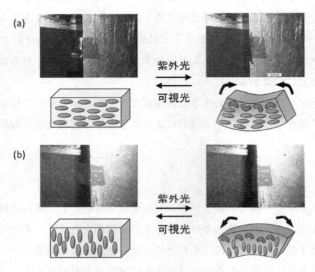

図1 架橋液晶高分子の光屈伸運動
(a) 平行配向フィルム, (b) 垂直配向フィルム

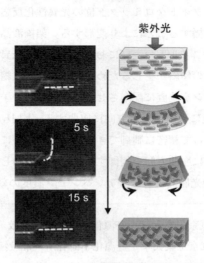

図2 低アゾベンゼン濃度架橋液晶高分子の光運動

第3章 光メカニカル機能の創出

最近では，アゾベンゼンのトランス-シス-トランス異性化サイクルを利用した配向変化挙動による光運動材料も報告されている[6]。フィルムの長軸に対して平行な偏光紫外光を照射すると，異性化サイクルによりアゾベンゼンが偏波面に対して垂直方向へ配向変化し，長軸方向に沿った収縮が誘起され，フィルムが光源側に屈曲する。さらに垂直偏光を照射するとアゾベンゼンが長軸方向に沿って配向することから，フィルムが膨張し，光源とは逆向きに屈曲する。また，同グループは，光のオン-オフを利用してフィルムの屈曲-復元挙動を高速で誘起し，フィルムが周期的に振動することを明らかにしている[7]。

2.3 回転運動

伸縮・屈伸運動のみならず，連続的な回転運動により動力を得ることができれば，アクチュエーターとしての性能が飛躍的に向上する。一軸配向した架橋液晶高分子フィルムをリング状に成形し，リング横から紫外光を，斜め上方向から可視光を同時に照射した。紫外光照射によりリングの一部が屈曲することによりリングの重心位置がずれ，紫外光照射側へ回転移動する[8]。

架橋液晶高分子フィルムを汎用高分子基材フィルムに接着させ，フィルムの力学的強度を増加させるとともに，成形性も同時に向上させることができる。柔軟性や加工性に優れた未延伸低密度ポリエチレン（PE）に接着層を介して平行および垂直配向の架橋アゾベンゼン液晶高分子フィルムを積層した。調製した積層フィルムの光応答性を検討したところ，平行配向積層フィルムにおいては，紫外光照射により積層フィルム全体が平坦な形状から大きく屈曲し，垂直配向積層フィルムでは中央部分が持ち上がるように変形した。積層フィルムが，単層フィルム同様，架橋液晶高分子層の配向様式によって異なる光運動特性を示すことが分かった。この積層フィルムをベルト状に加工し，大小二つのプーリーにかけ，室温において，紫外光・可視光をそれぞれ図3に示す箇所に同時に照射すると，ベルトおよびプーリーが反時計回りに回転した[8]。このベルト状の積層フィルムを用いて光エネルギーを直接回転運動へ変換できる光プラスチックモーターを開発することに成功した。しかしながら，この積層フィルムは，高分子基板と架橋液晶高分子

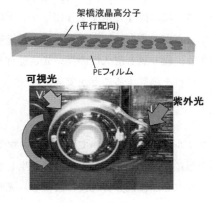

図3　光プラスチックモーター

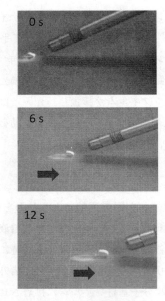

図4　電子線架橋型積層フィルムの回転運動

フィルムを接着剤を用いて物理的に接合しているため，光照射を繰り返すと，架橋液晶高分子が高分子フィルムから徐々に剥離するという問題点があった。

　高分子基板と架橋液晶高分子を化学的に結合することができれば，より耐久性の高い光運動材料を創製することができる。そこで，高分子基板上に直鎖状液晶高分子を塗布し，電子線を用いて二層の化学架橋を施した[9]。アゾベンゼン高分子溶液をPEフィルムに塗布した後，光照射により一軸配向フィルムを作製した。室温，窒素気流下にて積層フィルムに低エネルギー電子線を照射すると，積層フィルムがアゾベンゼン高分子の良溶媒に対して不溶となる。この結果から，アゾベンゼン高分子層およびフィルム界面において化学架橋が形成されることが分かった。この積層フィルムに光照射を行うと，アゾベンゼン部位が異性化し，フィルムの可逆的な屈伸も誘起できることが明らかとなった。さらに，図4に示すように，リング状に成形したフィルムに一方向から紫外光を照射すると，リングが一方向に回転移動した。電子線照射によって光活性層と高分子基板を接合させることにより，繰り返し耐久性の高い光運動材料として機能し，従来よりも円滑に回転運動する積層高分子材料を創製することができた。

2.4　応力評価

　さまざまな架橋液晶高分子フィルムの運動について示したが，アクチュエーターとしての機能を評価する上で，フィルムの変形に伴いどのくらいの応力を発生しているのかが一つの大きな指標となる。架橋液晶高分子フィルムを熱機械分析装置に設置し，光照射により発生する応力を測定した（図5a）。アゾベンゼンのみからなる架橋液晶高分子フィルムでは，紫外光照射により約

第3章 光メカニカル機能の創出

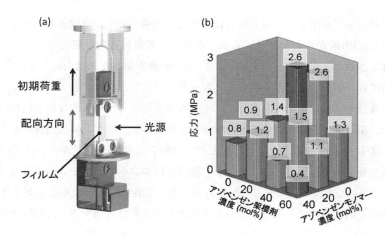

図5 架橋液晶高分子の光発生応力評価
(a) 熱機械分析装置, (b) 応力測定結果

300KPa程度の応力が発生した[5]。アゾベンゼン濃度が高い場合，紫外光はフィルムの表層のみで吸収されるため，フィルムの表層のみが収縮し，その部分において生じた応力のみを検出する。そのため薄膜を用いて応力を測定するのと見かけ上変わらない。アゾベンゼン濃度を減少させ，光をフィルムの奥まで染み込ませることによってフィルム内部にまで異性化および配向変化を誘起させ，発生応力の向上を試みた。その結果，アゾベンゼン濃度を減少させると，光発生応力の増大が観測された。さらに，架橋液晶高分子を構成するモノマーと架橋剤の濃度を変え，架橋密度の異なる架橋液晶高分子フィルムを調製した。発生応力における架橋剤濃度の効果について検討したところ，架橋剤濃度の増加に伴って応力が増大することが分かった。特に架橋剤濃度の最も高いフィルムにおいて30℃，強度25mW/cm^{2}の条件下で2MPaを超える収縮力を示すことが明らかとなった（図5b）。架橋点の増大によって，アゾベンゼンの配向秩序の変化を効果的に系全体に増幅し，巨視的な変形に結びつけることができた。フォトクロミック部位の濃度や導入位置を最適化することにより，人間の筋肉が発生する力の10倍もの応力を発生させることに成功した[5]。

2.5 光駆動アクチュエーター

架橋液晶高分子を基盤とする光運動材料をアクチュエーターや人工筋肉へ応用する場合，架橋液晶高分子自体の形状を変化させるか，もしくは，多様な形態の材料に光運動特性をもった架橋液晶高分子を自在に積層させる必要がある。そこで，生体の筋肉が筋繊維の束からできていることに着目し，架橋液晶高分子を繊維状に加工した[10]。液晶性を示すアゾベンゼン共重合体とイソシアネート架橋剤を混合し，架橋構造を形成させつつ引っ張り紡糸を行うことにより，架橋アゾベンゼン液晶高分子繊維を作製した。架橋液晶高分子繊維は数十マイクロメーター程度の太さであり，メソゲンは繊維軸方向と平行に配向する。ガラス転移点以上の温度で紫外光を照射すると

繊維は光源に向かって屈曲し，可視光照射により元の状態へ戻る．架橋液晶高分子が繊維状であるために360°どの方向からも光を当てることができ，光照射方向を変えることにより運動方向を自在に制御できることがわかった（図6）．さらに，繊維を束ねて光発生応力を測定したところ，人間の骨格筋に近い値を示すことが明らかとなった．

つづいて，高分子基材に架橋液晶高分子フィルムを積層させ，局所的な光運動特性の付与について検討した．積層フィルムにおいては，積層部位によってメソゲンの配向様式を任意に変えることができ，より複雑な運動の誘起も可能となる（図7）．高分子フィルムの任意の部位に平行配向架橋液晶高分子層を積層すると，あたかも関節を持つロボットアームのような光運動を誘起できる．関節の曲がる方向も液晶分子の配向方向によって容易に制御することができる．さらに，光照射により可逆的に屈伸する積層フィルムの両端を非対称に成形すると，尺取虫のような並進

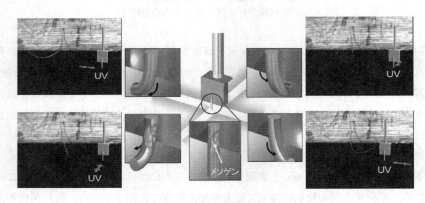

図6　架橋液晶高分子繊維の光運動

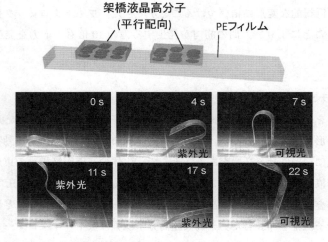

図7　積層型架橋液晶高分子によるロボットアームの動き

第3章　光メカニカル機能の創出

運動を示した。このフィルムに紫外光を照射すると，フィルムは鋭角な一端を固定点としてフラットな形状へ変形し，可視光を照射すると，平坦な一辺を固定させ屈曲した形状へと復元する。このように架橋液晶高分子層を積層することにより高分子フィルムに光運動特性を容易に付与でき，回転・屈伸・並進など多様な運動を誘起できることが明らかとなった[11]。

2.6　おわりに

　光を駆動力として動く新しい高分子材料について紹介した。太陽光エネルギーは人類が無償で無尽蔵に利用できる貴重なエネルギー源である。光によるフォトクロミック分子の微小な構造変化を物質の巨視的な運動へと増幅する階層構造を，液晶の自己組織化や架橋形成によりボトムアップ的に構築し，多様な高分子光運動材料を創製することに成功した。高分子の分子構造から材料の加工まで組み合わせは無限に存在し，小型化や大面積化も容易であるため，光運動材料を目的に応じたアクチュエーターとして機能させることができる。この光-力変換システムを界面科学や材料科学など異分野と融合することにより，人工筋肉のみならずマイクロデバイスや生体模倣材料など応用範囲を飛躍的に拡げることができ，社会に有用な材料へと今後益々発展していくであろう。

文　　　献

1)　T. Ikeda *et al., Angew. Chem. Int. Ed.,* **46**, 506-528 (2007)

2)　T. Ikeda *et al., Adv. Mater.,* **15**, 201-205 (2003)

3)　M. Kondo *et al., Angew. Chem. Int. Ed.,* **45**, 1378-1382 (2006)

4)　Y. Yu *et al., Nature,* **425**, 145 (2003)

5)　M. Kondo *et al., J. Mater. Chem.,* **20**, 117-122 (2010)

6)　N. Tabiryan *et al., Opt. Express,* **13**, 7442-7228 (2005)

7)　T. J. White *et al., Soft Matter,* **4**, 1796-1798 (2008)

8)　M. Yamada *et al., Angew. Chem. Int. Ed.,* **47**, 4986-4988 (2008)

9)　Y. Naka *et al., J. Mater. Chem.,* **21**, 1681-1683 (2011)

10)　T. Yoshino *et al., Adv. Mater.,* **22**, 1361-1363 (2010)

11)　M. Yamada *et al., J. Mater. Chem.,* **19**, 60-62 (2009)

3 光メカニカル機能を持つ時空間高分子材料の創成

吉田　亮[*]

3.1　はじめに

　現在，メカニカル機能を有するソフトアクチュエータ材料として，刺激応答性高分子やゲルなど数多くの機能性高分子の設計に関する研究が盛んに行われている。しかしこれまでのメカニカルシステムの多くは外部信号の on-off による駆動によるものであり，「自律性」，すなわち自ら時間的なリズム運動を示す機能性材料設計の概念は少ない。このような観点から，我々は新しいメカニカル材料としての機能デザインを試み，心臓の拍動のように一定条件下で自発的に周期的リズム運動を行う新しい自励振動型の高分子およびゲルを開発した[1~4]。さらに我々は，この自励振動を光により制御し，運動リズムや蠕動運動の伝播方向を制御することを試みている。これにより時空間性を持った材料変形や各種生物様運動機能の光制御等，新しい光メカニカル機能材料の構築が可能となると考えられる。ここではその研究の一部を紹介する。

3.2　自励振動ゲルの設計と運動リズムの制御

　Belousov–Zhabotinsky 反応（BZ 反応）は，時間的リズムや空間的パターンを自発的に生み出す化学振動反応としてよく知られている。金属触媒（ルテニウム錯体やフェロインなど）共存下の酸性水溶液中で，マロン酸，クエン酸などの有機基質が臭素酸などの酸化剤によって緩やかに酸化される反応であるが，その過程でサイクリックな反応ネットワークが自発的に構成され，触媒となる金属錯体が周期的な酸化還元振動を起こす。

　我々は，BZ 反応の触媒として働くルテニウム錯体（$Ru(bpy)_3^{2+}$）を，温度応答性高分子のポリ-N-イソプロピルアクリルアミド（PNIPAAm）に共重合したゲルを作成した。Ru の酸化／還元状態でゲルの相転移温度が変化するため，一定温度下では，酸化状態で膨潤し還元状態で収縮する挙動を示す。そのため BZ 反応により $Ru(bpy)_3^{2+}$ 部位が一定温度で周期的に酸化還元振動を起こすと，自励的なゲルの膨潤収縮振動が誘起される。すなわち，ゲルを一定温度の基質混合溶液（マロン酸，臭素酸ナトリウムおよび硝酸）の中に浸すと，基質がゲル相内部に浸透し，高分子鎖に固定化した Ru 錯体を触媒として BZ 反応が生じ，ゲルが自発的な膨潤収縮振動を起こす。

　さらにゲルが化学反応波の波長以上のサイズになると，反応と拡散（情報伝達物質となる中間生成物すなわち活性因子の拡散）のカップリングによって内部に化学反応波（興奮状態である酸化状態の波）が生まれる。酸化状態のときゲルは膨潤するので，波の伝播と共に局所的な膨潤領域が一定速度でゲル中を伝播することになる。すなわちゲルという一つの組織の中で消化管のような蠕動運動が生じることになる[5]。

　このような自律的な運動を生体模倣アクチュエータへ応用する研究として，微細加工技術によ

---

　*　Ryo Yoshida　東京大学　大学院工学系研究科　准教授

第3章　光メカニカル機能の創出

り，ゲル表面に微小な突起がアレイ状に配列した「人工繊毛」が作製された[6]。化学反応波の伝播に伴い表面突起が周期的に変動する様子が観測された。さらに，尺取り虫のように周期的な屈曲運動を繰り返しながら自ら歩くアクチュエータゲル（self-walking gel）も作製されている[7]。また，化学反応波の伝播と共に表面に添加した微粒子等を自動輸送するマイクロ／ナノ搬送システムなど，新しい機能性表面を構築することができると考えられる。実際，蠕動運動と共に物質が表面輸送される挙動が観測されている[8~10]。また，沈殿重合法により作製した自励振動ゲル微粒子が膨潤収縮と共に自律的に分散・凝集する現象も見いだされており[11,12]，新しい機能性コロイドや周期的にレオロジー特性を変化させる機能性流体などへの応用も期待されている。さらに，高分子鎖の可逆的錯形成を伴う新たなメカニズムに基づくポリマー溶液の自励粘度振動も実現されている[13]。

3.3　フォトクロミズムによる自励振動の時空間制御

3.3.1　自励振動の光照射による時空間制御

　BZ反応の周期や振幅は反応物濃度や温度に依存するため，それらを変化させることでゲルの振動リズムが制御できる。とくに，$Ru(bpy)_3^{2+}$の光感受性を利用するとBZ反応自体の光制御が可能である。光励起分子$Ru(bpy)_3^{2+*}$がBZ反応に新たな反応経路をもたらし，アクティベーター（$HBrO_2$）を生成して自己触媒反応を促進したり，インヒビター（Br^-）を生成して抑制したりするためである。これらの反応は相反するが，溶液の組成を変えることでどちらかの効果を支配的にすることが可能である。振動数（周期）・波長の制御，振動のon-off制御，振動発生点（ペースメーカー部位）の位置制御が可能になり，運動リズムの制御ができる[14,15]。

　同時に我々は，自励振動高分子の側鎖にフォトクロミック部位を導入し，光異性化に伴う電荷量変化をコントロールすることでゲルの膨潤・収縮を制御し，かつ化学反応波の伝播方向制御を試みた。具体的には，光照射により収縮するようなフォトクロミック機能を自励振動ゲルに付与した。このゲル膜上に光をパターン照射すると，表面に化学反応波の伝播が可能な膨潤領域がレリーフ状態として残る。化学反応波の伝播によりレリーフ表面上に自発的な蠕動運動が生じるので，このレリーフ上に物質を添加すると，回路パターンに従って自動的に物質が搬送される。レリーフは任意の回路状にパターニングが可能であり，また暗所下で膜全体を膨潤状態に戻して再びパターニングすれば書き換えも可能であることから，輸送方向が時空間的に任意に制御可能な新しい物質輸送表面の実現が期待される。

3.3.2　光異性化による高分子の溶解性変化

　これまでにフォトクロミック部位を導入した自励振動高分子を実際に合成し，光応答性の評価を行った[16]。従来の自励振動高分子に，光照射により開環-閉環異性化するスピロベンゾピラン（Sp）側鎖を導入した三元系高分子poly(NIPAAm-co-Ru(bpy)$_3$-co-Sp)を合成した（図1）。異なるpH条件下でUV-Vis吸収スペクトルを測定した結果，合成した高分子水溶液は，酸性条件が強くなるほど開環体のメロシアニン（Mc）の吸収ピーク（422nm）が強く現れていること

231

が確認された。また 400-440nm の青色光照射後，Mc から閉環体である Sp への異性化により Mc の吸収ピークの減少，および Sp の吸収ピーク（530nm）の増加が見られた。同時に溶解していた高分子が光照射により不溶化し沈殿していることが確認された。これは Mc から Sp への速やかな光異性化に伴い高分子の電荷量が減少し，一定温度下において高分子鎖の溶解性が変化したためである。続いて暗所下で吸収スペクトル変化を測定すると，Sp から Mc への異性化が確認された。

次に，BZ 反応が生起するために必要な強酸性環境下において，ポリマー溶液を一定速度で昇温させながら透過率変化を測定し，光照射前後における LCST 変化を調べた。HCl 強酸性環境下において，Mc から Sp への光異性化に伴い高分子の溶解性が変化し，LCST が低温側にシフトすることを確認した。また，Ru(bpy)₃ を酸化および還元状態に保持した状態で暗所下および光照射下でのポリマー溶液透過変化を測定した（図2）。酸化状態では還元状態より LCST が上昇すること，酸化・還元状態共に，光照射により LCST が低下することを確認した。

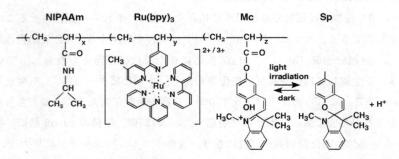

図1　Poly(NIPAAm-co-Ru(bpy)₃-co-Sp)の化学構造

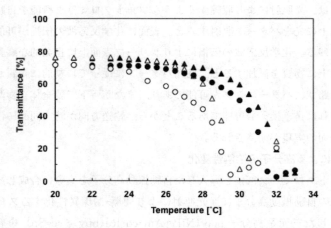

図2　Ru(III)酸化および還元 Ru(II)状態におけるポリマー溶液（0.1wt%）の透過率の温度依存性（丸印：Ru(II)状態（1 mM Ce(III)，0.3 M HNO₃），三角印：Ru(III)状態（1 mM Ce(IV)，0.3 M HNO₃），白印：光照射下，黒印：暗所下）

第3章 光メカニカル機能の創出

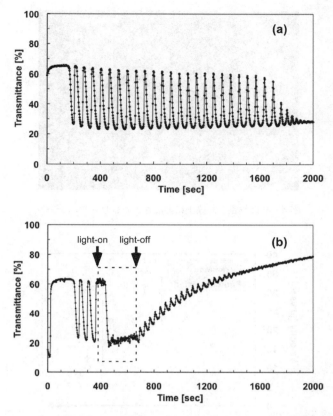

図3 Poly(NIPAAm-co-Ru(bpy)$_3$-co-Sp)溶液（0.1wt%）の自励振動挙動
（[MA]＝0.1 M，[NaBrO$_3$]＝0.15 M and [HNO$_3$]＝0.3 M，21.5℃)
(a) 暗所下 (b) 光照射の on-off スイッチングに対する応答

　さらに，BZ基質が共存した条件で poly(NIPAAm-co-Ru(bpy)$_3$-co-Sp) 溶液の自励振動をまず暗所下で生起させ，その後光照射の on-off スイッチングを行った。光照射により自励振動は停止し，光照射を止めると再び振動を開始することが確認された（図3）。Spを導入してない poly(NIPAAm-co-Ru(bpy)$_3$) 溶液の挙動との比較から，Sp部位の異性化による高分子鎖の凝集が振動停止に寄与しているものと考えられた。

3.3.3 光異性化によるゲルの膨潤収縮変化と化学反応波の伝播挙動変化

　これらの結果を踏まえ，さらにゲル系への展開を試みた。Poly(NIPAAm-co-Ru(bpy)$_3$-co-Sp) を化学架橋した自励振動ゲル膜を作製し，フォトマスクを通じてパターン光照射を行った結果，膜表面にレリーフ上の収縮領域を作ることに成功した（図4）。続いて実際にBZ反応をゲル内部で起こし，光照射による収縮に伴う化学反応波の伝播挙動の変化について解析を進め，BZ反応環境下でフォトクロミズムを発現させるための検討を行った。

　化学反応波の伝播速度を各温度で測定した結果を図5に示す。18℃を境に低温側では温度上昇

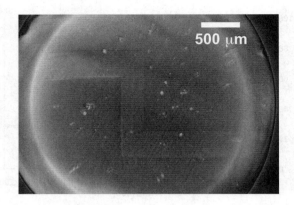

図4 自励振動ゲル膜上に形成されたレリーフパターン

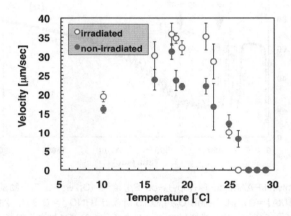

図5 Poly(NIPAAm-co-Ru(bpy)$_3$-co-Sp)ゲルにおける化学反応波の伝播速度の温度依存性

に伴い伝播速度が増加し，高温側では低下した。また，25℃以下では光照射の有無に関わらずゲル内部でBZ反応が起こるのに対し，27℃以上ではゲルが完全に収縮し基質の流入が強く抑制されるため反応が生起しなかった。26℃近傍では，光照射したゲルではBZ反応が確認されないのに対し，光非照射のゲルではBZ反応が生起しており，光によるon-offモードのスイッチングが可能であることがわかった。

波の伝播速度vは，自触媒反応過程の速度定数k_5と中間生成物$HBrO_2$の拡散係数Dを用いて$v=2(k_5D[H^+][BrO_3^-])^{1/2}$のように表される。すなわち伝播速度の温度依存性には，温度上昇によって，k_5が増加する効果とゲル収縮に伴いDが低下する効果が競合する。18℃以下では温度上昇とともに伝播速度が増加しており，ゲル収縮による拡散抑制効果は小さい。一方18℃以上では，温度上昇に伴い伝播速度が減少し拡散抑制効果が強く現れる。

ゲル内の物質拡散制御には含水量比（H）が重要なファクターとなる。光照射の有無による含

第3章　光メカニカル機能の創出

水量比と温度の関係を調べた結果，光照射の有無に関わらず，H＜1.4 の領域にあるゲルでは BZ 反応が得られないことが分かった。このことから，H＜1.4 ではゲル内外の物質移動が著しく抑制されていると考えられる。約 26℃ では光照射の有無により H 値が 1.4 を境に変動し，自励振動の on-off 制御が可能であると考えられ，図5の結果とも一致した。今後さらにゲル組成を調整し on-off 制御可能な温度領域を拡大することが望まれる。

　以上のように，自励振動高分子にフォトクロミズムによる光制御機構を組み入れることにより，その運動リズムを時空間的に制御することが可能となる。今後新たな時空間機能材料としての展開が期待される。

文　　献

1) R. Yoshida, T. Takahashi, T. Yamaguchi and H. Ichijo, *J. Am. Chem. Soc.*, **118**, 5134 (1996)
2) R. Yoshida, *Adv. Mater.*, **22**, 3463 (2010)
3) 吉田　亮，驚異のソフトマテリアル最新の機能性ゲル研究（日本化学会編），化学同人，pp.90-96 (2010)
4) 吉田　亮，パリティ，**26**, 35 (2011)
5) S. Maeda, Y. Hara, R. Yoshida and S. Hashimoto, *Angew. Chem. Int. Ed.*, **47**, 6690 (2008)
6) O. Tabata, H. Hirasawa, S. Aoki, R. Yoshida and E. Kokufuta, *Sensors and Actuators A*, **95**, 234 (2002)
7) S. Maeda, Y. Hara, T. Sakai, R. Yoshida and S. Hashimoto, *Adv. Mater.*, **19**, 3480 (2007)
8) Y. Murase, S. Maeda, S. Hashimoto and R. Yoshida, *Langmuir*, **25**, 483 (2009)
9) Y. Murase, M. Hidaka and R. Yoshida, *Sensors and Actuators B: Chemical*, **149**, 272 (2010)
10) 吉田　亮，未来材料，**11**, 38 (2011)
11) D. Suzuki, T. Sakai and R. Yoshida, *Angew. Chem. Int. Ed.*, **47**, 917 (2008)
12) D. Suzuki, T. Sakai and R. Yoshida, *Macromolecules*, **41**, 5830 (2008)
13) T. Ueno, K. Bundo, Y. Akagi, T. Sakai and R. Yoshida, *Soft Matter*, **6**, 6072 (2010)
14) S. Shinohara, T. Seki, T. Sakai, R. Yoshida and Y. Takeoka, *Chem. Commun.*, 4735 (2008)
15) S. Shinohara, T. Seki, T. Sakai, R. Yoshida and Y. Takeoka, *Angew. Chem. Int. Ed.*, **47**, 9039 (2008)
16) 吉田　亮，光化学，**40**, 57 (2009)

4 アゾベンゼンを用いる分子運動の光可逆的制御

玉置信之*

4.1 はじめに

生体内では，筋肉や細胞内での物質移動の際にモータータンパクが働いており，化学反応によって起こるそのしなやかで迅速で効率のよい動きはとても魅力的である。一方で，合成した人工分子に実社会の機械を模倣した動きをさせたり，機械的な働きをさせたり，物質を移動させたりなどの，機械的な仕事を行わせる研究には古くから関心が持たれている。このような研究は，生体分子モーターの機構をより深く理解することを助けるだけでなく，人が自由に制御でき，人の役に立つ微小機械を構築することにつながる。

分子レベルでの運動を考えたとき，ランダムな熱運動を無視することはできない。生体分子モーターではこの熱運動を積極的に利用しており，ATP のエネルギーは，ランダムな熱運動の中から目的の運動を選び出すために使われているとも考えられている。従って，人工的な分子機械を構築する上での第一歩は，分子の熱運動をいかに制御できるかを示すことであろう。

この制御を行う上で，光化学反応を用いることのメリットは多い。まず，非接触で ON-OFF 等の制御が可能である。光は，空気や透明媒体中を通って分子を直接励起することで様々な情報を含むエネルギーを分子に与えることが可能である。電極やその他のエネルギー供給部位を材料に接触させて設ける必要がない。また，生体のように化学物質での駆動を考えると反応生成物の除去や濃度の調製を常に行わなくてはならないが，光制御の場合には物質の出入りが不要でクリーンな系とすることができる。

可逆的な制御を実現するには可逆的な光反応系が必要であり，そのための分子としてはフォトクロミック化合物が利用できる。フォトクロミック反応には，互変異性や結合の開裂を伴うものなどがあるが，最も運動の制御として有望な反応は，大きな構造変化を伴うシス-トランス異性化である。その様なシス-トランス異性化反応を起こす化合物としては，アゾベンゼン，スチルベン，その他のエチレン誘導体が知られている。

本節では，分子のランダムな熱運動のうち，分子内回転運動をフォトクロミック反応を用いて光で可逆的に制御する試みについて，筆者らのアゾベンゼンを用いた研究を中心にまとめる。また，別の取り組みとしてモータータンパク質であるキネシン-微小管系の ATP による運動の，アゾベンゼンの光反応による可逆的制御についても最近の成果をまとめる。

4.2 分子内回転運動の光可逆的制御

4.2.1 分子内回転運動制御の意義とこれまでの研究

分子の運動を大別すると直線運動と回転運動に分けられる。生体分子モーターにも，アクチン-ミオシン，キネシン-微小管，ダイニン-微小管のようにリニアモーターの機能を示すものと，

---

* Nobuyuki Tamaoki　北海道大学　電子科学研究所　スマート分子研究分野　教授

第3章 光メカニカル機能の創出

ATP合成酵素のように回転モーターとして働いているものが存在する。いずれの運動も重要であるが，制御するためのエッセンスは共通するものがあると考えられる。そこで，今回は回転運動の制御について考えることとした。

分子内の自由回転を制御しようとした最初の例は，Kellyの分子ブレーキの研究である[1]。Kellyは化合物（図1）のトリプチセン部位の自由回転をビピリジン部位の金属イオンへの配位によってストップできることを示した。更に，金属イオンに対する配位能のより高い別の化合物の添加によって分子機械から金属イオンを除くことができ，自由回転を可逆的にもとに戻せることを示した。しかし，この自由回転の変化は，低温でしか観察されず，また，自由回転の制御も，添加する化合物が蓄積されるため繰り返し行うことが出来なかった。

一方，光反応によって可逆的に分子ブレーキの働きをスイッチしようという研究はFeringaらによって初めて試みられた[2]。Feringaらが設計，合成した化合物（図2）は，光によってトランス-シス異性化反応を起こす炭素-炭素二重結合を含む部位と置換ベンゼン（ローター部）とからなる構造を有する。化合物の炭素-炭素二重結合部の光異性化反応により生じる2つの異性体の構造では，置換ベンゼンと光異性化部位とをつなぐ単結合を軸としたローター部の回転は，一方の構造（図2左）において立体的な反発がより大きいように予想される。実際に合成して，NMRによってローター部の回転の熱力学パラメーターを調べてみると，当初の分子模型による検討から予測されることとは逆に，ローター部位の込み具合が大きい異性体においてより高速の回転（室温）が見られ，回転運動における活性化自由エネルギーも大きかった。いずれにしても，本光応答性ローター化合物では，ローター部位の回転運動を光反応によって完全にON-OFF制御することは出来なかった。

2008年にはJ.-S. Yangらが，ローターであるペンチプチセンに光異性化反応を示すスチルベンを直接導入した化合物を合成した（図3）[3]。この化合物では，スチルベン部がトランス体の時

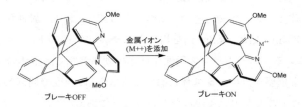

図1 Kellyらが合成した分子ブレーキ

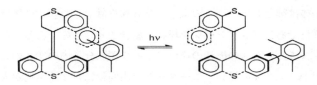

図2 Feringaらの光制御型ローター

237

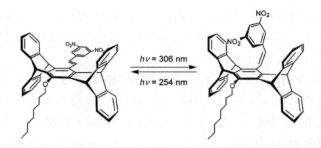

図3 Yang らの光制御型ローター

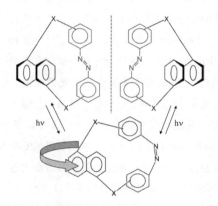

図4 環状アゾベンゼン構造を有する光制御型ローター

（図3左）にはローター部の自由回転を妨げないが，シス体の時（図3右）にはその立体的な効果によって自由回転を妨げた。回転速度は，NMRでのペンチプチセン部のプロトンの分裂から求められ，トランス体とシス体でそれぞれ，$10^9\,s^{-1}$ と $3\,s^{-1}$ であり，異性化反応によって大きく変化した。しかし，254nm 光と 306nm 光を用いたスチルベン部のトランス-シス異性化反応では，特に306nm 光によるシス→トランス異性化反応の効率が悪く，全体の20%が変化するのみであった。また，最も重要な点は，シス体においても $3\,s^{-1}$ の速度で回転しており，一方の異性体で回転を完全に止めることが出来なかったということである。

4.2.2 完全 ON-OFF スイッチングの実現とその証明を目指した分子デザイン

筆者らは，一方の異性体において分子内自由回転運動が完全に停止させることが可能となる光応答性ローター分子の候補として，図4のような化合物を設計した。化合物はローターとなる芳香環部と光異性化部位であるアゾベンゼンを環状に結合させたものである。この化合物では，アゾベンゼンのトランスまたはシスの構造の違いによって環状分子内の空孔の大きさや自由度に差が生じ，伸びきったトランス体の場合，ローターの自由回転に対する障壁が大きく，湾曲したシス体で自由回転に対する障壁は小さくなるであろうと予測した。また，光によって構造を変化さ

第3章 光メカニカル機能の創出

せるアゾベンゼン部とローター部を環状に結合させることで，分子の構造の自由度を下げ，アゾベンゼン部の構造変化がより厳密にローターの回転の可否に反映されると考えた．一方で，これまでの分子ブレーキの機構を含んだ化合物では，溶液中でのローターの回転の速度をNMRによって測定するのみであった．しかし，NMRでは，測定時間内で回転が起こるかを判定できるのみで，およそ数秒で1回よりも遅い回転は起こっているかどうかを判定することが困難である．すなわち，NMRの方法では，回転を完全にストップさせた状態を判定することが出来なかった．その問題点を解決するために，面性不斉という新しい要素を分子内に組み込んだ．図の化合物は，もしローターの回転が起こらないとすると，面性不斉を有し，一対の鏡像異性体を有することになる．これを安定に光学分割できればローターの回転が起こらないことを証明したことになる．また，安定な鏡像異性体のアゾベンゼン部を光照射によって異性化させて，円二色性の消滅を確認することで，ローターの回転を評価することも可能である．このように，本化合物では，従来からのNMRの方法だけでなく，円二色性を用いることによって，回転の停止をも証明できるように工夫されている．

　スペーサーが短すぎたりローターが大きすぎたりすれば，アゾベンゼン部の構造にかかわらず，ローターは自由回転しないであろう．逆にスペーサーが長すぎたりローターが小さすぎたりすれば，アゾベンゼン部の構造にかかわらず，ローターは自由回転するであろう．すなわち，アゾベンゼン部の光異性化反応によってローター部の自由回転をスイッチさせるためには，アゾベンゼン部とローター部をつなぐスペーサーの長さとローター部のかさ高さをうまく調整する必要がある．以下に，スペーサーの長さまたはローターのかさ高さを調整することで，真に回転のON-OFFスイッチを可能とした化合物について紹介する．

4.2.3 スペーサー長を調整することによる完全ON-OFF光スイッチングの達成[4]

　図5に合成した一連の化合物の構造を示す．ローターは，1,5位でスペーサー部とエーテル結合で結合したナフタレンに統一してある．1,5位で結合させることでナフタレン面内に直交する対象面がなくなり，このナフタレンを含む環状構造の空孔を使った回転運動が妨げられると面性不斉が備わる．図5中，化合物1，2は，アゾベンゼン上の置換位置がパラ位であり，スペーサー中の直接スペーサー長に関わる炭素と酸素の原子数の合計がそれぞれ4と5である．一方で，化合物3と4は，アゾベンゼン上の置換位置がメタ位であり，スペーサー中の直接スペーサー長

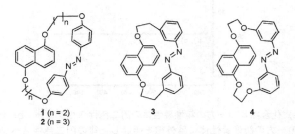

図5　ナフタレンローター部位有する環状アゾベンゼン誘導体

に関わる炭素と酸素の原子数の合計がそれぞれ3と4である。

　ナフタレンローターの自由回転は，NMRと鏡像異性体の光学分割の可否によって評価した。自由回転が束縛されている（全く回転しないか，回転がNMR測定時間と比べて遅い）場合には，スペーサー中のメチレン水素がジアステレオトピックとなるために等価でなくなり，NMRスペクトルにおいてシグナルが分裂する。また，自由回転が起こらなければ，鏡像異性体を光学分割できる可能性がある。

　まず，アゾベンゼン上の置換位置がパラ位である化合物1と2を比較すると，化合物1ではスペーサー中のメチレン水素の内，ナフタレンに最も近い水素のNMRのシグナルが分裂して観察されたのに対し，化合物2ではいずれのメチレン水素も分裂しなかった。このことは，スペーサー長の短い化合物1（トランス体）においてナフタレンローターの自由回転が束縛されているか止まっていることを示す。一方でスペーサー長がより長い化合物2では，少なくとも室温では自由回転が起こっていることを示す。化合物1については，種々のキラルカラムを用いて光学分割を試みたが，いずれのカラムを用いた場合でも観察されるピークは一つであった。キラルカラムが本化合物に適さないのか，もしくはナフタレンローターの回転が，HPLC時間内に起こってしまいラセミ化しているためかは，明らかになっていない。この化合物2に関するNMRとキラルHPLCでの挙動は，光異性化反応によって得られるシス体でも同様であった。すなわち，少なくとも束縛された自由回転の挙動を示すが，キラルHPLCでは単一ピークを示した。

　一方で，アゾベンゼン上の置換位置がメタ位である化合物3と4では，NMRにおいてメチレン水素の分裂とキラルHPLCでの鏡像異性体の分離が観察され，トランス体ではナフタレンローターの自由回転が止まっていることを示した。興味深いことに光異性化反応によってシス体にすると，化合物3ではトランス体同様にキラルHPLCによってシス体の鏡像異性体に帰属できる2つのピークが観察されるのに対して，化合物4では1つのピークしか観察されなかった。また，化合物4のトランス体の一方の鏡像異性体を単離して円二色性スペクトルを測定すると，明瞭なスペクトルが観察されるが，紫外光を当ててシス体へと異性化反応を起こすと，円二色性スペクトルは消失した（図6）。直後に可視光を照射してトランス体に戻しても円二色性スペクトル

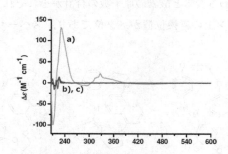

図6　a) 化合物4の一方の鏡像異性体の円二色性スペクトル，b) 化合物4の一方の鏡像異性体に紫外線を照射した後の円二色性スペクトル，c), b) の溶液に青色光を照射した後の円二色性スペクトル

が回復することはなかった。この結果は，化合物4において，トランス体ではナフタレンローターの自由回転が阻止されているが，シス体では自由回転が許容であり，自由回転はアゾベンゼン部位の光異性化反応によって可逆的にスイッチできると説明できる。鏡像異性体は数十時間の間安定であり，分子内自由回転運動のほぼ完全な光スイッチングを実現，証明したことになる。

4.2.4 ローターのかさ高さを調整することによる完全 ON-OFF 光スイッチングの達成[5]

光スイッチング特性のチューニングのもう一つの方法であるローターのかさ高さについては，化合物5，6，7を合成して調べた（図7）。いずれもスペーサー長とアゾベンゼン上の置換位置は一定で，ローターは2,5位に置換基を有する，スペーサーとパラ位で結合したベンゼンである。ベンゼンローター上の置換基の種類を変えることでローラーのかさ高さを調整してある。

NMRの結果より，置換基として最も小さいフッ素を有する化合物5は，スペーサー中のメチレン水素が分裂しないことから，ローターが自由回転していると考えられるのに対して，より大きな置換基であるメチル基とメトキシ基を有する化合物6と7では，メチレン水素が分裂して現れることから，自由回転が束縛されていることがわかる。さらに，キラルHPLCでは，化合物6と7は鏡像異性体に帰属できる2つのピークが現れるのに対して化合物5では1つのピークのみで，自由回転の可否の置換基依存性を裏付けた。興味深いことに光照射によって得られるシス体では，化合物7はキラルHPLCにおいてシス体の鏡像異性体に帰属できる新たな2つのピークを示したが，化合物6はひとつのシス体のピークを示した。すなわち，化合物6では，シス体でベンゼンローターの自由回転が起こると考えられる。化合物7の鏡像異性体を単離して光異性化反応における円二色性スペクトルの変化を調べたところ，トランス体では一対の鏡像異性体に対しお互いに鏡像の関係となる明確なスペクトルが観察された（図8）。一方の鏡像異性体の溶液に紫外線を照射してトランス体からシス体への光反応を行うと円二色性スペクトルは消失した。その後，436nm光を照射してシス体からトランス体への光反応を行なっても円二色性スペクトルはサイレントのままだった。以上の結果は，化合物6では，トランス体ではベンゼンローターの自由回転が止まっており，鏡像異性体が安定に存在するが，分子内のアゾベンゼン部がシス体に光異性化するとベンゼンローターが自由回転して鏡像異性体の区別がなくなり，更なるトランス体への逆反応により，ラセミ化したトランス体が得られると解釈できる。

4.2.5 分子内回転運動の光可逆的制御を用いた円偏光によるキラリティー誘起[5]

前の2項で，1,5位でスペーサー部とエーテル結合で結合したナフタレンや2,5-置換ベンゼン

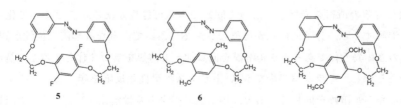

図7　置換ベンゼンをローターとする環状アゾベンゼン誘導体

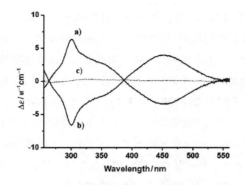
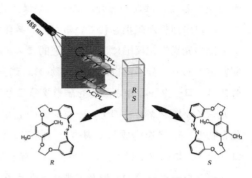

図8 a）とb）は化合物6の各鏡像異性体の酢酸エチル溶液の円二色性スペクトル，c）とa）の溶液に紫外線を照射した後の円二色性スペクトル

図9 円偏光による一方の鏡像異性体の濃度増強の模式図

のような非対称ローター部を有する環状アゾベンゼンの，スペーサー長やローターの嵩高さを調整することで，アゾベンゼン部がトランス体の時，鏡像異性体が安定に存在し，シス体の時はラセミ化する分子ができることを示した。このような化合物において，光異性反応を起こす光に円偏光を用いれば，トランス体の鏡像異性体の一方の濃度を増加させることが可能と考えられる。すなわち，トランス体の各鏡像異性体は，円二色性を示すため，円偏光による遷移確率は鏡像異性体の間で異なるため，光反応の効率が異なる。一方で，反応生成物であるシス体はラセミ化してしまうため，結果としてより光反応の効率が低い鏡像異性体の濃度が高まることになる（図9）。

実際に，488nmにおいて比較的大きな円二色性を示した化合物6のトランス体のラセミ体に円偏光（488nm）を照射すると，円二色スペクトルが活性となった（図10）。円偏光照射後に得られる円二色スペクトルの形は，オーセンティックサンプルである純粋な化合物6の鏡像異性体の円二色スペクトル（図8）と一致し，かつ，左右の円偏光を交互に照射することで誘起される円二色スペクトルのバンドの正負が交互に入れ替わることより，円偏光照射後に一方の鏡像異性体の濃度が高まっていることが確認された。

4.2.6 分子内回転運動の光可逆的制御を用いたキラル溶媒によるキラリティー誘起と固定[6)]

光で可逆的に変換可能な幾何異性体において，一方の異性体においてのみ分子内回転が許容で，ラセミ化，もしくは，何らかの不斉環境にある場合には脱ラセミ化を起こす化合物は，不斉環境を認識してその情報を光反応によって固定できる可能性がある。ラセミ体の化合物4をキラル溶媒に溶解すると，分子内回転が可能なシス体において大きな誘起円二色性が観察された。そこに，逆の立体異性体であるキラル溶媒を同量加えて溶媒をラセミ体とすると，誘起円二色性は消失した。しかし，キラル溶媒中でシス-トランス熱異性化反応を起こし，その後，逆の立体異性体であるキラル溶媒を同量加えると，円二色スペクトルは消えずに残った（図11）。このことは，シス体では分子内回転運動によってラセミ化が可能であるが，回転部位のアゾベンゼンに

第3章 光メカニカル機能の創出

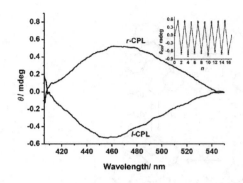

図10 化合物6のラセミ体溶液に左右の円偏光を照射した後に得られる円二色性スペクトル。中に示したのは左右の円偏光を交互に照射した時の450nmにおける円二色性の変化。

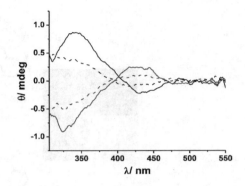

図11 実線：化合物4のR-またはS-1-フェニルエタノール中での紫外線照射後の円二色性スペクトル。点線：紫外線照射後に熱異性化反応によりトランス体へ戻し，その後，逆の立体構造を有する1-フェニルエタノールを同量添加した後の円二色性スペクトル

対する相対的な配置の違いによる一時的な鏡像異性体が存在し，その後のアゾベンゼン部位のシス体からトランス体への異性化反応により鏡像異性体の構造が安定化されるとして説明できる。本系は，キラル溶媒からキラルセンサー化合物への単なるキラリティーの移動というだけでなく，それを安定な鏡像異性体の構造へと固定し，キラル場を取り除いて後でも円二色性スペクトルなどで，キラル場が存在したことを確認できるという点で，新しいキラルセンサーであるといえる。

4.2.7 分子内回転を示さない化合物の光応答キラル添加剤としての利用

光学分割して得られたラセミ化することのない化合物3の鏡像異性体は，面性不斉を示す初めての光応答キラル添加剤である。市販の液晶に添加すると基本性能として光照射前の高いねじり力と，光照射後の大きなねじり力変化，およびホスト液晶に対する高い相溶性を示した。3をネマティック液晶 ZLI-1132 に溶解して得られるキラルネマティック液晶の薄膜では，可視のほぼ全域で干渉色を光可逆的に制御することができた（図12)[7]。

分子集合体の不斉の制御に関して，分子配列の螺旋の向きを反転させることは，重要な課題の一つである。光異性化反応で行き来できる異性体間でねじり力の符号が逆転することは，理論的には可能であるが，実際の例は殆ど存在しない。化合物8（図13）は，3と同様にシス体においても全くラセミ化を起こさず，光応答キラル添加剤として期待された。光学分割して得られた一方の鏡像異性体を市販のネマティック液晶に混合して紫外線を照射すると，液晶の螺旋の回転方向が逆転することが分かった[8,9]。本結果は，無偏光による光反応によって，分子集合体の分子配列の螺旋の回転方向を逆転しうることを明確に示している。

オランダの Feringa のグループでは，分子レベルで起こる構造変化をマクロな運動に結びつける研究を進めている。その際，液晶の性質は，1分子の構造変化を他の多くの分子に伝えるメディ

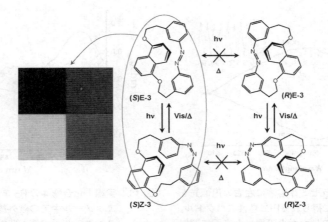

図12 化合物3を市販のネマティック液晶に添加した材料の薄膜（左）と面性不斉型光応答性キラル添加剤の光異性化挙動．（紺）光照射前，（緑）120秒紫外線照射後，（赤）30秒可視光照射後，（水色）120秒可視光照射後

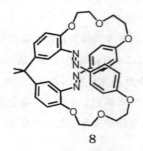

図13 液晶のねじりの方向を光で逆転させる光応答性キラル添加剤

エーターとしての働きにおいて重要な役割を果たす．2006年には，ネマティック液晶に光応答性キラル添加剤を加えたキラルネマティック液晶を用いて，その膜上のマイクロメターサイズのガラスロッドを，添加剤の光反応によって回転させることに成功した[10]．液晶膜は，平行配向膜を施した基板上に，1％のヘリカル不斉を有するエチレン誘導体であるキラル添加剤を加えたネマティック液晶を薄く塗布したもので，上側は空気にさらされている．偏光顕微鏡観察によれば，上部はポリゴナルフィンガープリントテクスチャーを示し，キラルネマティック相のらせん軸が平面に対して平行に配向しているコレステリック相に典型的な状態であった．ここに5×28μmの円筒状のガラスロッドを乗せ，365nm光照射によってエチレン誘導体の光異性化反応を起こすとフィンガープリントテクスチャーの一方向への回転と同時にガラスロッドの回転が観察された．光定常状態に達すると回転は停止し，その後，暗所での熱による逆異性化反応によってガラスロッドは逆回転した．光応答性キラル添加剤にもう一方の鏡像異性体を用いた場合，光反応と熱反応に伴いガラスロッドの回転方向がいずれも逆転した．

Feringaの光応答性キラル添加剤では，一方の異性化反応は光で起こるものの，逆反応は熱的

第3章　光メカニカル機能の創出

に起こるため，逆反応によるガラスロッドの回転は高速に行うことが出来なかった。もし，光応答性キラル添加剤として正・逆両異性化反応で光を使うことが出来れば高速の運動を実現することができる。われわれは，光応答性キラル添加剤として，前項で示した面性不斉型アゾベンゼン誘導体のうち，トランス体，シス体の両異性体でラセミ化を起こさない化合物の純粋な鏡像異性体を用いることで，ガラスロッドの回転運動を時計回りと反時計回りの両方向で光を使うことができ，いずれも高速で行うことができることを明らかにしている[11]。

4.3　モータータンパク質キネシンの運動の光可逆的制御

4.3.1　モータータンパク質を人工的に制御する意義とこれまでの研究

　われわれの体内では化学反応によって機械的機能を発現する幾つかの分子機械，モータータンパク質が働いている。キネシンは最も重要なリニアモーター系タンパク質の一つで，細胞内で微小管のレールに沿ってナノサイズの物質を輸送している。もし，このようなキネシンの機能を人工の分子系に応用することが出来れば，望む場所の間を正確に物質輸送することに使えるかもしれない。そのようなモータータンパク質の人工的な制御，利用の実現は，ナノテクノロジーの新しい領域を開拓することになるであろう。

　キネシンの人工的な制御に関して望まれることは，望みのタイミング，望まれる場所でその働きを ON/OFF スイッチすることである。その際，制御を命令するためのシグナルとして光を用いることは，高い時空間分解能を持った制御の実現を可能にするため，最適な方法と言える。キネシンの運動機能を OFF 状態から ON 状態へと光でスイッチすることは，ケージド ATP を用いて古くから行われてきた[12]。それに対して ON 状態から OFF 状態への光によるスイッチは，比較的最近になってケージドペプチドを使って達成されている[13]。ここで用いられたペプチドはキネシンのテール領域に相当するアミノ酸配列を有し，キネシンに荷物が付いていないとき，このテール領域がキネシンの運動に対する阻害剤として働くことが知られている。このように一度だけ OFF から ON または ON から OFF 状態にキネシンの運動を光で制御することは実現されているが，好きなときに何度でもキネシンの運動を動的制御する研究は行われてこなかった。

4.3.2　アゾベンゼン単分子膜を施した基板表面によるキネシン運動の光可逆的制御

　筆者らは，キネシンの運動機能をその下に施した光異性化単分子膜の可逆的な光異性化反応によって繰り返し光制御しようと試みた。ここでは光異性化分子として紫外線と青色光の照射により，トランス体とシス体の間を繰り返し行き来することが可能なフォトクロミック化合物，アゾベンゼンの誘導体を用いた（図14）。アゾベンゼン単分子膜とタンパク質の相互作用を期待してアゾベンゼン末端にアミノ酸残基を結合させた化合物を種々検討した結果，リジン残基を施したアゾベンゼンの単分子膜を使うことでキネシン／ATP によって駆動される微小管の滑走速度を，低速と高速の間で約15％繰り返し変化させることに成功した[14]（図15，16，17）。

　現在のところ，単分子膜の光異性化反応によって微小管の滑走速度が可逆的に変化するメカニズムは完全にはわかっていないが，2通りの機構が考えられる。ひとつは，単分子膜の光異性化

245

に伴う分子構造の変化によって，キネシンの構造等の変化が誘起され，加水分解酵素としての活性に変化が起きたという説明である．もう一つは，単分子膜の光異性化に伴う分子構造の変化によって，単分子膜表面と微小管の間の親和力に変化が生じ，これが，キネシンによる駆動速度に影響を与えたとする説明である．今後は，このメカニズムをはっきりさせるためにも，トランスまたはシス体の状態にある単分子膜表面上でのキネシンによるATPの加水分解速度の測定を行う予定である．

図14 キネシン／ATPに駆動される微小管の滑走速度の動的光制御の模式図

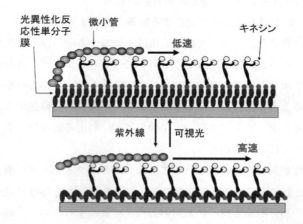

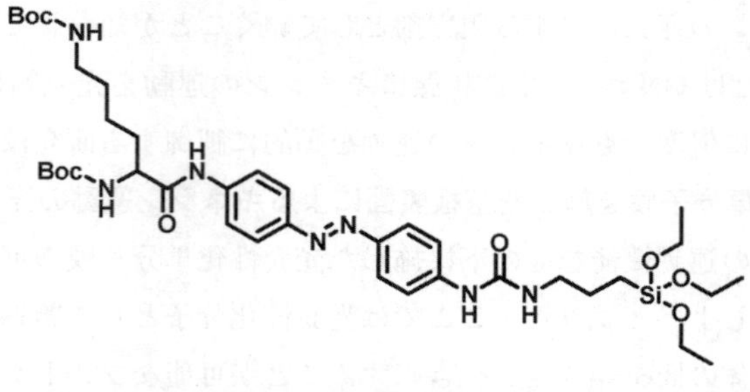

図15 光異性化反応性単分子膜を構築するための化合物の分子構造

ガラス基板を化合物の溶液に浸漬することで，分子の右側のトリエトキシシラン部がガラス表面と反応して化学結合を形成する．その後，トリフルオロ酢酸溶液で処理することでリジン残基の保護基であるBoc基が外れて，フリーのアミノ基が最表面に現れる．蛍光顕微鏡観察用のセルは得られたガラス基板を用いて構築される．

第 3 章　光メカニカル機能の創出

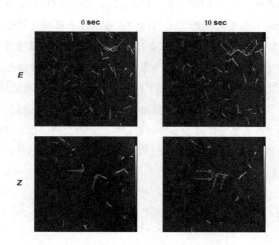

図 16　蛍光顕微鏡で観察した微小管の運動の様子
微小管は蛍光色素ローダミンによって蛍光標識されている。E は，単分子膜中の
アゾベンゼン部位がトランス状態，Z はシス状態を表す。いずれの状態でも微小管
は運動するが，その速度は，トランス状態のほうが遅い。

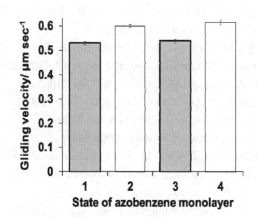

図 17　微小管の滑走速度の変化
アゾベンゼン単分子膜の状態は，1：光照射前（トランス体），2：紫外線照射後（シス体），
3：2 の状態に青色光照射後（トランス体），4：3 の状態に紫外線照射後（シス体）。

4.4 おわりに

アゾベンゼン誘導体の光応答性を利用した分子運動の可逆的制御に関して筆者らの最近の成果をまとめた。合成分子内の熱的な自由回転運動を完全に光でON-OFF制御できる分子や生体分子モーターの運動速度をある程度可逆的に光制御できる単分子表面などを実現することができた。今後も，よく設計された分子を合成することにより，分子運動をますます精密に制御する光応答性分子が開発できるものと考えられる。一方で，もう一段高い目標として，光で運動をスイッチするだけでなく，光エネルギーを変換して仕事をする分子系の開発が望まれる。すでに1分子の系としては，光エネルギーにより一方向に回転する分子はFeringaによって合成されているが，目に見える仕事ができるまでには至っていない[15]。そのためには，池田らが示したような多分子が協調して働く液晶の特性を利用するなどの方法が有効であろう[16]。この方面での更なる研究の発展にも期待したい。

文　　献

1) T. R. Kelly, M. C. Bowyer, K. V. Bhaskar, D. Bebbington, A. Garcia, F. R. Lang, M. H. Kim, M. P. Jette, *J. Am. Chem. Soc.*, **116**, 3657（1994）

2) A. M. Schoevaars, W. Kruizinga, R. W. J. Zijlstra, N. Veldman, A. L. Spek, B. L. Feringa, *J. Org. Chem.*, **62**, 4943（1997）

3) J.-S. Yang, Y.-T. Huang, J.-H. Ho, W.-T. Sun, H.-H. Huang, Y.-C. Lin, S.-J. Huang, S.-L. Huang, H.-F. Lu, I. Chao, *Org. Lett.*, **10**, 2279（2008）

4) M. C. Basheer, Y. Oka, M. Mathews, N. Tamaoki, *Chem. Eur. J.*, **16**, 3489（2010）

5) P. K. Hashim, R. Thomas, N. Tamaoki, *Chem. Eur. J.*, **17**, 7304（2011）

6) R. Thomas, N. Tamaoki, *Org. Biomol. Chem.*, **9**, 5389（2011）

7) M. Mathews, N. Tamaoki, *J. Am. Chem. Soc.*, **130**, 11409（2008）

8) N. Tamaoki, M. Wada, *J. Am. Chem. Soc.*, **128**, 6284（2006）

9) M. Mathews, N. Tamaoki, *Chem. Commun.*, **2009**, 3609

10) R. Eelkema, M. M. Pollard, J. Vicario, N. H. Katsonis, B. Serrano-Ramon, C. W. M. Baaistiansen, D. Broer, B. L. Feringa, *Nature*, **440**, 163（2006）

11) R. Thomas, Y. Yoshida, N. Tamaoki, submitted.

12) H. Higuchi, E. Muto, Y. Inoue, T. Yanagida, *Proc. Natl. Acad. Sci. U.S.A.*, **94**, 4395（1999）

13) A. Nomura, T. Q. P. Uyeda, N. Yumoto, Y. Tatsu, *Chem. Commun.*, **2006**, 3588

14) M. K. A. Rahim, T. Fukaminato, T. Kamei, N. Tamaoki, *Langmuir*, **27**, 10347（2011）

15) N. Koumura, R. W. J. Zijlstra, R. A. van Delden, N. Harada, B. L. Feringa, *Nature*, **401**, 152（1999）

16) M. Yamada, M. Kondo, J. Mamiya, Y. Yu, M. Kinoshita, C. J. Barrett, T. Ikeda, *Angew. Chem. Int. Ed.*, **47**, 4986（2008）

5　単一集光スポット照射によるアゾ系フォトクロミックポリマーの光誘起物質移動

石飛秀和[*]

5.1　はじめに

　アゾ系フォトクロミックポリマーに光を照射すると，その光強度分布及び偏光状態に応じて，ポリマー表面に凹凸（表面レリーフ）が形成される。この現象は，光によってポリマーが空間的に移動したことを意味し，光誘起物質移動と呼ばれる。この現象を利用すれば，光によってリモートに且つナノ分解能で光メカニカル機能を発現できる。しかし光誘起物質移動の形成メカニズムが分かっていないため，光メカニカル機能を制御する事は困難である。本研究では，これまで行われてきた2光束干渉法では創り得ない光強度分布・偏光状態を，高開口数の対物レンズと特殊な入射偏光状態・照明方法で創り出すことで，光誘起物質移動の光強度分布及び偏光依存性をナノスケールで調べ，光誘起物質移動の形成メカニズムを解明することを目的としている。本手法は，単一の光スポットによる光誘起物質移動のインパルス応答を直接測定できるという特徴を持つので，光誘起物質移動の形成メカニズムの解明に最適な手法である。

　これまでに，アゾ系フォトクロミックポリマーフィルム面内に平行な偏光成分（直線偏光）を用いて単一集光スポット照射による光誘起物質移動を調べた結果，ポリマーの光軸方向への移動に光勾配力が重要な働きをしていることを発見し，光誘起物質移動の形成メカニズムの一端を解明してきた[1,2]。具体的には，集光スポットの焦点位置がフィルム表面にある場合，スポット中心部のポリマーは光誘起異方流動性によって偏光方向に且つ光強度の強い領域から弱い領域に移動して凹形状になるのに対し，焦点位置がフィルム上方にある場合，集光スポットによる光勾配力によってポリマーは光強度の強い集光スポット中心部に引き寄せられ，スポット中心部のポリマーは凸形状になることが分かった。

　本稿では，直線偏光による集光では打ち消し合うことで創り出せないポリマーフィルムに対して垂直な偏光成分（E_z）を有する単一光スポットを用いた光誘起物質移動について解説したい。

5.2　放射偏光による E_z 偏光の創成

　放射偏光[3]と輪帯照明法を用いることで，E_z 偏光成分を主成分とする単一の集光スポットを創成できる。放射偏光は，直線偏光と異なり，その偏光方向が中心部から外縁部に向かって放射状になる特殊な偏光状態である（図1）。放射偏光した光を対物レンズで集光すると，すべての偏光成分がP偏光になるので，直線偏光の場合とは逆に，スポット中心部では光軸方向の偏光成分（E_z）は打ち消されないため，単一の光スポットを形成できる（図2）。しかし同時に，面内の偏光成分（$E_{x,y}$）は中心部では打ち消されるが，外縁部では打ち消されないので，ドーナツ状の電場強度分布が残ることになる。この $E_{x,y}$ 成分は，強度にして E_z 成分の49%もあり，無視で

---

[*]　Hidekazu Ishitobi　大阪大学　大学院生命機能研究科　生体ダイナミクス講座　助教

フォトクロミズムの新展開と光メカニカル機能材料

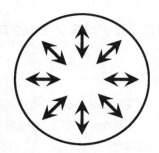

図1　放射偏光の偏光状態

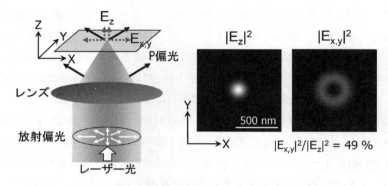

図2　放射偏光による集光スポットの電場強度分布

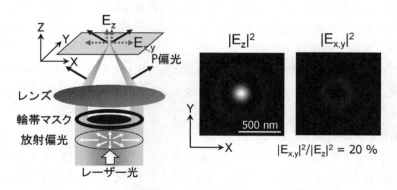

図3　放射偏光と輪帯照明による集光スポットの電場強度分布

きないレベルである。よって，$E_{x,y}$成分を抑えるために輪帯照明法を用いた。輪帯照明では，輪帯マスクを光路の中心に挿入することで，中心部の入射角の小さな成分をカットし，入射角の大きな成分のみを通すので，レンズ透過後のE_z成分を$E_{x,y}$成分に比べ大きくでき，結果としてドーナツ状の$E_{x,y}$成分を軽減できる。電場強度分布の計算結果から，レンズの開口数NA＝1.0（NA＝n×sinθ，n：屈折率，θ：入射角）の時，一番E_z成分の割合が大きくなることが分かった。

第3章 光メカニカル機能の創出

NAが1.0より大きいと，界面からの反射光がDestructiveに働いてしまい，逆にE_z成分の割合が減少してしまう。実験では，透過光量と輪帯による回折の影響を考慮に入れ，NA＝1.0～1.2に相当する輪帯マスクを選択した。この場合，$E_{x,y}$成分はE_z成分の20％となり，輪帯のない場合と比べ，かなり$E_{x,y}$成分を軽減できる（図3）。このE_z偏光成分が主成分である単一の集光スポットを用いてアゾ系フォトクロミックポリマーフィルムの物質移動を誘起した。

5.3 E_z偏光による光誘起物質移動

サンプルとして，アゾ基を側鎖に持つメタクリレート系ポリマーであるpoly（Disperse Red 1 Methacrylate）（PMA-DR1，Product No. 579009，Aldrich；Tg＝82℃）を用い，カバーガラス上にスピンコートした（図4）。その後，残留溶媒（クロロホルム）を除去するため，100℃のオーブンに1時間入れた。PMA-DR1はその高い分極率から，誘起される分子配向度が大きく，結果として物質移動も効率的に誘起できる。実験光学系を図5に示す。励起光として，サンプルフィルムの吸収バンド内の波長532nmの半導体レーザーを用いた。このレーザー光をフィルム下方（カバーガラス側）から照射し，高開口数（N.A.＝1.4）の対物レンズでフィルム表面に集光した。放射偏光の創成には，お互いの結晶軸の方向が異なる$\lambda/2$波長板を組みあせた12分割波長板を用いた。図のように，この特殊な偏光板に直線偏光した光を入射することで，容易に放射偏光を得ることができる。誘起された表面レリーフの観察にはAFMを用いた。その際，AFMチップによる機械的なポリマー変形を防ぐため，タッピングモードを用いた。

放射偏光と輪帯照明を用いてE_z偏光によるポリマー移動について調べた結果，誘起された凸凹に強いフィルム膜厚依存性があることを発見した。図6に3種類のフィルム膜厚（（a）24nm，（b）36nm，（c）60nm）を用いた場合の表面形状変化像（AFM像）を示す。また，中心部のラインプロットも同時に示す。入射レーザー強度は2W/cm^2，照射時間は30sである。フィルム膜厚が薄い場合（図6(a)），中心部が凹み，その周囲がドーナツ状に盛り上がっている事が分かる。E_z偏光により中心部を押し込む方向

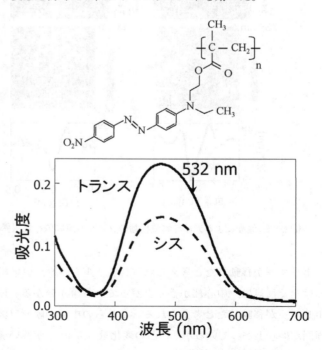

図4 実験に用いたアゾ系ポリマーの分子構造と吸収スペクトル変化

フォトクロミズムの新展開と光メカニカル機能材料

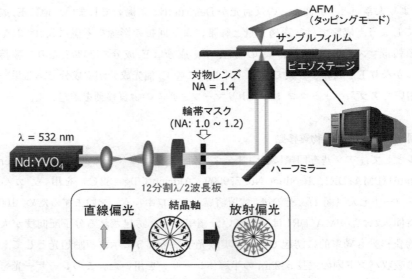

図5 実験光学系

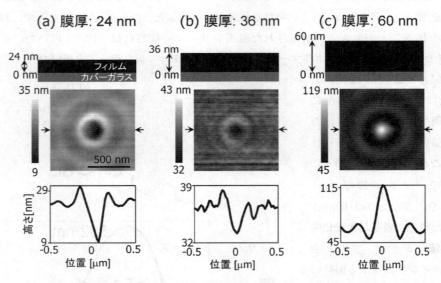

図6 E_z 偏光による光誘起物質移動のフィルム膜厚依存性（異なる膜厚のフィルムを用いた場合）

にポリマーが移動したと考えられる。フィルム膜厚が厚い場合（図6(c)），薄い場合（図6(a)）とは全く反対に，中心部が盛り上がっている事が分かる。E_z により中心部を押し上げる方向にポリマーが移動したと考えられる。これらの中間の膜厚（図6(b)）では，中心部が凹み，その周囲が盛り上がっているが，凹凸の変化量（5 nm）が薄い場合及び厚い場合（図6(a)：20 nm，図6(c)：68 nm）よりも小さくなっていることが分かる。この実験結果は，膜厚 36 nm と 60 nm

第3章　光メカニカル機能の創出

との間に，光を照射しているのにもかかわらず，フィルム形状の変化しない膜厚が存在することを示唆している。

フィルム形状が変化しない膜厚を調べるため，同一サンプルフィルム内で膜厚の異なる場所を探し出し，それぞれの膜厚に対応したポリマー移動を誘起した（図7）。図中左側が膜厚36nm，右側が48nmであり，左から右に向かって膜厚が徐々に厚くなっている。フィルム膜厚が異なる3点（(a) 36nm，(b) 37nm，(c) 43nm）でのラインプロットも同時に示す。膜厚36nmでは中心部が凹む膜厚，膜厚43nmでは中央部が盛り上がる膜厚であり，その中間の膜厚37nmでは，ほとんど凸凹が誘起されていない事が分かる。つまり，膜厚37nmでは，光が照射されているのにもかかわらず，物質移動が誘起されていない。この結果から，二つの相反する力（フィルムを盛り上げる力と凹ませる力）の均衡状態によって，フィルム膜厚依存性が発現していると考えられる。

この膜厚依存性はE_z偏光によるポリマー移動特有のものであることが分かった。図8にフィルム面内に平行な偏光（直線偏光）によるフィルム膜厚依存性を示す。図6の実験結果同様，3種類のフィルム膜厚（24nm，36nm，60nm）を用いた。この図から，フィルム膜厚が厚くなると，凹凸変化量は大きくなっているが，表面形状はフィルム膜厚に依存していないことが分かる。いずれの膜厚でも，光誘起異方流動性によって，ポリマーは偏光方向に且つ光強度の強い光スポット中心部から弱い外縁部に移動した結果，中心部が凹み，その両側が偏光方向に盛り上がっている。

フィルム上部層の屈折率を操作することで，フィルム内部の光強度勾配を制御し，フィルム膜厚依存性を調べた。グリセリン（n＝1.47）をフィルム表面に滴下した後に光を照射した場合と，

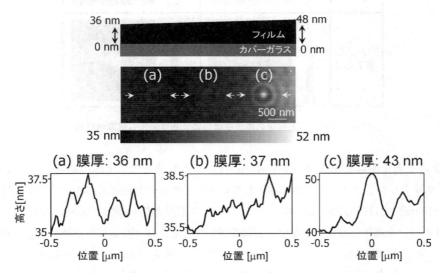

図7　E_z偏光による光誘起物質移動のフィルム膜厚依存性（同一のフィルムで，場所によって膜厚が異なる場合）

フォトクロミズムの新展開と光メカニカル機能材料

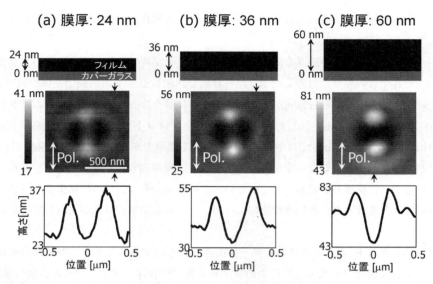

図8 直線偏光による光誘起物質移動の膜厚依存性（異なる膜厚のフィルムを用いた場合）

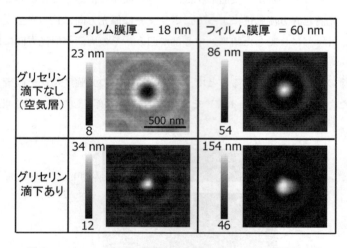

図9 フィルム上部層の屈折率操作によるフィルム膜厚依存性

滴下しないで光を照射した場合（空気層，n=1.0），それぞれでフィルム膜厚依存性を調べた（図9）。グリセリンをフィルム表面に滴下しない場合，図6の実験結果同様，フィルム膜厚が薄い場合（18nm）では凹形状になるのに対し，フィルム膜厚が厚い場合（60nm）では凸形状になる。グリセリンを滴下した後にポリマー移動を誘起すると，フィルム膜厚が薄い場合（18nm），凹形状から凸形状に変化し，フィルム膜厚が厚い場合（60nm），凸形状の高さが増幅（32nm→108nm）されることが分かった。フィルム膜厚が薄い場合（18nm）には，グリセリンを滴下することでポリマーの動く方向が反転していることから，図6の実験結果と同様に，二つ

第3章 光メカニカル機能の創出

の相反する力（フィルムを盛り上げる力と凹ませる力）がポリマー移動に作用しており，光強度勾配に依存して，その大小関係が反転したと考えられる。

フィルム膜内での光強度勾配を調べるために，カバーガラス／フィルム／空気（or グリセリン）の3層構造による集光スポット電場強度分布を計算した（図10）。計算では，入射光の二つの界面（カバーガラス／フィルム，フィルム／空気（or グリセリン））での反射・屈折・多重反射及びフィルムの吸収など，すべての光学現象を考慮に入れた。いずれの場合も，E_z偏光成分がE_x偏光成分より大きいので，E_z偏光成分のみを示す。図10のラインプロットは，集光スポット中心を通るZ軸上でのE_z電場強度である。図中の数字は，フィルム膜内での光強度勾配［1/nm］である。グリセリンを滴下した場合，フィルムとその上部層であるグリセリンとの屈折率差が空気層の場合と比べ小さくなるので，フィルム膜内での光強度勾配が小さくなっていることが分かる。また，フィルム膜厚が厚くなると，光強度勾配が小さくなっていることが分かる。図6及び図9の実験結果から，二つの相反する力（フィルムを盛り上げる力と凹ませる力）が駆動力と考えられ，それらは光誘起異方流動性と光勾配力であると考えられる。光誘起異方流動性は，ポリマーを偏光方向（今回の場合，Z軸方向）に且つ光強度の強い領域から弱い領域へ移動する力である。また，光勾配力は，物質を光強度の弱い領域から強い領域へ移動する力である。計算結果から，どの場合においても，フィルム膜内での光強度はカバーガラス側からポリマーフィルム表面に向かって徐々に弱くなっていることが分かる。よって，ポリマーを盛り上げる力（図中，↑）は光誘起異方流動性によるもの，ポリマーを凹ませる力（図中，↓）は光勾配力によるものと考えられる。フィルム膜厚が薄い場合（18nm），グリセリン滴下前（図10(a)）では，

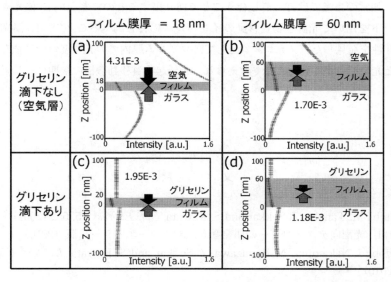

図10　カバーガラス／フィルム／空気（or グリセリン）の3層構造による集光スポットの電場強度分布の計算結果

フィルムの中心部は凹形状になっていることから，光勾配力が光誘起移動流動性による力より強く，グリセリンを滴下後（図10(c)）では，フィルムの中心部は凸形状になっているので，光誘起移動流動性による力が光勾配力より強くなったと考えられる。光勾配力は光強度勾配の一次に比例する力である[4]。計算結果から，光強度勾配はグリセリンを滴下後に約半分（$4.31 \times 10^{-3} \rightarrow 1.95 \times 10^{-3}$）になっていることから，光勾配力も半分になったと考えられる。仮に光誘起移動流動性による力も，光強度勾配の一次に比例する力であると仮定すると，光誘起移動流動性による力も半分になり，二つの力の大小関係は変わらず，凹凸が反転することはない。このことから，光誘起移動流動性による力は，光強度勾配の一次以下に比例している（光勾配力より光強度勾配に対して鈍感である）と考えられる。つまり，ある光強度勾配を境に，光強度勾配が低いと，（光誘起移動流動性による力）＞（光勾配力）によって中心部は凹み，光強度勾配が大きいと，（光勾配力）＞（光誘起移動流動性による力）によって中心部は盛り上がると考えられる。図7の実験結果より膜厚が37nmの時，両者の力関係は均衡することが分かっている。計算結果から，この境になる光強度勾配は，3.03×10^{-3}となることが分かった。フィルム膜厚が厚い場合（60nm，図10(b)），グリセリン滴下後で膜厚が薄い場合（図10(c)）と比べ，光強度勾配は小さくなっている事が分かる。よって，光誘起異方流動性による力が光勾配力より強い領域なので，フィルムの中心部は凸形状になったと考えられる。グリセリンを滴下すると（図10(d)），光強度勾配はさらに小さくなるので，光誘起異方流動性による力がさらに光勾配力より強くなり，凸形状の高さが増幅されたと考えられる。

5.4　おわりに

本稿では，通常の集光では打ち消し合うことで創り出すことのできないE_z偏光成分を有する単一光スポットを用いて光誘起物質移動のインパルス応答を調べることで，E_z偏光特有なフィルム膜厚依存性を発見した。メカニズムとして，フィルム膜内での光強度勾配に依存した光誘起異方流動性と光勾配力が駆動力として考えられ，光誘起物質移動機構の解明に一歩近づくことができた。

文　　献

1)　H. Ishitobi, M. Tanabe, Z. Sekkat and S. Kawata, *Opt. Express* **15**, 652 (2007)

2)　石飛秀和，光配向テクノロジーの開発動向，39，シーエムシー出版（2010）

3)　H. Ishitobi, I. Nakamura, N. Hayazawa, Z. Sekkat and S. Kawata, *J. Phys. Chem. B* **114**, 2565 (2010)

4)　A. Ashkin, J. M. Dziedzic, J. E. Bjorkholm, and S. Chu, *Opt. Lett.* **11**, 288 (1986)

6 フォトクロミック分子による有機-無機界面物性の光制御

須田理行[*1]，栄長泰明[*2]

6.1 はじめに

フォトン（光子）モードによる磁気記録方式は，従来型のヒート（熱）モードと比較して，格段に高速かつ高密度な記録が期待されることから，光照射によってその磁気特性を可逆に制御可能な固体物質の開発が盛んに行われている[1]。実際にこれまでに報告されている光応答性磁性物質のほとんどは，有機金属錯体における LIESST 効果や分子内電子移動現象といった，スピン状態の光双安定性に基づいたものである。しかしながら，このような物質の開発においては，①その設計指針が一般化されておらず，報告例が少ない，②熱エネルギーによる影響の比較的少ない極低温領域における報告例に限られる，といった問題点が挙げられる。こうした状況に鑑み，我々は「有機-フォトクロミック分子による無機磁性体への光双安定性の付与」という新たな設計指針を提示している[2]。有機-無機界面では有機分子の永久双極子によって界面直近の電荷分布に変動が生じ，電気二重層，すなわち表面ダイポール層が形成される。このことは，フォトクロミズムを組み込んだ有機-無機界面の物性を光照射により制御可能であることを意味する。

本稿では，以上の戦略の元に我々が創製したいくつかの光応答性磁性体と，この戦略を超伝導物性へと展開したシステムを紹介する。

6.2 室温強磁性ナノ粒子の光磁気制御[3]

これまでに報告されている光磁気制御の例は極低温下に留まっていたが，フォトンモードによる磁気記録という将来的な応用を考慮すれば，室温強磁性領域での光磁気制御は絶対的な条件である。$L1_0$-FePt 合金は，磁気異方性定数（K_u）が $6.6 \times 10^7 \mathrm{erg/cm^3}$ と非常に大きく，磁気記録に必要とされる条件 $K_u V/k_B T = 85$ を満たす最小粒径は 2.1nm と超高密度磁気記録媒体として有望視されている[4]。本システムでは，光応答性磁性体のプロトタイプとして，アゾベンゼン誘導体によって被覆した $L1_0$-FePt ナノ粒子を設計し，室温強磁性領域における光磁気制御を初めて実現した。

通常，FePt 合金が室温強磁性を示すためには，600℃以上での熱処理による fcc 構造から $L1_0$ 構造への構造転移が必要であるが，このような熱処理過程は粒子の凝集を引き起こし，有機分子による表面修飾は困難である。そこで，比較的低温（300℃）での構造転移が可能な多価アルコールによる液相還元法（ポリオールプロセス）により，$L1_0$-FePt ナノ粒子を直接合成した後，光応答部位となるアゾベンゼン誘導体及びスペーサーとしてのオクチルアミンを配位させることで，目的の複合ナノ粒子を得た（平均粒子径：5.6nm）。この複合ナノ粒子において，室温（300K）においてもアゾベンゼンのフォトクロミズムに伴った紫外光照射による磁化の増大及び可視光照

---

*1 Masayuki Suda　㈲理化学研究所　加藤分子物性研究室　基礎科学特別研究員

*2 Yasuaki Einaga　慶應義塾大学　理工学部　化学科　教授

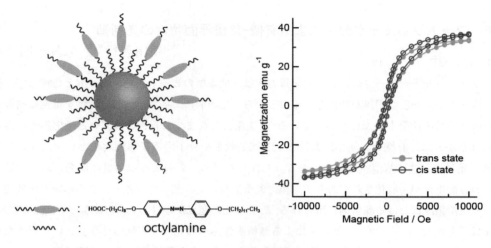

図1　アゾベンゼン誘導体修飾 $L1_0$-FePt ナノ粒子の模式図（左）と光応答（右）

射による磁化の減少を可逆的に観測した（図1）。有機分子を修飾した FePt ナノ粒子は，界面での電荷移動により1〜2表面原子層に Dead Layer と呼ばれる常磁性層が存在することが知られている。本システムでは，^{57}Fe メスバウアースペクトルによるモニターにより，光照射に伴いコア粒子の表面層における Fe 3d 電子密度が変化していることが明らかになっており，Dead Layer のフラクション変化が光磁気効果の起源であると推察される。本システムは，室温強磁性ナノ粒子の磁化を光制御した初めての例であり，以下，本システムをプロトタイプとした高機能化・他物性制御への展開を試みた。

6.3　光応答性及び垂直磁気異方性を付与した集積化[5]

6.2において，室温強磁性領域における光磁気制御を実現した。一方，磁気記録媒体への応用という観点から，その二次構造の制御，すなわち配向を制御した高密度集積化は必要不可欠である。とりわけ，垂直磁気記録とパターンドメディアへの期待から，$L1_0$-FePt ナノ粒子を，いかに垂直磁気異方性を付与しながら集積化するかが大きな課題となっている。以上のような課題を克服するため，我々は「外部磁場アシストによる交互積層法」という新たな $L1_0$-FePt ナノ粒子の集積法を考案した（図2）。既存の『交互積層法』という技術に対し，外部磁場を印加するというシンプルな戦略により，巨大垂直磁気異方性を有する及び光応答性を有する $L1_0$-FePt ナノ粒子集積膜の創製を実現した。強磁性 $L1_0$-FePt ナノ粒子を既報（SiO_2 ナノリアクター法[6]）に基づき合成し，11-aminoundecanoic acid を用いた配位子交換反応を経て水溶性 $L1_0$-FePt ナノ粒子を調整した。続いて，外部磁場印加条件下（1.3 T，out-of-plane 方向），水溶性 $L1_0$-FePt ナノ粒子とアゾベンゼン高分子電解質を交互積層法により製膜した。

$L1_0$-FePt ナノ粒子の磁気特性を水溶液状態において測定したところ，粉末状態での巨大な履歴曲線とは異なり，Langevin 関数によりフィッティングされる超常磁性的磁化曲線を示した。

第3章　光メカニカル機能の創出

水溶液中でそれぞれの $L1_0$-FePt ナノ粒子は，磁化容易軸である c 軸を外部磁場と平行にするように回転するものと考えられる。この状態で，基板とナノ粒子間の吸着過程が進行することで，溶液中の磁化容易軸の配向を基板へと転写することが可能になるものと考えられる。実際に，外部磁場を out-of-plane 及び in-plane 方向に印加した磁化測定より，out-of-plane 方向の磁化曲線は in-plane 方向と比較し格段に大きな角型履歴曲線を示し，極めて垂直磁気異方性の高い集積膜の製膜が示された（図3）。これは，垂直磁気異方性を有するナノ粒子集積膜をウェットプロセスにより作製した初めての例であり，配向度の目安となる保磁力比は，$H_{c\,easy}/H_{c,\,hard} = 0.20$ となり，これまでバルク集積体で実現されている値[6]に匹敵する垂直磁気異方性の付与を実現した。また，本システムにおいてもアゾベンゼン層の光異性化に伴い，紫外光及び可視光の照射による磁気特性の可逆的な光制御にも成功した。

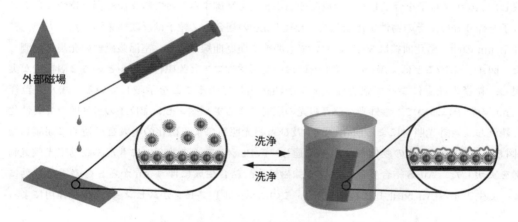

図2　「外部磁場アシストによる交互積層法」の製膜スキーム

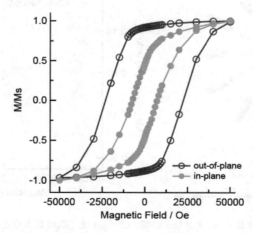

図3　面内（in-plane）及び面直（out-of-plane）方向に磁場を印加した際の磁化曲線

259

6.4 「界面強磁性」を利用した高効率光磁気制御[7,8]

これまでのシステムでは，ナノサイズ化による光応答性の向上と磁気特性の劣化というジレンマを解消するため，バルク状態において優秀な磁気特性を示す磁性体を選択し，これを微細化することによって光応答性を付与するというアプローチにより，室温強磁性領域における光磁気制御を実現してきた。一方で，光磁気効果が有機-無機界面という局所的な場に限られている以上，このようなアプローチでは光制御可能な磁気モーメントの割合に限界があることは明らかである。こうした観点から本システムでは，Au-アルカンチオール界面に出現する界面磁性と呼ばれる現象[9]に着目した。こうした二次元性に起因する磁性物質の微細化は，界面という局所的な場に発現する強磁性を顕在化させる。すなわち，よりよい磁気特性を得るために物質を微細化するという新たなアプローチが可能となる。

以上の視点の下，本システムでは，Brust法によりチオール末端アゾベンゼン分子によって被覆したAuナノ粒子を合成した。合成時のAu/S比を制御することで様々な粒径を持つ複合ナノ粒子を作り分け，その物性を比較した。粒径5 nmの複合ナノ粒子は反磁性を示した一方で，粒径1.7 nmの時，磁化曲線は300Kにおいても明瞭な履歴曲線を示し，室温強磁性の発現を観測した（図4）。このことは，Auナノ粒子内において反磁性コアと強磁性シェルという2層構造が実現し，粒径の減少によって強磁性シェルが顕在化していることを示唆している。また，粒径1.7 nmの粒子において，紫外光及び可視光の照射によるアゾベンゼン配位子の可逆的な光異性化を観測し，紫外光照射による磁化の減少及び可視光照射による磁化の増大を可逆的に観測した（図5）。この時，磁化の変化率は27%に達し，FePtシステムの約3倍にも及ぶ高効率光磁気制御を実現した。Au-S結合界面における強磁性は，結合生成に伴うAuからSへの電荷移動によって生成するAu 5d正孔に起因する[9]。この（ホール）スピンがスピン-軌道相互作用によっ

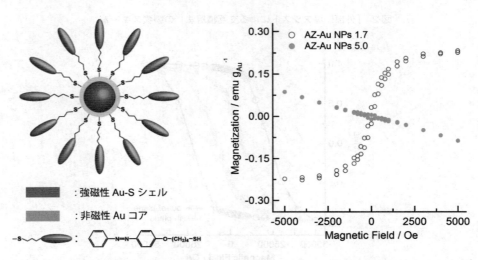

図4　アゾベンゼン誘導体修飾Auナノ粒子の模式図（左）と300Kにおける粒径1.7nm及び5nmの複合粒子の磁化曲線（右）

第3章　光メカニカル機能の創出

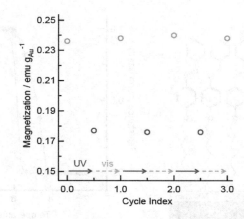

図5　300K，5Tの条件下における光照射による磁化の変化

て結合方向に強い異方性を持つことが強磁性の起源と考えられている。つまり，この光磁気効果はアゾベンゼン配位子の光異性化に伴う電荷移動度の変化により，正孔密度が増減したことによるものと推察される。これは，アゾ配位子の協同効果によって作られる表面ダイポール層の符号が光異性化に伴って反転することにより，Au表面の仕事関数が変化することに起因すると考えられる。

本システムでは，「界面磁性」を利用することで，系中の全ての磁気モーメントがフォトクロミック分子と相関を持つ理想的なシステムを構築した。これにより，大幅な磁化制御率の向上に成功した。

6.5　超伝導特性の光機能化への展開[10]

これまでのシステムでは"磁気特性"を光機能化のターゲットとした。表面ダイポールのデザインとこれに付随するキャリア（スピン）数の変化をデザインすることが可能であるという事実は，磁気特性以外の多様な物性の制御が可能であることを想起させる。そこで我々は，新たな物性制御の対象として超伝導特性の光制御の可能性に着想した。光制御の対象となる無機超伝導体として，膜厚10nmのNb薄膜をDCスパッタリング法により成膜した。次いで，薄膜表面に形成される厚さ2nmの酸化被膜と高いアフィニティを有するSi末端アゾベンゼン誘導体を自己組織化させることで，複合薄膜を得た。単分子膜の形成に伴い，4.2Kから5.2Kへと超伝導転移温度（T_c）の上昇が観測された（図6）。一方で，臨界電流値（I_c）は単分子膜の形成に伴い大きく減少した（図7）。Nbは，第2種超伝導体であるため，超伝導状態では，磁束の侵入による超伝導欠陥（非超伝導相）が存在する。臨界電流値の減少は，侵入した磁束に対するピンニング力の減少を意味し，表面修飾に伴う界面電荷移動によってこの欠陥にキャリアが注入され超伝導化したことを示唆する。このことは，T_cの上昇とも矛盾しない。更に，紫外光照射によるI_cの増大及び可視光照射によるI_cの減少を可逆的に観測した（図7）。また，わずかながらT_cの増減も

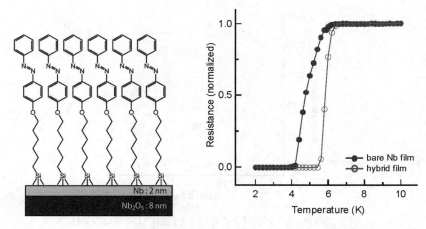

図6　アゾベンゼン誘導体修飾 Nb 薄膜の模式図（左）と表面修飾による超伝導転移温度の変化（右）

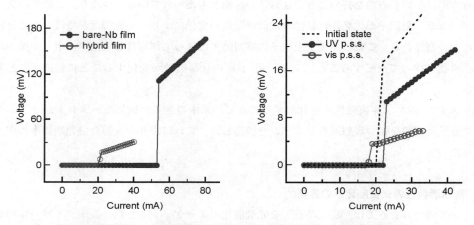

図7　表面修飾による臨界電流値の変化（左）と光照射による可逆変化（右）

同時に観測した。この結果も5と同様に，アゾベンゼンの光異性化に伴った表面ダイポール層の符号反転により，界面電荷移動度の変化によってピンニング力が増減したことによるものと推察される。

　これまでにも超伝導特性の光制御に関する報告は数例存在するものの，これらの結果は光照射による結晶構造の変化や光有機キャリアの補足によるものであり，不可逆的な光応答に限られていた。本システムは，光可逆的に超伝導特性を制御した初めての例であり，我々の戦略が磁気特性以外の物性に対しても有効であることが示された。

6.6　おわりに

　本稿では，機能性無機ナノ構造体にフォトクロミズムを組み込むという新戦略の下に我々が創

第3章 光メカニカル機能の創出

製したいくつかの光機能性物質を概説した。これらの結果が示すように、これまで光応答性磁性物質の開発において課題であった、①設計指針の確立と、②室温域における光磁気制御、という二つの大きな課題が克服されつつある。更に我々は最近、任意の表面ダイポール変化を示すフォトクロミック配位子を設計・合成することによって、光磁気制御のベクトル（光照射による磁化変化の方向及び大きさ）を任意に設計することにも成功しており、任意の物質に対し"思うがまま"に光磁気効果を付与するという新たな可能性が実現されつつある。また、この戦略は、無機物性や光機能分子の選択性に柔軟性を残しており、今後より一層の機能の向上や新たな固体物性制御への拡張の可能性が期待される。

文　　献

1) O. Sato *et al., Angew. Chem. Int. Ed.,* **46**, 2152 (2007)
2) Y. Einaga, *Bull. Chem. Soc. Jpn.,* **79**, 361 (2006)
3) M. Suda *et al., J. Am. Chem. Soc.,* **129**, 5538 (2007)
4) O. Ivanov *et al., Phys. Met. Metallogr.,* **35**, 81 (1973)
5) M. Suda *et al., Angew. Chem. Int. Ed.,* **48**, 1754 (2009)
6) S. Yamamoto *et al., J. Magn. Soc. Jpn.,* **31**, 199 (2007)
7) M. Suda *et al., Angew. Chem. Int. Ed.,* **47**, 160 (2008)
8) M. Suda *et al., J. Am. Chem. Soc.,* **131**, 865 (2009)
9) P. Crespo *et al., Phys. Rev. Lett.,* **93**, 087204 (2004)
10) A. Ikegami *et al., Angew. Chem. Int. Ed.,* **49**, 372 (2010)

7 光により形態変化するファイバー

近藤瑞穂[*1]，川月喜弘[*2]，深江亮平[*3]

7.1 はじめに

　光によって変形し，光によってその運動を制御できる高分子（高分子光運動材料）に注目が集まっている。高分子光運動材料は光駆動に基づく静粛性・遠隔性・精密かつ均一な制御および高速なスイッチングという特徴と，高分子材料由来の柔軟性・加工性，形状の自由度および幅広い材料選択性という特徴を併せもち，軽量でコンパクトなアクチュエーターを実現できる。また最近では，太陽光を直接エネルギー源として利用する方法も報告されており，太陽電池の使用が制限される液中などでの駆動部品への応用が期待できる[1]。

　このような特性を有する高分子光運動材料をファイバーに拡張すると，束ねたり，太さを変えることで光応答性を容易に調節できるようになる。

　また，ファイバーは一次元的で単純な構造であるため，照射方向によって変形方向を自在に制御できることに加え[2,3]，撚る，編む，織るなどの操作により二次元的・三次元的な構造に拡張できる。さらに，機械的・連続的な作製プロセスを使用でき，極めて生産性が高い利点がある。これら利点から，高分子光運動材料をファイバーに展開することは有用であると言える。

7.2 光二量化反応による変形

　高分子光運動ファイバーを形成する為には，少なくとも光によって物性の変化を伴う材料を，ファイバーに導入する必要がある。物性変化としては，ポリ（フッ化ビニリデン）の光歪み効果[4]，カーボンナノチューブの光起電力を利用した例[5]なども近年報告されているが，化学構造の変化を利用した材料も40年以上前から研究されている[6]。光異性化を利用した光運動材料としては，ジアリールエテン[7,8]やアゾベンゼン[9]，スピロベンゾピラン[10]，ルテニウム錯体[11]などを用いた材料が報告されている。これらについては別章で詳しく述べられているため，そちらを参照されたい。

　光異性化を用いた光運動材料では，一つの分子における形状変化を利用している。これに対し，図1に示すように，光二量化反応を用いた光運動材料も報告されている[12~14]。光二量化反応では，反応に伴って高分子骨格の変形も誘起できるため，大きな変形が期待できる。また，生成物の安定性が比較的高いため，スペクトル測定などによって反応を容易に追跡できる。アントラセンは，紫外光照射により［4＋4］光二量化反応を示す化合物であり，結晶状態においても巨視的変形を誘起できる[15]。

　われわれは図2に示す，アントラセンを側鎖に導入した単純な高分子を作製し，光応答性につ

＊1　Mizuho Kondo　兵庫県立大学　助教

＊2　Nobuhiro Kawatsuki　兵庫県立大学　教授

＊3　Ryohei Fukae　兵庫県立大学　教授

第3章　光メカニカル機能の創出

いて検討した。高分子を130℃程度に加熱し，流動性を示す状態で引っ張り紡糸することによりファイバーを作製した。このファイバーをガラス基板からつり下げ，室温で紫外光を照射するとファイバーが光源方向に屈曲した（図2(b)）。屈曲したファイバーは有機溶媒に不溶となる。そのため，光変形はアントラセンの二量化反応による架橋形成とそれに伴う高分子骨格の変形によるものと考えている。この光変形は温度に影響され，ガラス転移温度以上では大きな変形を示す

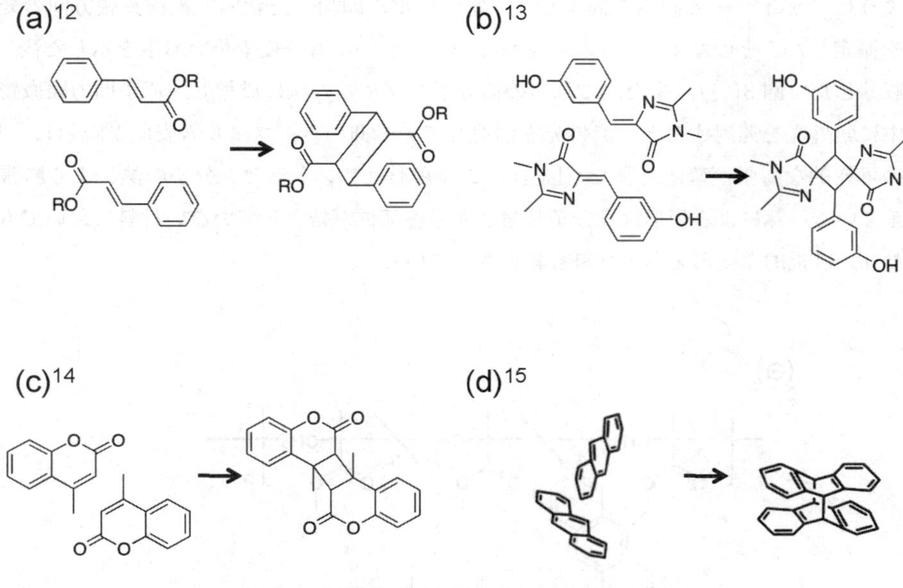

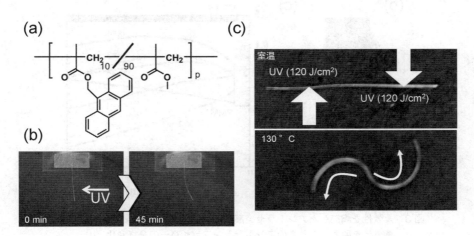

図1　巨視的変形を示す光二量化反応の例

図2　光駆動を示すアントラセン高分子の分子構造（a）
　　　アントラセン高分子ファイバーの紫外光照射による光屈曲（b）
　　　および低温におけるアントラセン高分子ファイバーへの紫外光照射と，加熱による変形（c）

265

一方，低温では高い光反応率においても変形が小さい。そのため，あらかじめ低温で紫外光を照射して変形方向を決定しておき，加熱することにより任意の形状に変形できる（図2(c)）[16]。

続いて図3(a) に示すように，アルキル側鎖を導入し，柔軟性を変化させた[17]。アルキル側鎖の導入量が増大するとガラス転移温度が低下し，室温における光反応性が向上した。これは，アルキル側鎖が可塑性を向上させていると考えている。これらの高分子からファイバーを作製し，アントラセン高分子の光変形における変位量を熱機械分析（TMA）により測定した。図3(b)に示すようにファイバーの両端を固定し，一定の荷重を印加した状態で繊維長軸方向の変形率（ΔL）を測定した。その結果，いずれのファイバーにおいても一度素早い膨張を示した後，ゆっくりと収縮した（図3(c)）。また，これらの高分子をフィルム状に成型し，原子間力顕微鏡による観察中に紫外光を照射すると，紫外光を照射している間のみ，フィルム表面が隆起し，TMAと同様の可逆的な膨張が確認できた（図4）。この変形はアントラセン分子の熱による膨張であると考えている。熱による変形は高分子骨格と光応答部位が結合していない材料においても誘起されており，巨視的な変形を示す材料も報告されている[18]。

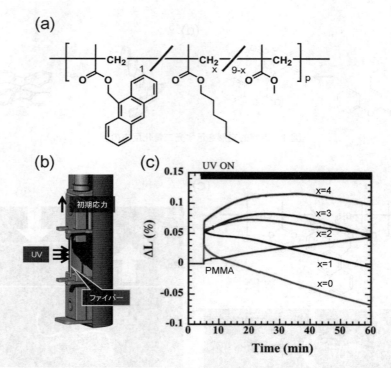

図3 柔軟性を調節したアントラセン高分子の構造 (a)，TMA の模式図 (b)，
　　紫外光を照射したときのアントラセンファイバーの長さ変化 (c)

第3章　光メカニカル機能の創出

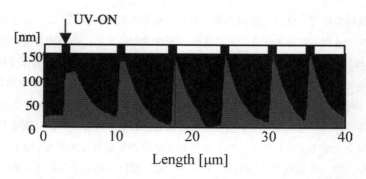

図4　アントラセン高分子の可逆的膨張：紫外光照射に伴うフィルムの高さの変化

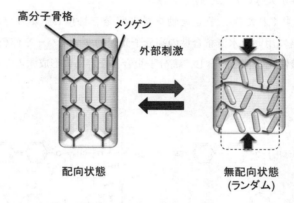

図5　架橋液晶高分子の異方的変形

7.3　液晶性による応答性の向上[19]

　高分子運動材料の応答を向上させる手法のひとつとして液晶を用いる方法がある。液晶は液体由来の流動性および結晶由来の光学異方性を併せもち，分子の重心位置に関する長距離的な秩序は失いつつも，分子配向に関する秩序は保たれた物質あるいは状態である。液晶は，一部の分子の並び方（配向）が外部刺激によって変化すると，その変化に付随して周りの液晶分子の配向が変化する性質（協同効果）をもつ。協同効果を利用することで弱い刺激によって系全体の分子配向を制御でき，変化を増幅できる。

　液晶を示す部位（メソゲン）は一般的には棒状の細長い構造をしており，適当な処理を施すことにより長軸方向の分子の並び（配向）が一様になる。さらに，メソゲンを導入した高分子を，分子配向が均一にそろったままの状態で架橋した構造（図5）では，液晶と高分子骨格が強く相関し，分子配向が高分子骨格および巨視的な構造に寄与するようになる。液晶状態ではメソゲン部が並んでいるため，高分子骨格がメソゲンの配向方向に延伸された構造となる。一方，液晶の配向方向を外部刺激によってバラバラにすると，高分子骨格はランダム状となり，延伸がほどけた状態となる。このため，分子配向が揃った状態の液晶高分子を外部刺激によって配向を変化さ

267

せると，この延伸が影響を受け，配向方向に対して縮む性質を持つ[20]。このような液晶高分子の性質を光運動ファイバーに導入することにより，延伸性が向上し，高い応答性が期待できる。そこで図6(a) に示すように，メソゲンとなるビフェニル側鎖を導入した高分子 P1 およびアントラセン部位にもビフェニルを導入し，液晶性を付与した高分子 P2[21]についても検討した。

波長 365nm の紫外光を照射したところ，これらのファイバーは液晶性を示さないファイバーと比較して大きく屈曲した。また，紫外光照射による変形量を TMA により測定したところ，液晶性アントラセンを含む P2 よりも，アントラセン部位が液晶性を示さない P1 の方が大きいことが明らかとなった（図6(b)）。これは，アントラセン部位が高分子骨格より離れたことにより応答が低下するためで，アントラセン高分子では液晶の配向変化よりも，光二量化反応に伴う高分子骨格の運動の寄与が大きいためと考えている。

運動性と加工性にすぐれた高分子光運動材料の開発を目指し，ポリ（4-ビニルピリジン）（P4VP）を高分子骨格に用いた水素結合性の高分子光運動ファイバーを作製した[22]。P4VP はカルボン酸などを含む酸性化合物と結合し，高分子複合体を容易に形成する。これまでに有機トラ

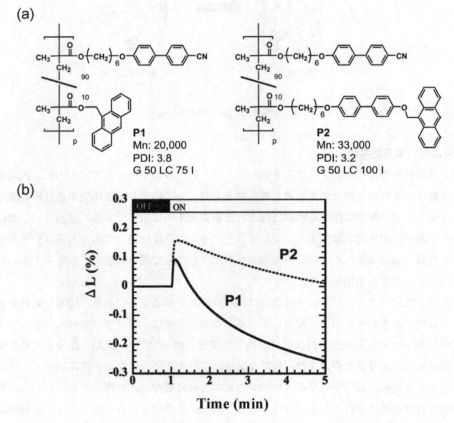

図6　液晶性を有するアントラセン高分子の構造 (a) と TMA の比較 (b)

第3章　光メカニカル機能の創出

ンジスタ[23)]や表面レリーフ[24)]の研究において，低分子の機能性材料に製膜性などを付与できる事が報告されている．　また，光運動材料においても，光二量化反応を示すクマリンを組み込み，巨視的変形を誘起できる事が報告されている[14)]．そこで，9-アントラセンカルボン酸と P4VP と複合化した材料について光応答性の評価を行った．また，カルボン酸を有する低分子液晶BCHA を混合することにより液晶性を付与し，光応答性への影響を検討した（図7(a)）．

　9-アントラセンカルボン酸をピリジン側鎖に対して 10mol％添加したところ，均一なフィルムを形成できた．このフィルムに紫外光を照射すると，露光部が不溶となり，アントラセンの光反応は側鎖型高分子と同様であった．また，BCHA を混合したフィルムでは，導入量の増加とともにガラス転移温度が低下し，光応答性が向上した．これは BCHA が可塑剤として機能している事を示唆している．さらに，BCHA を含む複合体から繊維を作製し，紫外光照射に伴う変形量を TMA により比較した．図7(b) に示すように BCHA の導入量によって収縮量・収縮速度ともに大幅に向上し，特に BCHA を 60mol％含むファイバーでは 10min 程度で 1.5％の収縮量を示し，BCHA を含まない繊維と比較して 10 倍以上収縮した．

　P4VP と BCHA 複合体は，アントラセン以外の色素にも利用できる．代表的なフォトクロミック化合物であるアゾベンゼンを導入し，光運動性を観察した．図8(a) に示すように，この複合

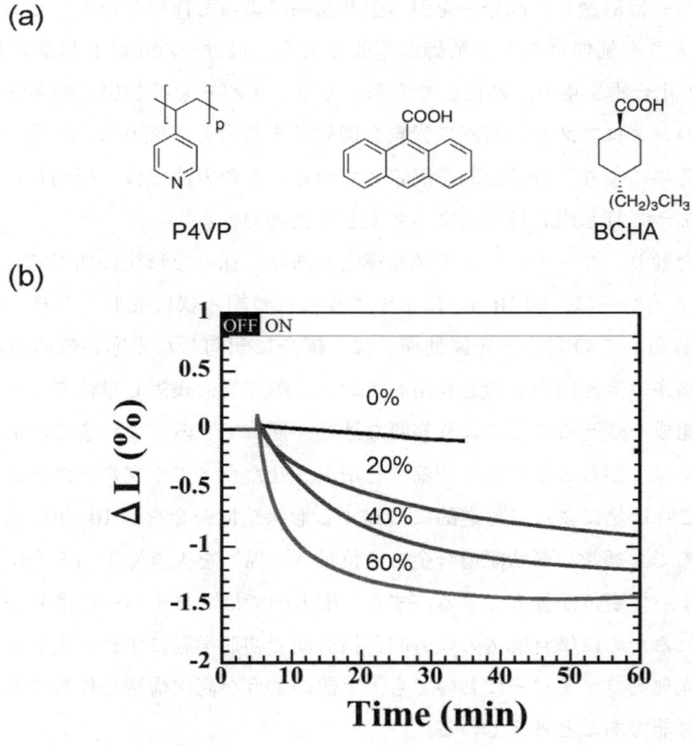

図7　複合体を構成する分子（a）と BCHA 含有量の異なる複合体の TMA（b）

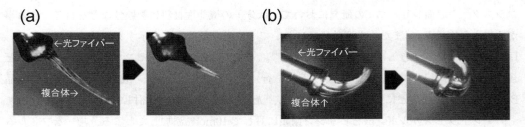

図8 光ファイバーの先端で変形する光運動ファイバー：(a) 収縮，(b) 屈曲

体をプラスチック光ファイバーの先に紡糸すると，光ファイバーを通じて紫外光を照射できる。光ファイバーより紫外光を照射すると，複合体ファイバーは光学異方性を失いながら収縮し，初期の長さの半分程度まで収縮することがわかった。また，光ファイバーの一部分にファイバーが接着されるように作製し，ファイバーの片側にだけ紫外光が照射されるようにすると，屈曲も誘起できることがわかった（図8(b)）。この方法では光源の位置に関係なく，ファイバーをロボットアームのように遠隔操作できる。

7.4 今後の展望：ファイバーの加工

前述のファイバーは溶融した高分子を引っ張り紡糸によって作製したものである。この方法は簡単ではあるが太さや延伸量などを制御が困難である。最近，Zentel らは側鎖に光架橋部位を有する図9(a) の化合物を用い，熱により変形するファイバーを押し出し紡糸法により作製している[25]。化合物のジクロロメタン溶液に光重合開始剤を混合し，図9(b) に示すように紡糸中に紫外光を照射する事により，分子配向を固定している。この方法では，配向した繊維を連続して取り出せる事に加え，押し出し速度によって太さも制御できる。

冒頭でも述べた通り，ファイバーは単純な構造であり，様々な形状に加工できる。たとえば，高分子光運動ファイバーは，図10(a) に示すように三つ編み状に成形したり，平織りして網状にすることができる。この高分子光運動網では，縦糸に配向した光応答性の液晶高分子ファイバーを導入し，横糸は無配向のものを利用しており，編み目の繰返し単位やファイバーの組合せや，束ねる際の組成を変えることにより複雑な運動が期待できる。これまでに形状記憶合金のアクチュエーターでは，編むことにより伸縮率を増大させたウェアラブルアクチュエーターが発表されている[26]。これは熱によって可逆的に伸縮する形状記憶合金を図10 (b) に示すようにメリヤス編みしたもので，通常の形状記憶合金の変位量（5％）を大きく上回る変位量（30％）を示し，網目構造によって変位が拡大できる。また，縦方向ではファイバーに滑りが生じ，応力が構造内部で吸収されるために網目構造の縦方向と横方向で初期挙動にずれが生じることも報告されている。高分子光運動ファイバーにおいても，上記のような高次構造を作製することにより，運動特性の向上が可能であると考えている。

第3章　光メカニカル機能の創出

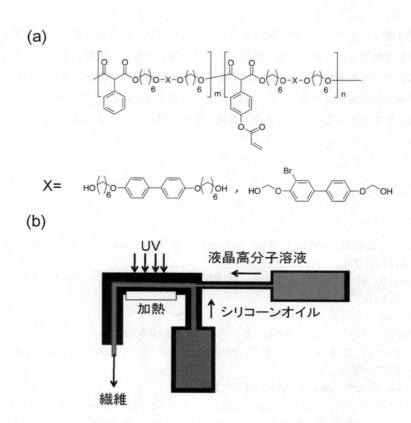

図9　押し出し紡糸に用いられた液晶高分子（a）と装置の概略図（b）

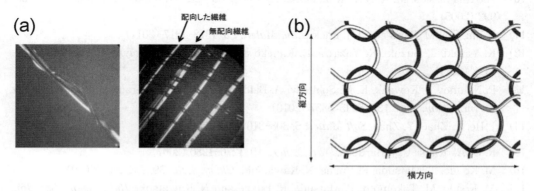

図10　繊維構造の応用例：光応答繊維の縒り線および平織り網（a）と
　　　変位を拡大した形状記憶合金布の構造（b）

フォトクロミズムの新展開と光メカニカル機能材料

7.5 おわりに

　高分子光運動ファイバーについて紹介した。光反応性分子を組み込むことでさまざまな光運動
ファイバーが作製でき，用途に応じた特性や作製法が選択できる。現時点では応答速度や変形量
においてはまだ向上の余地があると考えている。また，照射量や柔軟性に応じた変形の制御が報
告されているのみでありファイバーとしての利点を活用できているとはいいがたい。ファイバー
としての加工性を応用した，より高性能，高機能な光運動材料の開発を期待したい。

文　　献

1)　R. Yin, W. Xu, M. Kondo, C. Yen, J. Mamiya, T. Ikeda and Y. Yu, *J. Mater. Chem.*, **19**, 3141-3143 (2009)

2)　T. Yoshino, M. Kondo, J. Mamiya, M. Kinoshita, Y. Yu and T. Ikeda, *Adv. Mater.*, **22**, 1361-1363 (2010)

3)　H. Nakano, *J. Mater. Chem.*, **10**, 2071-2074 (2010)

4)　Y. Mizutani, Y. Otani, N. Umeda, *Opt. Rev.*, **15**, 162-165 (2008)

5)　I. A. Levitsky, P. T. Kanelos, D. S. Woodbury and W. B. Euler, *J. Phys. Chem. B*, **110**, 9421-9425 (2006)

6)　E. Merian, *Textile. Res. J.*, **36**, 612-618 (1966)

7)　S. Kobatake, S. Takami, H. Muto, T. Ishikawa and M. Irie, *Nature*, **446**, 778-781 (2007)

8)　K. Uchida, S. Sukata, Y. Matsuzawa, M. Akazawa, J. J. D. de Jong, N. Katsonis, Y. Kojima, S. Nakamura, J. Areephong, A. Meetsma and B. L. Feringa, *Chem. Commun.*, 326-328 (2008)

9)　H. Koshima, N. Ojima and H. Uchimoto, *J. Am. Chem. Soc.*, **131**, 6890-6891 (2009)

10)　A. Athanassiou, M. Kalyva, K. Lakiotaki, S. Georgiou and C. Fotakis, *Adv. Mater.*, **17**, 988-992 (2005)

11)　Y. Jin, S. I. M. Paris and J. J. Rack, *Adv. Mater.*, **23**, 4312-4317 (2011)

12)　K. Yasaki, T. Suzuki, K. Yazawa, D. Kaneko and T. Kaneko, *J. Polym. Sci.: A*, **49**, 1112-1118 (2011)

13)　P. Naumov, J. Kowalik, K. M. Solntsev, A. Baldridge, J. Moon, C. Kranz and L. M. Tolbert, *J. Am. Chem. Soc.*, **132**, 5845-5857 (2010)

14)　J. He, Y. Zhao, Y. Zhao, *Soft Matter*, **5**, 308-310 (2009)

15)　R. O. Al-Kaysi, C. J. Bardeen, *Adv. Mater.*, **19**, 1276-1280 (2007)

16)　M. Kondo, T. Matsuda, R. Fukae, N. Kawatsuki, *Chem. Lett.*, **39**, 234-235 (2010)

17)　M. Kondo, M. Takemoto, T. Matsuda, R. Fukae and N. Kawatsuki, *Bull. Chem. Soc. Jpn.*, **83**, 1333-1337 (2010)

18)　A. A. Karpenko, E. V. Fedorenko and A. G. Mirochnik, *Luminescence*, **26**, 223-228 (2011)

第3章 光メカニカル機能の創出

19) M. Kondo, M. Takemoto, T. Matsuda, R. Fukae and N. Kawatsuki, *Mol. Cryst. Liq. Cryst.*, *accepted*.

20) P. G. de Gennes and M. A. Guiner, *C. R. Acad. Sci.*, 101-103 (1975)

21) N. Kawatsuki, T. Arita, Y. Kawakami and T. Yamamoto, *Jpn. J. Appl. Phys.*, **39**, 5943-5946 (2000)

22) M. Kondo, M. Takemoto, R. Fukae and N. Kawatsuki, *Polym. J. accepted*.

23) B. J. Rancatore, C. E. Mauldin, S. Tung, C. Wang, A. Hexemer, J. Strzalka, J. M. J. Fréchet and T. Xu, *ACSNANO*, **4**, 2721-2729 (2010)

24) G. J. He, Y. Liu, F. Zhang, X. Wang and X. Wang, *Chem. Mater.*, **19**, 3877-3881 (2007)

25) C. Ohm, M. Morys, F. R. Forst, L. Braun, A. Eremin, C. Serra, R. Stannarius and R. Zentel, *Soft Matter*, **7**, 3730-3734 (2011)

26) 堂埜茂, 斎藤亮彦, 桑田亨, 松下電工技報, 59, (2003)

8 ラジカル解離型フォトクロミック分子薄膜における光誘起物質移動

菊地あづさ*

8.1 はじめに

1995 年，Natansohn，Tripathy らによりアゾベンゼンを側鎖に有する高分子薄膜表面に干渉露光を施すと，薄膜表面にその干渉周期と一致した凹凸が形成される現象が報告された[1,2]。この凹凸構造は Surface Relief Grating（SRG）と呼ばれ，薄膜構成物質である高分子の側鎖のアゾベンゼンの光異性化に伴う移動に基づくと考えられている。これまでに様々なアゾベンゼン含有高分子薄膜および結晶表面上での SRG 形成が報告されている[3~14]。近年ではアゾベンゼン以外の種々のフォトクロミック分子を用いた薄膜でも SRG 形成が報告されている[15~17]。干渉露光以外の集光レーザー，フォトマスクを介した露光，近接場光によっても多様なパターンの凹凸形成が報告され，光誘起表面レリーフ（Photoinduced Surface Relief：PSR）という総称が用いられている。現在，PSR は薄膜構成物質の移動現象によって形成すると考えられているが，その光誘起物質移動の発現機構については薄膜構成物質ごとに異なり，様々な検討が行われている[18~22]。光による高効率な物質移動を可能にするためには，光誘起物質移動の発現機構を明らかにすることが重要である。光で物質移動を制御することは，個々の分子をアンテナとし，分子集合体としてのダイナミックな現象を生み出すことであり，「光誘起物質輸送」という観点から興味深い分野である。また，光誘起物質輸送は低分子から高分子，ナノ粒子などの機能性材料に幅広く適用可能であり，PSR の応用的見地から重要な切り口の一つとなる。

本稿では，ラジカル解離型フォトクロミック分子，$2,2',4,4',5,5'$-hexaarylbiimidazole（HABI）の PSR 形成および化学ポテンシャル勾配をドライビングフォースとする光誘起物質移動に関する研究の成果について解説する。

8.2 ラジカル解離型フォトクロミズム

HABI は 1960 年代にお茶の水女子大学の前田，林らにより合成が報告された純国産のラジカル解離型フォトクロミック分子である[23~26]。HABI は紫外光照射により C-N 結合がホモリティックに開裂し，2 分子の 2,4,5-triphenylimidazolyl radical（TPIR）を生成する。TPIR は暗所に静置すると熱的にラジカル再結合反応し，紫外光照射前の HABI に戻る。このフォトクロミック反応では 1 分子の HABI から 2 分子の TPIR を生じるため，光照射前後で物質量が変化する（図1）。

アルゴン雰囲気下の $2,2'$-di(*ortho*-chlorophenyl)-$4,4',5,5'$-tetraphenylbiimidazole（*o*-Cl-HABI）のベンゼン溶液（24.5×10^{-5} mol dm^{-3}）をガラス基板に塗布し，スピンコート法にて膜厚 120 nm の *o*-Cl-HABI 単一成分アモルファス薄膜（以下，*o*-Cl-HABI 薄膜と略す）を作製した。XRD 測定により，作製した *o*-Cl-HABI 薄膜はアモルファスであることを確認し，DSC 測定に

---

* Azusa Kikuchi 横浜国立大学 大学院工学研究院 助教

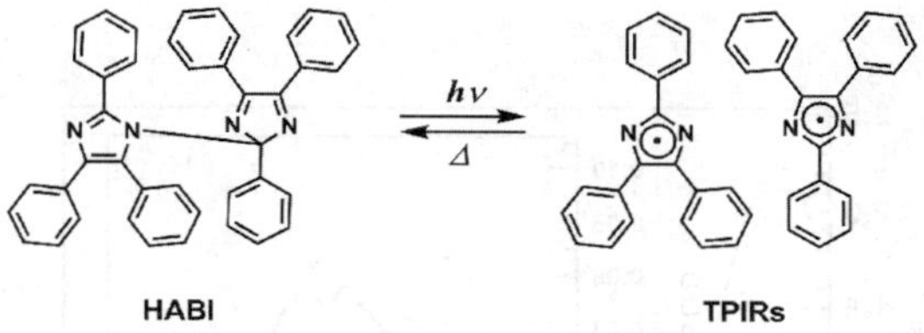

第3章　光メカニカル機能の創出

図1　HABI のフォトクロミズム

より求めたガラス転移温度は 95 ℃，分解点は 210 ℃であった。この o-Cl-HABI 薄膜の紫外可視分光吸収スペクトルを図 2a に示す。紫外光照射前は o-Cl-HABI に由来するシグナル（吸収極大波長 270 nm）が観測され，紫外光照射後は新たに o-Cl-TPIR に由来するシグナル（吸収極大波長 350 nm および 550 nm）が観測された。この薄膜を暗所に静置すると紫外光照射前の吸収スペクトルと一致することから，o-Cl-HABI 薄膜においてもラジカル解離型フォトクロミズムを示すことを確認した。また，PSR 形成条件と同一条件における o-Cl-HABI 薄膜中では o-Cl-TPIR のラジカル再結合反応はおよそ 50 秒で完了することが分かった。o-Cl-HABI の異性化や o-Cl-TPIR の分解を防ぐため，PSR 形成はアルゴン雰囲気下で行い，基板加熱温度 383 K，照射光強度 11 mW cm^{-2} の場合 60 分，22 mW cm^{-2} の場合 30 分以下の照射時間条件が適していることが明らかとなった（図 2b）。

8.3　光誘起表面レリーフ形成

　膜厚 120 nm の o-Cl-HABI 薄膜にフォトマスクを介して紫外光を照射し，o-Cl-HABI 薄膜の表面形状を AFM により観察すると，フォトマスクの周期と一致した PSR 構造（凹凸高低差約 30 nm）の形成が確認された（図 3a）。スリット幅 4 μm のフォトマスクを介して紫外光照射すると PSR 構造は暗部が凸，明部が凹部として得られることが分かった（図 3b）。この結果から o-Cl-HABI 薄膜における PSR 形成は明部から暗部への物質移動に起因することが示された。つぎに，形成した PSR 構造の凹凸高低差の照射光強度依存性を検討すると，凹凸高低差は照射光強度および照射時間に依存することがわかった（図 4a）。ESR 測定により o-Cl-TPIR の ESR 信号（336.7 mT）強度をモニターすると，o-Cl-HABI 薄膜中の o-Cl-TPIR 生成量は照射光強度に依存することがわかった（図 4b）。以上の結果から o-Cl-HABI 薄膜の PSR 構造の凹凸高低差は光明部の o-Cl-TPIR 生成量に依存することが明らかとなった。

8.4　光誘起物質移動メカニズム

　物質の化学ポテンシャル μ は物質量の変化によるギブス自由エネルギー変化と定義され，二つまたはそれ以上の物質が系中に存在し，異なる化学ポテンシャルを有する場合，化学ポテンシャルを等しくしようとする変化が生じる。化学ポテンシャルの差により生じる物質の移動が「拡散」である[27]。

(a)

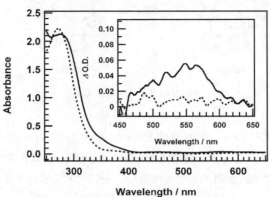

膜厚: 約 500 nm, 室温, (破線) 紫外光照射前, (実線) 紫外光照射後 (365 nm, 11 mW cm^{-2}, 5 秒間照射)

(b)

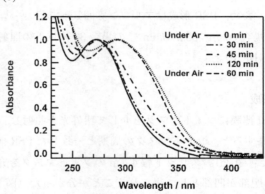

膜厚: 約 200 nm, 室温, 照射条件: 365 nm, 22 mW cm^{-2}, 383 K

図2 o-Cl-HABI 薄膜の (a) 室温におけるフォトクロミック反応に伴う UV-Vis 吸収スペクトル変化と (b) 383 K における各紫外光照射時間後の UV-Vis 吸収スペクトル変化

Fick の拡散第1法則より, 物質 i の流れ S_{ix} は粒子の速度 (v/Q), 濃度 c および化学ポテンシャル勾配 $((\partial\mu_i)/\partial x)_T$ の積として表される。

$$S_{ix} = -\frac{u_i c_i}{LQ_i}\left(\frac{\partial\mu_i}{\partial x}\right)_T \quad (1)$$

ここで, c_i はモル濃度, L はアボガドロ数, T は温度である。

式(1)より, 拡散は化学ポテンシャル勾配だけでなく濃度にも依存する。そのため, o-Cl-HABI 薄膜における PSR 形成時の物質移動のドライビングフォースについては化学ポテンシャル勾配

第3章　光メカニカル機能の創出

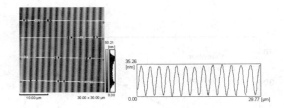

(a) 周期2 μm の stripe-type フォトマスク

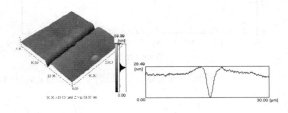

(b) 幅4 μm の1本線のフォトマスク

図3　*o*-Cl-HABI 薄膜における PSR 構造の AFM イメージ

と濃度勾配の両方の影響について考える必要がある。そこで，物質移動に対する濃度勾配の寄与について明らかにするため，散逸抑制型 HABI 薄膜における PSR 形成について検討した。

pseudogem-bisDPI[2.2]PC 薄膜では，紫外光照射に伴いラジカル解離型フォトクロミズムを示すが，物質量変化は生じない（図5）[28]。すなわち，TPIR のフェニル基同士がシクロファン骨格により結合しているため，光明部で *pseudogem*-bisDPI[2.2]PC の濃度が減少し *pseudogem*-bisDPIR[2.2]PC の濃度が増大することにより，濃度変化のみが誘起される。そのため *pseudogem*-bisDPI[2.2]PC 薄膜における物質移動は，式(1)の化学ポテンシャル勾配（$(\partial \mu_i / \partial x)_T$）ではなく濃度 c の変化に依存すると考えられる。そこで，*o*-Cl-HABI 薄膜とほぼ同じ条件でパターン露光を施した PSR 構造の凹凸高低差を比較すると，*o*-Cl-HABI 薄膜は約 30 nm であるのに対し，*pseudogem*-bisDPI[2.2]PC 薄膜は約 2 nm とほとんど PSR 構造は形成されず，PSR 構造の形成効率は散逸型 HABI 薄膜の方が高いことが示された（図6）。

上述の実験結果から，*o*-Cl-HABI 薄膜における PSR 構造の形成機構は次のように考えられる。*o*-Cl-HABI 薄膜にパターン露光を施すと，明部では2分子の *o*-Cl-TPIR が生成し，暗部では *o*-Cl-HABI が残る。化学ポテンシャルは物質量変化に依存するため，明部と暗部の物質量変化により，明部と暗部の間に化学ポテンシャル勾配が誘起される。化学ポテンシャル勾配が生じると *o*-Cl-HABI 薄膜の明部から暗部，あるいは暗部から明部への物質移動（拡散）が可能となり，結果として明部が凹，暗部が凸となる PSR 構造が形成されたと考えられる（図7）。すなわち，ラジカル解離型 HABI 誘導体薄膜における物質移動は濃度勾配よりも物質量の差に起因した化学ポテンシャル勾配の方が大きく寄与することが示された[29]。

フォトクロミズムの新展開と光メカニカル機能材料

(a)
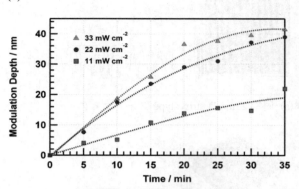

膜厚: 約 120 nm, 照射条件: 365 nm, 383 K

(b)
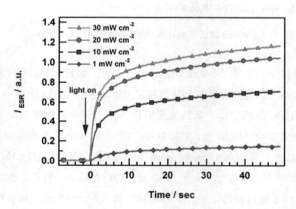

照射条件: 365 nm, 300 K

図4 (a) o-Cl-HABI 薄膜の PSR 構造の凹凸高低差の各照射光強度における経時変化と (b) o-Cl-HABI 薄膜中の o-Cl-TPIR の各照射光強度における ESR シグナル強度の経時変化

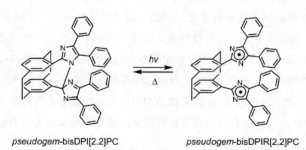

図5 *pseudogem*-bisDPI[2.2]PC のフォトクロミズム

第 3 章　光メカニカル機能の創出

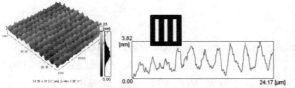

膜厚：約 120 nm, 照射条件：365 nm, 22 mW cm^{-2},　20 min,
383 K,　Ar 雰囲気下

図 6　*pseudogem*-bisDPI[2.2]PC 薄膜における PSR 構造の AFM イメージ

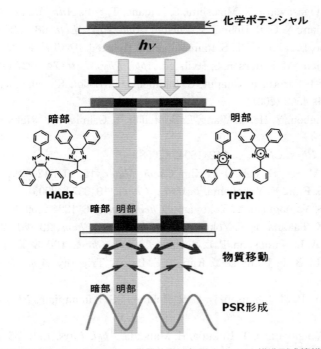

図 7　化学ポテンシャル勾配による物質移動に起因する PSR 構造形成機構の概念図

8.5　おわりに

　本稿ではラジカル解離型フォトクロミック分子のアモルファス薄膜における PSR 形成とその形成メカニズムの検討について述べた．PSR 形成メカニズムの検討にラジカル解離型フォトクロミック分子をもちいた点はこれまでに行ってきたラジカル解離型フォトクロミック分子の基礎的な知見にもとづく．我々は，物質移動の基礎的な原理である拡散と物質量変化との関係に着目し，光誘起物質移動メカニズムの一つとして，化学ポテンシャル勾配に起因する物質移動（拡散）を提示した．形成されるレリーフの凹凸高低差が小さい問題点があるものの，この光誘起物質移動は光照射前後の化学ポテンシャル勾配差を制御することにより，すなわち，光照射前後の物質量変化が大きい系の構築によりさらなる促進が可能であると期待される．

文　　献

1) P. Rochon, E. Batalla, A. Natansohn, *Appl. Phys. Lett.*, **66**, 136 (1995)

2) D. Y. Kim, S. K. Tripathy, L. Li, J. Kumar, *Appl. Phys. Lett.*, **66**, 1166 (1995)

3) A. Natansohn, P. Rochon, *Chem. Rev.*, **102**, 4139 (2002)

4) O. N. Oliveira, Jr., J. Kumar, L. Li, S. K. Tripathy, "Photoreactive Organic Thin Films", ed. Z. Sekkat and W. Knoll, p.429, Academic Press, California (2002)

5) J. A. Delaire, K. Nakatani, *Chem. Rev.*, **100**, 1817 (2000)

6) H. Yu, Y. Naka, A. Shishido, T. Ikeda, *Macromolecules*, **41**, 7959 (2008)

7) N. Zettsu, T. Ogasawara, N. Mizoshita, S. Nagano, T. Seki, *Adv. Mater.*, **20**, 516 (2008)

8) P. S. Ramanujam, N. C. R. Holme, S. Hvilsted, *Appl. Phys. Lett.*, **68**, 1329 (1996)

9) N. C. R. Holme, L. Nikolova, P. S. Ramanujam, S. Hvilsted, *Appl. Phys. Lett.*, **70**, 1518 (1997)

10) P. S. Ramanujam, M. Pederson, S. Hvilsted, *Appl. Phys. Lett.*, **74**, 3227 (1999)

11) N. Landraud, J. Peretti, F. Chaput, G. Lampel, J.-P. Boilot, K. Lahlil, V. I. Safarov, *Appl. Phys. Lett.*, **79**, 4562 (2001)

12) E. Ishow, B. Lebon, Y. He, X. Wang, L. Bouteiller, L. Galmiche, K. Nakatani, *Chem. Mater.*, **18**, 1261 (2006)

13) H. Nakano, *J. Phys. Chem. C*, **112**, 16042 (2008)

14) M-J. Kim, E-M. Soe, D. Vak, D-Y. Kim, *Chem. Mater.*, **15**, 4021 (2003)

15) T. Ubukata, S. Fujii, Y. Yokoyama, *J. Mater. Chem.*, **19**, 3373 (2009)

16) T. Ubukata, S. Yamaguchi, Y. Yokoyama, *Chem. Lett.*, **36**, 1224 (2007)

17) T. Ubukata, K. Takahashi, Y. Yokoyama, *J. Phys. Org. Chem.*, **20**, 981 (2007)

18) C. J. Barrett, A. L. Natansohn, P. L. Rochon, *J. Phys. Chem.*, **100**, 8836 (1996)

19) J. Kumar, L. Li, X. L. Jiang, D-Y. Kim, T. S. Lee, S. Tripathy, *Appl. Phys. Lett.*, **72**, 2096 (1998)

20) T. G. Pedersen, P. M. Johansen, N. C. R. Holme, P. S. Ramanujam, *Phys. Rev. Lett.*, **80**, 89 (1998)

21) K. Sumaru, T. Yamanaka, T. Fukuda, H. Matsuda, *Appl. Phys. Lett.*, **75**, 1878 (1999)

22) K. G. Yager, C. J. Barrent, *Curr. Opin. Solid State Mat. Sci.*, **5**, 487 (2001)

23) T. Hayashi, K. Maeda, *Bull. Chem. Soc. Jpn.*, **33**, 565 (1960)

24) D. M. White, J. Sonnenberg, *J. Am. Chem. Soc.*, **88**, 3825 (1966)

25) M. A. J. Wilks, M. R. Willis, *Nature*, **212**, 500 (1966)

26) B. M. Monroe, G. C. Weed, *Chem. Rev.*, **93**, 435 (1993)

27) D. W. Ball, "Physical Chemistry", pp.141-165, ch. 6, Tomson Learning Inc. (2003)

28) Y. Kishimoto, J. Abe, *J. Am. Chem. Soc.*, **131**, 4227 (2009)

29) A. Kikuchi, Y. Harada, M. Yagi, T. Ubukata, Y. Yokoyama, J. Abe, *Chem. Commun*, **46**, 2262 (2010)

9 液晶／空気界面における光物体輸送・運動システムの構築

桑原　穣[*1]，栗原清二[*2]

9.1 はじめに

微小物体の輸送・運動操作は，先端材料の多機能化，微小化に繋がる材料構築において，重要なプロセスの一つである。このことから，マイクロマシンシステム，マイクロリアクターシステム，バイオチップテクノロジーへ利用するための方策として期待され，広く研究開発が進められている[1]。生体内でも物質の輸送・運動操作は，分子ローター，弁，筋肉など駆動機能を有する器官で行なわれ，近年では，筋肉収縮を駆動するミオシン・アクチン系に代表されるタンパク質分子モーターが盛んに研究されている。一般的に，モーターとは電気エネルギーを力学エネルギーに変換するエネルギー変換装置（材料）であるが，入力エネルギーを，化学エネルギーまたは熱エネルギー，光エネルギーにすることで，様々なエネルギーを利用できる力学材料，つまり，外部刺激応答型輸送・運動システムが構築できる。例えば，Ikedaらは，アゾベンゼン部位を含む液晶性架橋ポリマーを用いた光駆動変形材料（フォトアクチュエーター）の構築と光駆動ベルトモーターについての興味深い提案[2]をしており，光エネルギーを力学エネルギーへと変換すると同時に，光を利用した物体運動の遠隔操作を実現している。

本節では，分子配向性媒体である液晶に光刺激に応答する分子を含有させ，その光刺激応答性（またはそのエネルギー）により液晶の分子配向を制御することにより，微小物体を運動させる，または操作する場（材料）を構築する最新の研究について紹介する。

9.2 液晶性分子の協調的分子配向（運動）

液晶は，分子が1次元的または2次元的に配向秩序を有する媒体で，その分子配向によりネマチック相，スメクチック相，コレステリック相，ディスコチック相などと称される相構造を有する。配向秩序を持った液晶分子は，光，電場，磁場，温度などの外部刺激に応答してその配向構

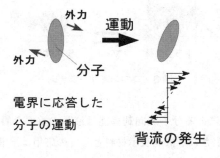

図1　液晶における背流

---

*1　Yutaka Kuwahara　熊本大学　大学院自然科学研究科　助教
*2　Seiji Kurihara　熊本大学　大学院自然科学研究科　教授

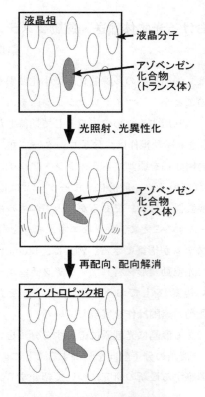

図2 液晶相の光反応相転移

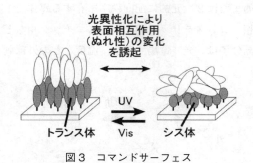

図3 コマンドサーフェス

造が変化し，この外部刺激による分子配向制御能は液晶の重要な特性として広く利用されている。薄膜ディスプレイに代表される液晶表示材料としての応用は，液晶の電界応答性を利用したものであるが，この電界応答性を利用したアクチュエーターが蝶野らにより提案されている。電界に応答した液晶分子の配向変化に伴う背流（図1）を利用して，ポリスチレン粒子の移動，回転運動による微小モーターへの応用が可能であることを報告している[3,4]。

一方，液晶の光応答性材料に関しては，すでに，光相転移[5]（図2）およびコマンドサーフェス[6]

(図3) に関する多くの研究報告がなされている[7]。液晶中，あるいは液晶が接する界面で微量に共存する光応答性分子の光反応により相構造や配向変化が誘起できる。したがって，液晶に適量の外部刺激応答性分子を加えることで，その外部刺激応答性に応じた分子協調運動を誘起でき，刺激応答による分子配向構造の変化から生じる力学的エネルギーを微小物体のマニピュレーションに利用できると考えられる。

9.3 コレステリック（キラルネマチック）液晶の特性制御と微小物体マニピュレーション

コレステリック相は，図4に示すように液晶分子が階層状にらせんを巻いて並んだ分子配向構造を有しており，光学活性（キラル）液晶分子，またはネマチック相を示す液晶にキラル分子を添加することで発現させることができる。コレステリック相の特性は，らせん1巻き分の長さであるコレステリックピッチ p の符号と大きさに依存し，p は，キラルを誘起する分子の濃度 c およびそのらせんねじり力 HTP，エナンチオマー過剰率 ee を用いて，式1のように表される。

$$p=1/[(HTP)\cdot c\cdot(ee)] \tag{式1}$$

p をコントロールするために，キラル分子を添加したコレステリック液晶に，反対の符号の HTP をもつ別のキラル分子を共に適量添加すると，らせんピッチを小さくしたり，らせんを解消した光学補償ネマチック相を発現させたり，特性を制御できることが知られている。この原理を利用して，キラル部位を有する光応答性分子をホストネマチック液晶に添加して発現した，コレステリック液晶に光照射し，光応答性分子の光異性化に伴う HTP 変化を利用して p の光制御を行なった研究が報告されている[8]。筆者らも，これまでに，キラル置換基を有するアゾベンゼン誘導体の添加により，ネマチック-コレステリック相転移および，コレステリック液晶における選択反射の光制御に成功している[9～11]。

最近，Feringa らは光駆動モーター分子[12]をキラル誘起剤として添加したコレステリック液晶の光 HTP 変化を利用した微小物体マニピュレーションを報告している[13,14]。光照射を行なうと，光駆動モーター分子の光異性化による HTP の変化に依存して p が変化し，コレステリックらせ

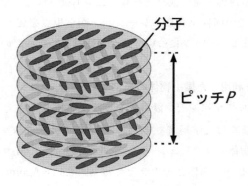

図4　コレステリック相における分子配向構造

フォトクロミズムの新展開と光メカニカル機能材料

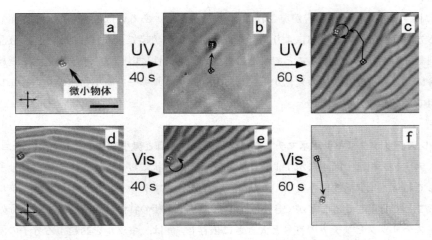

図5 コレステリック相および補償ネマチック相における微小物体の光マニピュレーション
ホスト液晶には，光応答性（アゾベンゼン）キラル分子と非光応答性キラル分子を添加。

ん構造の再配向が起こる。この再配向により空気／液晶界面の波状凹凸構造が回転運動し，この力学的エネルギーを利用することによって，結果的に，モーター分子の 10^4 倍以上のサイズの微小物体（直径数 μm のガラスロッド）を回転運動させることができる。

一方，筆者らは，キラル部位を有するキラルアゾベンゼン誘導体とこのキラルアゾベンゼン分子のねじり力を補償するような非光応答性キラル分子より調製した，光学補償ネマチック液晶と空気との界面での微小物体のマニピュレーションを試みた[15]。コレステリック相を示す領域において，UV および Vis 光を照射すると，アゾベンゼン部位のトランス-シス光異性化による可逆的な界面構造（指紋様組織）の変化とともにポリスチレン球も回転運動した（図5c, e）。これに対して，コレステリック相から補償ネマチック液晶へ相転移し，指紋様組織が消滅する領域（図5e-f）では，ポリスチレン球の運動は停止せずに，並進運動した（図5f）。この現象は，Feringa らが提案している，空気／液晶界面の波状凹凸構造の変化による運動力発生では説明がつかないことから，異なる運動力発生機構があることが示唆された。そこで，これまでのキラル場（コレステリック相）での回転マニピュレーションから視点を変えて，アキラルな補償ネマチック相での並進マニピュレーションについて新たに検討を行なったので，次項で紹介する。

9.4 アキラルな液晶場を利用した微小物体の光マニピュレーション

筆者らは，前項のキラルアゾベンゼン誘導体をラセミ体にして加えた混合液晶系を追加調製し，コレステリック液晶または光学補償ネマチック液晶，ラセミネマチック液晶，3つの液晶系と空気との界面での微小物体のマニピュレーションを評価した[16]。キラル誘起剤として，不斉炭素を含むキラルアゾベンゼン誘導体とそのラセミ体（図6, D-Azomenth, L-Azomenth, DL-Azomenth），光学補償に利用するアゾベンゼン部位を含まない非光応答性キラル分子（図6,

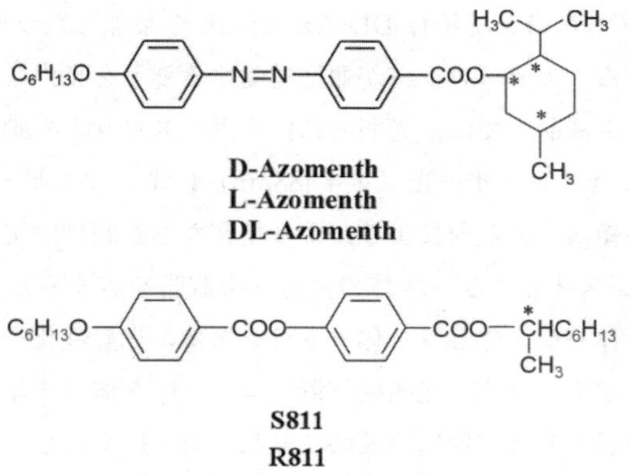

第3章　光メカニカル機能の創出

図6　キラルアゾベンゼン誘導体とそのラセミ体（上），光学補償に利用する
アゾベンゼン部位を含まない非光応答性キラル分子（下）

S811, R811）を用いた。ネマチック相を示すホスト液晶 E44 に上記アゾベンゼン誘導体を加え
たコレステリック液晶を準備して配向処理済基板上に薄膜を作製し，微小物体としてガラスロッ
ド（$\phi = 7 \mu$m，長さ 20〜50μm）を添加した。アゾベンゼン誘導体は UV 光照射によりトラン
ス体→シス体光異性化，または Vis 光照射によりシス体→トランス体光異性化を示す。コレス
テリック相領域での偏光顕微鏡観察において，特徴的な指紋様組織が観察された。薄膜に UV 光
または Vis 光を照射すると，アゾベンゼンのトランス-シス光異性化に伴って，コレステリック
カラム内のらせんねじり力 HTP が変化し，可逆的に指紋様組織が変化した。この界面構造の動
きに伴って，ガラスロッドも回転運動した（D-Azomenth を用いたときは，UV 光照射時に時計
回り，Vis 光照射時に反時計回り。L-Azomenth を用いたときは，UV 光照射時に反時計回り，
Vis 光照射時に時計回り）。この運動挙動は先に述べた Feringa らの報告と同様であり，HTP お
よびらせん巻き方向が重要なパラメーターとなることが示された。

　S811, R811 分子を利用してらせんを解消させた光学補償ネマチック液晶系においては，含ま
れるアゾベンゼン誘導体の UV 光応答性により HTP が変化して，コレステリック相が復元し，
逆に Vis 光照射によりネマチック相に戻る[9,11]。前項で述べたようにこの光相変化の際に，興味
深いガラスロッドの運動が観察された。UV 光を照射すると，目視でコレステリック相に特徴的
な指紋状組織が確認される前に，ガラスロッドは，はじめ僅かに並進運動（図5b）を行い，続
いて回転運動に変化した。続けて Vis 光を照射すると，逆に回転運動→並進運動と変化した
（図5d-f）。

　このように，明確な指紋状組織が発現する前にガラスロッドが運動を開始したことと組織消失
後に運動が継続したことから，電界印加により発生する背流により誘起される物体の運動と同様
に，光異性化により液晶分子が配向変化する時に発生する力がガラスロッドに伝達して並進運動
あるいは回転運動をしていると考える。

　補償ネマチック液晶への UV 光照射開始直後に直線運動したことから，キラルアゾベンゼン誘

フォトクロミズムの新展開と光メカニカル機能材料

導体をラセミ化したアゾベンゼン誘導体 DL-Azomenth を添加したラセミネマチック液晶上で同様の実験を行ったところ,ガラスロッドが並進運動することを見出した。一方,アゾベンゼン誘導体を含まない,ホスト液晶上では,光照射に伴うガラスロッドの動きは観測されなかった。

つぎに,可視光である Ar^+ レーザー光（λ =488nm）によるマニピュレーションを行なった。レーザー光の導入は微小領域への照射により,より精密な運動制御が実現する。さらに,この光波長488nmでは,トランス体およびシス体の両方が吸収帯を有するため,アゾベンゼン誘導体の光異性化は,トランス体→シス体とシス体→トランス体の光異性化を繰り返し行い,光定常状態にはならない。図7に示すように,光照射位置をロッドの左側にするとロッドは右側に連続的に移動し,逆に右側を照射すると左側に連続的に移動した。同様に手前側と向かい側にも移動制御でき,瞬時に方向転換することも可能であった。レーザー光による精密な走査と光異性化波長の選択により,光を用いた,より精密な微小物体マニピュレーションが実現した。補償ネマチック液晶と同様に,光反応に伴う連続的な分子構造変化が周辺の液晶分子に伝わって,運動力を誘起し,物体に作用していると考えているが,未だ機構は明確ではない。

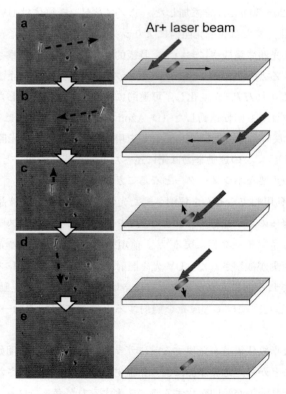

図7　Ar^+ レーザーを利用したラセミネマチック液晶での光並進マニピュレーション

第3章　光メカニカル機能の創出

9.5　おわりに

「ナノ」の言葉が専門的用語から一般用語として定着しつつある昨今，ナノサイズ，メゾサイズ，マクロサイズ領域における，物体のより精密なマニピュレーションがこれまでに以上に求められていくと考えられる。今後は，本節で紹介した液晶場の分子配向性・協調運動性を利用した系に留まらず，様々な環境場に対応したより汎用性のあるマニピュレーション法の探索が必要となってくるであろう。

文　　献

1)　例えば，増原極微変換プロジェクト編，「マイクロ化学」，化学同人（1993）

2)　M. Yamada, M. Kondo, J. Mamiya, Y. Yu, M. Kinoshita, C. J. Barrett, T. Ikeda, *Angew. Chem. Int. Ed.*, **47**, 4986 (2008)

3)　S. Chono, T. Tsuji, *Appl. Phys. Lett.*, **92**, 051905 (2008)

4)　須佐美俊和，辻知宏，蝶野成臣，2009年日本液晶学会討論会講演予稿集，1c06 (2009)

5)　例えば，(a) T. Ikeda, S. Horiuchi, D. B. Karanjit, S. Kurihara, S. Tazuke, *Macromolecules*, **23**, 42 (1990)；(b) T. Ikeda, O. Tsutsumi, *Science*, **268**, 1873 (1995)

6)　例えば，K. Ichimura, S. K. Oh, M. Nakagawa, *Science*, **288**, 1624 (2000)

7)　T. Ikeda, A. Kanazawa, *Bull. Chem. Soc. Jpn.*, **73**, 1715 (2000)

8)　(a) Y. Yokoyama, T. Sagisaka, *Chem. Lett.*, 687 (1997)；(b) T. Sagisaka, Y. Yokoyama, *Bull. Chem. Soc. Jpn.*, **73**, 191 (2000)

9)　(a) S. Kurihara, S. Nomiyama, T. Nonaka, *Chem. Mater.*, **12**, 9 (2000)；(b) S. Kurihara, S. Nomiyama, T. Nonaka, *Chem. Mater.*, **13**, 1992 (2001)

10)　T. Yoshioka, T. Ogata, T. Nonaka, S. Kurihara, *Adv. Mater.*, **17**, 1226 (2005)

11)　Md. Z. Alam, T. Yoshioka, T. Ogata, T. Nonaka, S. Kurihara, *Chem. Eur. J.*, **13**, 2641 (2007)

12)　N. Koumura, R. W. J. Zijlstra, R. A. van Delden, N. Harada, B. L. Feringa, *Nature*, **401**, 152 (1999)

13)　R. Eelkema, M. M. Pollard, J. Vicario, N. Katsonis, B. S. Ramon, C. W. M. Bastiaansen, D. J. Broer, B. L. Feringa, *Nature*, **440**, 163 (2006)

14)　R. Eelkema, M. M. Pollard, N. Katsonis, J. Vicario, D. J. Broer, B. L. Feringa, *J. Am. Chem. Soc.*, **128**, 14397 (2006)

15)　A. Kausar, H. Nagano, T. Ogata, T. Nonaka, S. Kurihara, *Angew. Chem. Int. Ed.*, **48**, 2144 (2009)

16)　A. Kausar, H. Nagano, Y. Kuwahara, T. Ogata, S. Kurihara, *Chem. Eur. J.*, **17**, 508 (2011)

10 結晶のフォトメカニカル機能

小島秀子[*]

10.1 はじめに

結晶は固くて動かないというイメージが定着しているが，最近，結晶状態のフォトクロミック反応（可逆的光異性化反応）を利用すれば，結晶をメカニカルに動かすことができることがわかってきた。このような，分子の構造変化を，バルク結晶の動きに変換することを動作原理とする分子機械は，遠隔操作が可能であり，学術的にも応用面からも興味が持たれている。これまで，超分子系では様々なタイプの分子機械が報告されてきた。しかし，その動きについては分光学的手法などで検出されており，直接目で観察されたわけではない[1]。

結晶は究極の分子組織体であり，この数十年の間に数多くの結晶相反応が開発された[2]。結晶状態で反応する時も，分子は当然ながら結晶中で動いており，そのために結晶表面に凹凸が生じることがある[3]。入江らは 2007 年に，ジアリールエテン単結晶に光を照射すると，結晶が屈曲することを初めて報告し，分子レベルの変化をマクロスケールの結晶の動きにリンクすることに成功した[4]。長年，結晶相光反応を研究する中で，動く結晶を作りたいと思ってきた私は，この現象はジアリールエテンに限定されるものではなく，結晶中で起きる可逆反応を利用すれば結晶をメカニカルに動かすことができると確信し，実際に試したところ，次々と光屈曲する結晶を見いだすことができた。結晶を用いた分子機械の研究はまだまだ発展途上にあるが[5~10]，ここではアゾベンゼンとサリチリデンアニリンのフォトメカニカル機能とその発現機構について紹介する。

10.2 アゾベンゼン結晶のフォトメカニカル機能

アゾベンゼンは，トランス-シス光異性化を示す代表的なクロモフォアであり，これまで様々な光機能性材料に組み込まれてきた。アゾベンゼンを含むエラストマーフィルムに光を当てると屈曲することも報告され，この研究は光駆動プラスチックモーターへと展開された[11]。私達は最近，アミノアゾベンゼン系の薄板状微結晶に紫外光を照射すると，トランス-シス光異性化が起き，結晶が曲がることを報告した[9]。

スキーム 1　アゾベンゼン 1 の光異性化

---

[*]　Hideko Koshima　愛媛大学　大学院理工学研究科　教授

10.2.1 4-ジメチルアミノアゾベンゼン[9a]

trans-4-ジメチルアミノアゾベンゼン（メチルイエロー）*trans*-1a 粉末試料を融点（mp 114℃）付近で昇華させると，ガラス板の上や縁に薄板状微結晶が生成する（図1a）。X線回折（XRD）測定すると，002，004，006ピークが観測されたことから，微結晶の広い面は（001）面であり，バルク結晶の形との比較から長さ方向はa軸と決定された（図1b）。

下部がガラス板に固定された薄板状微結晶（525×280×5μm）に，右裏から広い（001）面を紫外光（365nm，5mW/cm^2）照射すると，光源とは逆側に素速く曲がり，0.5秒後にはb軸方向に180°曲がった半円筒状となった（図2a, b）。照射を止めるとゆっくり戻り，30秒後には元の平らな形に戻った。また逆方向から照射した場合は逆側に曲がり，両方向の屈曲が可能であった（図2c-e）。

次に，細長い微結晶（70×5×1μm）に右側から（001）面をUV照射すると，a軸に沿って光源とは逆側に曲がった（図3a, b）。0.2秒後に最大となったが，曲がる程度はb軸方向よりもはるかに小さかった。照射を止めると4秒後に元のまっすぐな形に戻った。UV照射2秒と照射ストップ5秒を交互に行い，耐久テストを行った結果，100回は繰返し可能であった（図3c）。

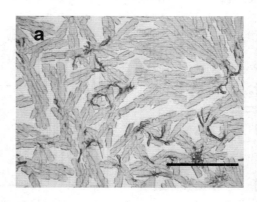

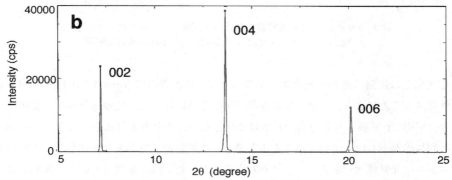

図1 (a) 昇華により生成した *trans*-1a 薄板状微結晶：スケールバー＝500μm,
(b) X線回折プロファイル

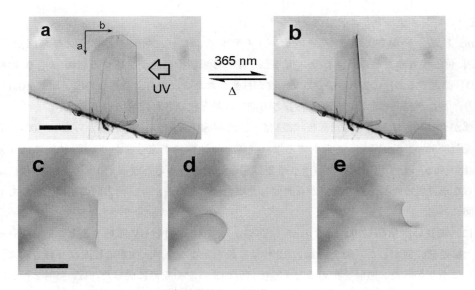

図2 *trans*-1a 薄板状微結晶の光屈曲:スケールバー＝200μm
(a) 照射前,(b) 右裏から UV 照射後,角度を変えて観察,
(c) 照射前,(d) 右から照射後,(e) 左から照射後

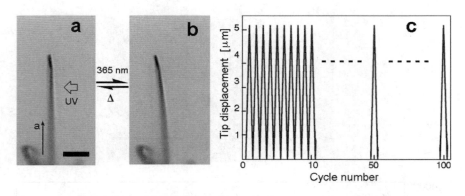

図3 *trans*-1a 細長い微結晶の繰返し光屈曲:スケールバー＝20μm
(a) 照射前,(b) 右から UV 照射後,(c) 100回繰返し屈伸

　結晶が光源とは逆側に曲がる理由は,光の当たった結晶表面の *trans*-1a 分子が *cis*-1a 分子へと光異性化することにより,a軸とb軸方向が伸びるのに対して,光の当たらない裏側は光異性化が起きないので,a軸とb軸方向の長さは変化しないためと考えられる。しかし,*trans*-1a 微結晶の吸収スペクトルは,溶液スペクトルと違って光照射前後であまり変化しないので,吸収スペクトルからは光異性化が起きたかどうかわからなかった。検討を重ねた結果,光照射によるシス体生成の直接的証拠は,NMR 測定から得られた。*trans*-1 微結晶を1分間 UV 照射し,すぐにベンゼン-d_6 に溶解して ^{1}H-NMR 測定すると,シス体の N(CH$_3$)$_2$ プロトンに対応するシング

第3章 光メカニカル機能の創出

レットピークが 2.23ppm[12] の位置に小さく観測された。これまで一般にアゾベンゼンは，分子が密にパッキングされた結晶では，トランス体とシス体の分子の形の変化が大きいために光異性化を起こさないと言われてきたが，今回，少なくとも表面近くでは異性化することが実証でき，この結晶の光屈曲はトランス体からシス体への光異性化によって起きることが確定された。

trans-1a 微結晶の表面形態変化を AFM で観察したところ，照射前の (001) 表面は滑らかであったが，5秒 UV 照射すると凹凸が a 軸に沿って現われることがわかり，光の当った表面に凹凸が生じて表面が広がるために，結晶は曲がることが視覚的によく理解できた (図4a, b)。1時間後，凹凸は少し減少するが元の滑らかな表面には戻らなかった。一方，XRD 強度は5秒照射すると93%に減少し，照射を止めると15分で元の強度を回復したことから，光照射後は表面近くが多結晶化していることが示唆された。照射を継続すると，XRD ピーク強度はさらに減少し，ピーク幅も広がって結晶性は低下したが，新たなピークは観察されなかったため，生成した *cis*-1 は新たな結晶相を形成しないものと考えられた。

trans-1a 結晶は空間群 $P2_12_12_1$ に属するキラル結晶であり，平面分子は (001) 面に対してほとんど垂直に配列し，a 軸に沿ってヘリンボン構造を形成している (図4c)[13]。UV 照射すると，(001) 表面の *trans*-1a 平面分子は，2つのフェニル環の立体反発のためねじれ構造の *cis*-1a 分子に異性化する。例えば *cis*-アゾベンゼン分子は結晶中では，2つのフェニル環の二面角が 64.26°のねじれ構造をとっている[14]。このためシス体に光異性化すると，(001) 結晶表面の b 軸

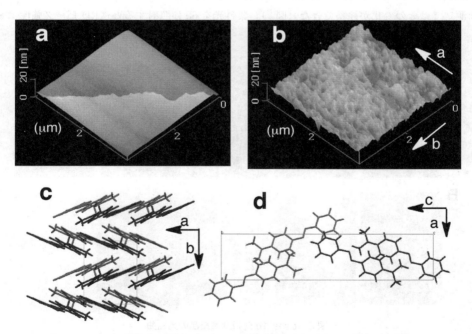

図4 *trans*-1a 微結晶の (001) 表面の AFM 像：(a) 照射前，(b) UV 照射後
分子配列図：(c) (001)，(d) (010) 面

とa軸の単位格子の長さが伸びることにより，表面に凹凸ができる。しかし光の当らない裏側の単位格子の大きさは変わらないので，結晶は曲がると説明できる。さらに，(001)面上にa軸に沿って形成されたヘリンボン列と，隣のヘリンボン列との間の分子間相互作用は弱いので（図4c），分子は(010)面に沿って動き易く（図4d），このためa軸よりもb軸方向に急峻な凹凸が形成されることにより，結晶はa軸（図3）よりもb軸（図2）に沿って大きく曲がると説明できる。

10.2.2　4-アミノアゾベンゼン[9b)]

trans-4-アミノアゾベンゼン *trans*-**1b** についても，昇華により薄板状微結晶が生成し，XRD測定により広い面は(10-1)面であり，バルク結晶との比較から長さ方向はb軸と決定された。下部がガラス表面に固定された薄板状微結晶（$200 \times 225 \times 1.2\,\mu$m）の(10-1)面を，左側から紫外光（365nm，40mW/cm^2）照射すると，光源とは逆側に即座に曲がり，0.5秒後には最大角度34°に達した（図5a, b）。照射を止めると，ゆっくりと戻り，4分後に元の真っ直ぐな結晶に戻った（図7c-e）。

trans-**1b** のベンゼン溶液の吸収スペクトル（$\lambda_{\max}=375$nm）は，紫外光（365nm）30秒間照射により *cis*-**1b** へと異性化し，(π,π^*)，(n,π^*)励起に起因する2つの吸収極大をもつスペクトル（$\lambda_{\max}=344, 442$nm）に変化した（図6）。照射を止めると，熱による逆異性化により10分後に *trans*-**1b** へと戻った。一方，可視光（530nm）を照射した場合はより速く，1分でシス体への光異性化が完了した。*trans*-**1b** の微結晶の光照射前後の吸収スペクトルは変化しなかったものの，XRD測定ではその変化が観察できた（図7）。紫外光を60秒照射するとXRDピーク強度は87%

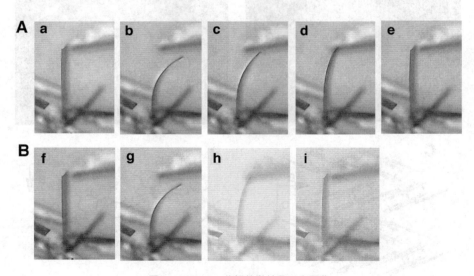

図5　*trans*-**1b** 薄板状微結晶の光屈曲
(A) (a) 照射前，(b) 左側からUV照射0.5秒，照射ストップ後，(c) 10秒，(d) 60秒，(e) 240秒，
(B) (f) 照射前，(g) UV照射0.5秒，可視光照射，(h) 10秒，(i) 60秒

第3章　光メカニカル機能の創出

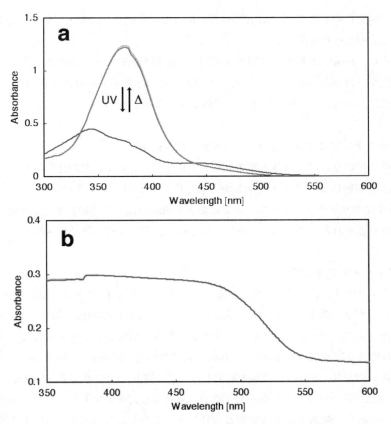

図6　trans-1b の（a）ベンゼン溶液（0.05mM），（b）微結晶の紫外可視吸収スペクトル変化
黄色：照射前，赤色：30秒 UV 照射後。溶液中では照射ストップ後10分で元の trans-1b に戻った。

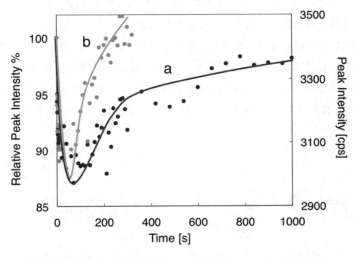

図7　trans-1b 微結晶の XRD 強度の照射時間依存性
（a）UV 照射60秒後，照射ストップ，（b）UV 照射60秒後，可視光照射

293

に減少し，照射を止めると15分後に元の強度に戻った。可視光（530nm）を照射した場合は4分と約4倍速く元の強度を回復した。

前述のように，*trans*-**1b** 微結晶に紫外光照射後，照射を止めると，元の真っ直ぐな形に戻るのに4分要したが（図5e），可視光（530nm）を照射すると1分で元の直線状を回復し（図5i），屈曲と伸長ともに，紫外光と可視光によって制御できることがわかった。

10.3　サリチリデンアニリン結晶のフォトメカニカル機能[10)]

サリチリデンアニリンは，結晶状態でフォトクロミズムを示す典型的化合物として知られており，光誘起水素移動により，エノール形から着色体のケト形へと異性化する（スキーム2)[15, 16)]。*m*-ニトロ置換体のサリチリデンアニリン **2** の薄板状微結晶は，紫外光と可視光の交互照射により屈曲運動が繰り返された。またこの結晶については，光照射前後の結晶構造解析により屈曲機構が解明された。

10.3.1　フォトメカニカル特性

サリチリデンアニリン **2** の粉末試料を，融点（132℃）よりも約10度低い温度で昇華させると，シラン処理したガラス板上に板状の微結晶が生成する。この結晶の広い面は，XRD測定により（001）面と決定され，バルク結晶の形との比較から長さ方向はa軸と決定された。下部が固定された薄板状微結晶（$73 \times 4.5 \times 1.1 \mu$m）の（001）面に紫外光（365nm，$40$mW/cm^2）照射すると，光源とは逆側に曲がり，5秒後には最大屈曲角度45°に達し，次に可視光（530nm）を照射すると10秒後には元の真っ直ぐな形に戻った（図8）。繰り返し耐久テストとして，可視光（>390nm）を連続照射しながら，紫外光の2秒照射と5秒ストップを交互に行うと，200回は屈伸運動が可能であった。この光屈曲は，enol-**2** から *trans*-keto-**2** への光異性化によるものであり，結晶の色は淡黄色から橙赤色へと変化した。また結晶が元の形に戻る時は，*trans*-keto-**2** から enol-**2** への逆異性化により，橙赤色から淡黄色へと退色した。

微結晶の屈曲角度は光照射強度に依存し，紫外光が強いほど大きく曲がり，可視光強度が強いほど，速く元の真っ直ぐな結晶に戻る（図9）。また，結晶の屈曲角度の大きさは，結晶の形に依存し，薄くて長い結晶ほど大きく屈曲する。例えばアスペクト比（長さ／厚さ）が，25($50 \times 6.3 \times 2.1 \mu$m），71($120 \times 7.1 \times 1.7 \mu$m），132($159 \times 6.8 \times 1.2 \mu$m）の結晶の最大屈曲角度は，それ

スキーム2　サリチリデンアニリン **2** の光異性化

第3章 光メカニカル機能の創出

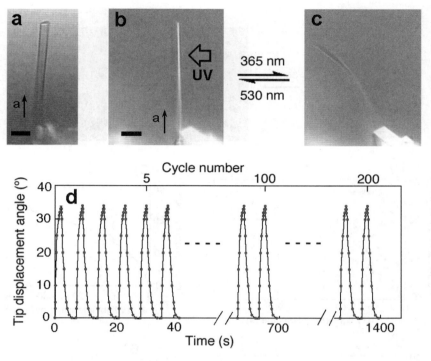

図8 enol-2 薄板状微結晶の光屈曲：スケールバー＝10μm
(a) (001) 面，(b) 照射前，(c) 右裏から UV 照射後，(d) 200 回繰返し屈伸

それぞれ 25°，71°，132° であった。

10.3.2 フォトメカニカル機能の発現機構

照射光が結晶の内部まで届くような，薄い微小結晶（200×30×20μm）を用いて，光照射前後の X 線結晶構造解析を試みた。紫外光照射を1時間行うと，単位格子の長さが一定値となり，123K で X 線測定した結果，enol-2 と trans-keto-2 の比が 0.905：0.095 のディスオーダー構造として解析できた。この結果は，730nm での2光子励起によって得られた構造と一致するものであった[17]。ORTEP 図から明らかなように，生成物の keto-2 分子はトランス形となっている（図10a）。結晶中でのシス体からトランス体への異性化は，スチルベンやアゾベンゼン分子のシス-トランス異性化のように，自転車のペダル運動のような動き方で進行し，結晶中で分子が大きく動くことなく異性化が可能である[18]。

結晶の単位格子の a 軸の長さが，照射前の 6.0913(2)Å から，照射後には 6.1171(4)Å へと 0.42%増加する（図10b）。このため，光の当たった結晶表面近くでは結晶の長さは a 軸方向に伸び，一方，光の当たらない裏面では光異性化せず結晶の長さは変わらないために，結晶は光源とは逆方向に曲がる。紫外光照射を止めるか可視光を照射すると，trans-keto-2 から enol-2 への逆異性化が起き，結晶は元の真っ直ぐな形に戻る。このように，分子の形の変化が結晶の単位格

295

フォトクロミズムの新展開と光メカニカル機能材料

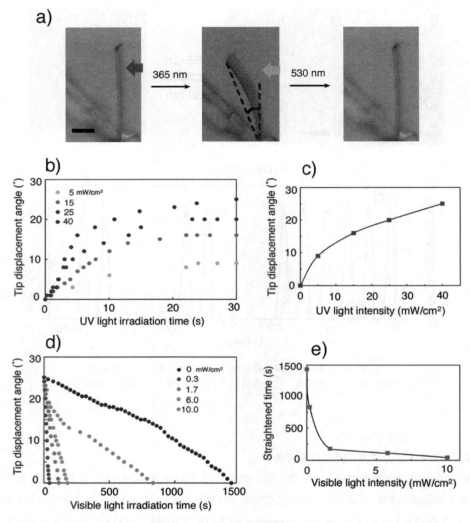

図9 (a) enol-2 薄板状微結晶の照射前，UV，可視光照射後：スケールバー＝10μm
(b) 屈曲角度の UV 照射時間依存性，(c) 屈曲角度の UV 強度依存性，
(d) 屈曲角度の可視光照射時間依存性，(e) 屈曲角度の可視光強度依存性

子長さを変化させ，結果的にバルク結晶の動きとなって現れるというメカニカル機能の発現機構が解明できた。

　enol-2 微結晶の表面を原子間力顕微鏡で観察したところ，照射前は滑らかであった（図10c）。紫外光照射後はわずかに表面に 1.5nm 程度（結晶厚さに対して 0.3％）の凹凸が現れ，可視光照射後も凹凸は消失しなかったものの，全体として表面形態の変化は小さかった。この理由は，結晶中での異性化が，分子の動きが小さくて済むペダル運動により進行するために，屈曲運動による結晶の劣化が小さく，200回も屈曲運動の繰り返しが可能であったと考えられる。

第3章　光メカニカル機能の創出

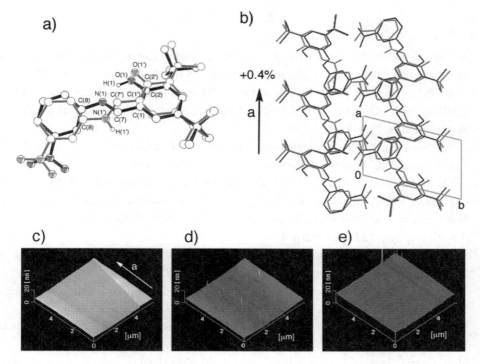

図10　(a) ORTEP 図：UV 照射後の trans-keto-2（黒色）と enol-2（赤色）のディスオーダー構造，H(1) と H(1') 以外の水素原子省略，(b) (001) 面の分子配列図
enol-2 微結晶の (001) 面の AFM 像：(c) 照射前，(d) UV 照射後，(e) 可視光照射後

10.4　おわりに

　結晶中で起きるフォトクロミック反応を利用すれば，結晶をメカニカルに動かすことができることを，アゾベンゼン，サリチリデンアニリンについて示すことができた。マクロスケールの結晶のメカニカルな動きは，分子の構造変化というミクロレベルの変化によって現れることも証明できた。結晶のフォトメカニカル機能の発現は，不思議なことではなく，当然のこととして理解できるようになった。ミクロレベルの変化とマクロレベルの変化を結び付ける研究は始まったばかりである。結晶の機械的特性についてはまだまだこれから詳細に研究する必要がある。また，本研究をエネルギー変換の観点から見れば，光エネルギーから機械エネルギーへの直接変換であり，この点からも今後の展開が期待される。

フォトクロミズムの新展開と光メカニカル機能材料

文　　献

1) A. Balzani, A. Credi, F. M. Raymo, J. F. Stoddart, *Angew. Chem. Int. Ed.*, **39**, 3348 (2000)

2) (a) Y. Ohashi, "Reactivity in Molecular Crystals", VCH, Kodansha, Tokyo (1993) ; (b) F. Toda, Ed., "Organic Solid-State Reactions", Kluwer Academic Publishers, Dordrecht (2002) ; (c) H. Koshima, "Chiral Photochemistry", Y. Inoue, V. Ramamurthy, Eds., p.485, Marcel Dekker, New York (2004)

3) (a) H. Koshima, Y. Ide, N. Ojima, *Cryst. Growth Des.*, **8**, 2058 (2007) ; (b) H. Koshima, Y. Ide, S. Yamazaki, N. Ojima, *J. Phys. Chem. C*, **113**, 11683 (2009)

4) (a) S. Kobatake, S. Takami, H. Muto, T. Ishikawa, M. Irie, *Nature*, **446**, 778 (2007) ; (b) M. Irie, *Bull. Chem. Soc. Jpn.*, **81**, 917 (2008) ; (c) L. Kuroki, S. Takami, K. Yoza, M. Morimoto, M. Irie, *Photochem. Photobiol. Sci.*, **9**, 221 (2010) ; (d) M. Morimoto, M. Irie, *J. Am. Chem. Soc.*, **132**, 14172 (2010)

5) (a) R. O. Al-Kaysi, A. M. Müller, C. J. Bardeen, *J. Am. Chem. Soc.*, **128**, 15938 (2006) ; (b) R. O. Al-Kaysi, C. J. Bardeen, *Adv. Mater.*, **19**, 1276 (2007)

6) Uchida, S. Sukata, Y. Matsuzawa, M. Akazawa, J. J. D. de Jong, N. Katsonis, Y. Kojima, S. Nakamura, J. Areephong, A. Meetsma, B. L. Feringa, *Chem. Commun.*, 326 (2008)

7) P. Naumov, J. Kowalik, K. M. Solntsev, A. Baldridge, J.-S. Moon, C. Kranz, L. M. Tolbert, *J. Am. Chem. Soc.*, **132**, 5845 (2010)

8) M. A. Garcia-Garibay, *Angew. Chem. Int. Ed.*, **46**, 8945 (2007)

9) (a) H. Koshima, N. Ojima, H. Uchimoto, *J. Am. Chem. Soc.*, **131**, 6890 (2009) ; (b) H. Koshima, N. Ojima, *Dyes Pigm.*, **92**, 798 (2012)

10) H. Koshima, K. Takechi, H. Uchimoto, M. Shiro, D. Hashizume, *Chem. Commun.*, **47**, 11423 (2011)

11) (a) Y. Yu, Y. Nakano, T. Ikeda, *Nature*, **425**, 145 (2003) ; (b) M. Yamada, M. Kondo, J. Mamiya, Y. Yu, M. Kinoshita, C. J. Barrett, T. Ikeda, *Angew. Chem. Int. Ed.*, **47**, 4986 (2008)

12) K. M. Tait, J. A. Parkinson, S. P. Bates. W. J. Ebenezer, A. C. Jones, *J. Photochem. Photobiol. A: Chem.*, **154**, 179 (2003)

13) A. Whitaker: *J. Cryst. Spec. Res.*, **22**, 151 (1992) (CSD Refcode VUFZUR)

14) A. Mostad, C. Rømming: *Acta Chem. Scan.*, **25**, 3561 (1971) (CSD Refcode AZBENC01)

15) (a) T. Kawato, H. Koyama, H. Kanatomi, M. Isshiki, *J. Photochem.*, **28**, 103 (1985) ; K. Amimoto, T. Kawato, *J. Photochem. Photobiol. C: Photochem. Rev.*, **6**, 207 (2005)

16) E. Hadjoudis, M. Vittorakis, I. Moustakali-Mavridis, *Tetrahdron*, **43**, 1345 (1987)

17) J. Harada, H. Uekusa, Y. Ohashi, *J. Am. Chem. Soc.*, **121**, 5809 (1999)

18) (a) J. Harada, K. Ogawa and S. Tomoda, *Acta Cryst.*, **B53**, 662 (1997) ; (b) J. Harada, K. Ogawa, *J. Am. Chem. Soc.*, **123**, 10884 (2001) ; (c) J. Harada, K. Ogawa, *Chem. Soc. Rev.*, **38**, 2244 (2009)

11 光応答性有機分子と無機ナノ層状化合物の複合化による光メカニカル機能材料

嶋田哲也*

11.1 コンセプト

　分子へ光照射することにより誘起される何らかの変化をマクロスケールの形態変化に結びつけようとする研究（光メカニカル機能材料に関する研究）は，主に結晶や高分子を用いて精力的に行われている。本節では，これらとは異なるコンセプトの光メカニカル機能材料として筆者らが検討した，ナノスケールの層状構造を持つ有機・無機複合材料を話題とする。

　まず始めに，どのようにして有機無機層状複合体で光メカニカル機構を実現させるかについてのコンセプトを述べる。カチオン交換性の無機層状化合物は層間へカチオン性の光応答性分子（アゾベンゼン誘導体など）をインターカレート（挿入）することが可能である[1]。通常の溶液中や固体表面では，光異性化反応などにより誘起される個々の分子の形状変化はランダムであり，またその変位量もナノメートル以下である。このままでは光による分子の形状変化を有効利用することは容易ではない。しかし，分子を無機層状化合物の層間に規則正しく配列させることにより変位に方向性を持たせ，さらに積層構造を利用して1分子分の変位量を積み上げれば，マクロな変位として利用することが可能である。この場合，分子同士は基本的には独立しているため，均一溶液中と同様の光特性も期待できる。なお，簡略化のため光応答性有機無機層状複合体を以下では光応答性層状複合体と略す。光応答性層状複合体の実現には光応答性分子の無機層状構化合物層間へ規則正しい高密度なインターカレートが鍵となる。

　このようなコンセプトに基づく材料作成の試みとしては，アゾベンゼン誘導体を粘土鉱物層間にインターカレートさせた複合体が紫外・可視光照射にともない層間距離を変化させるという報告[2]があったが，形態変化を含め詳細は不明のままであった。筆者らのグループではそれとは別に，独自に検討してきたカチオン性界面活性剤を無機層状構化合物層間へ規則正しく高密度にイ

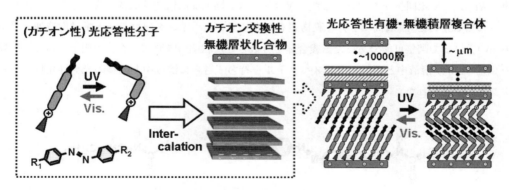

図1　光応答性有機無機層状複合体のコンセプト

---

*　Tetsuya Shimada　首都大学東京　大学院都市環境科学研究科　分子応用化学域　助教

ンターカレートさせる方法論を用いて，実際に光による形態変化を示す複合材料の開発に成功した。そして，より適した材料の開発，再現性の確認，耐久性の評価，作動モードのコントロール，機構の検証，そして新たな形態の複合体への展開などを幅広く行った[3]。

11.2　光応答性層状複合体の構成

　光応答性層状複合体は，骨格を構成する無機層状化合物（ホスト材料）と，ホスト材料の層間にインターカレートされ光による変化を生み出す光応答性分子（ゲスト分子）より構成される。以下に，それぞれの具体例を筆者らの開発した光応答性層状複合体を例に示す。

　ゲスト分子にはアゾベンゼンを含み末端部に炭化フッ素鎖を持つ多フッ素化界面活性剤（以下 C3F-Azo と略す）を新たに設計し，使用した[4]（図2a）。筆者らのグループでは以前より多フッ素化界面活性剤と層状化合物の複合材料を研究しており，新規開発した多フッ素化界面活性剤（図2b，以下 CnF と略す）をイオン交換性人工粘土へインターカレートさせ，炭化フッ素基の凝集力を利用して等電中和量の数倍量に相当する非常に高密度な吸着状態と規則構造を実現することに成功していた[5]。なお，ここでの等電中和量は層状化合物の負電荷とカチオン性分子の正電荷の数が等しくなった状態を指す。C3F-Azo の設計にはこれらの蓄積が活かされている。その後，C3F-Azo をもとにゲスト分子を展開したが，詳細は割愛する。

　一方，ホストの無機層状化合物には当初，前述の CnF 複合体作成に利用したイオン交換性人工粘土であるスメクタイト（$[(Si_{7.20}Al_{0.80})(Mg_{5.97}Al_{0.03})O_{20}(OH)_4]^{-0.77}(Na_{0.49}Mg_{0.14})^{+0.77}$）を用いた。その結果，CnF と同様に等電中和量以上の高密度な吸着状態を持った C3F-Azo 複合体の作成に成功した。その後，ホストの無機層状化合物に関しても新たな合成方法の開発などを含めて展開を行った。その中で，スメクタイトに比べより高い表面負電荷密度を持つ層状化合物であるニオブ酸を用いた複合体は興味ある特性を数多く示した。

　複合体の物性や特性は，吸収スペクトルなどの光学的分析，元素分析，熱分析，原子間力顕微鏡（AFM），X線回折などで評価した。複合体では規則的な層構造は保持され，インターカレートされた C3F-Azo は層間で2分子膜構造を形成していた。インターカレート量は期待通り等電中和の数倍まで調整可能であった。複合体を分散させた状態の吸収スペクトル測定からは，層間の C3F-Azo が溶液中と類似の吸収スペクトルを持ち，さらに溶液中と同様の光異性化反応を示すことが確認された。

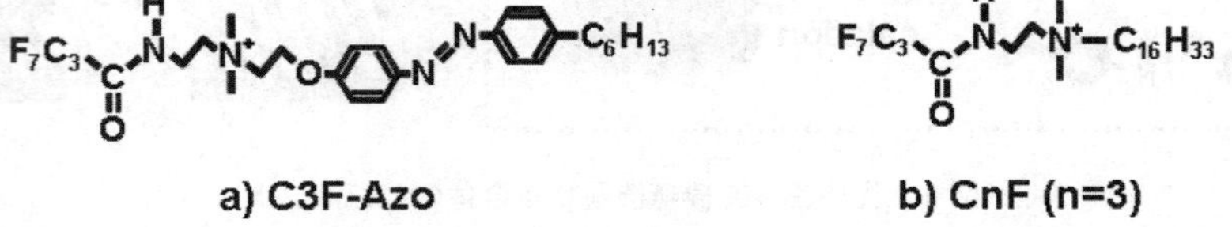

a) C3F-Azo　　　　　　**b) CnF (n=3)**

図2　ゲスト分子
a）C3F-Azo，b）CnF（n＝3）

第3章 光メカニカル機能の創出

また，薄膜形成の方法もキャスト法，スピンコート法，スプレー法など様々な方法を試みた結果，複合体を充分な透明度を持つ薄膜に形成することに成功した。このことは非常に重要な点であり，薄膜内部の分子にまで光反応に必要な光子を供給できることを意味する。

11.3 光応答性層状複合体の光応答

ここでは，ニオブ酸層間へ等電中和量以上のC3F-Azoをインターカレートした複合体薄膜を例にした光メカニカル機構の発現例を紹介する。C3F-Azoは溶液中でアゾベンゼンと同様に紫外光照射（～360nm）で*trans* → *cis*異性化し，また可視光照射（～450nm）で*cis* → *trans*異性化するが，ニオブ酸層間にインターカレートされた状態においても同様の光異性化反応を示す。その結果，図1右部のように層間が広がり複合体は積層方向に伸びる。可視光照射では逆の過程により複合体は縮まる。

光応答の様子を紫外可視吸収スペクトル，XRD，AFMで観測した結果を図3に示す。図3aはC3F-Azo・ニオブ酸複合体薄膜の吸収スペクトルであり，充分な光透過性が確認できる。吸収スペクトルからは，層間にインターカレートされたC3F-Azoが紫外光及び可視光照射により溶液中と同様の光異性化反応を示すことが確認できる。図3bは光異性化反応に伴うXRDピークのシフトの様子である。C3F-Azoの光異性化に伴い層間隔の伸縮を表すピークシフトが確認できる。図3cにはAFMを用いて追跡した複合体積層方向の膜厚変化を示す。紫外光・可視光照射により可逆な膜厚変化が誘起されていることがわかる。このようにC3F-Azo光応答性層状複合体は光異性化による分子変化とそれに起因する層間距離変化を実際の形態変化に結びつけることができる。

上述の複合体はさらに興味ある光応答を示した。図4はAFMで観測した光異性化に伴う層と水平な方向の変位の様子である。複合体は積層方向だけでなく，水平方向にも可逆な変形を示した。図4aでは複合体の下部がせり出したり，引っ込んだりしているように見える。この理由に

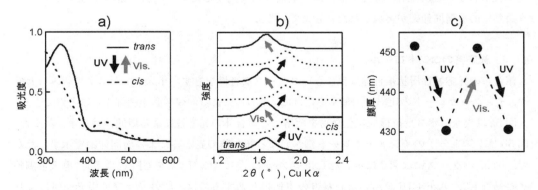

図3　C3F-Azo/ニオブ酸複合体の光応答の様子
a) 紫外可視吸収スペクトルによる分子の光異性化の観測，b) XRDによる層間距離変化の観測，
c) AFMによる複合体膜厚の観測

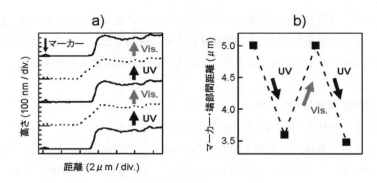

図4 AFMによる複合体膜厚の横方向変位の測定
a）光照射による薄膜断面形状の変化，b）基準マーカーと膜端部間の距離の変化

ついては，①複合体とその下のガラス基板の密着性が悪く複合体がガラス基板を滑っている，②AFMの探針の曲率の影響，などの理由を現時点では推測している。また，複合体が示した横方向の変位量の大きさは，分子が異性化して生み出す横方向の変位量から予測される変位量に比べ大きい。何らかの共同現象が起きている可能性もあり，XRD等による検討が現在も進行している。

光応答挙動の耐久性について調べたところ，最低10往復の紫外光及び可視光照射まで可逆な応答は保持された。実験環境が許した最大試行回数が10往復であったためそこまでしか試してはいないが，実際の耐久性はさらに高いと予想される。

C3F-Azoの末端炭化フッ素基を同様の炭化水素基で置き換えたゲスト分子（以下C3H-Azo）を比較対象として使用したところ，作成された複合体の層構造の規則性はC3F-Azoに比べ悪く，またC3F-Azo同様の異性化反応は誘起されるのにも関わらずC3F-Azo複合体に見られる効率的な層間伸縮が見られないことがわかった。C3F-Azoでは末端炭化フッ素基の寄り集まろうとする性質によりC3F-Azo同士が密にかつ規則的に配列するため，C3H-Azoでは見られないような効率的な層間伸縮が実現されたと考えている。

11.4 光応答のコントロール

筆者らの光応答性層状複合体は他にないユニークな特性を有す。ホスト，ゲストの組み合わせや，インターカレートの比率を調整するだけで，光応答による伸縮挙動を制御することができる。

図5aは異なるホスト無機層状化合物を使用した複合体の光応答による層間伸縮を示す。また，図5bはゲスト分子のインターカレート量が異なる複合体の光応答による層間伸縮を示す。ただし，図5bのケースには図2に示したC3F-Azoを改良し（$C_{16}H_{13}$基をCF_3に変更），導入量調整が容易なC3F-Azo-C1Fを用いた。双方の事例に共通するのは，紫外光及び可視光照射によりそれぞれ逆方向に層間伸縮する複合体の調製が可能なことである。

この機構については現在次のように推測している。電荷密度の高いニオブ酸に高密度のC3F-

第3章　光メカニカル機能の創出

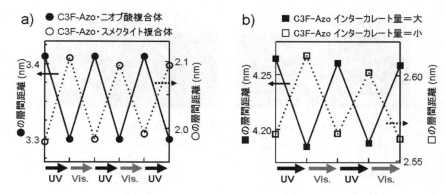

図5　材料や構成比により光応答による層間伸縮の方向が逆転する
a) 負電荷密度が異なる2種の無機層状化合物をホストとした場合，b) ホスト，ゲストとも同一種であるがゲスト分子のインターカレート量が異なる場合

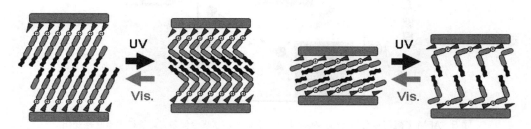

図6　材料や構成比による伸縮方向逆転の推定メカニズム
ゲスト分子の層間における配向角が伸縮方向を支配する

Azoをインターカレート量した場合は図6aに示すようにC3F-Azoが垂直に近く配向しているので $trans \rightarrow cis$ の変化に伴い層間は縮む（$cis \rightarrow trans$ では伸びる）。逆に，ニオブ酸でもC3F-Azoのインターカレート量が少ない場合や，電荷密度の低いスメクタイトを用いた場合では図6bに示すようにC3F-Azoが水平に近く配向しているので $trans \rightarrow cis$ の変化に伴い層間は伸びる（$cis \rightarrow trans$ では縮む）。筆者らは負電荷密度を段階的に変化させた人工無機層状化合物の合成を完了している[6]。今後はこれらを用いた光応答のコントロールに関して，より一層の展開が期待される。

11.5　スクロール状複合体の開発

　ここまでは，当初のねらいである層状構造を持つ複合体を話題にしてきた。ここからは，研究の途中で新たに派生した興味ある複合体であるナノスクロール複合体に話を移す。
　ニオブ酸を含めた一部の層状化合物では，層を構成するシートを剥離させてスクロール状（葉巻状）の複合体（ナノスクロール）を形成させることが可能である[7]。そこで，筆者らはC3F-Azoを層間にインターカレートさせたナノスクロールの開発を試みた[8]。その結果，ニオブ酸を

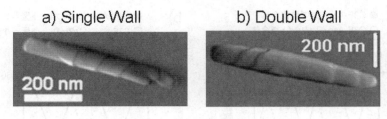

図7 ナノスクロール状複合体のAFM像
a) Single Wall, b) Double Wall

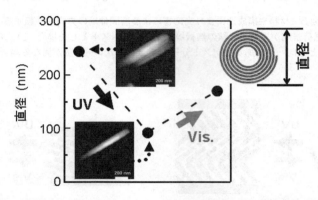

図8 AFMで観測したDouble Wallナノスクロール状複合体の光応答による直径変化

用いることにより2種のC3F-Azo複合ナノスクロールを高収率で得ることに成功した。2種のナノスクロールのうちニオブ酸シートが1枚でスクロールしているものをSingle-Wallと，2枚一組でスクロールしているものをDouble-Wallと呼ぶ。図7にはAFMにより観測したナノスクロール像を示す。比較的大きな個体も観測されており，長さ10μm程度のナノスクロールも観測されている。

11.6 スクロール状複合体の光応答

ナノスクロール複合体が膨張や伸縮する場合は，ナノスクロールがほどけたり巻き直したりするような運動が必要であり，またこのためにはシート同士がスライドを許容する必要がある。積層構造を持つ複合体ではすでに層に水平方向の変位が観測されており，このような変位は層同士がスライドしなければ実現されないことから，ナノスクロールの形態変化は十分可能であると期待した。図8にはDouble-Wallナノスクロールの紫外光及び可視光照射に伴うナノスクロール複合体の光応答挙動を示す。紫外光照射でナノスクロールの直径が拡大し，可視光照射で直径が縮小することが確認された。ナノスクロールの光応答に関する検討は始まったばかりなので，今後の展開に期待が持てる。

第 3 章　光メカニカル機能の創出

11.7　おわりに

　本稿では主に，光応答性有機無機複合ナノ層状化合物の概念と光応答の様子を中心に紹介した。この他，光応答機構の検討なども行っているが本稿では割愛した。本複合体にはホスト材料・ゲスト分とともに今後も様々な展開が期待でき，まだまだ大きな可能性を秘めている。

文　　　献

1)　黒田一幸ほか，無機ナノシートの科学と応用，シーエムシー出版（2005）など
2)　M. Ogawa *et al.*, *Adv. Mater.*, **13**, 1107 (2001)
3)　Y. Nabetani *et al.*, *J. Am. Chem. Soc.*, in press (2011)
4)　Z. Tong *et al.*, *J. Mater. Chem.*, **18**, 4641 (2008)
5)　T. Yui *et al.*, *Langmuir*, **18**, 4232 (2002)
6)　T. Egawa *et al.*, *Langmuir*, **27**, 10722 (2011)
7)　黒田一幸ほか，無機ナノシートの科学と応用，p.185，シーエムシー出版（2005）
8)　Z. Tong *et al.*, *J. Am. Chem. Soc.*, **128**, 684 (2006)

12　2種の光反応基を持つハイブリッド錯体を利用したフォトクロミック結晶の物性制御

関根あき子[*]

12.1　はじめに

　有機フォトクロミック化合物は，近年，化学者から調光材料，光メモリー材料等その応用が期待され，有機光機能材料として注目されている化合物である。よく知られている有機フォトクロミック化合物のうちの一つであるサリチリデンアニリン誘導体は，昔からその現象が知られ，長年研究されてきているが，その反応メカニズム（図1）が証明されたのは，着色体の単結晶X線構造解析に成功したわずか10年程前の最近のことである[1]。

　我々は，これまで一連のサリチリデンアニリン誘導体に関する研究で，X線結晶構造解析により3次元構造を明らかにすることにより，フォトクロミズムと構造との関係を明らかにしてきた[2]。寿命の異なる多形をもつサリチリデンアニリン誘導体について調べたところ，寿命と構造との関係が明らかになり，着色体の寿命が短い化合物は，着色体のtrans-keto体が隣接分子との分子間水素結合しておらず，寿命の長い化合物は，着色体のtrans-keto体が隣接分子との分子間水素結合して安定化しているため寿命が長くなることがわかった[3]。このように，構造と反応性・物性の関係がX線結晶構造解析を用いて直接3次元構造を証明することによって解明されてきた。しかしながら，フォトクロミック反応性や物性は初期構造によって決まってしまうため化合物に依存するという点が難点であった。

　そこで，今回，フォトクロミック化合物の反応性や物性を制御することを目指して研究を行った。通常，化合物の初期構造を変えることはできないが，結晶相反応を用いることにより，結晶中のフォトクロミック分子の周囲の環境を動的に変化させ，フォトクロミック物性をコントロールする戦略を考えた。そして，その物性を変化させることができた理由について，X線結晶構造解析により3次元構造を見ることにより明らかにする。

12.2　サリチリデンアミノピリジン誘導体のフォトクロミズムの制御

　デザインした新機能性材料としてのハイブリッド錯体は，光異性化反応する置換基とフォトクロミック反応性を持つ置換基の2種の光反応基を合わせ持つ錯体である。光異性化反応基として

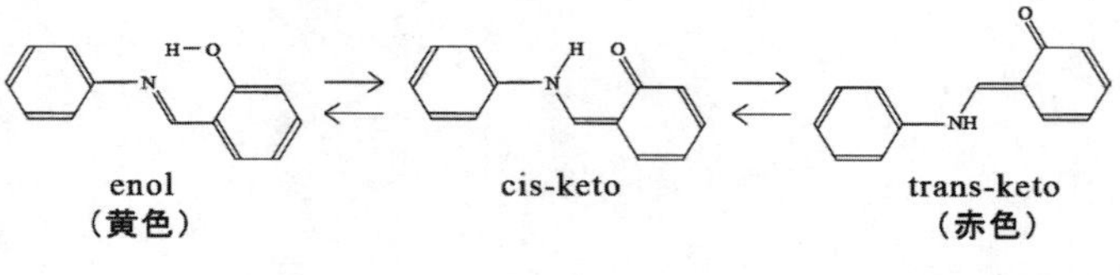

enol	cis-keto	trans-keto
（黄色）		（赤色）

図1　サリチリデンアニリンのフォトクロミズムにおける反応機構

---

　*　Akiko Sekine　東京工業大学　大学院理工学研究科　物質科学専攻　助教

第3章 光メカニカル機能の創出

は，これまでに，一連のシアノエチル基を置換基とした一連のコバロキシム化合物の結晶に可視光を照射すると単結晶状態を保持したまま2-シアノエチル基から1-シアノエチル基へと異性化することが知られているので[4]，この反応を利用して結晶相で環境を変化させることを試みた。フォトクロミック分子としては，図2に示すような4種のサリチリデンアミノピリジンをそれぞれ用いた。

図2に示すような1，2，3，4の4種のサリチリデンアミノピリジン誘導体を用いて，新規ハイブリッド錯体1 (cob-tBu3SAP)，2 (cob-tBu4SAP)，3 (cob-5Cl3SAP)，4 (cob-5Br3SAP)を合成した（図3）。まず，これら4種の錯体にそれぞれ紫外光を照射し，UV/visスペクトルを測定することにより固相フォトクロミック反応性を調べた。錯体1と2はフォトクロミズムを示したが，3および4はフォトクロミズムを示さなかった。そこでこの反応性の違いを解明するために，これら4種の錯体結晶のX線結晶構造解析を行ったところ，1，2，3，4のSAP部位の二面角がそれぞれの45.28°, 88.32°, 21.78°, 18.10°となっていた。したがって，二面角が大きく非平面な分子構造をもつ錯体はフォトクロミズムを示し，二面角が小さく平面分子に近い錯体はフォトクロミズムを示さないことがわかった。そこで，フォトクロミズムを示す新規錯体1，2について，フォトクロミズムにおける着色体の退色速度を調べた（図4）。Xeランプによる可視光照射を行い，cob部位の異性化の前後において退色速度を比較したところ，光照射前，光照射15分後，40分後と光照射時間が増えるにつれ，退色速度は1では速くなり，着色体の寿命はそれぞれ26, 36, 96分となった。すなわち，予め可視光照射をしてcob部位のシアノエチル基の光異性化をより進行させた結晶を用いるほど，着色体の寿命が短くなることが明らかになった。一方，2では逆にシアノエチル基の光異性化後には寿命が長くなることがわかった（図5）。このように，結晶相反応を利用することにより寿命を変化させることに成功したのは初めての例である。

次に，この寿命の変化の理由を解明するために，シアノエチル基の結晶相光異性化反応における結晶環境の変化を単結晶X線結晶解析により調べてみた。cob部位の可視光照射による異性化前後の結晶構造を比較したところ，図6に示すようになった。1では，cob部位のシアノエチ

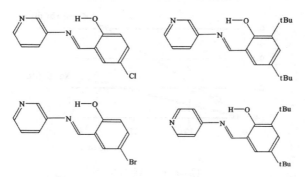

図2　4種のサリチリデンアミノピリジン誘導体（SAP）

フォトクロミズムの新展開と光メカニカル機能材料

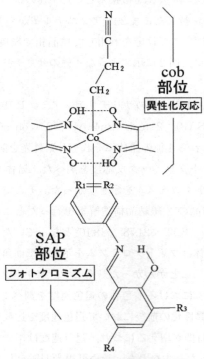

1 R1=C, R2=N, R3=tBu, R4=tBu
2 R1=N, R2=C, R3=tBu, R4=tBu
3 R1=C, R2=N, R3=H, R4=Cl
4 R1=C, R2=N, R3=H, R4=Br

図3　新規ハイブリッド錯体（cob-SAP）

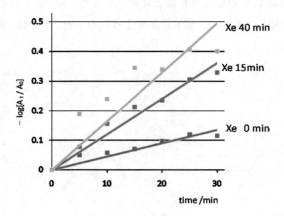

図4　1の退色速度

第3章 光メカニカル機能の創出

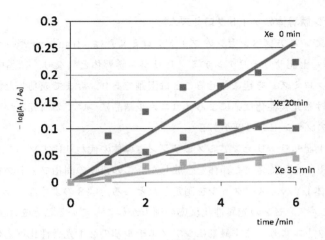

図5 2の退色速度

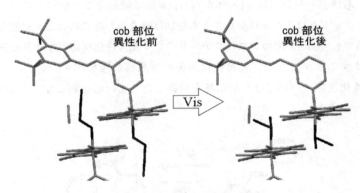

図6 1のcob部位光異性化前後の結晶構造
黒部分はシアノエチル基

ル基が異性化すると，コバロキシム平面に対してSAPに向けて立ち上がっていたシアノエチル基がコバロキシム平面に平行に向くようになり，SAP部位の周りの空間が広がる。このために，SAP部位が分子内回転によりtrans-keto体からenol体へと戻りやすくなり，寿命が短くなったと考えられる。

これに対して，2では，やはり結晶相光異性化反応におけるX線結晶構造解析の結果からcob部位のシアノエチル基の光異性化により，SAP部位周囲の空間がせまくなったことがわかった。そのため，2では，可視光照射後には逆に寿命が長くなったと考えられる。

このように，2種の光反応基を持つ新規錯体1および2では，紫外光にてフォトクロミック反応を起こさせ，可視光照射にてcob部位の光反応を起こさせるという波長制御をすることができ，さらに，cob部位の光異性化による結晶中のSAP部位の周囲の空間の変化によって，SAP部位のフォトクロミズムの寿命を制御することに成功した[6]。

12.3 アゾベンゼン誘導体のフォトクロミズム

古くから知られているアゾベンゼンのフォトクロミズムは，trans-cis という大きな構造変化を伴うため（図7），上記サリチリデンアミノピリジン誘導体と異なり，結晶中で結晶格子を保持したままフォトクロミズムを起こさせることは困難であり，今まで成功した例は知られていない。結晶表面における光異性化反応によるメカニカル結晶についての研究については，小島らのtrans-4-ジメチルアゾベンゼンの例がある[5]。

そこで，次に，上記サリチリデンアミノピリジン誘導体の代わりにアゾベンゼン誘導体である4-アミノアゾベンゼンを配位させた錯体を合成した。この錯体の固相フォトクロミック反応性を調べるために，固体UV/visスペクトルを測定したところ，図8のような，cob部位の光異性化反応と4-アミノアゾベンゼンの光異性化反応の両方が起こっていることを示すスペクトルが得られた。このスペクトルより，まず最初にシアノエチル基の2-1光異性化反応が起こり（600nm前後），次に4-アミノアゾベンゼンの trans-cis 光異性化反応（360nm付近）が起こることがわかった。また，暗所下一日後には，cis体からtrans体に戻ったことを示すスペクトルが得られた。なお，このフォトクロミズムは少なくとも数回は繰り返し起こることを確認している。

この錯体結晶でも，cob部位のシアノエチル基の2-1光異性化反応は単結晶を保持したまま異性化反応を起こすことができた。光異性化前後の結晶構造図を図9に示す。しかしながら，trans-cis 光異性化反応については，単結晶を保持したまま反応を起こすことができなかった。

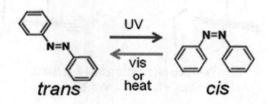

図7 アゾベンゼンのフォトクロミズム

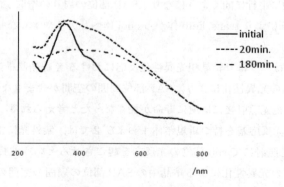

図8 UV/vis スペクトル

第3章 光メカニカル機能の創出

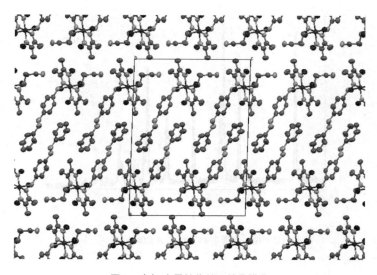

図9 (a) 光異性化前の結晶構造

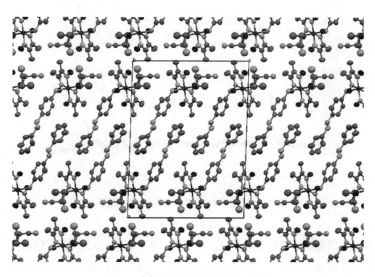

図9 (b) 光異性化後の結晶構造

そこで，光反応過程を粉末回折パターンでも調べてみることにした。光照射前には，図10(a) のような回折パターンが得られ，光照射とともに徐々に2-1光異性化反応が起こり，回折ピーク強度はそれに従って徐々に減っていくことがわかった。ところが，光照射10時間後から新しい回折ピークが出現し，この新しいピークが光照射時間とともに成長し，光照射時間100時間後には図10(b) のようになり，元とは異なる格子になったことがわかる。なお，光照射100時間後には，cis体は60％生成したことがNMRスペクトルより確認できた[7]。

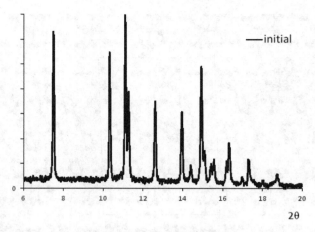

図10 (a) 光照射前の粉末X線回折パターン

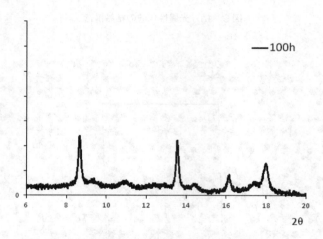

図10 (b) 光照射100時間後の粉末X線回折パターン

このアゾベンゼン誘導体の系については，サリチリデンアミノピリジン誘導体に比べてフォトクロミズムにおける構造の変化が非常に大きいので，単結晶を保持したまま反応を起こすことが難しいが，新規錯体を用いることにより固相で効率よくフォトクロミズムを起こさせることに成功した。しかしながら，2-1光異性化反応前後の結晶からの4-アミノアゾベンゼンのtrans-cis光異性化反応速度に明瞭な差が見られなかったのは，結晶構造においてcob部位のシアノエチル基と4-アミノアゾベンゼンが離れた位置にあったためであると考えられる。よって，今後はこれを近づけるような系を考えていきたい。

12.4 おわりに

このように，新しい光機能性を持ったハイブリッド錯体を合成し，コバロキシム錯体の結晶相

異性化反応を利用して，サリチリデンアミノピリジン誘導体の周囲の結晶環境を変化させることにより，フォトクロミック化合物であるサリチリデンアミノピリジン誘導体の着色体の寿命の動的コントロールに成功することができた。また，このようなハイブリッド錯体を作ることにより，構造変化が大きく固相で反応しにくいアゾベンゼン誘導体の光異性化反応にも成功した。

今後，さらなる結晶構造を設計し，系の全ての一連の反応を結晶相で行うことにより，フォトクロミズムの物性制御と共に，個々の反応のメカニズムが全て証明されることが期待される。

文　　献

1)　J. Harada *et al.*, *J. Am. Chem. Soc.*, **121**, 5809 (1999)
2)　K. Johmoto, *Mater thesis* (2005)
3)　K. Johmoto *et al.*, *Bull. Chem. Soc. Jpn.*, **82**, 50-57 (2009)
4)　A. Sekine *et al.*, *J. Organomet. Chem.*, 536-537, 389-398 (1997)
5)　H. Koshima *et al.*, *J. Am. Chem. Soc.* (2009)
6)　A. Sekine *et al.*, in preparation
7)　A. Sekine *et al.*, *Bull. Chem. Soc. Jpn.*, in preparation

13 光応答性ファイバーを用いた光 — 運動エネルギー変換

中田一弥[*]

13.1 はじめに

　光エネルギーを吸収して力学エネルギーを発生する材料は，光モーターや光ばね等への応用が期待される。こうした光駆動アクチュエーターは，光エネルギーを利用するためにノイズの心配がなく，遠隔操作が可能で，配線が不要であり，電極などの部品を必要としないため微小化が容易で構造も簡素化できる。さらに，高分子からなる，いわゆるソフトアクチュエーターの場合には，上記に加えて，柔らかく，軽いといった特徴をもちうる。これらの理由から，MEMS やマイクロ，ナノロボットのアクチュエーターへと応用できることが期待されている。

　ソフトアクチュエーターとして古くから研究されてきたのは，外場応答性高分子ゲルである。外場応答性高分子ゲルは，三次元網目構造の高分子中に溶媒分子を含んだ状態の物質であり，温度，電場，磁場，光などの外部刺激に対して応答する特性をもつ。ゲルは外部刺激に対して内部の高分子鎖などの構造変化やそれに伴う溶媒分子の吸収脱離などが誘起され，巨視的な構造変化を示す。これは外部から注入されたエネルギーが力学エネルギーへと変換されていることを意味し，ソフトアクチュエーターとしての応用が期待できる。しかし，ゲルをアクチュエーターとして用いる場合には，①溶媒中でなければ駆動しない，②体積変化が遅い，といった欠点があった。

　一方，ファイバー形状をもつ材料は高比表面積をもつため，溶媒分子の吸収脱離に対して有利であり，上記原理で作動するソフトアクチュエーターにとって都合が良い。またファイバーは人工筋肉などへの期待と相まって，研究が盛んになってきている。

　本節では，溶媒分子の吸収脱離によって体積変化を示す光応答材料について，始めに従来から研究が行われてきたゲル系について紹介し，次にファイバー系の研究例と，それを用いた光 — 力学エネルギー変換について紹介する。

13.2 光応答性ゲルの研究例

　光応答性ゲルはこれまで多数の報告があり，その多くは高分子ゲルの構造変化やそれに伴う溶媒分子の吸収脱離によって体積変化を示すが，ここでは光触媒反応を利用した興味深い研究例について示す。立間らは，ポリアクリル酸に銅イオンと酸化チタンナノ粒子を混合した複合系ゲルにおいて，光照射による巨視的な体積変化について報告している[1,2]。ゲルは紫外線照射を行うと，色が青色から黒色へと変化して，体積が三次元的に膨らむ。色が黒色へと変化するのは，ゲル中に含まれる銅イオンが酸化チタンによって還元されて銅 0 価の微粒子に変化したからである。もともと銅イオンはゲル中でポリアクリル酸のカルボキシル基を架橋していたが，上記還元反応によって外れるため，ポリアクリル酸鎖間に隙間ができる。そこに溶媒分子が入り混んで体積が膨張する。一方，紫外線照射をやめると，溶存酸素が銅微粒子を酸化して 2 価の銅イオンに

---

[*]　Kazuya Nakata　㈶神奈川科学技術アカデミー　重点研究室　光触媒グループ　常勤研究員

第3章　光メカニカル機能の創出

するため，ポリアクリル酸の架橋構造が復活してゲルの体積は収縮する。体積の膨張と収縮は可逆的であり，繰り返し行うことができる。またゲルの一部にのみ光照射を行うことにより，ゲルの一部だけを膨張させることができる。さらに彼らは，銅イオンの代わりに銀イオンを用いることで，紫外光によるゲルの膨張と可視光による収縮を行った。膨張のメカニズムは上記と類似だが（酸化チタン上で銀イオンが還元して微粒子を生成し，高分子の架橋構造が開裂する），光照射をやめても銀イオンの系では収縮はおきない。これは銀微粒子は溶媒中でも安定であることに由来する。一方，銀イオンの系では膨張後のゲルに可視光を照射することで収縮する。これは，膨張後に生成した銀微粒子が可視光吸収によってプラズモン励起し，接触している酸化チタンに励起電子が注入されることによって銀微粒子は酸化されるために銀イオンが発生することに由来する。銀イオンは再びポリアクリル酸を架橋するため，ゲルの体積は収縮する。

　上記の材料では，酸化チタンの光触媒反応を利用してゲルの形状を光で変化させることができる興味深い研究例である。しかし，駆動メカニズムはゲルの浸透圧変化による水分子の吸収脱離であるために，従来の高分子ゲルの例と同様にゲルを変形させるには水が必要であり，また時間がかかることが問題であった。

13.3　光応答性ファイバーの研究例

　次に，光応答性ファイバーについて最近の報告例を紹介する。ファイバーは前述したように，高比表面積を持つため，溶媒分子の吸収脱離に対して有利であることが期待される。ここではその利点を活かしたファイバー系について示す。中田らは溶媒分子の吸収脱離を駆動原理としたファイバー系の作製を試みた[3]。この系では，従来からの問題であった溶媒中での駆動，ガラス転移温度以上の加熱や応答速度の問題を克服し，空気中，室温下で応答速度の速い屈曲挙動を示すファイバーの作製に成功している。ファイバーは，吸湿性高分子（ポリアクリルアミド，ポリ（p-スチレンスルホン酸ナトリウム））と色素（メチレンブルー，アシッドレッド，オレンジⅡなど）を混合し，引き上げ法によって得た。作製後，ファイバーを基板上で乾燥させた。作製後のファイバーに光照射を行った。ポリアクリルアミド／メチレンブルーから作製したファイバーは，可視光照射により光源方向に対して屈曲する挙動を示した（図1a）。また，光照射をやめるとファイバーの形状が元の形に戻った（図1b）。この可逆的な光屈曲挙動は，吸湿性高分子と色素を組み合わせたその他のファイバーについても同様であった。また色素を含まないファイバーでは，屈曲挙動は見られなかった。次に，光屈曲挙動のメカニズムについて検討を行った。はじめに，光照射によるファイバー表面の温度変化について調べた。光照射前では26℃であったのに対して，光照射後では39℃に温度が上昇していた（図2）。光照射後のファイバーの温度は，用いた高分子のガラス転移温度よりも十分に低い。すなわち，ファイバーの屈曲挙動は熱溶融によるものではないと考えられる。また，色素を含まないファイバーでは温度変化はほとんど観測されなかった。次に，ファイバーの温度変化に伴う重量変化を調べるために示差走査熱量測定を測定した。その結果，37℃で水の蒸発による吸熱ピークが観測された。この温度は上記のファイ

フォトクロミズムの新展開と光メカニカル機能材料

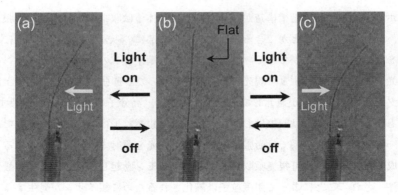

図1 ファイバーの様子
a:右方向から光照射, b:照射無し, c:左方向から光照射

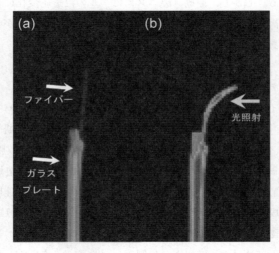

図2 ファイバーの温度分布
a:光照射前, b:光照射後

バーが光照射されて変形挙動を示した温度に近く,水分蒸発と光屈曲挙動が関連していることを示している。そこで,湿度を変化させた時のファイバーの様子について観察した。はじめに,湿度90％の環境下にファイバーをおいた後,湿度を30％まで下げた。その結果,ファイバーが屈曲する挙動が見られた。次に湿度を90％まで戻したところ,ファイバーの屈曲が元の形に戻る挙動が見られた。また,この屈曲挙動は繰り返し行うことができた。つまり,ファイバーの屈曲挙動はファイバー表面もしくは内部の水の吸脱水に関連していることが推測される。一方,ファイバーに照射する光源方向と屈曲挙動の方向との関連性について検討した。ファイバーの前方から光照射を行った場合,ファイバーは光源方向に屈曲する挙動が見られた(図1a)。また,ファイバーの後方から光照射を行った場合も,ファイバーは前方に屈曲する挙動を示した(図1c)。

第3章 光メカニカル機能の創出

この方向特異的な光屈曲挙動の原因は次のように考えられる。すなわち，作製したファイバーは図3のSEM像に示されるように半円形であり平面をもつ。これは，ファイバーの作製時に基板上でファイバーを乾燥させたためである。前述のように光照射により水分が蒸発するとファイバーは収縮すると推測されるが，ファイバーが半円形であるために，その収縮の際に平面方向に異方的な応力が発生し，ファイバーが平面方向へと屈曲すると考えられる。平面を持たないファイバーを作製し光照射を行うと，屈曲する挙動は見られなかった。なお，円形のファイバーを作製し，光照射による膨張伸縮について調べた結果，ファイバーは光照射直後にはわずかに膨張するものの，すぐさま収縮し，光照射をやめることで再び徐々に元の状態へと戻ることが確認された。

以上をまとめるとファイバーが光屈曲挙動を示すメカニズムは下記の3ステップであると結論された（図4）。①光照射により，ファイバー中の色素が光を吸収して熱を発生する。②ファイバーは吸湿性高分子であるため，熱によりファイバー中の水分が蒸発する。③水分蒸発によりファイバーが収縮し，平面方向へと屈曲する。なお，光照射をやめるとファイバーの変形が元に戻るのは，高分子自身のばね弾性や，失われた水分を空気中から吸湿してファイバーの収縮が回復するためであると推察された。

上記ファイバーが空気中の水分の吸収脱離を駆動力として素早く形状が変化するのは，ファイバー形状ならではの利点である高比表面積を持つからであると予想される。さらにこのファイバーは興味深いことに，ファイバーに含まれる色素が吸収する光の波長に対してのみ屈曲挙動を示す。例えば，メチレンブルーは664nm付近に最大吸収波長をもつが，その波長付近の単色光をファイバーに照射すると光屈曲挙動がみられる。一方，メチレンブルーは550nm付近の光はほとんど吸収しないが，550nmの単色光をファイバーに照射すると光屈曲挙動は見られなかった。すなわち，吸収波長の異なる色素を混合することで，ファイバーは多波長に対して応答する光応答性材料となりうることを示している。

最後に，ファイバーが変形した際に発生する力学的エネルギーの測定を行った（図5）。光照射を行うと，すぐさま力学エネルギーが発生し，光照射をやめるともとに戻ることがわかった。

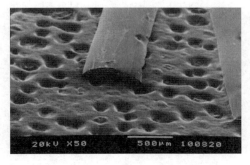

図3 半円形ファイバーのSEM像

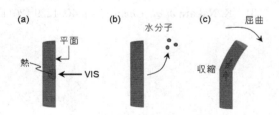

図4 ファイバーの変形挙動のメカニズム

317

フォトクロミズムの新展開と光メカニカル機能材料

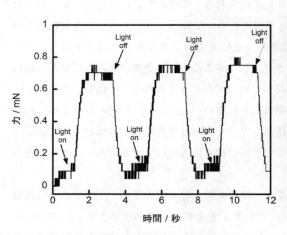

図5　ファイバーの力学エネルギー測定

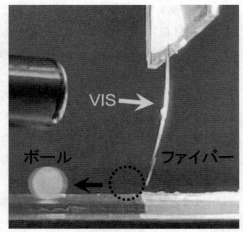

図6　ファイバーとボールを用いた光―力学エネルギー変換の例

またファイバーを用いてボールを動かすことに成功した（図6）。これは光エネルギーが力学エネルギーに変換されていることを意味する。

13.4　おわりに

以上，本節では光応答性ゲルの研究例と，水の吸収脱離を駆動力とする空気中で作動するファイバーを用いた光―力学エネルギー変換の例を示した。ファイバーは，それを束ねることで様々な形状にすることができる材料であるため，人工筋肉だけでなく繊維やばね等の様々な応用にも適用することができる可能性を秘めており，これからの研究の発展が期待される。

文　　献

1)　T. Tatsuma *et al. Adv. Mater.* **19**, 1251 (2007)
2)　K. Takada *et al. Chem. Commun.* 2026 (2006)
3)　K. Nakata *et al. Chem. Lett.* **40**, 1229 (2011)

14 アゾベンゼン系分子材料で観測される光誘起物質移動

中野英之*

14.1 はじめに

アゾベンゼンクロモフォアを有するフォトクロミック高分子のアモルファス薄膜に，クロモフォアが吸収する波長のレーザー光の二光波を干渉露光すると，薄膜表面に干渉縞に対応する凹凸のレリーフ（表面レリーフ回折格子：SRG）が形成されることが報告され，注目を集めている（図1）[1~14]。この現象は，光の照射に伴って繰り返し起こるアゾベンゼン部位のtrans-cis光異性化反応によって，数百nmからμm程度の物質移動が誘起される光誘起物質移動現象であり，基礎・応用両面から大変興味がもたれている。

当初，この現象の発現には高分子主鎖の存在が重要であるように考えられていたが，筆者らは「フォトクロミックアモルファス分子材料」と名付けた室温以上で安定なアモルファスガラスを容易に形成する低分子系フォトクロミック材料を用いて光誘起SRG形成に関する研究を行い，高分子鎖の存在しない低分子系材料でも光誘起SRG形成が可能で，アゾベンゼン系フォトクロミックアモルファス分子材料が光誘起SRG形成用の優れた材料の候補となることを示してきた[15~23]。光誘起SRG形成は，照射するレーザー光の強度，偏向方向，照射角度など，実験条件に大きく依存するために大変複雑であり，これまでに，物質移動機構に関するいくつかのモデルが提案されている[4,6~8,11,13,14]ものの，詳細は明らかになっていない。

ここでは，筆者らが最近行ってきた低分子系フォトクロミック材料を用いる光誘起SRG形成および光誘起物質移動現象が関与する現象に関する研究の一端を紹介する。

14.2 アゾベンゼン系フォトクロミックアモルファス分子材料を用いる光誘起SRG形成

上述のように，筆者らはアゾベンゼン系フォトクロミックアモルファス分子材料を用いる光誘起SRG形成の検討を行ってきた。

光誘起SRG形成の検討には，図2aに示した光学系を用いた。書込み光として488nmのレーザー光二光波を用い，633nmのレーザー光の回折光強度変化でモニターした。書込み光の偏光

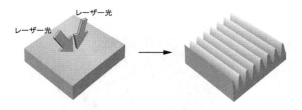

図1　光誘起SRG形成。アゾベンゼン系材料のアモルファス膜に書込み光二光波を干渉露光すると（左），物質移動が誘起されて，干渉縞に対応する凹凸のレリーフが形成される（右）

* Hideyuki Nakano　室蘭工業大学　大学院工学研究科　くらし環境系領域　教授

方向は波長板と偏光子を組み合わせて調整した．図2bに，試料に書込み光偏光が照射される様子の模式図を示してある．この図では，書込み光照射に伴って，左右方向に物質移動が誘起され，縦縞のSRGが形成される．得られるSRGの凹凸差は原子間力顕微鏡（AFM）観察により求めた．

たとえば，BFlABのアモルファス薄膜に書込み光（光強度：10mW×2，偏光方向：p-偏光に対して+45°および-45°，試料温度：28℃）を約10分照射することで，凹凸差が約450nmのSRGが得られる（図3）．

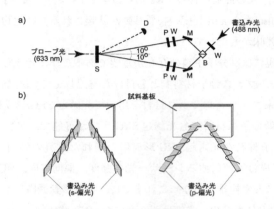

図2 a) 光誘起SRG形成実験の光学系，S：試料基盤，D：光度計，P：偏光板，W：波長板，M：反射鏡，B：ビームスプリッター，b) 試料基板に書込み光が照射される様子

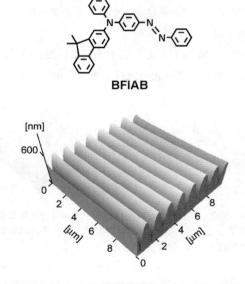

図3 BFlABアモルファス薄膜状に形成されたSRGのAFM像

第3章　光メカニカル機能の創出

　アゾベンゼン系フォトクロミックアモルファス分子材料を用いる光誘起 SRG 形成は，書込み光の偏向方向に大きく依存し，高分子系で報告されているものと同様，書込み光の二光波の偏光が p-偏光同士および p-偏光に対して +45° および -45° の組み合わせの偏光を照射した場合に，比較的高い回折効率が得られた。干渉によって，p-偏光成分の強度に分布が生じるような書込み光二光波の照射が SRG 形成に有効であり，物質移動は照射される光の偏光方向と平行な方向に誘起されると考えられる。

　SRG 形成はアモルファス薄膜中を物質が移動する現象であるため，材料の Tg が SRG 形成能に影響を与えることが推測される。そこで，ほぼ同様のフォトクロミック特性を示し Tg が異なる三つのアモルファス分子材料 BMAB，DBAB，BFlAB，ならびにアモルファス膜中における反応特性が異なる BBMAB の SRG 形成能を比較・検討した（表1）。その結果，BMAB アモルファス薄膜上にはほとんど SRG が形成されないのに対し，DBAB，BFlAB の順に Tg が上昇するにつれ，より大きな SRG が形成されることがわかった。一方，BBMAB は DBAB よりも高い Tg を有しているものの，あまり大きな SRG を与えなかった。

BMAB　　　　　　　DBAB　　　　　　　BBMAB

　アゾベンゼン系フォトクロミックアモルファス分子材料を用いる光誘起 SRG 形成は，書込み光の照射下で，SRG を形成させようとする力と，SRG を崩壊させようとする力が同時に働き，両者が拮抗するところで飽和すると考えられる。BMAB，DBAB，BFlAB の順に得られる SRG の凹凸差が大きくなるのは，この順番に Tg が高くなることによって，光照射中に SRG を表面張力で平滑化させようとする効果が小さくなるためであると考えられる。一方，BBMAB のように，アゾベンゼン骨格の両方のアゾベンゼンに大きな置換基を導入すると，アモルファス薄膜中での光反応が抑えられ，SRG を形成させようとする効果が小さくなるために，SRG 形成には

表1　アゾベンゼン系フォトクロミックアモルファス分子材料を用いる光誘起 SRG 形成 [a]

Material	Tg/℃	回折効率/%[b]	形成された SRG の凹凸差/nm
BMAB	27	<0.1	—[d]
DBAB	68	10-12	200-230
BFlAB	97	overmodulation(10-12)[c]	450-490
BBMAB	79	2-3	90-100

[a] 書込み光強度：10mW×2，書込み光偏光方向：p-偏光に対して ±45°，基板温度：28℃，[b] 一次回折効率，[c] 二次回折効率，[d] 未測定

不利に働くと考えられる。

　ところで，光誘起 SRG 形成のメカニズムの解明にあたって，アゾベンゼン誘導体が物質移動する際に，反応している分子のみが移動するのか，周囲の分子と協同的に移動するのかを明らかにすることは，重要な検討課題である。アゾベンゼン系フォトクロミックアモルファス分子材料と，フォトクロミズムを示さないアモルファス材料の混合膜を用いることにより，このことに関する知見が得られると期待されることから，フォトクロミック材料 BMAB と光に不活性な m-MTDATA との混合アモルファスを用いて光誘起 SRG 形成の検討を行った[24]。その結果，BMAB 単独のアモルファス膜を用いた場合には，ほとんど SRG が形成されないのに対し，BMAB（20wt％）と m-MTDATA（80wt％）の混合膜を用いた場合には，比較的大きな SRG が形成されることがわかった（図4）。上述のように，BMAB の Tg が室温付近にあるために，BMAB 単独膜上にはほとんど SRG が形成されないのに対し，Tg のより高い m-MTDATA と混合することによって系の Tg が上昇し（57℃），そのことによって比較的大きな SRG を形成できるようになったと考えられる。また，形成された SRG が BMAB 単独膜の Tg より高い 55℃でアニールしても SRG が消滅しないことから，形成された SRG の凸部には十分大きな割合で m-MTDATA 分子が存在していると考えられる。以上の結果は，書込み光照射のもとで，BMAB 分子だけが移動したのではなく，m-MTDATA 分子も同時に移動していることを示唆している。同様の現象が，BMAB よりもさらに Tg が低いフォトクロミックアモルファス分子材料 DBAB-SA と m-MTDATA との混合系でも観測された[25]。これらのことから，光誘起物質移動のメカニズムを考察するにあたっては，フォトクロミック反応を示している分子だけでなく周囲の分子も同時に移動することを考慮に入れて議論する必要がある。

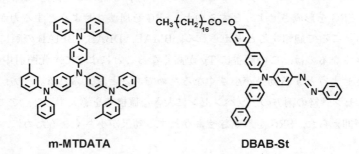

m-MTDATA　　　　　　　　DBAB-St

14.3　アゾベンゼン系分子単結晶を用いる光誘起 SRG 形成

　これまでの光誘起 SRG 形成の研究対象は，アモルファス高分子，高分子液晶，アモルファス分子材料に限られていた。アゾベンゼン系分子の光異性化反応には分子の周囲に異性化を起すための十分大きな自由体積が必要なため，単結晶中のアゾベンゼンの光異性化反応はほとんど起こらないと考えられる。しかし，単結晶の表面では光異性化反応が可能であると期待され，光誘起 SRG 形成も可能ではないかとの考えから，筆者はまず，DAAB の単結晶について光誘起 SRG 形

第3章 光メカニカル機能の創出

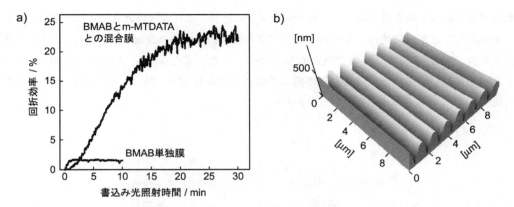

図4 a) アモルファス膜に書込み光を照射した場合の回折効率の時間変化（基板温度：20℃），
b) BMAB-m-MTDATA 混合アモルファス膜上に形成された SRG の AFM 像

成の検討を行い，単結晶表面に SRG を形成させることができることを実証した[26]。

アゾベンゼン系分子単結晶表面を用いる光誘起 SRG 形成は，結晶サンプルの配向や書込み光偏光方向に大きく依存し複雑であるが，以下に示すように，構成している分子のガラス形成能の有無によって大きく二つに分類することができると考えられる。

14.3.1 アモルファスガラスを形成しないアゾベンゼン誘導体単結晶表面における光誘起 SRG 形成

融液を冷却すると融点以下で即座に結晶化してしまう，すなわち，ガラス形成能を有していない DAAB 単結晶について，(001) 面および (100) 面を用いて SRG 形成の検討を行った[26,27]。単結晶に書込み光を照射する場合，書込み光の偏光方向だけでなく，結晶の配向にも依存すると考えられることから，偏光方向だけでなく結晶の配向方向も変化させて検討を行った。

DAAB の結晶構造[28]を図5に示す。試料結晶は，(001) 面あるいは (100) 面に書込み光が照射され，かつ，結晶の b-軸が s-偏光の偏光面に対して平行（H 配向）あるいは垂直（V 配向）となるようにガラス基板上に固定した（図6）。書込み光二光波（偏光方向：p-偏光あるいは s-偏光）を一定時間干渉露光し，得られた SRG を AFM により評価した。表2に，書込み光の偏光方向と結晶の配向方向の組み合わせが異なる4つの条件で書込み光を照射した場合に形成された SRG の凹凸差を示した。

書込み光として s-偏光を用いた場合，H 配向（No.1）に比べて V 配向（No.2）の方がより凹凸差の大きな SRG が得られた。DAAB の結晶構造（図5）から，DAAB の遷移モーメントの a

323

軸方向あるいは c 軸方向の成分は b 軸方向の成分に比べてより大きいと考えられ，照射している s-偏光は，H 配向に比べて V 配向の場合により効率的に結晶の表面で吸収されるため，V 配向の場合（No.2）により大きな凹凸差の SRG が得られたと考えられる。同様に，p-偏光を照射した場合には，結晶の表面でより効率的に光を吸収する H 配向（No.3）の方が V 配向（No.4）に比べてより SRG を形成しやすいと考えられる。

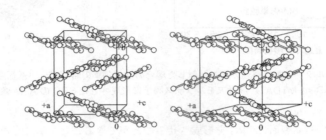

図5　DAAB の結晶構造（ステレオ図）

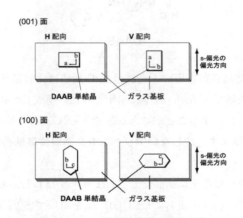

図6　DAAB 単結晶試料の配向方向
書込み光が照射されると左右方向に物質移動が誘起され，縦縞の凹凸レリーフが形成される。

表2　DAAB 単結晶を用いる光誘起 SRG 形成

No.	書込み光偏光方向	結晶試料の配向方向	形成された SRG の凹凸差 /nm	
			(001) 面[a]	(100) 面[b]
1	s	H	170–190	–
2	s	V	380–420	200–400
3	p	H	130–160	70–150
4	p	V	–	–

[a] 書込み光強度：10mW×2，照射時間：20min，[b] 書込み光強度：0.05mW×2，照射時間：10min

第3章　光メカニカル機能の創出

　結晶表面における光の吸収効率が同程度と考えられる No.2 と No.3 を比較すると，No.2 の方がより大きな凹凸差の SRG が得られた．SRG 形成が書込み光の偏光方向に依存することは，アブレーションや分解反応などの偏光方向に依存しない現象が SRG 形成の主な原因ではないことを示しており，物質移動によって SRG が形成されていることが示唆される．また，本結果は，s-偏光のほうが p-偏光に比べてより大きな SRG の形成を誘起できることを示している．これは，アモルファス系の材料を用いる光誘起 SRG 形成で観測される偏光依存性とは異なっており，単結晶表面における光誘起 SRG 形成の機構がアモルファス系のそれとは異なることが示唆され興味深い．

　形成した SRG の凸部に存在する分子の配向についてさらに知見を得るために，DAAB の (100) 面を用いて以下のような実験を行った．まず，V 配向の試料に s-偏光の書込み光で干渉露光を行った後，試料を 90°回転させて H 配向とし，ここに p-偏光の書込み光で干渉露光すると，試料表面に SRG を垂直に重ね書きしたような形状が得られた（図7）．これに対し，90°回転後の H 配向の試料に s-偏光の書込み光で干渉露光を行っても図7のような形状は得られず，90°回転させる前に形成したと考えられる単純な SRG のみが観測された．この結果は，90°回転前に形成した SRG の凸部に存在する分子が，結晶構造を維持するように配向していること，すなわち，移動した分子が移動後も下地の結晶構造に従って配向していることを示唆している．

　アモルファスを形成しない分子単結晶として DAAB だけでなく AAB についても検討を行った結果[29]，AAB 単結晶表面にも SRG を形成させることができることが示され，アゾベンゼン系分子単結晶表面における光誘起 SRG 形成は，一般的に観測される現象であることが示唆された．また，書込み光偏光依存性や結晶配向依存性が DAAB の場合とはさらに異なっており，単結晶表面における光誘起 SRG 形成には，結晶構造がかなり複雑に影響を与えていると考えられる．

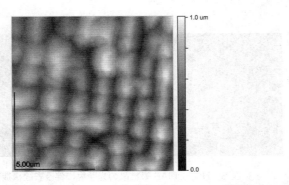

図7　DAAB 単結晶表面に重ね書きにより形成されたレリーフ構造の AFM 像

14.3.2 アモルファスガラスを形成しやすいアゾベンゼン誘導体の単結晶表面における光誘起 SRG 形成

先に示したアゾベンゼン系フォトクロミックアモルファス分子材料は，アモルファス膜を容易に形成するだけでなく，溶液からの再結晶法で結晶試料を得ることもできる。いくつかのアゾベンゼン系フォトクロミックアモルファス分子材料について，さまざまな溶媒を用いて単結晶の育成を試み，CN-BFlAB，NO₂-BFlAB の単結晶[30]，および，BFlAB と酢酸エチルの共結晶[31]について比較的良質の結晶が得られたので，これらを用いて光誘起 SRG 形成の検討を行った。

CN-BFIAB　　　　　　　**NO₂-BFIAB**

その結果，これらの単結晶表面にも SRG を形成させることが可能であることが示されるとともに，SRG 形成がこれらの単結晶試料の配向方向にはあまり依存せず，かつ，書込み光偏光依存性がアモルファス材料の場合と全く同じであることがわかった。このことから，単結晶に光照射すると表面にアモルファス層が形成されていることが示唆される。

このことについてさらに知見を得るために，CN-BFlAB および NO₂-BFlAB の単結晶の表面に一光波の光を照射したときの試料表面構造の変化の様子を詳細に検討した。その結果，光照射前の試料表面には単結晶に特徴的なテラスとステップの構造が明確に観察されるのに対し，光照射後にはこのような構造は消失して平坦な表面構造となり（図8），それと同時に，表面の摩擦力も光照射により小さくなった。このことから，光照射に伴って単結晶表面にアモルファス層が形成されたことが示唆される。以上の結果は，構成している分子がアモルファスガラスを形成しやすいことに基づいていると考えられる。

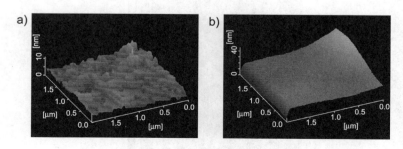

図8　NO₂-BFIAB 単結晶の光照射に伴う表面構造変化
a）光照射前，b）光照射後

第3章 光メカニカル機能の創出

14.4 アゾベンゼン系フォトクロミック分子マイクロファイバーの光屈曲挙動

　以上述べてきた光誘起SRG形成のほかに，フォトクロミックアモルファス分子材料BFlABのマイクロファイバーが光照射に伴って屈曲するフォトメカニカル効果を示すこと，しかも以下に述べるような興味深い挙動を示すことを見出した[32]。

　BFlABをホットプレート上で加熱融解させた後，融点よりもやや低い温度に保ちながらピンセットで引き上げることにより，直径数十μmの分子ファイバーを容易に得ることができる。このファイバーを適当な長さに切断してガラス基板の端に固定し，偏光方向がファイバーの長軸に平行あるいは垂直であるレーザー光（488nm）を照射した際のファイバーの屈曲挙動を顕微鏡下で観察した。

　作製したBFlAB分子ファイバーにレーザー光を短時間で照射 ― 遮断を繰り返すと，ファイバーは屈曲 ― 回復を繰り返した。この屈曲 ― 回復運動は，光照射面付近でおこるtrans-cis異性化反応に伴う膨張 ― 収縮，および光吸収に伴う熱膨張 ― 熱収縮に基づくと考えられるが，BFlABのアモルファス膜におけるcis-trans熱異性化反応の速度に比べて光屈曲したファイバーが暗所で回復していく速度が速いことから，ファイバーの屈曲 ― 回復挙動は主に熱膨張 ― 熱収縮に基づくことが示唆される。

　一方，BFlABファイバーに長時間レーザー光を当て続けた場合のメカニカル挙動を調べたところ，ファイバーに平行な偏光を照射した場合，時間の経過とともに光源から離れる方向に徐々に屈曲していくのに対し，ファイバーに垂直な偏光を照射した場合には，光源に近づく方向に屈曲していくことがわかった（図9）。同様の現象が，BFlAB以外のいくつかのフォトクロミック分子ファイバーでも観測され，光源の位置や照射光の波長を変えずに偏光方向を変えるだけでファイバーの屈曲方向を制御できることが示された。

　この現象は，ファイバー表面で誘起される物質移動に基づくと考えると理解できる。すなわち，ファイバーに平行な偏光を照射した場合，ファイバーの光照射面付近で，ファイバーの長軸に平行な方向への物質移動が誘起され，それに伴なう曲げモーメントによって光源から離れる方向に屈曲するのに対し，ファイバーに垂直な偏光を用いた場合には，ファイバー長軸に垂直な方向に物質移動が誘起され，それに伴って先ほどとは逆の曲げモーメントが生じ，その結果，光源に近

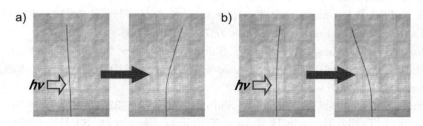

図9　BFlAB分子マイクロファイバーの光屈曲挙動
　a) ファイバーに平行な偏光を照射した場合, b) ファイバーに垂直な偏光を照射した場合

フォトクロミズムの新展開と光メカニカル機能材料

づく方向に屈曲すると考えられる。物質移動が誘起されていることは，ファイバーの形状が光照射前後で変化していることから示唆される。

14.5　おわりに

　以上述べてきたように，もともと高分子系材料で発見された光誘起物質移動現象について，構造が明確で，かつ，さまざまな形態をとりうる低分子系材料を用いて検討を行うことにより，この現象の様相が少しずつ明らかになってきた。また，関連する新しい現象も見つかってきており，応用的観点からも興味がもたれる。しかし，これらの現象のメカニズムについては未だに不明な点が多い。今後も，これらの材料系を用いて精力的に研究を進めていきたいと考えている。

文　　献

1)　P. Rochon, E. Batalla, A. Natansohn, *Appl. Phys. Lett.*, **66**, 136 (1995)

2)　D. Y. Kim, S. K. Tripathy, L. Li, J. Kumar, *Appl. Phys. Lett.*, **66**, 1166 (1995)

3)　P. S. Ramanujam, N. C. R. Holme, S. Hvilsted, *Appl. Phys. Lett.*, **68**, 1329 (1996)

4)　C. Barret, A. Natansohn, P. Rochon, *J. Phys. Chem.*, **100**, 8836 (1996)

5)　T. G. Pedersen, P. M. Johansen, N. C. R. Holme, P. S. Ramanujam, *Phys. Rev. Lett.*, **80**, 89 (1998)

6)　J. Kumar, L. Li, X. L. Jiang, D. Y. Kim, T. S. Lee, S. K. Tripathy, *Appl. Phys. Lett.*, **72**, 2096 (1998)

7)　P. Lefin, C. Fiorini, J-M. Nunzi, *Pure Appl. Opt.*, **7**, 71 (1998)

8)　N. K. Viswanathan, D. Y. Kim, S. Bian, J. Williams, W. Liu, L. Li, L. Samuelson, J. Kumar, S. K. Tripathy, *J. Mater. Chem.*, **9**, 1941 (1999)

9)　A. Stracke, J. H. Wendorff, *Adv. Mater.*, **12**, 282 (2000)

10)　T. Ubukata, T. Seki, K. Ichimura, *Adv. Mater.*, **12**, 1675 (2000)

11)　C. Fiorini, N. Prudhomme, G. de Veyrac, I. Maurin, P. Raimond, J-M. Nunzi, *Synth. Met.*, **115**, 121 (2000)

12)　A. Natansohn, P. Rochon, *Chem. Rev.*, **102**, 4139 (2002)

13)　Y. B. Gadidei, P. L. Christiansen, P. S. Ramanujam, *Appl. Phys. B*, **74**, 139 (2002)

14)　K. Yang, S. Yang, J. Kumar, *Phys. Rev. B*, **73**, 165204 (2006)

15)　H. Nakano, T. Takahashi, T. Kadota, Y. Shirota, *Adv. Mater.*, **14**, 1157 (2002)

16)　Y. Shirota, H. Utsumi, T. Ujike, S. Yoshikawa, K. Moriwaki, D. Nagahama, H. Nakano, *Opt. Mater.*, **21**, 249 (2003)

17)　H. Ando, T. Takahashi, H. Nakano, Y. Shirota, *Chem. Lett.*, **32**, 710 (2003)

18)　H. Ueda, T. Tanino, H. Ando, H. Nakano, Y. Shirota, *Chem. Lett.*, **33**, 1152 (2004)

19)　T. Takahashi, T. Tanino, H. Ando, H. Nakano, Y. Shirota, *Mol. Cryst. Liq. Cryst.*, **430**, 9

第3章　光メカニカル機能の創出

　　　（2005）
20)　H. Nakano, T. Tanino, T. Takahashi, H. Ando, Y. Shirota, *J. Mater. Chem.*, **18**, 242 (2008)
21)　H. Nakano, *J. Photopolym. Sci. Tech.*, **21**, 545 (2008)
22)　H. Ando, T. Tanino, H. Nakano, Y. Shirota, *Mater. Chem. Phys.*, **113**, 376 (2009)
23)　H. Nakano, T. Takahashi, T. Tanino, Y. Shirota, *Dyes Pigm.*, **84**, 102 (2009)
24)　H. Nakano, *Chem. Lett.*, **40**, 473 (2011)
25)　H. Nakano and M. Ysoshitake, *J. Photopolym. Sci. Tech.*, **24**, 527 (2011)
26)　H. Nakano, T. Tanino, Y. Shirota, *Appl. Phys. Lett.*, **87**, 061910 (2005)
27)　H. Nakano, *J. Phys. Chem. C*, **112**, 10642 (2008)
28)　A. Whitaker, *J. Cryst. Spectr. Res.*, **22**, 151 (1992)
29)　H. Nakano, *Int. J. Mol. Sci.*, **11**, 1311 (2010)
30)　H. Nakano, S. Seki, H. Kageyama, *Phys. Chem. Chem. Phys.*, **12**, 7772 (2010)
31)　H. Nakano, *ChemPhysChem*, **9**, 2174 (2008)
32)　H. Nakano, *J. Mater. Chem.*, **20**, 217 (2010)

15　フォトクロミックペプチドによる生体動的機能の光制御

藤本和久[*1]，井上将彦[*2]

15.1　はじめに

　生体機能は，タンパク-タンパク相互作用，タンパク-DNA相互作用などの多くの分子認識が連鎖的につながることで発現される。生体連鎖反応に関与する生体分子の高次構造やその機能を人為的に制御することは，生体機能をメカニカルに制御することにつながる。こうした人為的制御をおこなう上で，生体連鎖反応を標的とした阻害剤を開発する，もしくは外部刺激に応答する仕掛けを導入した生体分子を開発することが必要となる。様々な外部刺激の中で，最も利用されているのが"光"である。なぜなら，inputとしてwaste-freeである光は，時・空間分解能に優れているため反応場に与える影響を最小限に抑えることができ，これを用いることでより信頼性の高い相互作用の情報を得ることができるからである。

　フォトクロミック分子を導入した生体分子を用いて，生体分子の構造や機能を光照射によって制御するという研究は古くからおこなわれてきた。そこで最も多用されてきたフォトクロミック分子は，アゾベンゼンである。アゾベンゼンは，光照射によってシス体とトランス体との間で構造変化をする代表的なフォトクロミック分子である。本書においても，多数の研究者がアゾベンゼンを用いているのでその詳細についての説明は割愛するが，なぜアゾベンゼンが生体分子の構造や機能の制御に多用されてきたかを，スピロピランやジアリールエテンを用いた生体機能の光制御の意義を示す前に説明する。

　アゾベンゼンが他のフォトクロミック分子と最も異なる点として，シス-トランス間の非常に大きな構造変化があげられる。アゾベンゼン骨格を生体分子に導入し，その構造や機能を制御している代表例として，浅沼（名古屋大）らによるDNAの二重鎖形成の制御[1,2]，Woolley（トロント大）らによるペプチド鎖のα-ヘリックス構造の制御がある[3]（図1）。両研究において，光照射によるアゾベンゼンの異性化が起点となって生体分子の構造制御，ならびに機能制御がうまくなされている。しかしながら，アゾベンゼン骨格におけるシス体とトランス体の吸収スペクトルには重なりがあり，シス-トランス異性化の完全な制御は困難である。また，光安定性でいえばジアリールエテン骨格に到底及ぶものではない。こうした問題点が存在するにも関わらず，生体関連化学やケミカルバイオロジーの分野でアゾベンゼン骨格が多用されるのは，やはりシス-トランス間の大きな構造変化のためである。

　筆者らは，生体分子の構造や機能を光制御するためにアゾベンゼンのような大きな構造変化が必要不可欠であるかを考えてみた。もし，スピロピランやジアリールエテンを生体関連化学やケミカルバイオロジーの分野で有用であることを実証することができれば，フォトクロミック分子の可能性は大きく広がり，こうした分野で数多くの研究がおこなわれることが期待される。

　＊1　Kazuhisa Fujimoto　九州産業大学　工学部　物質生命化学科　准教授

　＊2　Masahiko Inouye　富山大学　大学院医学薬学研究部（薬学）　教授

第3章 光メカニカル機能の創出

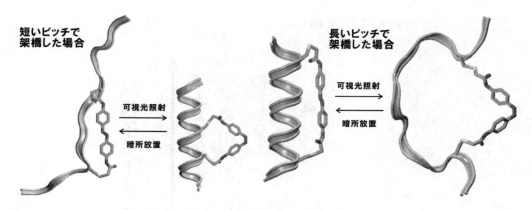

図1 WoolleyらによるアゾベンゼンҳХペプチド

DNA の二重鎖形成の制御においては，アゾベンゼンのような大きな構造変化を伴う制御部位が必要不可欠であるが，α-ヘリックス構造の制御においては，スピロピランやジアリールエテンのような構造変化でも十分に活用できると考えた．その理由を次項において述べる．

15.2 α-ヘリックス構造とその光制御に向けて

α-ヘリックス構造は，β-シート構造と並ぶ，タンパク質の代表的な二次構造の一つである．図2に示すように，一本鎖のポリペプチドはらせん構造を形成しており，らせんピッチ間のアミド結合は水素結合を形成し，ヘリックス構造が安定化されている．ヘリックス構造が形成されると，アミノ末端側がδ^+，カルボキシ末端側がδ^-となり，アミノ末端側からカルボキシ末端側に向かう双極子モーメントが発生する．この双極子モーメントを乱すことができれば，ヘリックス構造を不安定化することはできるはずである．光安定性の高くないアゾベンゼンの大きな構造変化に頼らなくても，ペプチド鎖周辺の電気的性質が変化すれば十分に双極子モーメントが乱れて，ヘリックス構造を光制御できると考えた．

単純にスピロピランやジアリールエテン骨格をペプチド鎖のアミノ酸側鎖にぶら下げるだけで光照射による構造制御がなされるわけではない．タンパク質中でα-ヘリックス構造を形成しているアミノ酸配列を抽出し，それをもとに短鎖のペプチドを合成してもα-ヘリックス構造はとらずにランダムコイル構造（無秩序な構造）をとってしまう．無秩序な構造に光制御部位を導入し，いくら光照射をしたところで無秩序が別の無秩序に変わるだけで，ヘリックス構造の光制御をすることは叶わない．そこで，図1のWoolleyらのアゾベンゼンを導入したペプチド構造をもう一度見てみると，アミノ酸の側鎖間にアゾベンゼン骨格を導入していることがわかる．短いピッチで架橋するとシス体において安定なヘリックスを，トランス体において不安定なヘリックス構造をとる．一方，長いピッチで架橋するとその逆の結果が得られる．いずれにしても，Woolleyらは，α-ヘリックス構造の双極子モーメントを乱すことによってヘリックス構造を不安定化しているのではなく，アゾベンゼンの構造変化がヘリックス構造に直接反映されるような

フォトクロミズムの新展開と光メカニカル機能材料

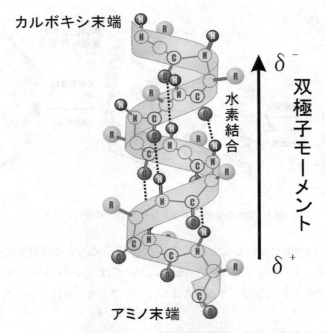

図2 α-ヘリックス構造とその双極子モーメント

分子設計をし，結果ヘリックス構造の不安定を達成している。それゆえ，これを参考にしてペプチド鎖の中央部にスピロピランやジアリールエテンを架橋部位として導入しても，スピロピランやジアリールエテン程度の構造変化では，ヘリックス構造の劇的に変化させることは難しい。話を戻すと，光異性化部位をペプチド鎖にどのように導入して双極子モーメントを乱すかということが焦点になる。

筆者らは，様々なクロスリンク剤（アミノ酸側鎖間を架橋するための試薬）を開発し，短鎖ペプチドの α-ヘリックス構造を安定化させる一般的手法を確立している[4,5]（図3）。開発したクロスリンク剤は，ベンゼンやアセチレン，ジアセチレンといった堅い骨格をスペーサーとし，両末端にスクシンイミジルエステル基を有する。短鎖ペプチド上の二か所に側鎖アミノ基を有するリジン（Lys）やオルニチン（Orn）配置し，適切なクロスリンク剤で架橋することで安定なヘリックス構造を得ることができる。例えばらせん二巻き分で架橋するのであればベンゼンやアセチレンを骨格とするクロスリンク剤を，らせん三巻き分であればジアセチレンを骨格とするクロスリンク剤を用いれば，最も安定なヘリックス構造を有する架橋ペプチドを与える。架橋位置としては，アミノ末端側，中央部，カルボキシ末端側のいずれも可能である。アミノ末端側とカルボキシ末端側を比べると，アミノ末端側での架橋の方がヘリックス構造の安定化に対する寄与が大きいことがわかった。架橋によって形成された部分的なヘリックス構造において，らせんピッチ間の水素結合が形成されると双極子モーメントが発生し，それが全体に伝播することで全体として安定なヘリックス構造になると考えられる（トリガー効果）。なぜアミノ末端側かということに

332

第3章 光メカニカル機能の創出

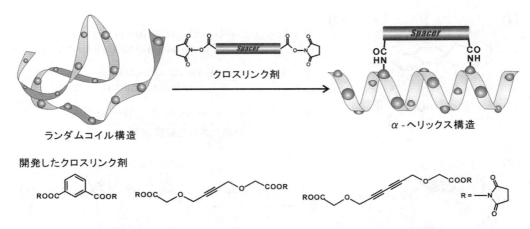

図3 クロスリンク剤を用いた短鎖ペプチドにおけるα-ヘリックス構造の安定化とクロスリンク剤の構造式

関しては，双極子モーメントとの関係が考えられるが，現時点において確たる証拠は得られていない。架橋ペプチドではないが，アミノ末端側に仕掛けを作ることでヘリックス構造を安定化できるという報告がいくつかなされている[6,7]。そこで，短鎖ペプチドのアミノ末端側にスピロピラン骨格を架橋部位として導入することによるヘリックス構造の光制御を試みた。

15.3 スピロピラン架橋ペプチドにおけるα-ヘリックス構造の光制御

スピロピランを骨格とするクロスリンク剤は，これまで開発したクロスリンク剤と同様に両末端にスクシンイミジルエステル基を有する[8]。図4に筆者らが合成したスピロピラン架橋ペプチドの構造，ならびにアミノ酸配列を示す。スピロピラン架橋ペプチドは，架橋部位と相互作用部位に分けられる。架橋部位はヘリックス構造を制御するために最適化されており（架橋部位のアミノ酸はOrn），トリガー効果が期待される。この架橋部位に，タンパク質の活性部位（α-ヘリックス領域）から抽出したアミノ酸配列を相互作用部位として連結すれば，生体分子間相互作用を光制御可能なフォトクロミックペプチドとなる。このスピロピラン架橋ペプチドにおいては，タンパク質からの抽出配列ではなく，α-ヘリックス構造を形成しやすい人工的な配列を用いた。

CDスペクトルからヘリックス構造の含有率を算出すると，架橋前のペプチドAにおいて12％であったのが，架橋後のスピロピラン構造においては62％となった（図5）。架橋によってアミノ末端側に部分的ヘリックス構造が形成され，全体的にヘリックス構造が安定化された結果である。スピロピラン架橋ペプチドの水溶液を暗所に放置すると，スピロピランからメロシアニンへの異性化が生じ，含有率は48％となって，ヘリックス構造が不安定化された。蛍光灯等の室内灯下でこの溶液を置いておくとスピロピラン構造へと異性化し，元の安定なヘリックス構造に戻った。このような架橋ペプチド上のスピロピラン部位は，逆フォトクロミズムを示した。架

フォトクロミズムの新展開と光メカニカル機能材料

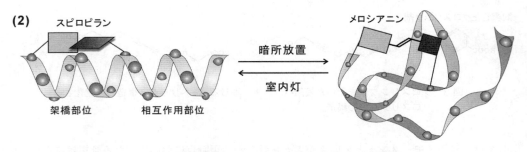

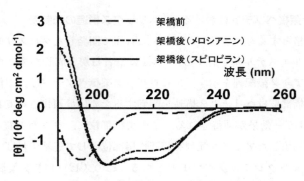

図4 スピロピラン架橋ペプチドにおけるα-ヘリックス構造の光制御
(1) スピロピランを骨格とするクロスリンク剤
(2) スピロピランの異性化に伴う架橋ペプチドの構造変化
(3) 架橋ペプチドのアミノ酸配列

図5 ペプチドAのCDスペクトル

橋前のペプチドにおいては，ペプチドの鎖長に関係なく（ペプチドA〜C）ランダムコイル構造を取っている。一方，架橋ペプチドにおいては鎖長が長くなるにつれてヘリックス含有率だけでなく構造の制御効率も増大した。

スピロピランとメロシアニンの構造だけを比較するとその形は大きく変わっているが，光異性化部位から出ている置換基の方向はそれほど大きく変わらない。また，架橋ペプチド上のアミノ酸側鎖と光制御部位との間にはアルキル鎖が存在しているので，ヘリックス構造を捻じ曲げるほどの効果は期待できない。ヘリックス含有率が変化した原因として考えられるのは，スピロピラ

第3章　光メカニカル機能の創出

ン構造とメロシアニン構造間における電子の偏りの差，すなわち双極子モーメントの違いである。この違いがペプチド上の双極子モーメントに影響を及ぼし，結果ヘリックス構造が安定化された，もしくは不安定化されたと考えられる。この結果は，アゾベンゼンのような大きな構造変化に頼らなくても，分子設計次第でフォトクロミックペプチドのヘリックス構造の制御が可能であることを示す。スピロピランのフォトクロミズムによるヘリックス構造の光制御は，光劣化を伴うが，繰り返し行うことができる。

　スピロピラン架橋ペプチドは逆フォトクロミズムを示し，暗所での放置と蛍光灯による照射という非常に温和な条件下で構造変化を起こす。一方，スピロピラン骨格は繰り返し操作による光劣化の問題に加えて，非対称構造であるという問題を抱えている。ペプチド鎖と架橋構造を形成すると，二通りの架橋構造が得られるはずである。実際，HPLCより二種類の架橋ペプチドを単離したが，それらの"which is which"を確定することができなかった（二種類の架橋ペプチドの光物性やヘリックス含有率に差はなかった）。これらの結果を踏まえて，対称な構造をもつジアリールエテンを骨格とするクロスリンク剤を合成し，タンパク質からの抽出配列をカルボキシ末端に導入したフォトクロミックペプチドを開発した。

15.4　ジアリールエテン架橋ペプチドによる生体動的機能の光制御

　タンパク質としてDNA結合タンパクの一つとして知られている真核細胞の転写因子であるホメオドメインを選択した。ホメオドメインの相互作用部位である α-ヘリックス領域がDNAのメジャーグルーブに結合する。筆者らは，この α-ヘリックス領域のアミノ酸配列をもとにしてジアセチレン骨格で架橋したペプチドを合成し，その高い結合能と基質特異性を明らかにした[9]。ジアリールエテン架橋ペプチドにおいては，架橋部位のアミノ酸配列は先ほどのスピロピラン架橋ペプチドで用いたものと同じもので，そのカルボキシ末端側にホメオドメインから抽出したアミノ酸配列を連結した（図6）。スピロピラン架橋ペプチドの場合と同様にCDスペクトルからヘリックス構造の含有率を決定した。架橋ペプチドにおけるジアリールエテン骨格が開環構造時には約80％であり，紫外光照射後の閉環構造時には含有率は約40％に低下した[10]。ジアリールエテンのそれほど大きくない構造変化でも，ヘリックス構造を制御できることを示す結果である。

　DNAとの相互作用は，ゲル電気泳動，ならびに水晶発振子マイクロバランス（QCM）を用いて評価した[10]。開環構造時に安定なヘリックス構造を保持している場合，DNAとの相互作用は強く，閉環構造に異性化してヘリックス構造が不安定化されるとDNAとの相互作用も弱くなるという結果が得られた（図6にゲル写真を掲載）。生体分子間相互作用の制御，すなわち生体分子の有する機能を光照射によって制御することに成功した。現在，光異性化部位であるジアリールエテン骨格の最適化，ならびにQCMチップ上における相互作用の光制御をおこなっている。

335

フォトクロミズムの新展開と光メカニカル機能材料

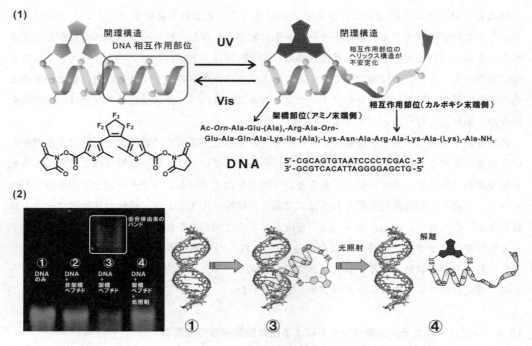

図6 ジアリールエテン架橋ペプチドによる生体機能の光制御
(1) ジアリールエテンを骨格とするクロスリンク剤とジアリールエテンの異性化に伴う架橋ペプチドの構造変化，ならびにDNAとアミノ酸の配列
(2) ジアリールエテン架橋ペプチドとDNAとの相互作用評価

15.5 おわりに

　本稿において，スピロピランやジアリールエテンの構造異性化を利用して生体分子の構造や機能を制御できることを述べた。これらの成果は，生体関連化学やケミカルバイオロジーの分野においてフォトクロミック分子を利用する上での示唆的な情報を与えている。一つは，秩序を持つ生体分子にフォトクロミック分子を導入することではじめてその構造や機能の制御が可能になるということである。無秩序に刺激を加えたところで秩序は生まれない。あらかじめ秩序を作りだし，そこに刺激を加えることで秩序が崩れ，制御が達成される。このことは，ホスト-ゲスト化学において事前組織化が重要であることと同義であるといえる。もう一つは，本文においても述べたように分子設計次第でスピロピランやジアリールエテンの構造変化も生体分子の構造や機能制御に十分有用であるということである。生体分子は複雑な分子機械であるので，よほど大きな刺激を加えないとその構造や機能を制御することは難しいと考えがちである。実際，生体分子は小さな相互作用が集積することで複雑な構造を維持しており，そのうちの一つでも相互作用を維持できなくなると構造は大きく崩れてしまい，機能を発現できなくなる。つまり，複雑な分子機械である生体分子のどこに"穴"をあけるかが重要である。フォトクロミック分子の特性を巧みに用いた生体機能を制御するための手法が確立されれば，ケミカルバイオロジー分野における

第3章 光メカニカル機能の創出

フォトクロミズム研究が今後増えると期待される。

文　　　献

1) 浅沼浩之, 高分子, **52** (3), 139 (2003)
2) 浅沼浩之ほか, 高分子加工, **53** (1), 37 (2004)
3) G. A. Woolley, *Acc. Chem. Res.*, **38**, 486 (2005)
4) K. Fujimoto *et al.*, *Chem. Commun.*, 1280 (2004)
5) K. Fujimoto *et al.*, *Chem.—Eur. J*, **14**, 857 (2008)
6) C.-H. Huang *et al.*, *J. Am. Chem. Soc.*, **124**, 12674 (2004)
7) P. S. Arora *et al.*, *Curr. Opin. Chem. Biol.*, **12**, 692 (2008)
8) K. Fujimoto *et al.*, *Org. Lett.*, 285 (2006)
9) K. Fujimoto *et al.*, *J. Am. Chem. Soc.*, **133**, 656 (2011)
10) K. Fujimoto *et al.*, unpublished.

フォトクロミズムの新展開と光メカニカル機能材料《普及版》(B1249)

2011 年 11 月 30 日　初　版　第 1 刷発行
2018 年 7 月 10 日　普及版　第 1 刷発行

監　修　入江正浩，関　隆広　　　　　　Printed in Japan
発行者　辻　賢司
発行所　株式会社シーエムシー出版
　　　　東京都千代田区神田錦町 1-17-1
　　　　電話 03(3293)7066
　　　　大阪市中央区内平野町 1-3-12
　　　　電話 06(4794)8234
　　　　http://www.cmcbooks.co.jp/

〔印刷　あさひ高速印刷株式会社〕　　　© M. Irie, T. Seki, 2018

落丁・乱丁本はお取替えいたします。

本書の内容の一部あるいは全部を無断で複写（コピー）することは，法律
で認められた場合を除き，著作権および出版社の権利の侵害になります。

ISBN978-4-7813-1286-6 C3043 ¥6700E